第3章
计算器效果图

第5章
找回密码效果图1

第5章
找回密码效果图2

第6章 购物车效果图1

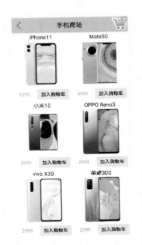

第6章 购物车效果图2

第8章 记账本效果图1

第8章 记账本效果图2

chapter10

第10章 广告轮播效果图1

第10章 广告轮播效果图2

U0197838

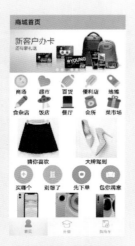

第12章 电商首页效果图1

第12章 电商首页效果图2

第13章 评价晒单效果图1

第13章 评价晒单效果图2

第12章 电商首页效果图3

第14章 猜你喜欢效果图1

第14章 猜你喜欢效果图2

Android App
开发入门与项目实战

欧阳燊 编著

清华大学出版社

北 京

内 容 简 介

本书是一部 Android 开发的实战教程，由浅入深、由基础到高级，带领读者一步一步走进 App 开发的神奇世界。

全书共分为 15 章。其中，第 1 章介绍 Android 开发环境的搭建，主要讲解 Android、Android Studio 和 SDK 的安装与 App 的调试；第 2 章讲解 Android 开发的基础知识，主要讲解 Android 的开发特点，Android 的工程结构以及设计规范；第 3 章到第 5 章主要讲解 App 开发的各种常用控件及 Activity；第 6 章讲解 App 的数据存储方式；第 7 章讲解 Android 内容共享；第 8 章讲解 Android 的高级控件；第 9 章到第 12 章讲解 Android 自定义控件、广播组件、通知和服务以及组合控件的使用；第 13 章讲解多媒体的开发技术；第 14 章讲解网络通信技术；第 15 章讲解 Android 安装包的打造。书中在讲解知识点的同时给出了大量实战范例，包括计算器、找回密码、购物车、记账本、广告轮播、电商首页、评价晒单、猜你喜欢等项目的开发，旨在方便读者迅速将所学的知识运用到实际开发中。

本书适用于 Android 开发的广大从业者、有志于转型 App 开发的程序员、App 开发的业余爱好者，也可作为大中专院校与培训机构的 Android 课程教材。

图书在版编目（CIP）数据

Android App 开发入门与项目实战 / 欧阳燊编著.—北京：清华大学出版社，2021.1（2023.1 重印）
ISBN 978-7-302-56721-9

Ⅰ. ①A… Ⅱ. ①欧… Ⅲ. ①移动终端－应用程序－程序设计－教材 Ⅳ. ①TN929.53

中国版本图书馆 CIP 数据核字（2020）第 210731 号

责任编辑：王金柱
封面设计：王 翔
责任校对：闫秀华
责任印制：宋 林
出版发行：清华大学出版社
　　　　　网　　址：http://www.tup.com.cn，http://www.wqbook.com
　　　　　地　　址：北京清华大学学研大厦 A 座　　　　　邮　　编：100084
　　　　　社 总 机：010-83470000　　　　　邮　　购：010-62786544
　　　　　投稿与读者服务：010-62776969，c-service@tup.tsinghua.edu.cn
　　　　　质 量 反 馈：010-62772015，zhiliang@tup.tsinghua.edu.cn
印 装 者：三河市君旺印务有限公司
经　　销：全国新华书店
开　　本：190mm×260mm　　印张：28.5　　插页：1　　字　　数：730 千字
版　　次：2021 年 1 月第 1 版　　　　　印　　次：2023 年 1 月第 5 次印刷
定　　价：98.00 元

产品编号：088325-01

前　　言

移动应用开发又称 App 开发，它是近年来的新兴软件开发行业。目前 App 开发主要有两大阵营，其一是苹果公司推出的 iOS 系统，其二是谷歌公司主导的 Android 系统（中文名为安卓），由于 iOS 是闭源的，而 Android 是开源的，因此众多厂商纷纷为 Android 生态添砖加瓦，使得 Android 系统在 App 开发中占据了大部分市场份额。

早期的安卓 App 只运行于智能手机，随着 Android 生态的发展壮大，安卓系统也逐步拓展到平板电脑、智能电视、车载大屏、智能家居、智能手表等诸多设备。并且随着 5G 网络的持续铺开，各种智能设备的应用日益广泛，必将带动 App 开发人才的市场需求再度高涨。

为了帮助初学者快速掌握 App 开发的基础技能，笔者结合自己多年的 App 开发经验，总结企业当中的常用 App 技术，基于当前最新的 Android 版本与 Android Studio 版本，编写了这本从 App 零基础到 App 入门再到项目实战的 App 开发教程。只要读者具备 Java 编程基础，就能开始本书的 App 开发学习。本书在讲解过程中，不但详细描述基础的开发技巧，而且注重介绍新特性新框架，并且摒弃过时的用法，确保读者学到最新的开发技能，即使是中高级开发者，也能在阅读本书后受益。

本书内容结构

全书共有 15 章，主要内容说明如下：

第 1 章介绍了 Android 开发环境的搭建过程，包括如何安装 Android Studio，如何创建 App 工程，以及如何编译与运行 App。

第 2 章详细阐述了 Android 开发的基础知识，包括 App 有哪些开发特点，App 工程是怎样组织的，App 为何采取界面与代码分离的设计规范。

第 3 章学习 Android 简单控件的用法，主要包括文本显示、按钮点击、图像显示、布局排列等初级的界面控件操纵。

第 4 章描述了 Android 四大组件之一活动（Activity）的概念及其运用，包括活动的生命周期、活动的启动模式，如何在活动之间传递消息，如何给活动补充附加信息等。

第 5 章学习 Android 中级控件的用法，主要包括简易的图形定制，以及选择按钮、编辑框、对话框等控件的人机交互。

第 6 章讲解了几种常见的数据存储技术，包括采取键值对的共享参数、嵌入式数据库 SQLite、存储卡上的文件操作，以及 Application 组件的全局用法。

第 7 章描述了如何使用 Android 四大组件之一的内容提供器（ContentProvider），以及与之搭配的内容解析器和内容观察器，还介绍了共享文件需要的文件提供器用法。

第 8 章学习 Android 高级控件的用法，主要包括下拉框、列表视图、网格视图、翻页视图及其对应的适配器，还介绍了碎片（Fragment）的两种注册方式。

第 9 章描述了 Android 四大组件之一广播（Broadcast）的概念及其运用，包括如何收发应用自身的广播，如何监听系统发出的广播，以及如何捕捉屏幕变更事件。

第 10 章介绍了 Android 自定义控件的常用技术，包括视图是如何构建的，几个自定义控件的例子，以及简单动画的实现过程。

第 11 章讲解了几种在后台工作的组件用法，包括消息通知、Android 四大组件之一的服务（Service），以及多线程技术在 App 开发中的运用。

第 12 章学习 Android 组合控件的用法，主要包括底部标签栏、顶部导航栏、循环视图的三种布局，还介绍了第二代翻页视图的使用。

第 13 章讲解了几种常见的多媒体技术，包括相片的拍摄、选取和加工，音频的录制和播放，视频的录制、选取和播放等。

第 14 章描述了 App 开发中的网络通信技术，包括访问 HTTP 接口，使用下载管理器，以及图片加载框架 Glide 的详细用法。

第 15 章详细阐述了 App 安装包的打造步骤，从导出 APK 文件，到发布模式的规范处理，再到安装包的安全加固，一步步打造符合业界标准的 App 安装包。

本书特点

- 根据新版本编写：本书所有代码都基于 Android Studio 4.1 开发，并使用 API 30 的 SDK（Android 11）编译与调试通过。

- 只要你具备 Java 基础，即可以使用本书快速开发自己的移动应用，本书特别针对开发新手介绍了 Android App 的开发特点，比如，App 工程的组织、界面与代码分离的设计规范、数据库的选择等，使读者真正能够掌握一个 App 的工程结构和原理，解决读者开发中的困惑。

- 一步一步教学，全代码注释：本书充分考虑到初学者的学习特点，全书内容安排循序渐进、由易到难，同时尽可能地采取一步一步的教学方法，并对所有代码进行了详尽的注释，对于从未接触过 Android 开发的读者，本书可以说是一本极佳的入门教程。

- 技术新颖，项目丰富：各章在叙述过程中，穿插介绍了近期 Android 系统的新特性与新框架，包括但不限于 Shortcuts、ViewPager2、ImageDecoder、Room、Gson、Glide 等，还给出了 8 个精心设计的实战项目，包括计算器、找回密码、购物车、记账本、广告轮播、电商首页、评价晒单、猜你喜欢，帮助读者学以致用，掌握实战技能。

- 配练习题：除了常规的理论讲解与实战项目，各章末尾还有 5 种类型共 267 道练习题和动手项目，方便读者检查自己的学习成果。

- 资源丰富：本书配套提供的 PPT 教学课件、练习题参考答案以及完整的范例源码，非常适合 Android 课程的教学使用。

本书资源下载

扫描右侧二维码可下载本书配套资源，也可访问笔者的 github 主页（地址是 https://github.com/aqi00/myapp 获取最新源码）。

如果下载有问题，请联系 booksaga@126.com，邮件主题为"Android App 开发入门与项目实战"。

最后，感谢王金柱编辑的热情指点，感谢出版社同仁的辛勤工作，感谢我的家人一直以来的支持，感谢各位师长的谆谆教导，没有他们的鼎力相助，本书就无法顺利完成。

欧阳燊

2020 年 10 月

目　　录

第 1 章　Android 开发环境搭建 1

　1.1　Android 开发简介 1

　　1.1.1　Android 的发展历程 1

　　1.1.2　Android Studio 的发展历程 2

　1.2　搭建 Android Studio 开发环境 2

　　1.2.1　开发机配置要求 2

　　1.2.2　安装 Android Studio 3

　　1.2.3　下载 Android 的 SDK 6

　1.3　创建并编译 App 工程 7

　　1.3.1　创建新项目 7

　　1.3.2　导入已有的工程 9

　　1.3.3　编译 App 工程 10

　1.4　运行和调试 App 11

　　1.4.1　创建内置模拟器 11

　　1.4.2　在模拟器上运行 App 15

　　1.4.3　观察 App 的运行日志 15

　1.5　小结 16

　1.6　课后练习题 17

第 2 章　Android App 开发基础 18

　2.1　App 的开发特点 18

　　2.1.1　App 的运行环境 18

　　2.1.2　App 的开发语言 20

　　2.1.3　App 连接的数据库 24

　2.2　App 的工程结构 25

　　2.2.1　App 工程目录结构 26

　　2.2.2　编译配置文件 build.gradle 27

2.2.3 运行配置文件 AndroidManifest.xml 29

2.3 App 的设计规范 30

2.3.1 界面设计与代码逻辑 30

2.3.2 利用 XML 标记描绘应用界面 32

2.3.3 使用 Java 代码书写程序逻辑 33

2.4 App 的活动页面 34

2.4.1 创建新的 App 页面 34

2.4.2 快速生成页面源码 37

2.4.3 跳到另一个页面 38

2.5 小结 39

2.6 课后练习题 39

第 3 章 简单控件 41

3.1 文本显示 41

3.1.1 设置文本的内容 41

3.1.2 设置文本的大小 43

3.1.3 设置文本的颜色 45

3.2 视图基础 47

3.2.1 设置视图的宽高 47

3.2.2 设置视图的间距 49

3.2.3 设置视图的对齐方式 51

3.3 常用布局 53

3.3.1 线性布局 LinearLayout 53

3.3.2 相对布局 RelativeLayout 56

3.3.3 网格布局 GridLayout 58

3.3.4 滚动视图 ScrollView 59

3.4 按钮触控 61

3.4.1 按钮控件 Button 61

3.4.2 点击事件和长按事件 63

3.4.3 禁用与恢复按钮 65

3.5 图像显示 68

3.5.1 图像视图 ImageView 68

3.5.2 图像按钮 ImageButton 71

3.5.3 同时展示文本与图像 72

3.6 实战项目：计算器 73
　3.6.1 需求描述 73
　3.6.2 界面设计 73
　3.6.3 关键代码 74
3.7 小结 76
3.8 课后练习题 77

第 4 章 活动 Activity 78
4.1 启停活动页面 78
　4.1.1 Activity 的启动和结束 78
　4.1.2 Activity 的生命周期 80
　4.1.3 Activity 的启动模式 83
4.2 在活动之间传递消息 86
　4.2.1 显式 Intent 和隐式 Intent 87
　4.2.2 向下一个 Activity 发送数据 89
　4.2.3 向上一个 Activity 返回数据 90
4.3 为活动补充附加信息 92
　4.3.1 利用资源文件配置字符串 92
　4.3.2 利用元数据传递配置信息 93
　4.3.3 给应用页面注册快捷方式 94
4.4 小结 97
4.5 课后练习题 97

第 5 章 中级控件 99
5.1 图形定制 99
　5.1.1 图形 Drawable 99
　5.1.2 形状图形 100
　5.1.3 九宫格图片 103
　5.1.4 状态列表图形 105
5.2 选择按钮 106
　5.2.1 复选框 CheckBox 107
　5.2.2 开关按钮 Switch 109
　5.2.3 单选按钮 RadioButton 110
5.3 文本输入 112

5.3.1 编辑框 EditText 112

5.3.2 焦点变更监听器 115

5.3.3 文本变化监听器 117

5.4 对话框 119

5.4.1 提醒对话框 AlertDialog 119

5.4.2 日期对话框 DatePickerDialog 121

5.4.3 时间对话框 TimePickerDialog 122

5.5 实战项目：找回密码 124

5.5.1 需求描述 124

5.5.2 界面设计 125

5.5.3 关键代码 126

5.6 小结 128

5.7 课后练习题 128

第 6 章 数据存储 130

6.1 共享参数 SharedPreferences 130

6.1.1 共享参数的用法 130

6.1.2 实现记住密码功能 132

6.1.3 利用设备浏览器寻找共享参数文件 133

6.2 数据库 SQLite 134

6.2.1 SQL 的基本语法 134

6.2.2 数据库管理器 SQLiteDatabase 136

6.2.3 数据库帮助器 SQLiteOpenHelper 138

6.2.4 优化记住密码功能 142

6.3 存储卡的文件操作 144

6.3.1 私有存储空间与公共存储空间 144

6.3.2 在存储卡上读写文本文件 146

6.3.3 在存储卡上读写图片文件 147

6.4 应用组件 Application 149

6.4.1 Application 的生命周期 150

6.4.2 利用 Application 操作全局变量 151

6.4.3 利用 Room 简化数据库操作 152

6.5 实战项目：购物车 156

6.5.1 需求描述 156

      6.5.2 界面设计 158

      6.5.3 关键代码 158

  6.6 小结 163

  6.7 课后练习题 164

第 7 章 内容共享 166

  7.1 在应用之间共享数据 166

      7.1.1 通过 ContentProvider 封装数据 166

      7.1.2 通过 ContentResolver 访问数据 170

  7.2 使用内容组件获取通讯信息 172

      7.2.1 运行时动态申请权限 172

      7.2.2 利用 ContentResolver 读写联系人 176

      7.2.3 利用 ContentObserver 监听短信 177

  7.3 在应用之间共享文件 180

      7.3.1 使用相册图片发送彩信 180

      7.3.2 借助 FileProvider 发送彩信 182

      7.3.3 借助 FileProvider 安装应用 185

  7.4 小结 188

  7.5 课后练习题 188

第 8 章 高级控件 190

  8.1 下拉列表 190

      8.1.1 下拉框 Spinner 190

      8.1.2 数组适配器 ArrayAdapter 192

      8.1.3 简单适配器 SimpleAdapter 193

  8.2 列表类视图 195

      8.2.1 基本适配器 BaseAdapter 195

      8.2.2 列表视图 ListView 198

      8.2.3 网格视图 GridView 203

  8.3 翻页类视图 206

      8.3.1 翻页视图 ViewPager 207

      8.3.2 翻页标签栏 PagerTabStrip 210

      8.3.3 简单的启动引导页 211

  8.4 碎片 Fragment 215

　　　8.4.1　碎片的静态注册 215

　　　8.4.2　碎片的动态注册 218

　　　8.4.3　改进的启动引导页 221

　8.5　实战项目：记账本 223

　　　8.5.1　需求描述 224

　　　8.5.2　界面设计 224

　　　8.5.3　关键代码 225

　8.6　小结 229

　8.7　课后练习题 229

第 9 章　广播组件 Broadcast 231

　9.1　收发应用广播 231

　　　9.1.1　收发标准广播 231

　　　9.1.2　收发有序广播 234

　　　9.1.3　收发静态广播 236

　9.2　监听系统广播 239

　　　9.2.1　接收分钟到达广播 239

　　　9.2.2　接收网络变更广播 240

　　　9.2.3　定时管理器 AlarmManager 243

　9.3　捕获屏幕的变更事件 246

　　　9.3.1　竖屏与横屏切换 246

　　　9.3.2　回到桌面与切换到任务列表 249

　9.4　小结 252

　9.5　课后练习题 252

第 10 章　自定义控件 254

　10.1　视图的构建过程 254

　　　10.1.1　视图的构造方法 254

　　　10.1.2　视图的测量方法 258

　　　10.1.3　视图的绘制方法 261

　10.2　改造已有的控件 265

　　　10.2.1　自定义月份选择器 265

　　　10.2.2　给翻页标签栏添加新属性 266

　　　10.2.3　不滚动的列表视图 269

10.3 通过持续绘制实现简单动画 272
    10.3.1 Handler 的延迟机制 272
    10.3.2 重新绘制视图界面 273
    10.3.3 自定义饼图动画 276
10.4 实战项目：广告轮播 278
    10.4.1 需求描述 279
    10.4.2 界面设计 279
    10.4.3 关键代码 280
10.5 小结 284
10.6 课后练习题 284

第 11 章 通知与服务 286
11.1 消息通知 286
    11.1.1 通知推送 Notification 286
    11.1.2 通知渠道 NotificationChannel 289
    11.1.3 给桌面应用添加消息角标 292
11.2 服务 Service 294
    11.2.1 服务的启动和停止 294
    11.2.2 服务的绑定与解绑 297
    11.2.3 推送服务到前台 300
11.3 多线程 302
    11.3.1 分线程通过 Handler 操作界面 302
    11.3.2 异步任务 AsyncTask 306
    11.3.3 异步服务 IntentService 309
11.4 小结 312
11.5 课后练习题 312

第 12 章 组合控件 314
12.1 底部标签栏 314
    12.1.1 利用 BottomNavigationView 实现底部标签栏 314
    12.1.2 自定义标签按钮 319
    12.1.3 结合 RadioGroup 和 ViewPager 自定义底部标签栏 322
12.2 顶部导航栏 325
    12.2.1 工具栏 Toolbar 325

12.2.2 溢出菜单 OverflowMenu 327

12.2.3 标签布局 TabLayout 328

12.3 增强型列表 332

12.3.1 循环视图 RecyclerView 332

12.3.2 布局管理器 LayoutManager 335

12.3.3 动态更新循环视图 339

12.4 升级版翻页 341

12.4.1 下拉刷新布局 SwipeRefreshLayout 341

12.4.2 第二代翻页视图 ViewPager2 343

12.4.3 给 ViewPager2 集成标签布局 347

12.5 实战项目：电商首页 351

12.5.1 需求描述 351

12.5.2 界面设计 352

12.5.3 关键代码 353

12.6 小结 354

12.7 课后练习题 355

第 13 章 多媒体 356

13.1 图片 356

13.1.1 使用相机拍摄照片 356

13.1.2 从相册中选取图片 359

13.1.3 对图片进行简单加工 361

13.1.4 图像解码器 ImageDecoder 364

13.2 音频 366

13.2.1 使用录音机录制音频 366

13.2.2 利用 MediaPlayer 播放音频 368

13.2.3 利用 MediaRecorder 录制音频 371

13.3 视频 373

13.3.1 使用摄像机录制视频 373

13.3.2 从视频库中选取视频 376

13.3.3 利用视频视图（VideoView）播放视频 378

13.4 实战项目：评价晒单 381

13.4.1 需求描述 381

13.4.2 界面设计 383

13.4.3 关键代码 384

13.5 小结 386

13.6 课后练习题 386

第 14 章 网络通信 **388**

14.1 HTTP 接口访问 388

14.1.1 移动数据格式 JSON 388

14.1.2 GET 方式调用 HTTP 接口 391

14.1.3 POST 方式调用 HTTP 接口 396

14.2 下载管理器 DownloadManager 400

14.2.1 在通知栏显示下载进度 400

14.2.2 主动轮询当前的下载进度 403

14.2.3 利用 POST 方式上传文件 406

14.3 图片加载框架 Glide 408

14.3.1 从图片地址获取图像数据 408

14.3.2 使用 Glide 加载网络图片 411

14.3.3 利用 Glide 实现图片的三级缓存 413

14.4 实战项目：猜你喜欢 416

14.4.1 需求描述 416

14.4.2 界面设计 417

14.4.3 关键代码 418

14.5 小结 419

14.6 课后练习题 420

第 15 章 打造安装包 **422**

15.1 应用打包 422

15.1.1 导出 APK 安装包 422

15.1.2 制作 App 图标 425

15.1.3 给 APK 瘦身 426

15.2 规范处理 429

15.2.1 版本设置 429

15.2.2 发布模式 431

15.2.3 给数据库加密 433

15.3 安全加固 435

15.3.1 反编译 435

15.3.2 代码混淆 437

15.3.3 第三方加固及重签名 439

15.4 小结 440

15.5 课后练习题 440

附录 综合实践课题 442

第 1 章

Android 开发环境搭建

本章介绍了如何在个人电脑上搭建 Android 开发环境，主要包括：Android 开发的发展历史是怎样的、Android Studio 的开发环境是如何搭建的、如何创建并编译 App 工程、如何运行和调试 App。

1.1 Android 开发简介

本节介绍 Android 开发的历史沿革，包括 Android 的发展历程和 Android Studio 的发展历程两个方面。

1.1.1 Android 的发展历程

Android 是一款基于 Linux 的移动端开源操作系统，中文名为安卓，它不仅用于智能手机，还可用于平板电脑、智能电视、车载大屏、智能家居等设备，已然成为人们日常生活中不可或缺的系统软件。Android 的首个正式版本 Android 1.0 于 2008 年 9 月由谷歌公司发布，而第一部 Android 手机则由 HTC 公司制造。从此 Android 与苹果公司的 iOS 系统成为智能手机的两大操作系统，将功能机时代的霸主诺基亚拉下马来。因为 Android 的开源特性，各家手机厂商纷纷对其加以定制优化，所以 Android 阵营愈发壮大，带动 Android 手机的市场份额水涨船高。同时 Android 几乎每年都要发布一个大版本，技术的更新迭代非常之快，表 1-1 展示了 Android 几个主要版本的发布时间。

表 1-1　Android 主要版本的发布时间

Android 版本号	对应的 API	发布时间
Android 11	30	2020 年 9 月
Android 10	29	2019 年 8 月

（续表）

Android 版本号	对应的 API	发布时间
Android 9	28	2018 年 8 月
Android 8	26/27	2017 年 8 月
Android 7	24/25	2016 年 8 月
Android 6	23	2015 年 9 月
Android 5	21/22	2014 年 6 月
Android 4.4	19/20	2013 年 9 月

1.1.2 Android Studio 的发展历程

虽然 Android 基于 Linux 内核，但是 Android 手机的应用 App 主要采用 Java 语言开发。为了吸引众多的 Java 程序员，早期的 App 开发工具使用 Eclipse，通过给 Eclipse 安装 ADT 插件，使之支持开发和调试 App。然而 Eclipse 毕竟不是专门的 App 开发环境，运行速度也偏慢，因此谷歌公司在 2013 年 5 月推出了全新的 Android 开发环境——Android Studio。Android Studio 基于 IntelliJ IDEA 演变而来，既保持了 IDEA 方便快捷的特点，又增加了 Android 开发的环境支持。自 2015 年之后，谷歌公司便停止了 ADT 的版本更新，转而重点打造自家的 Android Studio，数年升级换代下来，Android Studio 的功能愈加丰富，性能也愈高效，使得它逐步成为主流的 App 开发环境。表 1-2 展示了 Android Studio 几个主要版本的发布时间。

表 1-2 Android Studio 主要版本的发布时间

Android Studio 版本号	发布时间
Android Studio 4.0	2020 年 5 月
Android Studio 3.0	2017 年 10 月
Android Studio 2.0	2016 年 4 月
Android Studio 1.0	2013 年 5 月

1.2　搭建 Android Studio 开发环境

本节介绍在电脑上搭建 Android Studio 开发环境的过程和步骤，首先说明用作开发机的电脑应当具备哪些基本配置，接着描述了 Android Studio 的安装和配置详细过程，然后叙述了如何下载 Android 开发需要的 SDK 组件及相关工具。

1.2.1 开发机配置要求

工欲善其事，必先利其器。要想保证 Android Studio 的运行速度，开发用的电脑配置就要跟上。现在一般用笔记本电脑开发 App，下面是对电脑硬件的基本要求：

（1）内存要求至少 8GB，越大越好。

（2）CPU 要求 1.5GHz 以上，越快越好。

（3）硬盘要求系统盘剩余空间 10GB 以上，越大越好。

（4）要求带无线网卡与 USB 插槽。

下面是对操作系统的基本要求（以 Windows 为例）。

（1）必须是 64 位系统，不能是 32 位系统。

（2）Windows 系统至少为 Windows 7，推荐 Windows 10，不支持 Windows XP。

下面是对网络的基本要求：

（1）最好连接公众网，因为校园网可能无法访问国外的网站。

（2）下载速度至少每秒 1MB，越快越好。因为 Android Studio 安装包大小为 1GB 左右，还需要另外下载几百 MB 的 SDK，所以网络带宽一定要够大，否则下载文件都要等很久。

1.2.2　安装 Android Studio

Android Studio 的官方下载页面是 https://developer.android.google.cn/studio/index.html，单击网页中央的 DOWNLOAD 按钮即可下载 Android Studio 的安装包。或者下拉网页找到"Android Studio downloads"区域，选择指定操作系统对应的 Android Studio 安装包。

双击下载完成的 Android Studio 安装程序，弹出安装向导对话框，如图 1-1 所示。直接单击 Next 按钮，进入下一页的组件选择对话框，如图 1-2 所示。

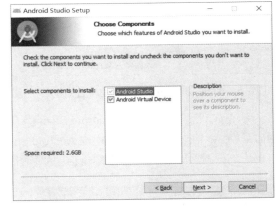

图 1-1　Android Studio 的安装向导　　　　　图 1-2　勾选 Android Studio 的安装组件

勾选 Android Studio 和 Android Virtual Device 两个选项，然后单击 Next 按钮，进入下一页的安装路径对话框，如图 1-3 所示。建议将 Android Studio 安装在除系统盘外的其他磁盘（比如 E 盘），然后单击 Next 按钮，进入下一页的开始菜单设置对话框，如图 1-4 所示。

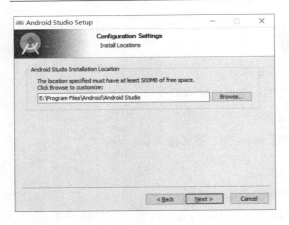

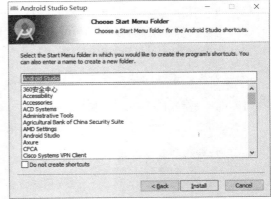

图 1-3　选择 Android Studio 的安装目录　　　　图 1-4　设置 Android Studio 的开始菜单

单击右下角的 Install 按钮，跳到下一页的安装过程对话框，耐心等待安装操作，安装过程的界面如图 1-5 所示。单击 Next 按钮进入完成对话框，如图 1-6 所示。

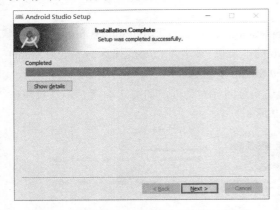

图 1-5　Android Studio 的安装过程对话框　　　　图 1-6　Android Studio 的完成安装对话框

勾选完成对话框的"Start Android Studio"选项，再单击右下角的 Finish 按钮，结束安装操作的同时启动 Android Studio。稍等片刻 Android Studio 启动之后会打开如图 1-7 所示的配置向导对话框。单击 Next 按钮进入下一页的安装类型对话框，如图 1-8 所示。

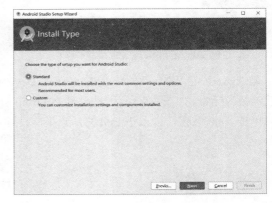

图 1-7　Android Studio 的配置向导对话框　　　　图 1-8　Android Studio 的安装类型对话框

这里保持 Standard 选项，单击 Next 按钮，跳到下一页的界面，如图 1-9 所示。选中右边的 Light 主题，表示开发界面采取白底黑字，然后单击 Next 按钮，跳到下一页的设置确认对话框，如图 1-10 所示。

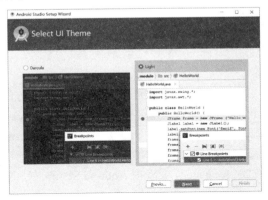

图 1-9　Android Studio 的对话框

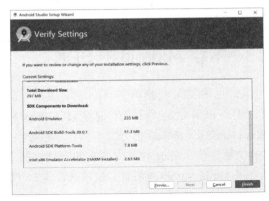

图 1-10　Android Studio 的设置确认对话框

设置确认对话框列出了需要下载哪些工具及其大小，确认完毕后继续单击 Next 按钮，跳到下一页的组件下载对话框，如图 1-11 所示。耐心等待组件下载操作，全部下载完成后，该对话框提示成功更新，如图 1-12 所示。

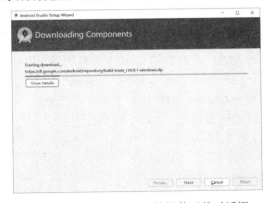

图 1-11　Android Studio 的组件下载对话框

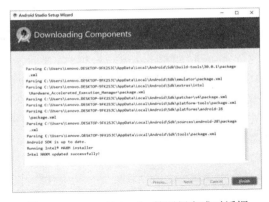

图 1-12　Android Studio 的更新完成对话框

单击对话框右下角的 Finish 按钮，完成安装配置工作，同时打开 Android Studio 欢迎界面，如图 1-13 所示。单击第一项的"Start a new Android Studio project"即可开始你的 Android 开发之旅。

另外注意，配置过程可能发生如下错误提示：

（1）第一次打开 Android Studio 可能会报 Unable to access Android SDK add-on list 错误信息，这个界面不用理会，单击 Cancel 按钮即可。进入 Android Studio 主界面后，依次选择菜单 File→Project Structure→SDK Location，在弹出的对话框中设置 SDK 的路径。设置

图 1-13　Android Studio 的欢迎界面

完毕后再打开 Android Studio 就不会报错了。

（2）已经按照安装步骤正确安装，运行 Android Studio 时却总是打不开。这时请检查电脑上是否开启了防火墙，建议关闭系统防火墙及所有杀毒软件的防火墙。关闭了防火墙后再重新打开 Android Studio 重试。

1.2.3 下载 Android 的 SDK

Android Studio 只提供了 App 的开发环境界面，编译 App 源码还需另外下载 Android 官方的 SDK，上一小节中的图 1-10 便展示了初始下载安装的 SDK 工具包。SDK 全称为 Software Development Kit，意即软件开发工具包，它可将 App 源码编译为可执行的 App 应用。随着 Android 版本的更新换代，SDK 也需时常在线升级，接下来介绍如何下载最新的 SDK。

在 Android Studio 主界面，依次选择菜单 Tools→SDK Manager，或者在 Android Studio 右上角中单击图标，如图 1-14 所示。

图 1-14　打开 SDK Manager 的图标栏

此时弹出 SDK Manager 的管理界面，窗口右边是 SDK 安装配置区域，初始画面如图 1-15 所示。注意 Android SDK Location 一栏，可单击右侧的 Edit 链接，进而选择 SDK 下载后的保存路径。其下的三个选项卡默认显示 SDK Platforms，也就是各个 SDK 平台的版本列表，勾选每个列表项左边的复选框，表示需要下载该版本的 SDK 平台，然后单击 OK 按钮即可自动下载并安装 SDK。也可单击中间 SDK Tools 选项卡，此时会切换到 SDK 工具的管理列表，如图 1-16 所示。在这个工具管理界面，能够在线升级编译工具 Build Tools、平台工具 Platform Tools，以及开发者需要的其他工具。

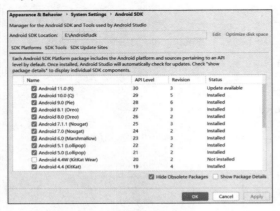

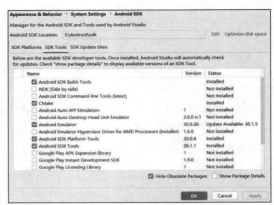

图 1-15　SDK 平台的管理列表　　　　　　　图 1-16　SDK 工具的管理列表

SDK 下载完成，可以到"我的电脑"中打开 Android SDK Location 指定的 SDK 保存路径，发现下面还有十几个目录，其中比较重要的几个目录说明如下：

- build-tools 目录，存放各版本 Android 的编译工具。
- emulator 目录，存放模拟器的管理工具。
- platforms 目录，存放各版本 Android 的资源文件与内核 JAR 包 android.jar。
- platform-tools 目录，存放常用的开发辅助工具，包括客户端驱动程序 adb.exe、数据库管理工具 sqlite3.exe，等等。
- sources 目录，存放各版本 Android 的 SDK 源码。

1.3　创建并编译 App 工程

本节介绍使用 Android Studio 创建并编译 App 工程的过程和步骤，首先叙述了如何通过 Android Studio 创建新的 App 项目，接着描述了如何导入已有的 App 工程（包括导入项目和导入模块两种方式），然后阐述了如何手工编译 App 工程。

1.3.1　创建新项目

在"1.2.2　安装 Android Studio"小节最后一步出来的图 1-13 中，单击第一项的 Start a new Android Studio project 会创建初始的新项目。如果要创建另外的新项目，也可在打开 Android Studio 之后，依次选择菜单 File→New→New Project。以上两种创建方式都会弹出如图 1-17 所示的项目创建对话框，在该对话框中选择第一行第四列的"Empty Activity"，单击 Next 按钮跳到下一个配置对话框如图 1-18 所示。

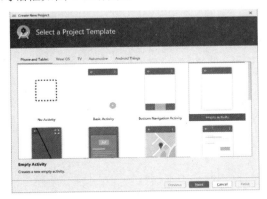

图 1-17　创建新项目

图 1-18　指定目标设备

在配置对话框的 Name 栏输入应用名称，在 Package Name 栏输入应用的包名，在 Save Location 栏输入或者选择项目工程的保存目录，在 Language 下拉框中选择编码语言为 Java，在 Minimun SDK 下拉框中选择最低支持到"API19:Android 4.4(KitKat)"，Minimun SDK 下方的文字提示当前版本支持设备的市场份额为 98.1%。下面有个复选框"User legacy android.support libraries"，如果勾选表示采用旧的 support 支持库，如果不勾选表示采用新的 androidx 库，因为 Android 官方不再更新旧的 support 库，所以此处无须勾选，默认采用新的 androidx 库就可以了。

然后单击 Finish 按钮完成配置操作，Android Studio 便自动创建规定配置的新项目了。稍等片刻，Android Studio 将呈现刚创建好的项目页面，如图 1-19 所示。

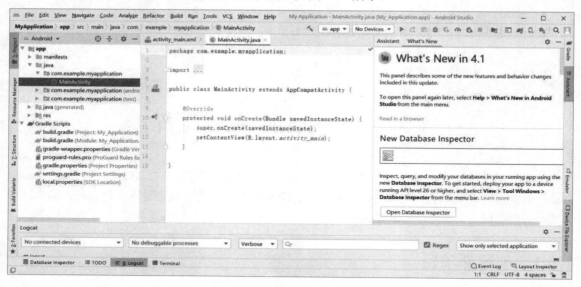

图 1-19　刚刚创建的新项目页面

工程创建完毕后，Android Studio 自动打开 activity_main.xml 与 MainActivity.java，并默认展示 MainActivity.java 的源码。MainActivity.java 上方的标签表示该文件的路径结构，注意源码左侧有一列标签，从上到下依次是 Project、Resource Manager、Structure、Build Variants、Favorites。单击 Project 标签，左侧会展开小窗口表示该项目工程的目录结构，如图 1-20 所示。单击 Structure 标签，左侧会展开小窗口表示该代码的内部方法结构，如图 1-21 所示。

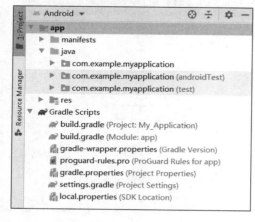

图 1-20　新项目的工程结构

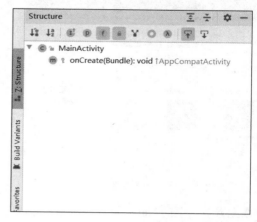

图 1-21　MainActivity 的方法结构

1.3.2　导入已有的工程

本书提供了所有章节的示例源码，为方便学习，读者可将本书源码直接导入 Android Studio。根据 App 工程的组织形式，有两种源码导入方式，分别是导入整个项目，以及导入某个模块，简要说明如下。

1. 导入整个项目

以本书源码 MyApp 为例，依次选择菜单 File→Open，或者依次选择菜单 File→New→Import Project，均会弹出如图 1-22 所示的文件对话框。

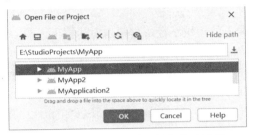

图 1-22　打开 App 项目的文件对话框

在文件对话框中选中待导入的项目路径，再单击对话框下方的 OK 按钮。此时文件对话框关闭，弹出另一个如图 1-23 所示的确认对话框。

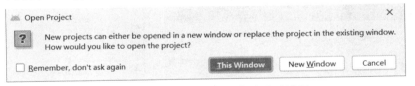

图 1-23　是否开启新窗口的确认对话框

确认对话框右下角有 3 个按钮，分别是 This Window、New Window 和 Cancel，其中 This Window 按钮表示在当前窗口打开该项目，New Window 按钮表示在新窗口打开该项目，Cancel 按钮表示取消打开操作。此处建议单击 New Window 按钮，即可在新窗口打开 App 项目。

2. 导入某个模块

如果读者已经创建了自己的项目，想在当前项目导入某章的源码，应当通过 Module 方式导入模块源码。依次选择菜单 File→New→Import Module，弹出如图 1-24 所示的导入对话框。

单击 Source Directory 输入框右侧的文件夹图标，弹出如图 1-25 所示的文件对话框。

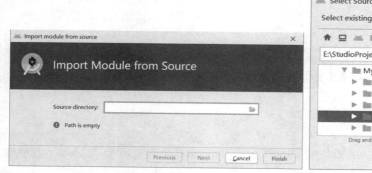

图 1-24　导入模块的对话框

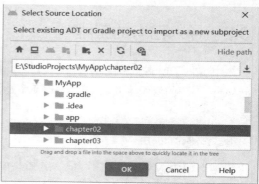

图 1-25　选择模块的文件对话框

在文件对话框中选择待导入的模块路径，再单击对话框下方的 OK 按钮，回到如图 1-26 所示的导入对话框。

可见导入对话框已经自动填上了待导入模块的完整路径，单击对话框右下角的 Finish 按钮完成导入操作。然后 Android Studio 自动开始模块的导入和编译动作，等待导入结束即可在 Android Studio 左上角的项目结构图中看到导入的 chapter02 模块，如图 1-27 所示。

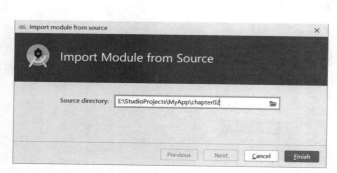

图 1-26　填写模块路径的对话框

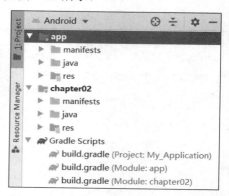

图 1-27　成功导入模块之后的项目结构图

1.3.3　编译 App 工程

Android Studio 跟 IDEA 一样，被改动的文件会自动保存，无须开发者手工保存。它还会自动编译最新的代码，如果代码有误，编辑界面会标红提示出错了。但是有时候可能因为异常关闭的缘故，造成 Android Studio 的编译文件发生损坏，此时需要开发者手动重新编译，手动编译有以下 3 种途径：

（1）依次选择菜单 Build→Make Project，该方式会编译整个项目下的所有模块。

（2）依次选择菜单 Build→Make Module ***，该方式会编译指定名称的模块。

（3）先选择菜单 Build→Clean Project，再选择菜单 Build→Rebuild Project，表示先清理当前项目，再对整个项目重新编译。

不管是编译项目还是编译模块，编译结果都展示在 Android Studio 主界面下方的 Build 窗口中，如图 1-28 所示。

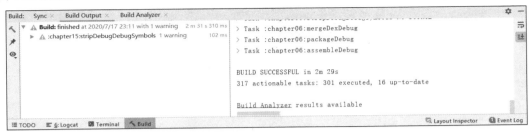

图 1-28　App 工程的编译结果窗口

由编译结果可知，当前项目编译耗时 2 分 29 秒，共发现了 1 个警告，未发现错误。

1.4　运行和调试 App

本节介绍使用 Android Studio 运行和调试 App 的过程，首先叙述了如何创建 Android Studio 内置的模拟器，接着描述了如何在刚创建的模拟器上运行测试 App，然后阐述了如何在 Android Studio 中查看 App 的运行日志。

1.4.1　创建内置模拟器

所谓模拟器，指的是在电脑上构造一个演示窗口，模拟手机屏幕的 App 运行效果。App 通过编译之后，只说明代码没有语法错误，若想验证 App 能否正确运行，还得让它在 Android 设备上跑起来。这个设备可以是真实手机，也可以是电脑里的模拟器。依次选择菜单 Run→Run '***'（也可按快捷键 Shift+F10），或者选择菜单 Run→Run...，在弹出的小窗中选择待运行的模块名称，Android Studio 会判断当前是否存在已经连接的设备，如果已有连接上的设备就在该设备上安装测试 App。

因为一开始没有任何已连上的设备，所以运行 App 会报错"Error running '***': No target device found."，意思是未找到任何目标设备。此时要先创建一个模拟器，依次选择菜单 Tools→AVD Manager，或者在 Android Studio 右上角的按钮中单击 图标，如图 1-29 所示。

图 1-29　打开 AVD Manager 的图标栏

此时 Android Studio 打开模拟器的创建窗口，如图 1-30 所示。
单击创建窗口中的 Create Virtual Device 按钮，弹出如图 1-31 所示的硬件选择对话框。

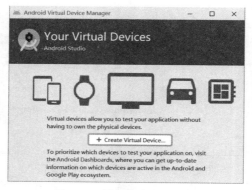

图 1-30　模拟器的创建窗口

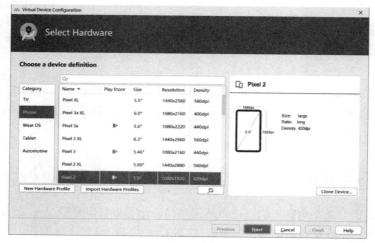

图 1-31　硬件选择对话框

在对话框的左边列表单击 Phone 表示选择手机，在中间列表选择某个手机型号如 Pixel 2，然后单击对话框右下角的 Next 按钮，跳到下一页的系统镜像选择对话框如图 1-32 所示。

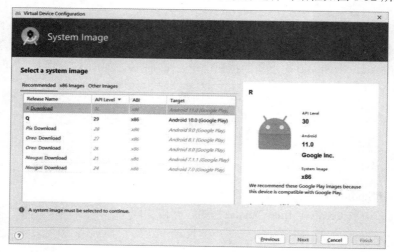

图 1-32　系统镜像选择对话框

　　看到镜像列表顶端的发布名称叫 R，对应的 API 级别为 30，它正是 Android 11 的系统镜像。
单击 R 右边的 Download 链接，弹出如图 1-33 所示的许可授权对话框。

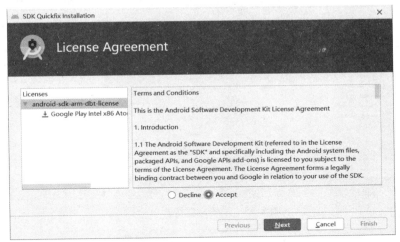

图 1-33　许可授权对话框

　　单击许可授权对话框的 Accept 选项，表示接受上述条款，再单击 Next 按钮跳到下一页的镜像
下载对话框，如图 1-34 所示。

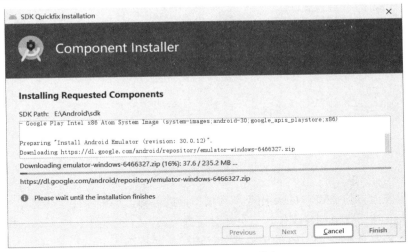

图 1-34　镜像下载对话框

　　等待镜像下载完成，单击右下角的 Finish 按钮，返回到如图 1-35 所示的系统镜像选择对话框。
　　此时 R 右边的 Download 链接消失，说明电脑中已经存在该版本的 Android 镜像。于是选中 R
这行，再单击 Next 按钮，跳到模拟器的配置对话框如图 1-36 所示。

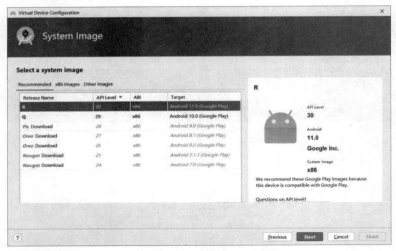

图 1-35　系统镜像选择对话框

图 1-36　模拟器的配置对话框

　　配置对话框左上方的 AVD Name 用于填写模拟器的名称，这里保持默认名称不动，单击对话框右下角的 Finish 按钮完成创建操作。一会儿对话框关闭，回到如图 1-37 所示的模拟器列表对话框，可见多了个名为 Pixel 2 API 30 的模拟器，且该模拟器基于 Android 11（API 30）。

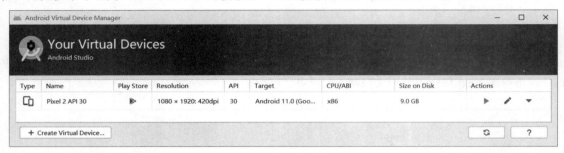

图 1-37　模拟器的列表对话框

1.4.2　在模拟器上运行 App

模拟器创建完成后，回到 Android Studio 的主界面，即可在顶部工具栏的下拉框中发现多了个
"Pixel 2 API 30"，它正是上一小节创建好的模拟器，如图 1-38 所示。

图 1-38　顶部工具栏出现刚创建的模拟器

重新选择菜单 Run→Run 'app'，也可直接单击 "Pixel 2 API 30" 右侧的三角运行按钮，Android
Studio 便开始启动名为 "Pixel 2 API 30" 的模拟器，如图 1-39 所示。等待模拟器启动完毕，出现
模拟器的开机画面如图 1-40 所示。再过一会儿，模拟器自动打开如图 1-41 所示的 App 界面。

图 1-39　模拟器正在启动　　　　图 1-40　模拟器的开机画面　　　　图 1-41　模拟器运行 App

可见模拟器屏幕左上角的应用名称为 MyApp，页面内容为 Hello World！它正是刚才想要运行
的测试 App，说明已经在模拟器上成功运行 App 了。

1.4.3　观察 App 的运行日志

虽然在模拟器上能够看到 App 的运行，却无法看到 App 的调试信息。以前写 Java 代码的时候，
通过 System.out.println 可以很方便地向 IDEA 的控制台输出日志，当然 Android Studio 也允许查看
App 的运行日志，只是 Android 不使用 System.out.println，而是采用 Log 工具打印日志。

有别于 System.out.println，Log 工具将各类日志划分为 5 个等级，每个等级的重要性是不一样
的，这些日志等级按照从高到低的顺序依次说明如下：

● Log.e：表示错误信息，比如可能导致程序崩溃的异常。

- Log.w：表示警告信息。
- Log.i：表示一般消息。
- Log.d：表示调试信息，可把程序运行时的变量值打印出来，方便跟踪调试。
- Log.v：表示冗余信息。

一般而言，日常开发使用 Log.d 即可，下面是给 App 添加日志信息的代码例子：

（完整代码见 app\src\main\java\com\example\app\MainActivity.java）

```java
import android.util.Log;

public class MainActivity extends AppCompatActivity {
    @Override
    protected void onCreate(Bundle savedInstanceState) {
        super.onCreate(savedInstanceState);
        setContentView(R.layout.activity_main);
        Log.d("MainActivity", "我看到你了");  // 添加一行日志信息
    }
}
```

重新运行测试 App，等模拟器刷新 App 界面后，单击 Android Studio 底部的"Logcat"标签，此时主界面下方弹出一排日志窗口，如图 1-42 所示。

图 1-42　Android Studio 的日志查看窗口

日志窗口的顶部是一排条件筛选框，从左到右依次为：测试设备的名称（如"Pixel_2_API_30"）、测试 App 的包名（例如只显示 com.example.myapp 的日志）、查看日志的级别（例如只显示级别不低于 Debug 即 Log.d 的日志）、日志包含的字符串（例如只显示包含 MainActivity 的日志），还有最后一个是筛选控制选项（其中"Show only selected application"表示只显示选中的应用日志，而"No Filters"则表示不过滤任何条件）。一排条件筛选之后，logcat 窗口只显示一行"D/MainActivity：我看到你了"，说明成功捕获前面代码调用 Log.d 的日志信息。

1.5　小　　结

本章主要介绍了 Android 开发环境的搭建过程，包括：Android 开发简介（Android 的发展历程、Android Studio 的发展历程）、搭建 Android Studio 开发环境（开发机配置要求、安装 Android Studio、下载 Android 的 SDK）、创建并编译 App 工程（创建新项目、导入已有的工程、编译 App 工程）、运行和调试 App（创建内置模拟器、在模拟器上运行 App、观察 App 的运行日志）。

通过本章的学习，读者应该掌握 Android Studio 的基本操作技能，能够使用自己搭建的 Android

Studio 环境创建简单的 App 工程，并在模拟器上成功运行测试 App。

1.6　课后练习题

一、填空题

1．Android 是基于_____的移动端开源操作系统。

2．Android 系统是由_____公司推出的。

3．Android 11 对应的 API 编号是_____。

4．App 除了在手机上运行，还能在电脑的_____上运行。

5．Android Studio 创建模拟器的管理工具名为_____。

二、判断题（正确打√，错误打×）

1．第一部 Android 手机由诺基亚制造。（　　）

2．Android Studio 由 Eclipse 演变而来。（　　）

3．Android Studio 只能在 64 位操作系统上运行。（　　）

4．运行 App 指的是运行某个模块，而非运行某个项目。（　　）

5．App 可以在电脑上直接运行。（　　）

三、选择题

1．智能手机的两大操作系统是（　　）。
A．Android　　　　　　B．iOS　　　　　　C．Symbian　　　　　　D．Windows

2．下列哪些设备可以运行 Android 系统（　　）。
A．智能手机　　　　　B．平板电脑　　　　C．智能电视　　　　　D．车载大屏

3．Android 提供的 App 专用开发工具包名为（　　）。
A．JDK　　　　　　　　B．NDK　　　　　　C．SDK　　　　　　　D．SSH

4．Android App 开发主要使用的编程语言是（　　）。
A．C/C++　　　　　　　B．Java　　　　　　C．Python　　　　　　D．Swift

5．打印调试级别的日志方法名为（　　）。
A．Log.e　　　　　　　B．Log.w　　　　　　C．Log.i　　　　　　D．Log.d

四、简答题

请列出导入 App 工程的几种方式。

五、动手练习

请上机实验搭建 App 的开发环境，主要步骤说明如下：

（1）下载并安装 Android Studio 的最新版本。

（2）创建一个新的 App 项目"Hello World"。

（3）使用 Android Studio 创建一个模拟器。

（4）在模拟器上安装并运行第二步创建的 App，观察能否看到"Hello World"字样。

第 2 章

Android App 开发基础

本章介绍基于 Android 系统的 App 开发常识，包括以下几个方面：App 开发与其他软件开发有什么不一样，App 工程是怎样的组织结构又是怎样配置的，App 开发的前后端分离设计是如何运作实现的，App 的活动页面是如何创建又是如何跳转的。

2.1　App 的开发特点

本节介绍了 App 开发与其他软件开发不一样的特点，例如：App 能在哪些操作系统上运行、App 开发用到了哪些编程语言、App 能操作哪些数据库等，搞清楚了 App 的开发运行环境，才能有的放矢不走弯路。

2.1.1　App 的运行环境

App 是在手机上运行的一类应用软件，而应用软件依附于操作系统，无论电脑还是手机，刚开机都会显示桌面，这个桌面便是操作系统的工作台。个人电脑的操作系统主要有微软的 Windows 和苹果的 Mac OS，智能手机流行的操作系统也有两种，分别是安卓手机的 Android 和苹果手机的 iOS。本书讲述的 App 开发为 Android 上的应用开发，Android 系统基于 Linux 内核，但不等于 Linux 系统，故 App 应用无法在 Linux 系统上运行。

Android Studio 是谷歌官方推出的 App 开发环境，它提供了三种操作系统的安装包，分别是 Windows、Mac 和 Linux。这就产生一个问题：开发者可以在电脑上安装 Android Studio，并使用 Android Studio 开发 App 项目，但是编译出来的 App 在电脑上跑不起来。这种情况真是令人匪夷所思的，通常学习 C 语言、Java 或者 Python，都能在电脑的开发环境直接观看程序运行过程，就算是 J2EE 开发，也能在浏览器通过网页观察程序的运行结果。可是安卓的 App 应用竟然没法在电脑上直接运行，那该怎样验证 App 的界面展示及其业务逻辑是否正确呢？

　　为了提供 App 开发的功能测试环境，一种办法是利用 Android Studio 创建内置的模拟器，然后启动内置模拟器，再在模拟器上运行 App 应用，详细步骤参见第一章的 "1.4.2　在模拟器上运行 App"。

　　另一种办法是使用真实手机测试 App，该办法在实际开发中更为常见。由于模拟器本身跑在电脑上面，占用电脑的 CPU 和内存，会拖累电脑的运行速度；况且模拟器仅仅是模拟而已，无法完全验证 App 的所有功能，因此最终都得通过真机测试才行。

　　利用真机调试要求具备以下 5 个条件：

1. 使用数据线把手机连到电脑上

　　手机的电源线拔掉插头就是数据线。数据线长方形的一端接到电脑的 USB 接口，即可完成手机与电脑的连接。

2. 在电脑上安装手机的驱动程序

　　一般电脑会把手机当作 USB 存储设备一样安装驱动，大多数情况会自动安装成功。如果遇到少数情况安装失败，需要先安装**手机助手，由助手软件下载并安装对应的手机驱动。

3. 打开手机的开发者选项并启用 USB 调试

　　手机出厂后默认关闭开发者选项，需要开启开发者选项才能调试 App。打开手机的设置菜单，进入 "系统" → "关于手机" → "版本信息" 页面，这里有好几个版本项，每个版本项都使劲点击七、八下，总会有某个版本点击后出现 "你将开启开发者模式" 的提示。继续点击该版本开启开发者模式，然后退出并重新进入设置页面，此时就能在 "系统" 菜单下找到 "开发者选项" 或 "开发人员选项" 了。进入 "开发者选项" 页面，启用 "开发者选项" 和 "USB 调试" 两处开关，允许手机通过 USB 接口安装调试应用。

4. 将连接的手机设为文件传输模式，并允许计算机进行 USB 调试

　　手机通过 USB 数据线连接电脑后，屏幕弹出如图 2-1 所示的选择列表，请求选择某种 USB 连接方式。这里记得选中 "传输文件"，因为充电模式不支持调试 App。

　　选完之后手机桌面弹出如图 2-2 所示的确认窗口，提示开发者是否允许当前计算机进行 USB 调试。这里勾选 "始终允许使用这台计算机进行调试" 选项，再点击右下角的确定按钮，允许计算机在手机上调试 App。

图 2-1　USB 连接方式选择列表

图 2-2　USB 调试的确认对话框

5. 手机要能正常使用

锁屏状态下，Android Studio 向手机安装 App 的行为可能会被拦截，所以要保证手机处于解锁状态，才能顺利通过电脑安装 App 到手机上。

有的手机还要求插入 SIM 卡才能调试 App，还有的手机要求登录会员才能调试 App，总之如果遇到无法安装的问题，各种情况都尝试一遍才好。

经过以上步骤，总算具备通过电脑在手机上安装 App 的条件了。马上启动 Android Studio，在顶部中央的执行区域看到已连接的手机信息，如图 2-3 所示。此时的设备信息提示这是一台华为手机，单击手机名称右边的三角运行按钮，接下来就是等待 Android Studio 往手机上安装 App 了。

图 2-3 找到已连接的真机设备

2.1.2 App 的开发语言

基于安卓系统的 App 开发主要有两大技术路线，分别是原生开发和混合开发。原生开发指的是在移动平台上利用官方提供的编程语言（例如 Java、Kotlin 等）、开发工具包（SDK）、开发环境（Android Studio）进行 App 开发；混合开发指的是结合原生与 H5 技术开发混合应用，也就是将部分 App 页面改成内嵌的网页，这样无须升级 App、只要覆盖服务器上的网页，即可动态更新 App 页面。

不管是原生开发还是混合开发，都要求掌握 Android Studio 的开发技能，因为混合开发本质上依赖于原生开发，如果没有原生开发的皮，哪里还有混合开发的毛呢？单就原生开发而言，又涉及多种编程语言，包括 Java、Kotlin、C/C++、XML 等，详细说明如下。

1. Java

Java 是 Android 开发的主要编程语言，在创建新项目时，弹出如图 2-4 所示的项目配置对话框，看见 Language 栏默认选择了 Java，表示该项目采用 Java 编码。

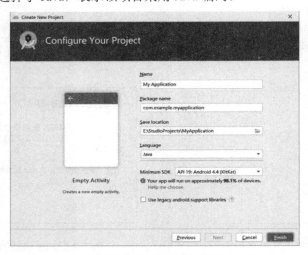

图 2-4 创建新项目时候的项目配置页面（Java）

　　虽然 Android 开发需要 Java 环境，但没要求电脑上必须事先安装 JDK，因为 Android Studio 已经自带了 JRE。依次选择菜单 File→Project Structure，弹出如图 2-5 所示的项目结构对话框。

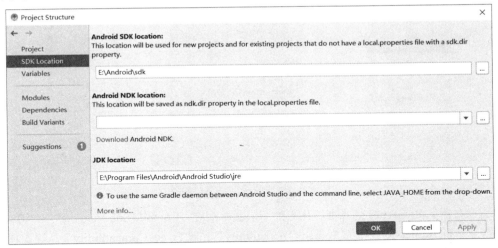

图 2-5　项目结构的配置窗口

　　单击项目结构对话框左侧的 SDK Location，对话框右边从上到下依次排列着"Android SDK location"、"Android NDK location"、"JDK location"，其中下方的 JDK location 提示位于 Android Studio 安装路径的 JRE 目录下，它正是 Android Studio 自带的 Java 运行环境。

　　可是 Android Studio 自带的 JRE 看不出来基于 Java 哪个版本，它支不支持最新的 Java 版本呢？其实 Android Studio 自带的 JRE 默认采用 Java 7 编译，如果在代码里直接书写 Java 8 语句就会报错，比如 Java 8 引入了 Lambda 表达式，下面代码通过 Lambda 表达式给整型数组排序：

```
Integer[] intArray = { 89, 3, 67, 12, 45 };
Arrays.sort(intArray, (o1, o2) -> Integer.compare(o2, o1));
```

　　倘若由 Android Studio 编译上面代码，结果提示出错"Lambda expressions are not supported at language level '7'"，意思是 Java 7 不支持 Lambda 表达式，错误信息如图 2-6 所示。

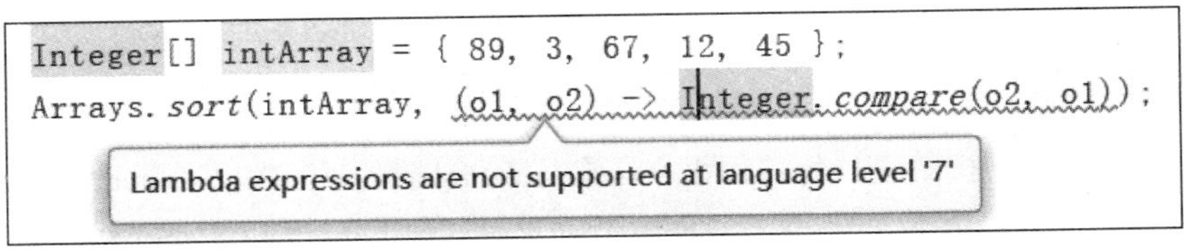

```
Integer[] intArray = { 89, 3, 67, 12, 45 };
Arrays.sort(intArray, (o1, o2) -> Integer.compare(o2, o1));
```
Lambda expressions are not supported at language level '7'

图 2-6　不支持 Lambda 表达式的出错提示

　　原来 Android Studio 果真默认支持 Java 7 而非 Java 8，但 Java 8 增添了诸多新特性，其拥趸与日俱增，有的用户习惯了 Java 8，能否想办法让 Android Studio 也支持 Java 8 呢？当然可以，只要略施小计便可，依次选择菜单 File→Project Structure，在弹出的项目结构对话框左侧单击 Modules，此时对话框如图 2-7 所示。

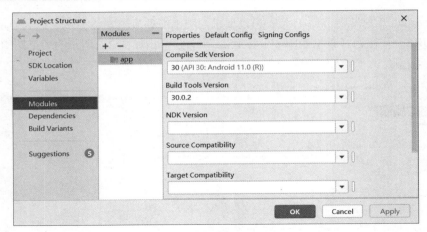

图 2-7　模块的属性设置对话框

对话框右侧的 Properties 选项卡，从上到下依次排列着"Compile Sdk Version"、"Build Tool Version"、"NDK Version"、"Source Compatibility"、"Target Compatibility"，这 5 项分别代表：编译的 SDK 版本、构建工具的版本、编译 C/C++代码的 NDK 版本、源代码兼容性、目标兼容性，其中后面两项用来设置 Java 代码的兼容版本。单击"Source Compatibility"右边的下拉箭头按钮，弹出如图 2-8 所示的下拉列表。

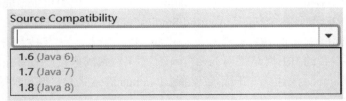

图 2-8　源码兼容性的 Java 版本选择列表

从下拉列表中看到，Android Studio 自带的 JRE 支持 Java 6、Java 7、Java 8 三种版本。单击选中列表项的"1.8（Java 8）"，并在"Target Compatibility"栏也选择"1.8（Java 8）"，然后单击窗口下方的 OK 按钮，就能将编译模块的 Java 版本改成 Java 8 了。

2. Kotlin

Kotlin 是谷歌官方力推的又一种编程语言，它与 Java 同样基于 JVM（Java Virtual Machine，即 Java 虚拟机），且完全兼容 Java 语言。创建新项目时，在 Language 栏下拉可选择 Kotlin，此时项目结构对话框如图 2-9 所示。

一旦在创建新项目时选定 Kotlin，该项目就会自动加载 Kotlin 插件，并将 Kotlin 作为默认的编程语言。不过本书讲述的 App 开发采用 Java 编程，未涉及 Kotlin 编程，如果读者对 Kotlin 开发感兴趣，可参考笔者的另一部图书《Kotlin 从零到精通 Android 开发》。

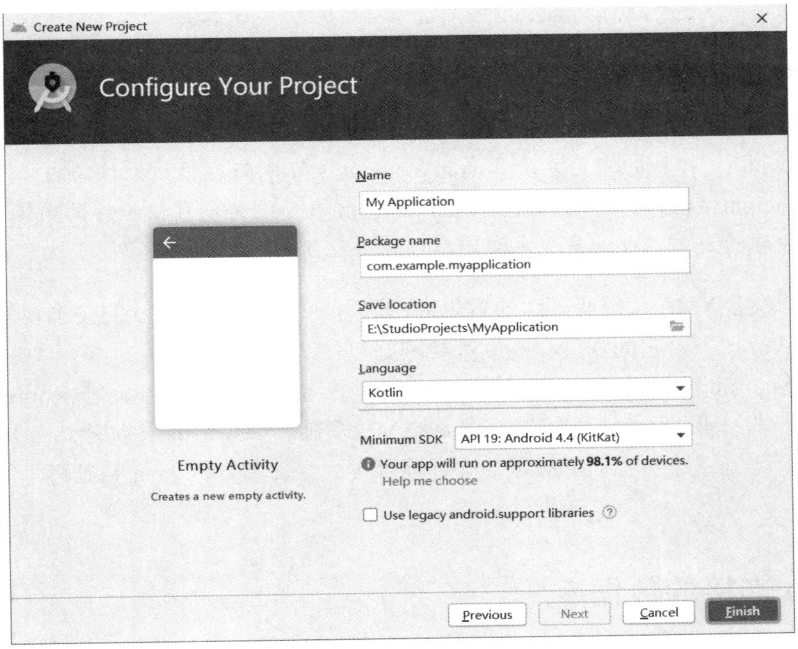

图 2-9　创建新项目时的项目配置对话框（Kotlin）

3. C/C++

不管是 Java 还是 Kotlin，它们都属于解释型语言，这类语言在运行之时才将程序翻译成机器语言，故而执行效率偏低。虽然现在手机配置越来越高，大多数场景的 App 运行都很流畅，但是涉及图像与音视频处理等复杂运算的场合，解释型语言的性能瓶颈便暴露出来。

编译型语言在首次编译时就将代码编译为机器语言，后续运行无须重新编译，直接使用之前的编译文件即可，因此执行效率比解释型语言高。C/C++正是编译型语言的代表，它能够有效弥补解释型语言的性能缺憾，借助于 JNI 技术（Java Native Interface，即 Java 原生接口），Java 代码允许调用 C/C++编写的程序。事实上，Android 的 SDK 开发包内部定义了许多 JNI 接口，包括图像读写在内的底层代码均由 C/C++编写，再由外部通过封装好的 Java 方法调用。

不过 Android 系统的 JNI 编程属于高级开发内容，初学者无须关注 JNI 开发，也不要求掌握 C/C++。如果读者学完本书还想研究包括 JNI 在内的安卓高级编程，可参考笔者的另一部图书《Android Studio 开发实战：从零基础到 App 上线》。

4. XML

XML 全称为 Extensible Markup Language，即可扩展标记语言，严格地说，XML 并非编程语言，只是一种标记语言。它类似于 HTML，利用各种标签表达页面元素，以及各元素之间的层级关系及其排列组合。每个 XML 标签都是独立的控件对象，标签内部的属性以"android:"打头，表示这是标准的安卓属性，各属性分别代表控件的某种规格。比如下面是以 XML 书写的文本控件：

```
<TextView
    android:id="@+id/tv_hello"
    android:layout_width="wrap_content"
    android:layout_height="wrap_content"
```

```
android:text="Hello World!" />
```

上面的标签名称为 TextView，翻译过来叫文本视图，该标签携带 4 个属性，说明如下：

- id：控件的编号。
- layout_width：控件的布局宽度，wrap_content 表示刚好包住该控件的内容。
- layout_height：控件的布局高度，wrap_content 表示刚好包住该控件的内容。
- text：控件的文本，也就是文本视图要显示什么文字。

综合起来，以上 XML 代码所表达的意思为：这是一个名为 tv_hello 的文本视图，显示的文字内容是"Hello World!"，它的宽度和高度都要刚好包住这些文字。

以上就是 Android 开发常见的几种编程语言，本书选择了 Java 路线而非 Kotlin 路线，并且定位安卓初学者教程，因此读者需要具备 Java 和 XML 基础。如果你尚未掌握 Java 编程，建议先学习笔者的 Java 专著《好好学 Java：从零基础到项目实战》，等打好 Java 基础再学 Android 开发也不迟。

2.1.3 App 连接的数据库

在学习 Java 编程的时候，基本会学到数据库操作，通过 JDBC 连接数据库进行记录的增删改查，这个数据库可能是 MySQL，也可能是 Oracle，还可能是 SQL Server。然而手机应用不能直接操作上述几种数据库，因为数据库软件也得像应用软件那样安装到操作系统上，比如 MySQL 提供了 Windows 系统的安装包，也提供了 Linux 系统的安装包，可是它没有提供 Android 系统的安装包呢，所以 MySQL 没法在 Android 系统上安装，手机里面的 App 也就不能直连 MySQL。

既然 MySQL、Oracle 这些企业数据库无法在手机安装，那么 App 怎样管理业务方面的数据记录呢？其实 Android 早已内置了专门的数据库名为 SQLite，它遵循关系数据库的设计理念，SQL 语法类似于 MySQL。不同之处在于，SQLite 无须单独安装，因为它内嵌到应用进程当中，所以 App 无须配置连接信息，即可直接对其增删改查。由于 SQLite 嵌入到应用程序，省去了配置数据库服务器的开销，因此它又被归类为嵌入式数据库。

可是 SQLite 的数据库文件保存在手机上，开发者拿不到用户的手机，又该如何获取 App 存储的业务数据？比如用户的注册信息、用户的购物记录，等等。如果像 Java Web 那样，业务数据统一保存在后端的数据库服务器，开发者只要登录数据库服务器，就能方便地查询导出需要的记录信息。

手机端的 App，连同程序代码及其内置的嵌入式数据库，其实是个又独立又完整的程序实体，它只负责手机上的用户交互与信息处理，该实体被称作客户端。而后端的 Java Web 服务，包括 Web 代码和数据库服务器，同样构成另一个单独运行的程序实体，它只负责后台的业务逻辑与数据库操作，该实体被称作服务端。客户端与服务端之前通过 HTTP 接口通信，每当客户端觉得需要把信息发给服务端，或者需要从服务端获取信息时，客户端便向服务端发起 HTTP 请求，服务端收到客户端的请求之后，根据规则完成数据处理，并将处理结果返回给客户端。这样客户端经由 HTTP 接口并借服务端之手，方能间接读写后端的数据库服务器（如 MySQL），具体的信息交互过程如图 2-10 所示。

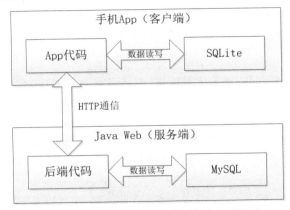

图 2-10　客户端与服务端分别操作的数据库

由此看来，一个具备用户管理功能的 App 系统，实际上并不单单只是手机上的一个应用，还包括与其对应的 Java Web 服务。手机里的客户端 App，面向的是手机用户，App 与用户之间通过手机屏幕交互；而后端的服务程序，面向的是手机 App，客户端与服务端之间通过 HTTP 接口交互。客户端和服务端这种多对一的架构关系如图 2-11 所示。

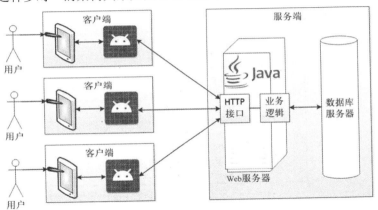

图 2-11　客户端与服务端的多对一架构关系图

总结一下，手机 App 能够直接操作内置的 SQLite 数据库，但不能直接操作 MySQL 这种企业数据库。必须事先搭建好服务端程序（如 Java Web），然后客户端与服务端通过 HTTP 接口通信，再由服务端操作以 MySQL 为代表的数据库服务器。

2.2　App 的工程结构

本节介绍 App 工程的基本结构及其常用配置，首先描述项目和模块的区别，以及工程内部各目录与配置文件的用途说明；其次阐述两种级别的编译配置文件 build.gradle，以及它们内部的配置信息说明；再次讲述运行配置文件 AndroidManifest.xml 的节点信息及其属性说明。

2.2.1 App 工程目录结构

App 工程分为两个层次，第一个层次是项目，依次选择菜单 File→New→New Project 即可创建新项目。另一个层次是模块，模块依附于项目，每个项目至少有一个模块，也能拥有多个模块，依次选择菜单 File→New→New Module 即可在当前项目创建新模块。一般所言的"编译运行 App"，指的是运行某个模块，而非运行某个项目，因为模块才对应实际的 App。单击 Android Studio 左上角竖排的 Project 标签，可见 App 工程的项目结构如图 2-12 所示。

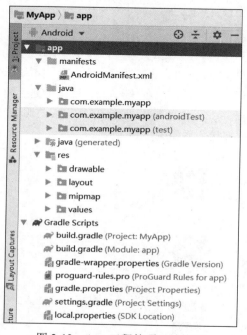

图 2-12　App 工程的项目结构图

从图 2-12 中看到，该项目下面有两个分类：一个是 app（代表 app 模块）；另一个是 Gradle Scripts。其中，app 下面又有 3 个子目录，其功能说明如下：

（1）manifests 子目录，下面只有一个 XML 文件，即 AndroidManifest.xml，它是 App 的运行配置文件。

（2）java 子目录，下面有 3 个 com.example.myapp 包，其中第一个包存放当前模块的 Java 源代码，后面两个包存放测试用的 Java 代码。

（3）res 子目录，存放当前模块的资源文件。res 下面又有 4 个子目录：

● drawable 目录存放图形描述文件与图片文件。
● layout 目录存放 App 页面的布局文件。
● mipmap 目录存放 App 的启动图标。
● values 目录存放一些常量定义文件，例如字符串常量 strings.xml、像素常量 dimens.xml、颜色常量 colors.xml、样式风格定义 styles.xml 等。

Gradle Scripts 下面主要是工程的编译配置文件，主要有：

（1）build.gradle，该文件分为项目级与模块级两种，用于描述 App 工程的编译规则。

（2）proguard-rules.pro，该文件用于描述 Java 代码的混淆规则。

（3）gradle.properties，该文件用于配置编译工程的命令行参数，一般无须改动。

（4）settings.gradle，该文件配置了需要编译哪些模块。初始内容为 include ':app'，表示只编译 app 模块。

（5）local.properties，项目的本地配置文件，它在工程编译时自动生成，用于描述开发者电脑的环境配置，包括 SDK 的本地路径、NDK 的本地路径等。

2.2.2　编译配置文件 build.gradle

新创建的 App 项目默认有两个 build.gradle，一个是 Project 项目级别的 build.gradle；另一个是 Module 模块级别的 build.gradle。

项目级别的 build.gradle 指定了当前项目的总体编译规则，打开该文件在 buildscript 下面找到 repositories 和 dependencies 两个节点，其中 repositories 节点用于设置 Android Studio 插件的网络仓库地址，而 dependencies 节点用于设置 gradle 插件的版本号。由于官方的谷歌仓库位于国外，下载速度相对较慢，因此可在 repositories 节点添加阿里云的仓库地址，方便国内开发者下载相关插件。修改之后的 buildscript 节点内容如下所示：

```
buildscript {
    repositories {
        // 以下 4 行添加阿里云的仓库地址，方便国内开发者下载相关插件
        maven { url 'https://maven.aliyun.com/repository/jcenter' }
        maven { url 'https://maven.aliyun.com/repository/google'}
        maven { url 'https://maven.aliyun.com/repository/gradle-plugin'}
        maven { url 'https://maven.aliyun.com/repository/public'}
        google()
        mavenCentral()

    }
    dependencies {
        // 配置 gradle 插件版本，下面的版本号就是 Android Studio 的版本号
        classpath 'com.android.tools.build:gradle:4.1.0'
    }
}
```

模块级别的 build.gradle 对应于具体模块，每个模块都有自己的 build.gradle，它指定了当前模块的详细编译规则。下面给 chapter02 模块的 build.gradle 补充文字注释，方便读者更好地理解每个参数的用途。

（完整代码见 chapter02\build.gradle）

```
apply plugin: 'com.android.application'

android {
```

```
    // 指定编译用的 SDK 版本号。比如 30 表示使用 Android 11.0 编译
    compileSdkVersion 30
    // 指定编译工具的版本号。这里的头两位数字必须与 compileSdkVersion 保持一致，具体的
版本号可在 SDK 安装目录的"sdk\build-tools"下找到
    buildToolsVersion "30.0.2"

    defaultConfig {
        // 指定该模块的应用编号，也就是 App 的包名
        applicationId "com.example.chapter02"
        // 指定 App 适合运行的最小 SDK 版本号。比如 19 表示至少要在 Android 4.4 上运行
        minSdkVersion 19
        // 指定目标设备的 SDK 版本号。表示 App 最希望在哪个版本的 Android 上运行
        targetSdkVersion 30
        // 指定 App 的应用版本号
        versionCode 1
        // 指定 App 的应用版本名称
        versionName "1.0"
        testInstrumentationRunner "androidx.test.runner.AndroidJUnitRunner"
    }

    buildTypes {
        release {
            minifyEnabled false
            proguardFiles getDefaultProguardFile('proguard-android-optimize.
txt'), 'proguard-rules.pro'
        }
    }
}

// 指定 App 编译的依赖信息
dependencies {
    // 指定引用 JAR 包的路径
    implementation fileTree(dir: 'libs', include: ['*.jar'])
    // 指定编译 Android 的高版本支持库。如 AppCompatActivity 必须指定编译 appcompat 库
    implementation 'androidx.appcompat:appcompat:1.2.0'
    implementation 'androidx.constraintlayout:constraintlayout:2.0.2'
    // 指定单元测试编译用的 junit 版本号
    testImplementation 'junit:junit:4.13'
    androidTestImplementation 'androidx.test.ext:junit:1.1.2'
    androidTestImplementation 'androidx.test.espresso:espresso-core:3.3.0'
}
```

为啥这两种编译配置文件的扩展名都是 Gradle 呢？这是因为它们采用了 Gradle 工具完成编译构建操作。Gradle 工具的版本配置在 gradle\wrapper\gradle-wrapper.properties，也可以依次选择菜单 File→Project Structure→Project，在弹出的设置页面中修改 Gradle Version。注意每个版本的 Android Studio 都有对应的 Gradle 版本，只有二者的版本正确对应，App 工程才能成功编译。比如 Android Studio 4.1 对应的 Gradle 版本为 6.5，更多的版本对应关系见 https://developer.android.google.cn/studio/releases/gradle-plugin#updating-plugin。

2.2.3　运行配置文件 AndroidManifest.xml

AndroidManifest.xml 指定了 App 的运行配置信息，它是一个 XML 描述文件，初始内容如下所示：

（完整代码见 chapter02\src\main\AndroidManifest.xml）

```
<manifest xmlns:android="http://schemas.android.com/apk/res/android"
    package="com.example.chapter02">
    <application
        android:allowBackup="true"
        android:icon="@mipmap/ic_launcher"
        android:label="@string/app_name"
        android:roundIcon="@mipmap/ic_launcher_round"
        android:supportsRtl="true"
        android:theme="@style/AppTheme">
        <activity android:name=".MainActivity">
            <intent-filter>
                <action android:name="android.intent.action.MAIN" />
                <category android:name="android.intent.category.LAUNCHER" />
            </intent-filter>
        </activity>
    </application>
</manifest>
```

可见 AndroidManifest.xml 的根节点为 manifest，它的 package 属性指定了该 App 的包名。manifest 下面有个 application 节点，它的各属性说明如下：

- android:allowBackup，是否允许应用备份。为 true 表示允许，为 false 则表示不允许。
- android:icon，指定 App 在手机屏幕上显示的图标。
- android:label，指定 App 在手机屏幕上显示的名称。
- android:roundIcon，指定 App 的圆角图标。
- android:supportsRtl，是否支持阿拉伯语/波斯语这种从右往左的文字排列顺序。为 true 表示支持，为 false 则表示不支持。
- android:theme，指定 App 的显示风格。

注意到 application 下面还有个 activity 节点，它是活动页面的注册声明，只有在 AndroidManifest.xml 中正确配置了 activity 节点，才能在运行时访问对应的活动页面。初始配置的 MainActivity 正是 App 的默认主页，之所以说该页面是 App 主页，是因为它的 activity 节点内部还配置了以下的过滤信息：

```
<intent-filter>
    <action android:name="android.intent.action.MAIN" />
    <category android:name="android.intent.category.LAUNCHER" />
</intent-filter>
```

其中 action 节点设置的 android.intent.action.MAIN 表示该页面是 App 的入口页面，启动 App

时会最先打开该页面。而 category 节点设置的 android.intent.category.LAUNCHER 决定了是否在手机屏幕上显示 App 图标，如果同时有两个 activity 节点内部都设置了 android.intent.category.LAUNCHER，那么桌面就会显示两个 App 图标。以上的两种节点规则可能一开始不太好理解，读者只需记住默认主页必须同时配置这两种过滤规则即可。

2.3　App 的设计规范

本节介绍了 App 工程的源码设计规范，首先 App 将看得见的界面设计与看不见的代码逻辑区分开，然后利用 XML 标记描绘应用界面，同时使用 Java 代码书写程序逻辑，从而形成 App 前后端分离的设计规约，有利于提高 App 集成的灵活性。

2.3.1　界面设计与代码逻辑

手机的功能越来越强大，某种意义上相当于微型电脑，比如打开一个电商 App，仿佛是在电脑上浏览网站。网站分为用户看得到的网页，以及用户看不到的 Web 后台；App 也分为用户看得到的界面，以及用户看不到的 App 后台。虽然 Android 允许使用 Java 代码描绘界面，但不提倡这么做，推荐的做法是将界面设计从 Java 代码剥离出来，通过单独的 XML 文件定义界面布局，就像网站使用 HTML 文件定义网页那样。直观地看，网站的前后端分离设计如图 2-13 所示，App 的前后端分离设计如图 2-14 所示。

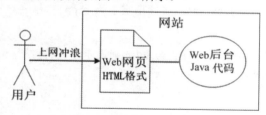
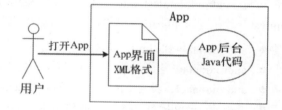

图 2-13　网站的前后端分离设计　　　　图 2-14　App 的前后端分离设计

把界面设计与代码逻辑分开，不仅参考了网站的 Web 前后端分离，还有下列几点好处。

（1）使用 XML 文件描述 App 界面，可以很方便地在 Android Studio 上预览界面效果。比如新创建的 App 项目，默认首页布局为 activity_main.xml，单击界面右上角的 Design 按钮，即可看到如图 2-15 所示的预览界面。

如果 XML 文件修改了 Hello World 的文字内容，立刻就能在预览区域观看最新界面。倘若使用 Java 代码描绘界面，那么必须运行 App 才能看到 App 界面，无疑费时许多。

（2）一个界面布局可以被多处代码复用，比如看图界面，既能通过商城购物代码浏览商品图片，也能通过商品评价代码浏览买家晒单。

（3）反过来，一段 Java 代码也可能适配多个界面布局，比如手机有竖屏与横屏两种模式，默认情况 App 采用同一套布局，然而在竖屏时很紧凑的界面布局（见图 2-16），切换到横屏往往变得松垮乃至变形（见图 2-17）。

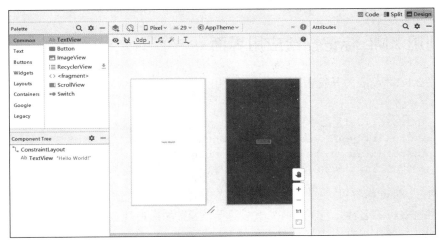

图 2-15　XML 文件的预览界面

图 2-16　竖屏时候的界面布局

图 2-17　横屏时候的界面布局

鉴于竖屏与横屏遵照一样的业务逻辑，仅仅是屏幕方向不同，若要调整的话，只需分别给出竖屏时候的界面布局，以及横屏时候的界面布局。因为用户多数习惯竖屏浏览，所以 res/layout 目录下放置的 XML 文件默认为竖屏规格，另外在 res 下面新建名为 layout-land 的目录，用来存放横屏规格的 XML 文件。land 是 landscape 的缩写，意思是横向，Android 把 layout-land 作为横屏 XML 的专用布局目录。然后在 layout-land 目录创建与原 XML 同名的 XML 文件，并重新编排界面控件的展示方位，调整后的横屏界面如图 2-18 所示，从而有效适配了屏幕的水平方向。

图 2-18　采用另一个 XML 文件的横屏布局

总的来说，界面设计与代码逻辑分离的好处多多，后续的例程都由 XML 布局与 Java 代码两部分组成。

2.3.2　利用 XML 标记描绘应用界面

在前面"2.1.2　App 的开发语言"末尾，给出了安卓控件的 XML 定义例子，如下所示：

```
<TextView
    android:id="@+id/tv_hello"
    android:layout_width="wrap_content"
    android:layout_height="wrap_content"
    android:text="Hello World!" />
```

注意到 TextView 标签以"<"开头，以"/>"结尾，为何尾巴多了个斜杆呢？要是没有斜杆，以左右尖括号包裹标签名称，岂不更好？其实这是 XML 的标记规范，凡是 XML 标签都由标签头与标签尾组成，标签头以左右尖括号包裹标签名称，形如"<TextView>"；标签尾在左尖括号后面插入斜杆，以此同标签头区分开，形如"</TextView>"。标签头允许在标签名称后面添加各种属性取值，而标签尾不允许添加任何属性，因此上述 TextView 标签的完整 XML 定义是下面这样的：

```
<TextView
    android:id="@+id/tv_hello"
    android:layout_width="wrap_content"
    android:layout_height="wrap_content"
    android:text="Hello World!" >
</TextView>
```

考虑到 TextView 仅仅是个文本视图，其标签头和标签尾之间不会插入其他标记，所以合并它的标签头和标签尾，也就是让 TextView 标签以"/>"结尾，表示该标签到此为止。

然而不是所有情况都能采取简化写法，简写只适用于 TextView 控件这种末梢节点。好比一棵大树，大树先有树干，树干分岔出树枝，一些大树枝又分出小树枝，树枝再长出末端的树叶。一个界面也是先有根节点（相当于树干），根节点下面挂着若干布局节点（相当于树枝），布局节点下面再挂着控件节点（相当于树叶）。因为树叶已经是末梢了，不会再包含其他节点，所以末梢节点允许采用"/>"这种简写方式。

譬如下面是个 XML 文件的布局内容，里面包含了根节点、布局节点，以及控件节点：

（完整代码见 chapter02\src\main\res\layout\activity_main.xml）

```
<LinearLayout xmlns:android="http://schemas.android.com/apk/res/android"
    android:layout_width="match_parent"
    android:layout_height="match_parent">
    <!-- 这是个线性布局， match_parent 意思是与上级视图保持一致-->
    <LinearLayout
        android:layout_width="match_parent"
        android:layout_height="match_parent">
        <!-- 这是个文本视图，名称为 tv_hello，显示的文字内容为"Hello World!" -->
        <TextView
            android:id="@+id/tv_hello"
            android:layout_width="wrap_content"
```

```
        android:layout_height="wrap_content"
        android:text="Hello World!" />
    </LinearLayout>
</LinearLayout>
```

上面的 XML 内容，最外层的 LinearLayout 标签为该界面的根节点，中间的 LinearLayout 标签为布局节点，最内层的 TextView 为控件节点。由于根节点和布局节点都存在下级节点，因此它们要有配对的标签头与标签尾，才能将下级节点包裹起来。根节点其实是特殊的布局节点，它的标签名称可以跟布局节点一样，区别之处在于下列两点：

（1）每个界面只有一个根节点，却可能有多个布局节点，也可能没有中间的布局节点，此时所有控件节点都挂在根节点下面。

（2）根节点必须配备"xmlns:android="http://schemas.android.com/apk/res/android""，表示指定 XML 内部的命名空间，有了这个命名空间，Android Studio 会自动检查各节点的属性名称是否合法，如果不合法就提示报错。至于布局节点就不能再指定命名空间了。

有了根节点、布局节点、控件节点之后，XML 内容即可表达丰富多彩的界面布局，因为每个界面都能划分为若干豆腐块，每个豆腐块再细分为若干控件罢了。三种节点之外，尚有"<!—说明文字 -->"这类注释标记，它的作用是包裹注释性质的说明文字，方便其他开发者理解此处的 XML 含义。

2.3.3　使用 Java 代码书写程序逻辑

在 XML 文件中定义界面布局，已经明确是可行的了，然而这只是静态界面，倘若要求在 App 运行时修改文字内容，该当如何是好？倘若是动态变更网页内容，还能在 HTML 文件中嵌入 JavaScript 代码，由 js 片段操作 Web 控件。但 Android 的 XML 文件仅仅是布局标记，不能再嵌入其他语言的代码了，也就是说，只靠 XML 文件自身无法动态刷新某个控件。

XML 固然表达不了复杂的业务逻辑，这副重担就得交给 App 后台的 Java 代码了。Android Studio 每次创建新项目，除了生成默认的首页布局 activity_main.xml 之外，还会生成与其对应的代码文件 MainActivity.java。赶紧打开 MainActivity.java，看看里面有什么内容，该 Java 文件中 MainActivity 类的内容如下所示：

```java
public class MainActivity extends AppCompatActivity {
    @Override
    protected void onCreate(Bundle savedInstanceState) {
        super.onCreate(savedInstanceState);
        setContentView(R.layout.activity_main);
    }
}
```

可见 MainActivity.java 的代码内容很简单，只有一个 MainActivity 类，该类下面只有一个 onCreate 方法。注意 onCreate 内部的 setContentView 方法直接引用了布局文件的名字 activity_main，该方法的意思是往当前活动界面填充 activity_main.xml 的布局内容。现在准备在这里改动，把文字内容改成中文。首先打开 activity_main.xml，在 TextView 节点下方补充一行 android:id="@+id/tv_hello"，表示给它起个名字编号；然后回到 MainActivity.java，在 setContentView

方法下面补充几行代码，具体如下：

（完整代码见 chapter02\src\main\java\com\example\chapter02\MainActivity.java）

```java
public class MainActivity extends AppCompatActivity {
    @Override
    protected void onCreate(Bundle savedInstanceState) {
        super.onCreate(savedInstanceState);
        // 当前的页面布局采用的是 res/layout/activity_main.xml
        setContentView(R.layout.activity_main);
        // 获取名为 tv_hello 的 TextView 控件，注意添加导包语句 import
android.widget.TextView;
        TextView tv_hello = findViewById(R.id.tv_hello);
        // 设置 TextView 控件的文字内容
        tv_hello.setText("你好，世界");
    }
}
```

新增的两行代码主要做了这些事情：先调用 findViewById 方法，从布局文件中取出名为 tv_hello 的 TextView 控件；再调用控件对象的 setText 方法，为其设置新的文字内容。

代码补充完毕，重新运行测试 App，发现应用界面变成了如图 2-19 所示的样子。

图 2-19　修改控件文本后的界面效果

可见使用 Java 代码成功修改了界面控件的文字内容。

2.4　App 的活动页面

本节介绍了 App 活动页面的基本操作，首先手把手地分三步创建新的 App 页面，接着通过活动创建菜单快速生成页面源码，然后说明了如何在代码中跳到新的活动页面。

2.4.1　创建新的 App 页面

每次创建新的项目，都会生成默认的 activity_main.xml 和 MainActivity.java，它们正是 App 首页对应的 XML 文件和 Java 代码。若要增加新的页面，就得由开发者自行操作了，完整的页面创建过程包括 3 个步骤：创建 XML 文件、创建 Java 代码、注册页面配置，分别介绍如下：

1. 创建 XML 文件

在 Android Studio 左上方找到项目结构图，右击 res 目录下面的 layout，弹出如图 2-20 所示的右键菜单。

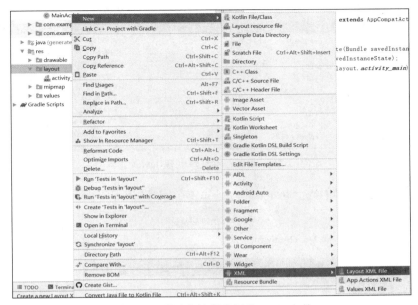

图 2-20　通过右键菜单创建 XML 文件

在右键菜单中依次选择 New→XML→Layout XML File，弹出如图 2-21 所示的 XML 创建对话框。

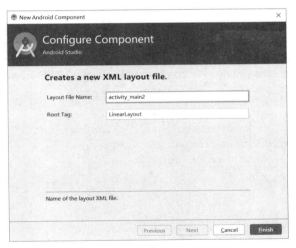

图 2-21　XML 文件的创建窗口

在 XML 创建对话框的 Layout File Name 输入框中填写 XML 文件名，例如 activity_main2，然后单击窗口右下角的 Finish 按钮。之后便会在 layout 目录下面看到新创建的 XML 文件 activity_main2.xml，双击它即可打开该 XML 的编辑窗口，再往其中填写详细的布局内容。

2. 创建 Java 代码

同样在 Android Studio 左上方找到项目结构图，右击 java 目录下面的包名，弹出如图 2-22 所示的右键菜单。

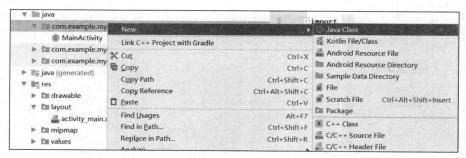

图 2-22　通过右键菜单创建 Java 代码

在右键菜单中依次选择 New→Java Class，弹出如图 2-23 所示的代码创建窗口。

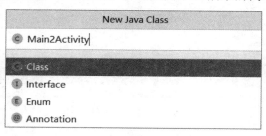

图 2-23　Java 代码的创建窗口

在代码创建窗口的 Name 输入框中填写 Java 类名，例如 Main2Activity，然后单击窗口下方的 OK 按钮。之后便会在 Java 包下面看到新创建的代码文件 Main2Activity，双击它即可打开代码编辑窗口，再往其中填写如下代码，表示加载来自 activity_main2 的页面布局。

（完整代码见 chapter02\src\main\java\com\example\chapter02\Main2Activity.java）

```
public class Main2Activity extends AppCompatActivity {
    @Override
    protected void onCreate(Bundle savedInstanceState) {
        super.onCreate(savedInstanceState);
        setContentView(R.layout.activity_main2);
    }
}
```

3. 注册页面配置

创建好了页面的 XML 文件及其 Java 代码，还得在项目中注册该页面，打开 AndroidManifest.xml，在 application 节点内部补充如下一行配置：

```
<activity android:name=".Main2Activity"></activity>
```

添加了上面这行配置，表示给该页面注册身份，否则 App 运行时打开页面会提示错误"activity not found"。如果 activity 的标记头与标记尾中间没有其他内容，则节点配置也可省略为下面这样：

```
<activity android:name=".Main2Activity /">
```

完成以上 3 个步骤后，才算创建了一个合法的新页面。

2.4.2　快速生成页面源码

上一小节经过创建 XML 文件、创建 Java 代码、注册页面配置 3 个步骤，就算创建好了一个新页面，没想到区区一个页面也这么费事，怎样才能提高开发效率呢？其实 Android Studio 早已集成了快速创建页面的功能，只要一个对话框就能完成所有操作。

仍旧在项目结构图中，右击 java 目录下面的包名，弹出如图 2-24 所示的右键菜单。

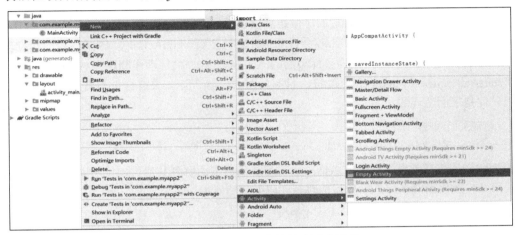

图 2-24　通过右键菜单创建活动页面

右键菜单中依次选择 New→Activity→Empty Activity，弹出如图 2-25 所示的页面创建对话框。

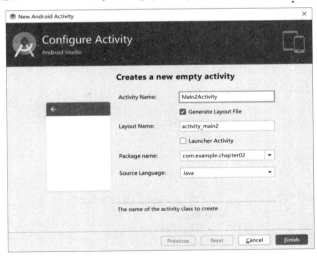

图 2-25　活动页面的创建窗口

在页面创建对话框的 Activity Name 输入框中填写页面的 Java 类名（例如 Main2Activity），此时下方的 Layout Name 输入框会自动填写对应的 XML 文件名（例如 activity_main2），单击对话框右下角的 Finish 按钮，完成新页面的创建动作。

回到 Android Studio 左上方的项目结构图，发现 res 的 layout 目录下多了个 activity_main2.xml，

同时 java 目录下多了个 Main2Activity，并且 Main2Activity 代码已经设定了加载 activity_main2 布局。接着打开 AndroidManifest.xml，找到 application 节点发现多了下面这行配置：

```
<activity android:name=".Main2Activity"></activity>
```

检查结果说明，只要填写一个创建页面对话框，即可实现页面创建的 3 个步骤。

2.4.3　跳到另一个页面

一旦创建好新页面，就得在合适的时候跳到该页面，假设出发页面为 A，到达页面为 B，那么跳转动作是从 A 跳到 B。由于启动 App 会自动打开默认主页 MainActivity，因此跳跃的起点理所当然在 MainActivity，跳跃的终点则为目标页面的 Activity。这种跳转动作翻译为 Android 代码，格式形如 "startActivity(new Intent(源页面.this，目标页面.class));"。如果目标页面名为 Main2Activity，跳转代码便是下面这样的：

```
// 活动页面跳转，从 MainActivity 跳到 Main2Activity
startActivity(new Intent(MainActivity.this, Main2Activity.class));
```

因为跳转动作通常发生在当前页面，也就是从当前页面跳到其他页面，所以不产生歧义的话，可以使用 this 指代当前页面。简化后的跳转代码如下所示：

```
startActivity(new Intent(this, Main2Activity.class));
```

接下来做个实验，准备让 App 启动后在首页停留 3 秒，3 秒之后跳到新页面 Main2Activity。此处的延迟处理功能，用到了 Handler 工具的 postDelayed 方法，该方法的第一个参数为待处理的 Runnable 任务对象，第二个参数为延迟间隔（单位为毫秒）。为此在 MainActivity.java 中补充以下的跳转处理代码：

（完整代码见 chapter02\src\main\java\com\example\chapter02\MainActivity.java）

```
@Override
protected void onResume() {
    super.onResume();
    goNextPage();  // 跳到下个页面
}

// 跳到下个页面
private void goNextPage() {
    TextView tv_hello = findViewById(R.id.tv_hello);
    tv_hello.setText("3 秒后进入下个页面");
    // 延迟 3 秒（3000 毫秒）后启动任务 mGoNext
    new Handler().postDelayed(mGoNext, 3000);
}

private Runnable mGoNext = new Runnable() {
    @Override
    public void run() {
        // 活动页面跳转，从 MainActivity 跳到 Main2Activity
        startActivity(new Intent(MainActivity.this,
```

```
Main2Activity.class));
        }
    };
```

运行测试 App，刚打开的 App 界面如图 2-26 所示，过了 3 秒发生跳转事件的 App 界面如图 2-27 所示，可见成功跳到了新页面。

图 2-26 跳转之前的 App 界面 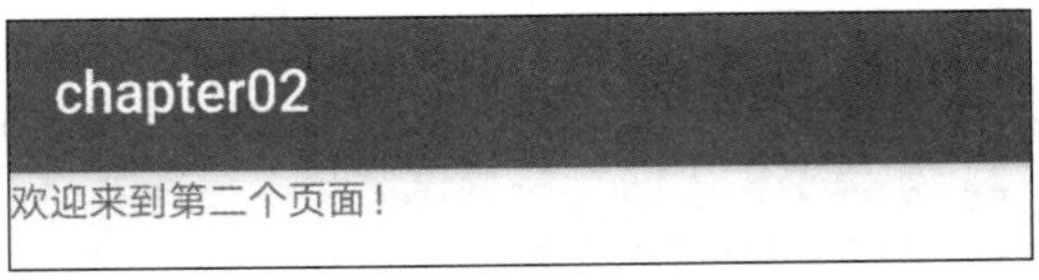   图 2-27 跳转之后的 App 界面

当然，以上的跳转代码有些复杂，比如：Intent 究竟是什么东西？为何在 onResume 方法中执行跳转动作？Handler 工具的处理机制是怎样的？带着这些疑问，后续章节将会逐渐展开，一层一层拨开 Android 开发的迷雾。

2.5 小 结

本章主要介绍了 App 开发必须事先掌握的基础知识，包括 App 的开发特点（App 的运行环境、App 的开发语言、App 访问的数据库）、App 的工程结构（App 工程的目录结构、编译配置文件 build.gradle、运行配置文件 AndroidManifest.xml）、App 的设计规范（界面设计与代码逻辑、利用 XML 标记描绘应用界面、使用 Java 代码书写程序逻辑）、App 的活动页面（创建新的 App 页面、快速生成页面源码、跳转到另一个页面）。

通过本章的学习，读者应该了解 App 开发的基本概念，并且熟悉 App 工程的组织形式，同时掌握使用 Android Studio 完成一些简单操作。

2.6 课后练习题

一、填空题

1. 除了开启开发者选项之外，还需打开手机上的_____开关，然后才能在手机上调试 App。
2. App 开发的两大技术路线包括_____和混合开发。
3. App 工程的编译配置文件名为_____。
4. Android Studio 使用_____工具完成 App 工程的构建操作。
5. 在 Java 代码中调用_____方法能够跳到新的 App 页面。

二、判断题（正确打 √，错误打 ×）

1. Android Studio 默认支持到 Java 8。（　）
2. Kotlin 语言也能用于 App 开发。（　）

3．App 属于服务端程序。（　　）

4．一个 App 项目可以包含多个 App 模块。（　　）

5．App 工程的图片资源放在 layout 目录下。（　　）

三、选择题

1．通过（　　）可以连接手机和电脑。

    A．HDM 接口　　　　　B．光驱　　　　　C．USB 接口　　　　　D．音频接口

2．如果手机无法安装调试 App，可能是哪个原因造成的（　　）。

    A．处于锁屏状态　　B．未插 SIM 卡　　C．未登录会员　　　D．选择了充电模式

3．App 可以直接连接的数据库是（　　）。

    A．MySQL　　　　　　B．Oracle　　　　　C．SQLite　　　　　D．SQL Server

4．App 界面布局采用的文件格式是（　　）。

    A．CSS　　　　　　　B．FXML　　　　　C．HTML　　　　　D．XML

5．下面的（　　）属性表示 TextView 标签的控件编号。

    A．id　　　　　　　　B．layout_width　　C．layout_height　　D．text

四、简答题

请简要描述 App 开发过程中分离界面设计与代码逻辑的好处。

五、动手练习

请上机实验修改 App 工程的 XML 文件和 Java 代码，并使用真机调试 App，主要步骤说明如下：

（1）创建一个新的 App 项目。

（2）修改项目级别的 build.gradle，添加阿里云的仓库地址。

（3）创建一个名为 Main2Activity 的新页面（含 XML 文件与 Java 代码）。

（4）在该页面的 XML 文件中添加一个 TextView 标签，文本内容为"你好，世界！"。

（5）在 MainActivity 的 Java 代码中添加页面跳转代码，从当前页跳到 Main2Activity。

（6）把 App 安装到手机上并运行，观察能否看到"你好，世界！"字样。

第 3 章

简单控件

本章介绍了 App 开发常见的几类简单控件的用法，主要包括：显示文字的文本视图、容纳视图的常用布局、响应点击的按钮控件、显示图片的图像视图等。然后结合本章所学的知识，演示了一个实战项目"简单计算器"的设计与实现。

3.1　文本显示

本节介绍了如何在文本视图 TextView 上显示规定的文本，包括：怎样在 XML 文件和 Java 代码中设置文本内容，尺寸的大小有哪些单位、又该怎样设置文本的大小，颜色的色值是如何表达的、又该怎样设置文本的颜色。

3.1.1　设置文本的内容

在前一章的"2.3.3　使用 Java 代码书写程序逻辑"小节，给出了设置文本内容的两种方式，一种是在 XML 文件中通过属性 android:text 设置文本，比如下面这样：

（完整代码见 chapter03\src\main\res\layout\activity_text_view.xml）

```
<TextView
    android:id="@+id/tv_hello"
    android:layout_width="wrap_content"
    android:layout_height="wrap_content"
    android:text="你好，世界" />
```

另一种是在 Java 代码中调用文本视图对象的 setText 方法设置文本，比如下面这样：

（完整代码见 chapter03\src\main\java\com\example\chapter03\TextViewActivity.java）

```
// 获取名为 tv_hello 的文本视图
```

```
TextView tv_hello = findViewById(R.id.tv_hello);
tv_hello.setText("你好，世界");  // 设置 tv_hello 的文字内容
```

在 XML 文件中设置文本的话，把鼠标移到"你好，世界"上方时，Android Studio 会弹出如图 3-1 所示的提示框。

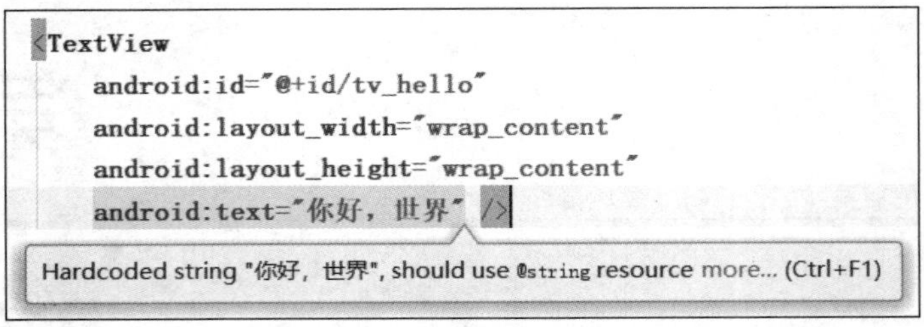

图 3-1　XML 文件提示字符串硬编码

看到提示内容为"Hardcoded string "你好，世界", should use @string resouce"，意思说这几个字是硬编码的字符串，建议使用来自@string 的资源。原来 Android Studio 不推荐在 XML 布局文件里直接写字符串，因为可能有好几个页面都显示"你好，世界"，若想把这句话换成"你吃饭了吗？"，就得一个一个 XML 文件改过去，无疑费时费力。故而 Android Studio 推荐把字符串放到专门的地方管理，这个名为@string 的地方位于 res/values 目录下的 strings.xml，打开该文件发现它的初始内容如下所示：

```
<resources>
    <string name="app_name">chapter03</string>
</resources>
```

看来 strings.xml 定义了一个名为"app_name"的字符串常量，其值为"chapter03"。那么在此添加新的字符串定义，字符串名为"hello"，字符串值为"你好，世界"，添加之后的 strings.xml 内容如下所示：

```
<resources>
    <string name="app_name">chapter03</string>
    <string name="hello">你好，世界</string>
</resources>
```

添加完新的字符串定义，回到 XML 布局文件，将 android:text 属性值改为"@string/字符串名"这般，也就是"@string/hello"，修改之后的 TextView 标签示例如下：

```
<TextView
    android:id="@+id/tv_hello"
    android:layout_width="wrap_content"
    android:layout_height="wrap_content"
    android:text="@string/hello" />
```

然后把鼠标移到"你好，世界"上方，此时 Android Studio 不再弹出任何提示了。

若要在 Java 代码中引用字符串资源，则调用 setText 方法时填写形如"R.string.字符串名"的参数，就本例而言填入"R.string.hello"，修改之后的 Java 代码示例如下：

```
// 获取名为 tv_hello 的文本视图
```

```
TextView tv_hello = findViewById(R.id.tv_hello);
tv_hello.setText(R.string.hello);  // 设置 tv_hello 的文字资源
```

至此不管 XML 文件还是 Java 代码都从 strings.xml 引用字符串资源，以后想把"你好，世界"改为其他文字的话，只需改动 strings.xml 一个地方即可。

3.1.2　设置文本的大小

TextView 允许设置文本内容，也允许设置文本大小，在 Java 代码中调用 setTextSize 方法，即可指定文本大小，就像以下代码这样：

（完整代码见 chapter03\src\main\java\com\example\chapter03\TextSizeActivity.java）

```
// 从布局文件中获取名为 tv_sp 的文本视图
TextView tv_sp = findViewById(R.id.tv_sp);
tv_sp.setTextSize(30);  // 设置 tv_sp 的文本大小
```

这里的大小数值越大，则看到的文本也越大；大小数值越小，则看到的文本也越小。在 XML 文件中则通过属性 android:textSize 指定文本大小，可是如果给 TextView 标签添加"android:textSize="30""，数字马上变成红色如图 3-2 所示，鼠标移过去还会提示错误"Cannot resolve symbol '30'"，意思是无法解析"30"这个符号。

图 3-2　textSize 属性值只填数字时报错

原来文本大小存在不同的字号单位，XML 文件要求在字号数字后面写明单位类型，常见的字号单位主要有 px、dp、sp 3 种，分别介绍如下。

1. px

px 是手机屏幕的最小显示单位，它与设备的显示屏有关。一般来说，同样尺寸的屏幕（比如 6 英寸手机），如果看起来越清晰，则表示像素密度越高，以 px 计量的分辨率也越大。

2. dp

dp 有时也写作 dip，指的是与设备无关的显示单位，它只与屏幕的尺寸有关。一般来说，同样尺寸的屏幕以 dp 计量的分辨率是相同的，比如同样是 6 英寸手机，无论它由哪个厂家生产，其分辨率换算成 dp 单位都是一个大小。

3. sp

sp 的原理跟 dp 差不多，但它专门用来设置字体大小。手机在系统设置里可以调整字体的大小（小、标准、大、超大）。设置普通字体时，同数值 dp 和 sp 的文字看起来一样大；如果设置为大字体，用 dp 设置的文字没有变化，用 sp 设置的文字就变大了。

字体大小采用不同单位的话，显示的文字大小各不相同。例如，30px、30dp、30sp 这 3 个字号，在不同手机上的显示大小有所差异。有的手机像素密度较低，一个 dp 相当于两个 px，此时 30px 等同于 15dp；有的手机像素密度较高，一个 dp 相当于 3 个 px，此时 30px 等同于 10dp。假设某个 App 的内部文本使用字号 30px，则该 App 安装到前一部手机的字体大小为 15dp，安装到后一部手机的字体大小为 10dp，显然后一部手机显示的文本会更小。

至于 dp 与 sp 之间的区别，可通过以下实验加以观察。首先创建测试活动页面，该页面的 XML 文件分别声明 30px、30dp、30sp 这 3 个字号的 TextView 控件，布局内容如下所示：

（完整代码见 chapter03\src\main\res\layout\activity_text_size.xml）

```
<LinearLayout xmlns:android="http://schemas.android.com/apk/res/android"
    android:layout_width="match_parent"
    android:layout_height="match_parent"
    android:orientation="vertical">
    <TextView
        android:layout_width="wrap_content"
        android:layout_height="wrap_content"
        android:text="你好，世界（px 大小）"
        android:textSize="30px" />
    <TextView
        android:layout_width="wrap_content"
        android:layout_height="wrap_content"
        android:text="你好，世界（dp 大小）"
        android:textSize="30dp" />
    <TextView
        android:layout_width="wrap_content"
        android:layout_height="wrap_content"
        android:text="你好，世界（sp 大小）"
        android:textSize="30sp" />
</LinearLayout>
```

接着打开手机的设置菜单，依次选择"显示"→"字体与显示大小"，确认当前的字体为标准大小，如图 3-3 所示。然后在手机上运行测试 App，进入测试页面看到的文字效果如图 3-4 所示。

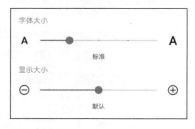

图 3-3 系统默认字体是标准大小

图 3-4 标准字体时的演示界面

回到设置菜单的字体页面，将字体大小调整为大号，如图 3-5 所示。再次进入测试页面看到的文字效果如图 3-6 所示。

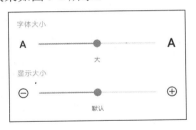

图 3-5　把系统字体改为大号

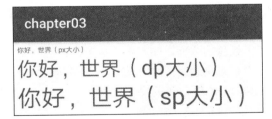

图 3-6　大号字体时的演示界面

对照图 3-4 和图 3-6，发现字号单位 30px 和 30dp 的文字大小不变，而 30sp 的文字随着系统字体一起变大了。

既然 XML 文件要求 android:textSize 必须指定字号单位，为什么 Java 代码调用 setTextSize 只填数字不填单位呢？其实查看 SDK 源码，找到 setTextSize 方法的实现代码如下所示：

```
public void setTextSize(float size) {
    setTextSize(TypedValue.COMPLEX_UNIT_SP, size);
}
```

原来纯数字的 setTextSize 方法，内部默认字号单位为 sp（COMPLEX_UNIT_SP），这也从侧面印证了之前的说法：sp 才是 Android 推荐的字号单位。

3.1.3　设置文本的颜色

除了设置文字大小，文字颜色也经常需要修改，毕竟 Android 默认的灰色文字不够醒目。在 Java 代码中调用 setTextColor 方法即可设置文本颜色，具体在 Color 类中定义了 12 种颜色，详细的取值说明见表 3-1。

表 3-1　颜色类型的取值说明

Color 类中的颜色类型	说明	Color 类中的颜色类型	说明
BLACK	黑色	GREEN	绿色
DKGRAY	深灰	BLUE	蓝色
GRAY	灰色	YELLOW	黄色
LTGRAY	浅灰	CYAN	青色
WHITE	白色	MAGENTA	玫红
RED	红色	TRANSPARENT	透明

比如以下代码便将文本视图的文字颜色改成了绿色：

（完整代码见 chapter03\src\main\java\com\example\chapter03\TextColorActivity.java）

```
// 从布局文件中获取名为 tv_code_system 的文本视图
TextView tv_code_system = findViewById(R.id.tv_code_system);
// 将 tv_code_system 的文字颜色设置系统自带的绿色
```

```
tv_code_system.setTextColor(Color.GREEN);
```

可是 XML 文件无法引用 Color 类的颜色常量，为此 Android 制定了一套规范的编码标准，将色值交由透明度 alpha 和 RGB 三原色（红色 red、绿色 green、蓝色 blue）联合定义。该标准又有八位十六进制数与六位十六进制数两种表达方式，例如八位编码 FFEEDDCC 中，FF 表示透明度，EE 表示红色的浓度，DD 表示绿色的浓度，CC 表示蓝色的浓度。透明度为 FF 表示完全不透明，为 00 表示完全透明。RGB 三色的数值越大，表示颜色越浓，也就越暗；数值越小，表示颜色越淡，也就越亮。RGB 亮到极致就是白色，暗到极致就是黑色。

至于六位十六进制编码，则有两种情况，它在 XML 文件中默认不透明（等价于透明度为 FF），而在代码中默认透明（等价于透明度为 00）。以下代码给两个文本视图分别设置六位色值与八位色值，注意添加 0x 前缀表示十六进制数：

```
// 从布局文件中获取名为 tv_code_six 的文本视图
TextView tv_code_six = findViewById(R.id.tv_code_six);
// 将 tv_code_six 的文字颜色设置为透明的绿色，透明就是看不到
tv_code_six.setTextColor(0x00ff00);
// 从布局文件中获取名为 tv_code_eight 的文本视图
TextView tv_code_eight = findViewById(R.id.tv_code_eight);
// 将 tv_code_eight 的文字颜色设置为不透明的绿色，即正常的绿色
tv_code_eight.setTextColor(0xff00ff00);
```

运行测试 App，发现 tv_code_six 控件的文本不见了（其实是变透明了），而 tv_code_eight 控件的文本显示正常的绿色。

在 XML 文件中可通过属性 android:textColor 设置文字颜色，但要给色值添加井号前缀"#"，设定好文本颜色的 TextView 标签示例如下：

（完整代码见 chapter03\src\main\res\layout\activity_text_color.xml）

```
<TextView
    android:layout_width="wrap_content"
    android:layout_height="wrap_content"
    android:text="布局文件设置六位文字颜色"
    android:textColor="#00ff00" />
```

就像字符串资源那样，Android 把颜色也当作一种资源，打开 res/values 目录下的 colors.xml，发现里面已经定义了 3 种颜色：

```
<resources>
    <color name="colorPrimary">#008577</color>
    <color name="colorPrimaryDark">#00574B</color>
    <color name="colorAccent">#D81B60</color>
</resources>
```

那么先在 resources 节点内部补充如下的绿色常量定义：

```
<color name="green">#00ff00</color>
```

然后回到 XML 布局文件，把 android:textColor 的属性值改为"@color/颜色名称"，也就是 android:textColor="@color/green"，修改之后的标签 TextView 如下所示：

```
<TextView
    android:layout_width="wrap_content"
    android:layout_height="wrap_content"
    android:text="资源文件引用六位文字颜色"
    android:textColor="@color/green" />
```

不仅文字颜色，还有背景颜色也会用到上述的色值定义，在 XML 文件中通过属性 android:background 设置控件的背景颜色。Java 代码则有两种方式设置背景颜色，倘若色值来源于 Color 类或十六进制数，则调用 setBackgroundColor 方法设置背景；倘若色值来源于 colors.xml 中的颜色资源，则调用 setBackgroundResource 方法，以"R.color.颜色名称"的格式设置背景。下面是两种方式的背景设定代码例子：

```
// 从布局文件中获取名为 tv_code_background 的文本视图
TextView tv_code_background = findViewById(R.id.tv_code_background);
// 将 tv_code_background 的背景颜色设置为绿色
tv_code_background.setBackgroundColor(Color.GREEN);   // 在代码中定义的色值
tv_code_background.setBackgroundResource(R.color.green);   // 颜色来源于资源文件
```

注意属性 android:background 和 setBackgroundResource 方法，它俩用来设置控件的背景，不单单是背景颜色，还包括背景图片。在设置背景图片之前，先将图片文件放到 res/drawable*** 目录（以 drawable 开头的目录，不仅仅是 drawable 目录），然后把 android:background 的属性值改为 "@drawable/不含扩展名的图片名称"，或者调用 setBackgroundResource 方法填入"R.drawable. 不含扩展名的图片名称"。

3.2　视图基础

本节介绍视图的几种基本概念及其用法，包括如何设置视图的宽度和高度，如何设置视图的外部间距和内部间距，如何设置视图的外部对齐方式和内部对齐方式，等等。

3.2.1　设置视图的宽高

手机屏幕是块长方形区域，较短的那条边叫作宽，较长的那条边叫作高。App 控件通常也是长方形状，控件宽度通过属性 android:layout_width 表达，控件高度通过属性 android:layout_height 表达，宽高的取值主要有下列 3 种：

（1）match_parent：表示与上级视图保持一致。上级视图的尺寸有多大，当前视图的尺寸就有多大。

（2）wrap_content：表示与内容自适应。对于文本视图来说，内部文字需要多大的显示空间，当前视图就要占据多大的尺寸。但最宽不能超过上级视图的宽度，一旦超过就要换行；最高不能超过上级视图的高度，一旦超过就会隐藏。

（3）以 dp 为单位的具体尺寸，比如 300dp，表示宽度或者高度就是这么大。

在 XML 文件中采用以上任一方式均可设置视图的宽高，但在 Java 代码中设置宽高就有点复杂了，首先确保 XML 中的宽高属性值为 wrap_content，这样才允许在代码中修改宽高。接着打开该页面对应的 Java 代码，依序执行以下 3 个步骤：

步骤01 调用控件对象的 getLayoutParams 方法，获取该控件的布局参数，参数类型为 ViewGroup.LayoutParams。

步骤02 布局参数的 width 属性表示宽度，height 属性表示高度，修改这两个属性值，即可调整控件的宽高。

步骤03 调用控件对象的 setLayoutParams 方法，填入修改后的布局参数使之生效。

不过布局参数的 width 和 height 两个数值默认是 px 单位，需要将 dp 单位的数值转换为 px 单位的数值，然后才能赋值给 width 属性和 height 属性。下面是把 dp 大小转为 px 大小的方法代码：

（完整代码见 chapter03\src\main\java\com\example\chapter03\util\Utils.java）

```
// 根据手机的分辨率从 dp 的单位转成为 px(像素)
public static int dip2px(Context context, float dpValue) {
    // 获取当前手机的像素密度（1 个 dp 对应几个 px）
    float scale = context.getResources().getDisplayMetrics().density;
    return (int) (dpValue * scale + 0.5f);  // 四舍五入取整
}
```

有了上面定义的公共方法 dip2px，就能将某个 dp 数值转换成 px 数值，比如准备把文本视图的宽度改为 300dp，那么调整宽度的 Java 代码示例如下：

（完整代码见 chapter03\src\main\java\com\example\chapter03\ViewBorderActivity.java）

```
// 获取名为 tv_code 的文本视图
TextView tv_code = findViewById(R.id.tv_code);
// 获取 tv_code 的布局参数（含宽度和高度）
ViewGroup.LayoutParams params = tv_code.getLayoutParams();
// 修改布局参数中的宽度数值，注意默认 px 单位，需要把 dp 数值转成 px 数值
params.width = Utils.dip2px(this, 300);
tv_code.setLayoutParams(params);  // 设置 tv_code 的布局参数
```

接下来通过演示页面并观察几种尺寸设置方式的界面效果，主要通过背景色区分当前视图的宽高范围，详细的 XML 文件内容如下所示：

（完整代码见 chapter03\src\main\res\layout\activity_view_border.xml）

```
<LinearLayout xmlns:android="http://schemas.android.com/apk/res/android"
    android:layout_width="match_parent"
    android:layout_height="match_parent"
    android:orientation="vertical">
    <TextView
        android:layout_width="wrap_content"
        android:layout_height="wrap_content"
        android:layout_marginTop="5dp"
        android:background="#00ffff"
        android:text="视图宽度采用 wrap_content 定义" />
```

```
    <TextView
        android:layout_width="match_parent"
        android:layout_height="wrap_content"
        android:layout_marginTop="5dp"
        android:background="#00ffff"
        android:text="视图宽度采用match_parent定义" />
    <TextView
        android:layout_width="300dp"
        android:layout_height="wrap_content"
        android:layout_marginTop="5dp"
        android:background="#00ffff"
        android:text="视图宽度采用固定大小" />
    <TextView
        android:id="@+id/tv_code"
        android:layout_width="wrap_content"
        android:layout_height="wrap_content"
        android:layout_marginTop="5dp"
        android:background="#00ffff"
        android:text="通过代码指定视图宽度" />
</LinearLayout>
```

运行测试 App，打开演示界面如图 3-7 所示，依据背景色判断文本视图的边界，可见wrap_content 方式刚好包住了文本内容，match_parent 方式扩展到了与屏幕等宽，而 300dp 的宽度介于前两者之间（安卓手机的屏幕宽度基本为 360dp）。

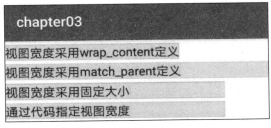

图 3-7　设置控件宽度的几种方式效果

3.2.2　设置视图的间距

在上一小节末尾的 XML 文件中，每个 TextView 标签都携带新的属性 android:layout_marginTop="5dp"，该属性的作用是让当前视图与上方间隔一段距离。同理，android:layout_marginLeft 让当前视图与左边间隔一段距离，android:layout_marginRight 让当前视图与右边间隔一段距离，android:layout_marginBottom 让当前视图与下方间隔一段距离。如果上下左右都间隔同样的距离，还能使用 android:layout_margin 一次性设置四周的间距。

layout_margin 不单单用于文本视图，还可用于所有视图，包括各类布局和各类控件。因为不管布局还是控件，它们统统由视图基类 View 派生而来，而 layout_margin 正是 View 的一个通用属性，所以 View 的子子孙孙都能使用 layout_margin。在 View 的大家族中，视图组 ViewGroup 尤为特殊，它既是 View 的子类，又是各类布局的基类。布局下面能容纳其他视图，而控件却不行，这正源自 ViewGroup 的组装特性。View、ViewGroup、控件、布局四者的继承关系如图 3-8 所示。

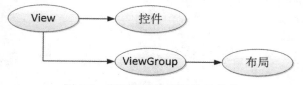

图 3-8　视图家族的依赖继承关系

除了 layout_margin 之外，padding 也是 View 的一个通用属性，它用来设置视图的内部间距，并且 padding 也提供了 paddingTop、paddingBottom、paddingLeft、paddingRight 四个方向的距离属性。同样是设置间距，layout_margin 指的是当前视图与外部视图（包括上级视图和平级视图）之间的距离，而 padding 指的是当前视图与内部视图（包括下级视图和内部文本）之间的距离。为了观察外部间距和内部间距的差异，接下来做个实验，看看 layout_margin 与 padding 究竟有什么区别。

首先创建新的活动页面，并给该页面的 XML 文件填入以下的布局内容：

（完整代码见 chapter03\src\main\res\layout\activity_view_margin.xml）

```xml
<!-- 最外层的布局背景为蓝色 -->
<LinearLayout xmlns:android="http://schemas.android.com/apk/res/android"
    android:layout_width="match_parent"
    android:layout_height="300dp"
    android:background="#00aaff"
    android:orientation="vertical">
    <!-- 中间层的布局背景为黄色 -->
    <LinearLayout
        android:layout_width="match_parent"
        android:layout_height="match_parent"
        android:layout_margin="20dp"
        android:background="#ffff99"
        android:padding="60dp">
        <!-- 最内层的视图背景为红色 -->
        <View
            android:layout_width="match_parent"
            android:layout_height="match_parent"
            android:background="#ff0000" />
    </LinearLayout>
</LinearLayout>
```

上面的 XML 文件有两层视图嵌套，第一层是蓝色背景布局里面放黄色背景布局，第二层是黄色背景布局里面放红色背景视图。中间层的黄色背景布局，同时设置了 20dp 的 layout_margin，以及 60dp 的 padding，其中 padding 是 layout_margin 的三倍宽（60/20=3）。接着运行测试 App，看到的演示界面如图 3-9 所示。

从效果图可见，外面一圈间隔较窄，里面一圈间隔较宽，表示 20dp 的 layout_margin 位于外圈，而 60dp 的 padding 位于内圈。这种情况印证了：layout_margin 指的是当前图层与外部图层的距离，而 padding 指的是当前图层与内部图层的距离。

图 3-9 两种间距方式的演示效果

3.2.3 设置视图的对齐方式

App 界面上的视图排列，默认靠左朝上对齐，这也符合日常的书写格式。然而页面的排版不是一成不变的，有时出于美观或者其他原因，要将视图排列改为朝下或靠右对齐，为此需要另外指定视图的对齐方式。在 XML 文件中通过属性 android:layout_gravity 可以指定当前视图的对齐方向，当属性值为 top 时表示视图朝上对齐，为 bottom 时表示视图朝下对齐，为 left 时表示视图靠左对齐，为 right 时表示视图靠右对齐。如果希望视图既朝上又靠左，则用竖线连接 top 与 left，此时属性标记为 android:layout_gravity="top|left"；如果希望视图既朝下又靠右，则用竖线连接 bottom 与 right，此时属性标记为 android:layout_gravity="bottom|right"。

注意 layout_gravity 规定的对齐方式，指的是当前视图往上级视图的哪个方向对齐，并非当前视图的内部对齐。若想设置内部视图的对齐方向，则需由当前视图的 android:gravity 指定，该属性一样拥有 top、bottom、left、right 4 种取值及其组合。它与 layout_gravity 的不同之处在于：layout_gravity 设定了当前视图相对于上级视图的对齐方式，而 gravity 设定了下级视图相对于当前视图的对齐方式；前者决定了当前视图的位置，而后者决定了下级视图的位置。

为了进一步分辨 layout_gravity 与 gravity 的区别，接下来做个实验，对某个布局视图同时设置 android:layout_gravity 和 android:gravity 属性，再观察内外视图的对齐情况。下面便是实验用的 XML 文件例子：

（完整代码见 chapter03\src\main\res\layout\activity_view_gravity.xml）

```
<!-- 最外层的布局背景为橙色，它的下级视图在水平方向排列 -->
<LinearLayout xmlns:android="http://schemas.android.com/apk/res/android"
    android:layout_width="match_parent"
    android:layout_height="300dp"
    android:background="#ffff99"
    android:padding="5dp">
    <!-- 第一个子布局背景为红色，它在上级视图中朝下对齐，它的下级视图则靠左对齐 -->
    <LinearLayout
        android:layout_width="0dp"
        android:layout_height="200dp"
        android:layout_weight="1"
        android:layout_gravity="bottom"
```

```
        android:gravity="left"
        android:background="#ff0000"
        android:layout_margin="10dp"
        android:padding="10dp">
        <!-- 内部视图的宽度和高度都是 100dp，且背景色为青色 -->
        <View
            android:layout_width="100dp"
            android:layout_height="100dp"
            android:background="#00ffff" />
    </LinearLayout>
    <!-- 第二个子布局背景为红色，它在上级视图中朝上对齐，它的下级视图则靠右对齐 -->
    <LinearLayout
        android:layout_width="0dp"
        android:layout_height="200dp"
        android:layout_weight="1"
        android:layout_gravity="top"
        android:gravity="right"
        android:background="#ff0000"
        android:layout_margin="10dp"
        android:padding="10dp">
        <!-- 内部视图的宽度和高度都是 100dp，且背景色为青色 -->
        <View
            android:layout_width="100dp"
            android:layout_height="100dp"
            android:background="#00ffff" />
    </LinearLayout>
</LinearLayout>
```

运行测试 App，打开演示界面如图 3-10 所示。

图 3-10　两种对齐方式的演示效果

由效果图可见，第一个子布局朝下，并且它的内部视图靠左；而第二个子布局朝上，并且它的内部视图靠右。对比 XML 文件中的 layout_gravity 和 gravity 取值，证明了二者的对齐情况正如之前所言：layout_gravity 决定当前视图位于上级视图的哪个方位，而 gravity 决定了下级视图位于当前视图的哪个方位。

3.3　常用布局

本节介绍常见的几种布局用法，包括在某个方向上顺序排列的线性布局，参照其他视图的位置相对排列的相对布局，像表格那样分行分列显示的网格布局，以及支持通过滑动操作拉出更多内容的滚动视图。

3.3.1　线性布局 LinearLayout

前几个小节的例程中，XML 文件用到了 LinearLayout 布局，它的学名为线性布局。顾名思义，线性布局像是用一根线把它的内部视图串起来，故而内部视图之间的排列顺序是固定的，要么从左到右排列，要么从上到下排列。在 XML 文件中，LinearLayout 通过属性 android:orientation 区分两种方向，其中从左到右排列叫作水平方向，属性值为 horizontal；从上到下排列叫作垂直方向，属性值为 vertical。如果 LinearLayout 标签不指定具体方向，则系统默认该布局为水平方向排列，也就是默认 android:orientation="horizontal"。

下面做个实验，让 XML 文件的根节点挂着两个线性布局，第一个线性布局采取 horizontal 水平方向，第二个线性布局采取 vertical 垂直方向。然后每个线性布局内部各有两个文本视图，通过观察这些文本视图的排列情况，从而检验线性布局的显示效果。详细的 XML 文件内容如下所示：

（完整代码见 chapter03\src\main\res\layout\activity_linear_layout.xml）

```xml
<LinearLayout xmlns:android="http://schemas.android.com/apk/res/android"
    android:layout_width="match_parent"
    android:layout_height="match_parent"
    android:orientation="vertical">
    <LinearLayout
        android:layout_width="match_parent"
        android:layout_height="wrap_content"
        android:orientation="horizontal">
        <TextView
            android:layout_width="wrap_content"
            android:layout_height="wrap_content"
            android:text="横排第一个" />
        <TextView
            android:layout_width="wrap_content"
            android:layout_height="wrap_content"
            android:text="横排第二个" />
    </LinearLayout>
    <LinearLayout
        android:layout_width="match_parent"
        android:layout_height="wrap_content"
        android:orientation="vertical">
        <TextView
            android:layout_width="wrap_content"
```

```
        android:layout_height="wrap_content"
        android:text="竖排第一个" />
    <TextView
        android:layout_width="wrap_content"
        android:layout_height="wrap_content"
        android:text="竖排第二个" />
    </LinearLayout>
</LinearLayout>
```

运行测试 App，进入如图 3-11 所示的演示页面，可见 horizontal 为横向排列，vertical 为纵向排列，说明 android:orientation 的方向属性确实奏效了。

图 3-11 线性布局的方向排列

除了方向之外，线性布局还有一个权重概念，所谓权重，指的是线性布局的下级视图各自拥有多大比例的宽高。比如一块蛋糕分给两个人吃，可能两人平均分，也可能甲分三分之一，乙分三分之二。两人平均分的话，先把蛋糕切两半，然后甲分到一半，乙分到另一半，此时甲乙的权重比为 1:1。甲分三分之一、乙分三分之二的话，先把蛋糕平均切成三块，然后甲分到一块，乙分到两块，此时甲乙的权重比为 1:2。就线性布局而言，它自身的尺寸相当于一整块蛋糕，它的下级视图们一起来分这个尺寸蛋糕，有的视图分得多，有的视图分得少。分多分少全凭每个视图分到了多大的权重，这个权重在 XML 文件中通过属性 android:layout_weight 来表达。

把线性布局看作蛋糕的话，分蛋糕的甲乙两人就相当于线性布局的下级视图。假设线性布局平均分为左右两块，则甲视图和乙视图的权重比为 1:1，意味着两个下级视图的 layout_weight 属性都是 1。不过视图有宽高两个方向，系统怎知 layout_weight 表示哪个方向的权重呢？所以这里有个规定，一旦设置了 layout_weight 属性值，便要求 layout_width 填 0dp 或者 layout_height 填 0dp。如果 layout_width 填 0dp，则 layout_weight 表示水平方向的权重，下级视图会从左往右分割线性布局；如果 layout_height 填 0dp，则 layout_weight 表示垂直方向的权重，下级视图会从上往下分割线性布局。

按照左右均分的话，线性布局设置水平方向 horizontal，且甲乙两视图的 layout_width 都填 0dp，layout_weight 都填 1，此时横排的 XML 片段示例如下：

（完整代码见 chapter03\src\main\res\layout\activity_linear_layout.xml）

```
<LinearLayout
    android:layout_width="match_parent"
    android:layout_height="wrap_content"
    android:background="#ff0000"
    android:orientation="horizontal">
    <TextView
        android:layout_width="0dp"
```

```
        android:layout_height="wrap_content"
        android:layout_weight="1"
        android:gravity="center"
        android:text="横排第一个" />
    <TextView
        android:layout_width="0dp"
        android:layout_height="wrap_content"
        android:layout_weight="1"
        android:gravity="center"
        android:text="横排第二个" />
</LinearLayout>
```

按照上下均分的话，线性布局设置垂直方向 vertical，且甲乙两视图的 layout_height 都填 0dp，layout_weight 都填 1，此时竖排的 XML 片段示例如下：

```
<LinearLayout
    android:layout_width="match_parent"
    android:layout_height="100dp"
    android:background="#00ffff"
    android:orientation="vertical">
    <TextView
        android:layout_width="match_parent"
        android:layout_height="0dp"
        android:layout_weight="1"
        android:gravity="center"
        android:text="竖排第一个" />
    <TextView
        android:layout_width="match_parent"
        android:layout_height="0dp"
        android:layout_weight="1"
        android:gravity="center"
        android:text="竖排第二个" />
</LinearLayout>
```

把上面两个片段放到新页面的 XML 文件，其中第一个是横排区域采用红色背景（色值为 ff0000），第二个是竖排区域采用青色背景（色值为 00ffff）。重新运行测试 App，打开演示界面如图 3-12 所示，可见横排区域平均分为左右两块，竖排区域平均分为上下两块。

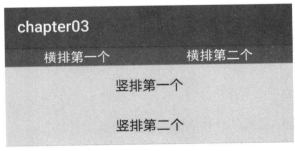

图 3-12　线性布局的权重分割

3.3.2　相对布局 RelativeLayout

线性布局的下级视图是顺序排列着的，另一种相对布局的下级视图位置则由其他视图决定。相对布局名为 RelativeLayout，因为下级视图的位置是相对位置，所以得有具体的参照物才能确定最终位置。如果不设定下级视图的参照物，那么下级视图默认显示在 RelativeLayout 内部的左上角。

用于确定下级视图位置的参照物分两种，一种是与该视图自身平级的视图；另一种是该视图的上级视图（也就是它归属的 RelativeLayout）。综合两种参照物，相对位置在 XML 文件中的属性名称说明见表 3-2。

表 3-2　相对位置的属性取值说明

相对位置的属性取值	相对位置说明
layout_toLeftOf	当前视图在指定视图的左边
layout_toRightOf	当前视图在指定视图的右边
layout_above	当前视图在指定视图的上方
layout_below	当前视图在指定视图的下方
layout_alignLeft	当前视图与指定视图的左侧对齐
layout_alignRight	当前视图与指定视图的右侧对齐
layout_alignTop	当前视图与指定视图的顶部对齐
layout_alignBottom	当前视图与指定视图的底部对齐
layout_centerInParent	当前视图在上级视图中间
layout_centerHorizontal	当前视图在上级视图的水平方向居中
layout_centerVertical	当前视图在上级视图的垂直方向居中
layout_alignParentLeft	当前视图与上级视图的左侧对齐
layout_alignParentRight	当前视图与上级视图的右侧对齐
layout_alignParentTop	当前视图与上级视图的顶部对齐
layout_alignParentBottom	当前视图与上级视图的底部对齐

为了更好地理解上述相对属性的含义，接下来使用 RelativeLayout 及其下级视图进行布局来看看实际效果图。下面是演示相对布局的 XML 文件例子：

（完整代码见 chapter03\src\main\res\layout\activity_relative_layout.xml）

```
<RelativeLayout xmlns:android="http://schemas.android.com/apk/res/android"
    android:layout_width="match_parent"
    android:layout_height="150dp" >
    <TextView
        android:layout_width="wrap_content"
        android:layout_height="wrap_content"
        android:layout_centerInParent="true"
        android:background="#eeeeee"
        android:text="我在中间" />
    <TextView
        android:layout_width="wrap_content"
        android:layout_height="wrap_content"
```

```
        android:layout_centerHorizontal="true"
        android:background="#eeeeee"
        android:text="我在水平中间" />
    <TextView
        android:layout_width="wrap_content"
        android:layout_height="wrap_content"
        android:layout_centerVertical="true"
        android:background="#eeeeee"
        android:text="我在垂直中间" /> `
    <TextView
        android:layout_width="wrap_content"
        android:layout_height="wrap_content"
        android:layout_alignParentLeft="true"
        android:background="#eeeeee"
        android:text="我跟上级左边对齐" />
    <TextView
        android:layout_width="wrap_content"
        android:layout_height="wrap_content"
        android:layout_alignParentRight="true"
        android:background="#eeeeee"
        android:text="我跟上级右边对齐" />
    <TextView
        android:layout_width="wrap_content"
        android:layout_height="wrap_content"
        android:layout_alignParentTop="true"
        android:background="#eeeeee"
        android:text="我跟上级顶部对齐" />
    <TextView
        android:layout_width="wrap_content"
        android:layout_height="wrap_content"
        android:layout_alignParentBottom="true"
        android:background="#eeeeee"
        android:text="我跟上级底部对齐" />
    <TextView
        android:layout_width="wrap_content"
        android:layout_height="wrap_content"
        android:layout_toLeftOf="@+id/tv_center"
        android:layout_alignTop="@+id/tv_center"
        android:background="#eeeeee"
        android:text="我在中间左边" />
    <TextView
        android:layout_width="wrap_content"
        android:layout_height="wrap_content"
        android:layout_toRightOf="@+id/tv_center"
        android:layout_alignBottom="@+id/tv_center"
        android:background="#eeeeee"
        android:text="我在中间右边" />
    <TextView
        android:layout_width="wrap_content"
        android:layout_height="wrap_content"
```

```
            android:layout_above="@+id/tv_center"
            android:layout_alignLeft="@+id/tv_center"
            android:background="#eeeeee"
            android:text="我在中间上面" />
        <TextView
            android:layout_width="wrap_content"
            android:layout_height="wrap_content"
            android:layout_below="@+id/tv_center"
            android:layout_alignRight="@+id/tv_center"
            android:background="#eeeeee"
            android:text="我在中间下面" />
</RelativeLayout>
```

上述 XML 文件的布局效果如图 3-13 所示，RelativeLayout 的下级视图都是文本视图，控件上的文字说明了所处的相对位置，具体的控件显示方位正如 XML 属性中描述的那样。

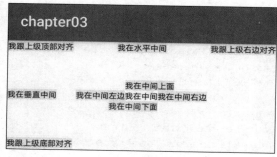

图 3-13　相对布局的相对位置效果

3.3.3　网格布局 GridLayout

虽然线性布局既能在水平方向排列，也能在垂直方向排列，但它不支持多行多列的布局方式，只支持单行（水平排列）或单列（垂直排列）的布局方式。若要实现类似表格那样的多行多列形式，可采用网格布局 GridLayout。

网格布局默认从左往右、从上到下排列，它先从第一行从左往右放置下级视图，塞满之后另起一行放置其余的下级视图，如此循环往复直至所有下级视图都放置完毕。为了判断能够容纳几行几列，网格布局新增了 android:columnCount 与 android:rowCount 两个属性，其中 columnCount 指定了网格的列数，即每行能放多少个视图；rowCount 指定了网格的行数，即每列能放多少个视图。

下面是运用网格布局的 XML 布局样例，它规定了一个两行两列的网格布局，且内部容纳四个文本视图。XML 文件内容如下所示：

（完整代码见 chapter03\src\main\res\layout\activity_grid_layout.xml）

```
<!-- 根布局为两行两列的网格布局，其中列数由 columnCount 指定，行数由 rowCount 指定 -->
<GridLayout xmlns:android="http://schemas.android.com/apk/res/android"
    android:layout_width="match_parent"
    android:layout_height="match_parent"
    android:columnCount="2"
    android:rowCount="2">
```

```xml
<TextView
    android:layout_width="180dp"
    android:layout_height="60dp"
    android:gravity="center"
    android:background="#ffcccc"
    android:text="浅红色" />
<TextView
    android:layout_width="180dp"
    android:layout_height="60dp"
    android:gravity="center"
    android:background="#ffaa00"
    android:text="橙色" />
<TextView
    android:layout_width="180dp"
    android:layout_height="60dp"
    android:gravity="center"
    android:background="#00ff00"
    android:text="绿色" />
<TextView
    android:layout_width="180dp"
    android:layout_height="60dp"
    android:gravity="center"
    android:background="#660066"
    android:text="深紫色" />
</GridLayout>
```

在一个新建的活动页面加载上述布局，运行 App 观察到的界面如图 3-14 所示。

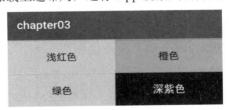

图 3-14　网格布局的视图分布情况

由图 3-14 可见，App 界面的第一行分布着浅红色背景与橙色背景的文本视图，第二行分布着绿色背景与深紫色背景的文本视图，说明利用网格布局实现了多行多列的效果。

3.3.4　滚动视图 ScrollView

手机屏幕的显示空间有限，常常需要上下滑动或左右滑动才能拉出其余页面内容，可惜一般的布局节点都不支持自行滚动，这时就要借助滚动视图了。与线性布局类似，滚动视图也分为垂直方向和水平方向两类，其中垂直滚动视图名为 ScrollView，水平滚动视图名为 HorizontalScrollView。这两个滚动视图的使用并不复杂，主要注意以下 3 点：

（1）垂直方向滚动时，layout_width 属性值设置为 match_parent，layout_height 属性值设置为 wrap_content。

（2）水平方向滚动时，layout_width 属性值设置为 wrap_content，layout_height 属性值设置为 match_parent。

（3）滚动视图节点下面必须且只能挂着一个子布局节点，否则会在运行时报错 Caused by: java.lang.IllegalStateException：ScrollView can host only one direct child。

下面是垂直滚动视图 ScrollView 和水平滚动视图 HorizontalScrollView 的 XML 例子：

（完整代码见 chapter03\src\main\res\layout\activity_scroll_view.xml）

```xml
<LinearLayout xmlns:android="http://schemas.android.com/apk/res/android"
    android:layout_width="match_parent"
    android:layout_height="match_parent"
    android:orientation="vertical">
    <!-- HorizontalScrollView 是水平方向的滚动视图，当前高度为 200dp -->
    <HorizontalScrollView
        android:layout_width="wrap_content"
        android:layout_height="200dp">
        <!-- 水平方向的线性布局，两个子视图的颜色分别为青色和黄色 -->
        <LinearLayout
            android:layout_width="wrap_content"
            android:layout_height="match_parent"
            android:orientation="horizontal">
            <View
                android:layout_width="300dp"
                android:layout_height="match_parent"
                android:background="#aaffff" />
            <View
                android:layout_width="300dp"
                android:layout_height="match_parent"
                android:background="#ffff00" />
        </LinearLayout>
    </HorizontalScrollView>
    <!-- ScrollView 是垂直方向的滚动视图，当前高度为自适应 -->
    <ScrollView
        android:layout_width="match_parent"
        android:layout_height="wrap_content">
        <!-- 垂直方向的线性布局，两个子视图的颜色分别为绿色和橙色 -->
        <LinearLayout
            android:layout_width="match_parent"
            android:layout_height="wrap_content"
            android:orientation="vertical">
            <View
                android:layout_width="match_parent"
                android:layout_height="400dp"
                android:background="#00ff00" />
            <View
                android:layout_width="match_parent"
                android:layout_height="400dp"
                android:background="#ffffaa" />
        </LinearLayout>
```

```
    </ScrollView>
</LinearLayout>
```

运行测试 App，可知 ScrollView 在纵向滚动，而 HorizontalScrollView 在横向滚动。

有时 ScrollView 的实际内容不够，又想让它充满屏幕，怎么办呢？如果把 layout_height 属性赋值为 match_parent，结果还是不会充满，正确的做法是再增加一行属性 android:fillViewport（该属性为 true 表示允许填满视图窗口），属性片段举例如下：

```
android:layout_height="match_parent"
android:fillViewport="true"
```

3.4　按钮触控

本节介绍了按钮控件的常见用法，包括：如何设置大小写属性与点击属性，如何响应按钮的点击事件和长按事件，如何禁用按钮又该如何启用按钮，等等。

3.4.1　按钮控件 Button

除了文本视图之外，按钮 Button 也是一种基础控件。因为 Button 是由 TextView 派生而来，所以文本视图拥有的属性和方法，包括文本内容、文本大小、文本颜色等，按钮控件均能使用。不同的是，Button 拥有默认的按钮背景，而 TextView 默认无背景；Button 的内部文本默认居中对齐，而 TextView 的内部文本默认靠左对齐。此外，按钮还要额外注意 textAllCaps 与 onClick 两个属性，分别介绍如下：

1. textAllCaps 属性

对于 TextView 来说，text 属性设置了什么文本，文本视图就显示什么文本。但对于 Button 来说，不管 text 属性设置的是大写字母还是小写字母，按钮控件都默认转成大写字母显示。比如在 XML 文件中加入下面的 Button 标签：

```
<Button
    android:layout_width="match_parent"
    android:layout_height="wrap_content"
    android:text="Hello World" />
```

编译运行后的 App 界面，按钮上显示全大写的"HELLO WORLD"，而非原来大小写混合的"Hello World"。显然这个效果不符合预期，为此需要给 Button 标签补充 textAllCaps 属性，该属性默认为 true 表示全部转为大写，如果设置为 false 则表示不转为大写。于是在布局文件添加新的 Button 标签，该标签补充了 android:textAllCaps="false"，具体内容如下所示：

（完整代码见 chapter03\src\main\res\layout\activity_button_style.xml）

```
<Button
    android:layout_width="match_parent"
    android:layout_height="wrap_content"
```

```
android:text="Hello World"
android:textAllCaps="false" />
```

再次运行 App，此时包含新旧按钮的界面如图 3-15 所示，可见 textAllCaps 属性果然能够控制大小写转换。

图 3-15　保持英文大小写的按钮控件

2. onClick 属性

按钮之所以成为按钮，是因为它会响应按下动作，就手机而言，按下动作等同于点击操作，即手指轻触屏幕然后马上松开。每当点击按钮之时，就表示用户确认了某个事项，接下来轮到 App 接着处理了。onClick 属性便用来接管用户的点击动作，该属性的值是个方法名，也就是当前页面的 Java 代码存在这么一个方法：当用户点击按钮时，就自动调用该方法。

譬如下面的 Button 标签指定了 onClick 属性值为 doClick，表示点击该按钮会触发 Java 代码中的 doClick 方法：

（完整代码见 chapter03\src\main\res\layout\activity_button_style.xml）

```
<Button
    android:id="@+id/btn_click_xml"
    android:layout_width="match_parent"
    android:layout_height="wrap_content"
    android:onClick="doClick"
    android:text="直接指定点击方法" />
<TextView
    android:id="@+id/tv_result"
    android:layout_width="match_parent"
    android:layout_height="wrap_content"
    android:text="这里查看按钮的点击结果" />
```

与之相对应，页面所在的 Java 代码需要增加 doClick 方法，方法代码示例如下：

（完整代码见 chapter03\src\main\java\com\example\chapter03\ButtonStyleActivity.java）

```
// activity_button_style.xml 中给 btn_click_xml 指定了点击方法 doClick
public void doClick(View view) {
    String desc = String.format("%s 您点击了按钮: %s",
            DateUtil.getNowTime(), ((Button) view).getText());
    tv_result.setText(desc);  // 设置文本视图的文本内容
}
```

然后编译运行，并在 App 界面上点击新加的按钮，点击前后的界面如图 3-16 和图 3-17 所示，其中图 3-16 为点击之前的界面，图 3-17 为点击之后的界面。

直接指定点击方法	直接指定点击方法
这里查看按钮的点击结果	23:03:36 您点击了按钮：直接指定点击方法

图 3-16　按钮点击之前的界面 　　　　图 3-17　按钮点击之后的界面

比较图 3-16 和图 3-17 的文字差异，可见点击按钮之后确实调用了 doClick 方法。

3.4.2　点击事件和长按事件

虽然按钮控件能够在 XML 文件中通过 onClick 属性指定点击方法，但是方法的名称可以随便叫，既能叫 doClick 也能叫 doTouch，甚至叫它 doA 或 doB 都没问题，这样很不利于规范化代码，倘若以后换了别人接手，就不晓得 doA 或 doB 是干什么用的。因此在实际开发中，不推荐使用 Button 标签的 onClick 属性，而是在代码中给按钮对象注册点击监听器。

所谓监听器，意思是专门监听控件的动作行为，它平时无所事事，只有控件发生了指定的动作，监听器才会触发开关去执行对应的代码逻辑。点击监听器需要实现接口 View.OnClickListener，并重写 onClick 方法补充点击事件的处理代码，再由按钮调用 setOnClickListener 方法设置监听器对象。比如下面的代码给按钮控件 btn_click_single 设置了一个点击监听器：

（完整代码见 chapter03\src\main\java\com\example\chapter03\ButtonClickActivity.java）

```java
// 从布局文件中获取名为 btn_click_single 的按钮控件
Button btn_click_single = findViewById(R.id.btn_click_single);
// 给 btn_click_single 设置点击监听器，一旦用户点击按钮，就触发监听器的 onClick 方法
btn_click_single.setOnClickListener(new MyOnClickListener());
```

上面的点击监听器名为 MyOnClickListener，它的定义代码示例如下：

```java
// 定义一个点击监听器，它实现了接口 View.OnClickListener
class MyOnClickListener implements View.OnClickListener {
    @Override
    public void onClick(View v) {  // 点击事件的处理方法
        String desc = String.format("%s 您点击了按钮：%s",
                DateUtil.getNowTime(), ((Button) v).getText());
        tv_result.setText(desc);  // 设置文本视图的文本内容
    }
}
```

接着运行 App，点击按钮之后的界面如图 3-18 所示，可见点击动作的确触发了监听器的 onClick 方法。

chapter03	
指定单独的点击监听器	指定公共的点击监听器
22:37:44 您点击了按钮：指定单独的点击监听器	

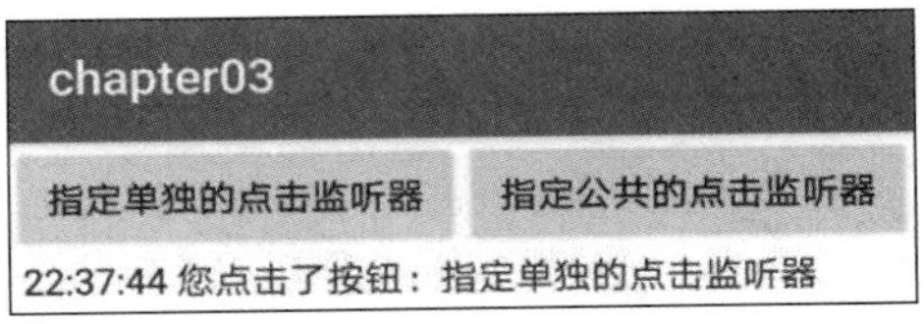

图 3-18　点击了单独的点击监听器

如果一个页面只有一个按钮，单独定义新的监听器倒也无妨，可是如果存在许多按钮，每个按钮都定义自己的监听器，那就劳民伤财了。对于同时监听多个按钮的情况，更好的办法是注册统一的监听器，也就是让当前页面实现接口 View.OnClickListener，如此一来，onClick 方法便写在了页面代码之内。因为是统一的监听器，所以 onClick 内部需要判断是哪个按钮被点击了，也就是利用视图对象的 getId 方法检查控件编号，完整的 onClick 代码举例如下：

（完整代码见 chapter03\src\main\java\com\example\chapter03\ButtonClickActivity.java）

```
@Override
public void onClick(View v) {  // 点击事件的处理方法
    if (v.getId() == R.id.btn_click_public) {  // 来自于按钮 btn_click_public
        String desc = String.format("%s 您点击了按钮：%s",
                DateUtil.getNowTime(), ((Button) v).getText());
        tv_result.setText(desc);  // 设置文本视图的文本内容
    }
}
```

当然该页面的 onCreate 内部别忘了调用按钮对象的 setOnClickListener 方法，把按钮的点击监听器设置成当前页面，设置代码如下所示：

```
// 从布局文件中获取名为 btn_click_public 的按钮控件
Button btn_click_public = findViewById(R.id.btn_click_public);
// 设置点击监听器，一旦用户点击按钮，就触发监听器的 onClick 方法
btn_click_public.setOnClickListener(this);
```

重新运行 App，点击第二个按钮之后的界面如图 3-19 所示，可见当前页面的 onClick 方法也正确执行了。

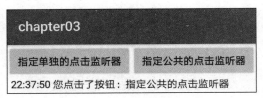

图 3-19　点击了公共的点击监听器

除了点击事件，Android 还设计了另外一种长按事件，每当控件被按住超过 500 毫秒之后，就会触发该控件的长按事件。若要捕捉按钮的长按事件，可调用按钮对象的 setOnLongClickListener 方法设置长按监听器。具体的设置代码示例如下：

（完整代码见 chapter03\src\main\java\com\example\chapter03\ButtonLongclickActivity.java）

```
// 从布局文件中获取名为 btn_click_public 的按钮控件
Button btn_longclick_public = findViewById(R.id.btn_longclick_public);
// 设置长按监听器，一旦用户长按按钮，就触发监听器的 onLongClick 方法
btn_longclick_public.setOnLongClickListener(this);
```

以上代码把长按监听器设置到当前页面，意味着该页面需要实现对应的长按接口 View.OnLongClickListener，并重写长按方法 onLongClick，下面便是重写后的 onLongClick 代码例子：

```
@Override
public boolean onLongClick(View v) {  // 长按事件的处理方法
    if (v.getId() == R.id.btn_longclick_public) {  // 来自于按钮
btn_longclick_public
        String desc = String.format("%s 您长按了按钮：%s",
                DateUtil.getNowTime(), ((Button) v).getText());
        tv_result.setText(desc);  // 设置文本视图的文本内容
    }
    return true;
}
```

再次运行 App，长按按钮之后的界面如图 3-20 所示，说明长按事件果然触发了 onLongClick 方法。

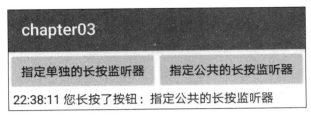

图 3-20　长按了公共的长按监听器

值得注意的是，点击监听器和长按监听器不局限于按钮控件，其实它们都来源于视图基类 View，凡是从 View 派生而来的各类控件，均可注册点击监听器和长按监听器。譬如文本视图 TextView，其对象也能调用 setOnClickListener 方法与 setOnLongClickListener 方法，此时 TextView 控件就会响应点击动作和长按动作。因为按钮存在按下和松开两种背景，便于提示用户该控件允许点击，但文本视图默认没有按压背景，不方便判断是否被点击，所以一般不会让文本视图处理点击事件和长按事件。

3.4.3　禁用与恢复按钮

尽管按钮控件生来就是给人点击的，可是某些情况希望暂时禁止点击操作，譬如用户在注册的时候，有的网站要求用户必须同意指定条款，而且至少浏览 10 秒之后才能点击注册按钮。那么在 10 秒之前，注册按钮应当置灰且不能点击，等过了 10 秒之后，注册按钮才恢复正常。在这样的业务场景中，按钮先后拥有两种状态，即不可用状态与可用状态，它们在外观和功能上的区别如下：

（1）不可用按钮：按钮不允许点击，即使点击也没反应，同时按钮文字为灰色。
（2）可用按钮：按钮允许点击，点击按钮会触发点击事件，同时按钮文字为正常的黑色。

从上述的区别说明可知，不可用与可用状态主要有两点差异：其一，是否允许点击；其二，按钮文字的颜色。就文字颜色而言，可在布局文件中使用 textColor 属性设置颜色，也可在 Java 代码中调用 setTextColor 方法设置颜色。至于是否允许点击，则需引入新属性 android:enabled，该属性值为 true 时表示启用按钮，即允许点击按钮；该属性值为 false 时表示禁用按钮，即不允许点击按钮。在 Java 代码中，则可通过 setEnabled 方法设置按钮的可用状态（true 表示启用，false 表示禁用）。

接下来通过一个例子演示按钮的启用和禁用操作。为了改变测试按钮的可用状态，需要额外添加两个控制按钮，分别是"启用测试按钮"和"禁用测试按钮"，加起来一共 3 个按钮控件，注意"测试按钮"默认是灰色文本。测试界面的布局效果如图 3-21 所示。

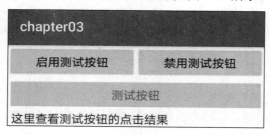

图 3-21　测试按钮尚未启用时的界面

与图 3-21 对应的布局文件内容如下所示：

（完整代码见 chapter03\src\main\res\layout\activity_button_enable.xml）

```xml
<LinearLayout xmlns:android="http://schemas.android.com/apk/res/android"
    android:layout_width="match_parent"
    android:layout_height="match_parent"
    android:orientation="vertical">
    <LinearLayout
        android:layout_width="match_parent"
        android:layout_height="wrap_content"
        android:orientation="horizontal">
        <Button
            android:id="@+id/btn_enable"
            android:layout_width="0dp"
            android:layout_height="wrap_content"
            android:layout_weight="1"
            android:text="启用测试按钮" />
        <Button
            android:id="@+id/btn_disable"
            android:layout_width="0dp"
            android:layout_height="wrap_content"
            android:layout_weight="1"
            android:text="禁用测试按钮" />
    </LinearLayout>
    <Button
        android:id="@+id/btn_test"
        android:layout_width="match_parent"
        android:layout_height="wrap_content"
        android:enabled="false"
        android:text="测试按钮" />
    <TextView
        android:id="@+id/tv_result"
        android:layout_width="match_parent"
        android:layout_height="wrap_content"
        android:paddingLeft="5dp"
        android:text="这里查看测试按钮的点击结果" />
```

```
</LinearLayout>
```

然后在 Java 代码中给 3 个按钮分别注册点击监听器，注册代码如下所示：

（完整代码见 chapter03\src\main\java\com\example\chapter03\ButtonEnableActivity.java）

```
    // 因为按钮控件的 setOnClickListener 方法来源于 View 基类，所以也可对 findViewById
得到的视图直接设置点击监听器
    findViewById(R.id.btn_enable).setOnClickListener(this);
    findViewById(R.id.btn_disable).setOnClickListener(this);
    btn_test = findViewById(R.id.btn_test);  // 获取名为 btn_test 的按钮控件
    btn_test.setOnClickListener(this);  // 设置 btn_test 的点击监听器
```

同时重写页面的 onClick 方法，分别处理 3 个按钮的点击事件，修改之后的 onClick 代码示例如下：

```
@Override
public void onClick(View v) {  // 点击事件的处理方法
    // 由于多个控件都把点击监听器设置到了当前页面，因此 onClick 方法需要区分来自于哪个按
钮
    if (v.getId() == R.id.btn_enable) {  // 点击了按钮"启用测试按钮"
        btn_test.setTextColor(Color.BLACK);  // 设置按钮的文字颜色
        btn_test.setEnabled(true);  // 启用当前控件
    } else if (v.getId() == R.id.btn_disable) {  // 点击了按钮"禁用测试按钮"
        btn_test.setTextColor(Color.GRAY);  // 设置按钮的文字颜色
        btn_test.setEnabled(false);  // 禁用当前控件
    } else if (v.getId() == R.id.btn_test) {  // 点击了按钮"测试按钮"
        String desc = String.format("%s 您点击了按钮：%s",
                DateUtil.getNowTime(), ((Button) v).getText());
        tv_result.setText(desc);  // 设置文本视图的文本内容
    }
}
```

最后编译运行 App，点击了"启用测试按钮"之后，原本置灰的测试按钮 btn_test 恢复正常的黑色文本，点击该按钮发现界面有了反应，具体效果如图 3-22 所示。

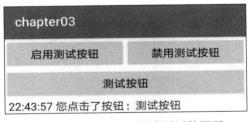

图 3-22　测试按钮已经启用后的界面

对比图 3-21 和图 3-22，观察按钮启用前后的外观及其是否响应点击动作，即可知晓禁用按钮和启用按钮两种模式的差别。

3.5　图像显示

本节介绍了与图像显示有关的几种控件用法，包括：专门用于显示图片的图像视图以及若干缩放类型效果，支持显示图片的按钮控件——图像按钮，如何在按钮控件上同时显示文本和图标等。

3.5.1　图像视图 ImageView

显示文本用到了文本视图 TextView，显示图像则用到图像视图 ImageView。由于图像通常保存为单独的图片文件，因此需要先把图片放到 res/drawable 目录，然后再去引用该图片的资源名称。比如现在有张苹果图片名为 apple.png，那么 XML 文件通过属性 android:src 设置图片资源，属性值格式形如"@drawable/不含扩展名的图片名称"。添加了 src 属性的 ImageView 标签示例如下：

（完整代码见 chapter03\src\main\res\layout\activity_image_scale.xml）

```
<ImageView
    android:id="@+id/iv_scale"
    android:layout_width="match_parent"
    android:layout_height="220dp"
    android:src="@drawable/apple" />
```

若想在 Java 代码中设置图像视图的图片资源，可调用 ImageView 控件的 setImageResource 方法，方法参数格式形如"R.drawable.不含扩展名的图片名称"。仍以上述的苹果图片为例，给图像视图设置图片资源的代码例子如下所示：

（完整代码见 chapter03\src\main\java\com\example\chapter03\ImageScaleActivity.java）

```
// 从布局文件中获取名为 iv_scale 的图像视图
ImageView iv_scale = findViewById(R.id.iv_scale);
iv_scale.setImageResource(R.drawable.apple);  // 设置图像视图的图片资源
```

运行测试 App，展示图片的界面效果如图 3-23 所示。

图 3-23　图像视图显示苹果图片

观察效果图发现苹果图片居中显示，而非文本视图里的文字那样默认靠左显示，这是怎么回事？原来 ImageView 本身默认图片居中显示，不管图片有多大抑或有多小，图像视图都会自动缩放图片，使之刚好够着 ImageView 的边界，并且缩放后的图片保持原始的宽高比例，看起来图片很完美地占据视图中央。这种缩放类型在 XML 文件中通过属性 android:scaleType 定义，即使图像视图未明确指定该属性，系统也会默认其值为 fitCenter，表示让图像缩放后居中显示。添加了缩放属性的 ImageView 标签如下所示：

```
<ImageView
    android:id="@+id/iv_scale"
    android:layout_width="match_parent"
    android:layout_height="220dp"
    android:src="@drawable/apple"
    android:scaleType="fitCenter" />
```

在 Java 代码中可调用 setScaleType 方法设置图像视图的缩放类型，其中 fitCenter 对应的类型为 ScaleType.FIT_CENTER，设置代码示例如下：

```
// 将缩放类型设置为"保持宽高比例，缩放图片使其位于视图中间"
iv_scale.setScaleType(ImageView.ScaleType.FIT_CENTER);
```

除了居中显示，图像视图还提供了其他缩放类型，详细的缩放类型取值说明见表 3-3。

表 3-3　缩放类型的取值说明

XML 中的缩放类型	ScaleType 类中的缩放类型	说明
fitCenter	FIT_CENTER	保持宽高比例，缩放图片使其位于视图中间
centerCrop	CENTER_CROP	缩放图片使其充满视图（超出部分会被裁剪），并位于视图中间
centerInside	CENTER_INSIDE	保持宽高比例，缩小图片使之位于视图中间（只缩小不放大）
center	CENTER	保持图片原尺寸，并使其位于视图中间
fitXY	FIT_XY	缩放图片使其正好填满视图（图片可能被拉伸变形）
fitStart	FIT_START	保持宽高比例，缩放图片使其位于视图上方或左侧
fitEnd	FIT_END	保持宽高比例，缩放图片使其位于视图下方或右侧

注意居中显示 fitCenter 是默认的缩放类型，它的图像效果如之前的图 3-23 所示。其余缩放类型的图像显示效果分别如图 3-24 到图 3-29 所示，其中图 3-24 为 centerCrop 的效果图，图 3-25 为 centerInside 的效果图，图 3-26 为 center 的效果图，图 3-27 为 fitXY 的效果图，图 3-28 为 fitStart 的效果图，图 3-29 为 fitEnd 的效果图。

图 3-24　缩放类型为 centerCrop 的效果图

图 3-25　缩放类型为 centerInside 的效果图

图 3-26　缩放类型为 center 的效果图

图 3-27　缩放类型为 fitXY 的效果图

图 3-28　缩放类型为 fitStart 的效果图

图 3-29　缩放类型为 fitEnd 的效果图

　　注意到 centerInside 和 center 的显示效果居然一模一样，这缘于它们的缩放规则设定。表面上fitCenter、centerInside、center 三个类型都是居中显示，且均不越过图像视图的边界。它们之间的区别在于：fitCenter 既允许缩小图片、也允许放大图片，centerInside 只允许缩小图片、不允许放大图标，而 center 自始至终保持原始尺寸（既不允许缩小图片、也不允许放大图片）。因此，当图片尺寸大于视图宽高，centerInside 与 fitCenter 都会缩小图片，此时它俩的显示效果相同；当图片尺寸小于视图宽高，centerInside 与 center 都保持图片大小不变，此时它俩的显示效果相同。

3.5.2 图像按钮 ImageButton

常见的按钮控件 Button 其实是文本按钮，因为按钮上面只能显示文字，不能显示图片，ImageButton 才是显示图片的图像按钮。虽然 ImageButton 号称图像按钮，但它并非继承 Button，而是继承了 ImageView，所以凡是 ImageView 拥有的属性和方法，ImageButton 统统拿了过来，区别在于 ImageButton 有个按钮背景。

尽管 ImageButton 源自 ImageView，但它毕竟是个按钮呀，按钮家族常用的点击事件和长按事件，ImageButton 全都没落下。不过 ImageButton 和 Button 之间除了名称不同，还有下列差异：

- Button 既可显示文本也可显示图片（通过 setBackgroundResource 方法设置背景图片），而 ImageButton 只能显示图片不能显示文本。
- ImageButton 上的图像可按比例缩放，而 Button 通过背景设置的图像会拉伸变形，因为背景图采取 fitXY 方式，无法按比例缩放。
- Button 只能靠背景显示一张图片，而 ImageButton 可分别在前景和背景显示图片，从而实现两张图片叠加的效果。

从上面可以看出，Button 与 ImageButton 各有千秋，通常情况使用 Button 就够用了。但在某些场合，比如输入法打不出来的字符，以及特殊字体显示的字符串，就适合先切图再放到 ImageButton。举个例子，数学常见的开平方运算，由输入法打出来的运算符号为"√"，但该符号缺少右上角的一横，正确的开平方符号是带横线的 $\sqrt{}$，此时便需要通过 ImageButton 显示这个开方图片。

不过使用 ImageButton 得注意，图像按钮默认的缩放类型为 center(保持原始尺寸不缩放图片)，而非图像视图默认的 fitCenter，倘若图片尺寸较大，那么图像按钮将无法显示整个图片。为避免显示不完整的情况，XML 文件中的 ImageButton 标签必须指定 fitCenter 的缩放类型，详细的标签内容示例如下：

（完整代码见 chapter03\src\main\res\layout\activity_image_button.xml）

```
<ImageButton
    android:layout_width="match_parent"
    android:layout_height="80dp"
    android:src="@drawable/sqrt"
    android:scaleType="fitCenter" />
```

运行测试 App，打开演示界面如图 3-30 所示，可见图像按钮正确展示了开平方符号。

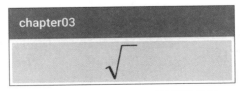

图 3-30 显示开平方符号的图像按钮

3.5.3 同时展示文本与图像

现在有了 Button 可在按钮上显示文字，又有 ImageButton 可在按钮上显示图像，照理说绝大多数场合都够用了。然而现实项目中的需求往往捉摸不定，例如客户要求在按钮文字的左边加一个图标，这样按钮内部既有文字又有图片，乍看之下 Button 和 ImageButton 都没法直接使用。若用 LinearLayout 对 ImageView 和 TextView 组合布局，虽然可行，XML 文件却变得冗长许多。

其实有个既简单又灵活的办法，要想在文字周围放置图片，使用按钮控件 Button 就能实现。原来 Button 悄悄提供了几个与图标有关的属性，通过这些属性即可指定文字旁边的图标，以下是有关的图标属性说明。

- drawableTop：指定文字上方的图片。
- drawableBottom：指定文字下方的图片。
- drawableLeft：指定文字左边的图片。
- drawableRight：指定文字右边的图片。
- drawablePadding：指定图片与文字的间距。

譬如下面是个既有文字又有图标的 Button 标签例子：

（完整代码见 chapter03\src\main\res\layout\activity_image_text.xml）

```xml
<Button
    android:layout_width="wrap_content"
    android:layout_height="wrap_content"
    android:drawableTop="@drawable/ic_about"
    android:drawablePadding="5dp"
    android:text="图标在上" />
```

以上的 Button 标签通过属性 android:drawableTop 设置了文字上边的图标，若想变更图标所处的位置，只要把 drawableTop 换成对应方向的属性即可。各方向的图文混排按钮效果分别如图 3-31 到图 3-34 所示，其中图 3-31 为指定了 drawableTop 的按钮界面，图 3-32 为指定了 drawableBottom 的按钮界面，图 3-33 为指定了 drawableLeft 的按钮界面，图 3-34 为指定了 drawableRight 的按钮界面。

图 3-31　指定了 drawableTop 的按钮界面 　　　图 3-32　指定了 drawableBottom 的按钮界面

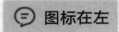

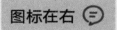

图 3-33　指定了 drawableLeft 的按钮界面　　　图 3-34　指定了 drawableRight 的按钮界面

3.6　实战项目：计算器

本章虽然只学了一些 Android 的简单控件，但是只要活学善用这些布局和控件，也能够做出实用的 App。接下来让我们尝试设计并实现一个简单计算器。

3.6.1　需求描述

计算器是人们日常生活中最常用的工具之一，无论在电脑上还是手机上，都少不了计算器的身影。以 Windows 系统自带的计算器为例，它的界面简洁且十分实用，如图 3-35 所示。

计算器的界面分为两大部分，第一部分是上方的计算表达式，既包括用户的按键输入，也包括计算结果数字；第二部分是下方的各个按键，例如：从 0 到 9 的数字按钮、加减乘除与等号、正负号按钮、小数点按钮、求倒数按钮、平方按钮、开方按钮，以及退格、清空、取消等控制按钮。通过这些按键操作，能够实现整数和小数的四则运算，以及求倒数、求平方、求开方等简单运算。

3.6.2　界面设计

上一小节介绍的 Windows 计算器，它主要由上半部分的计算结果与下半部分的计算按钮两块区域组成，据此可创建一个界面相似的计算器 App，同样由计算结果和计算按钮两部分组成，如图 3-36 所示。

图 3-35　Windwos 系统自带的计算器　　　　图 3-36　计算器 App 的效果图

按照计算器 App 的效果图，大致分布着下列 Android 控件：

● 线性布局 LinearLayout：因为计算器界面整体从上往下布局，所以需要垂直方向的 LinearLayout。

● 网格布局 GridLayout：计算器下半部分的几排按钮，正好成五行四列表格分布，适合采用 GridLayout。

- 滚动视图 ScrollView：虽然计算器界面不宽也不高，但是以防万一，最好还是加个垂直方向的 ScrollView。
- 文本视图 TextView：很明显顶部标题"简单计算器"就是 TextView，且文字居中显示；标题下面的计算结果也需要使用 TextView，且文字靠右靠下显示。
- 按钮 Button：几乎所有的数字与运算符按钮都采用了 Button 控件。
- 图像按钮 ImageButton：开根号的运算符"√"虽然能够打出来，但是右上角少了数学课本上的一横，所以该按钮要显示一张标准的开根号图片，这用到了 ImageButton。

3.6.3 关键代码

App 同用户交互的过程中，时常要向用户反馈一些信息，例如：点错了按钮、输入了非法字符等等，诸如此类。对于这些一句话的提示，Android 设计了 Toast 控件，用于展示短暂的提示文字。Toast 的用法很简单，只需以下一行代码即可弹出提示小窗：

```
Toast.makeText(MainActivity.this, "提示文字", Toast.LENGTH_SHORT).show();
```

上面代码用到了两个方法，分别是 makeText 和 show，其中 show 方法用来展示提示窗，而 makeText 方法用来构建提示文字的模板。makeText 的第一个参数为当前页面的实例，倘若当前页面名为 MainActivity 的话，这里就填 MainActivity.this，当然如果不引发歧义的话，直接填 this 也可以；第二个参数为准备显示的提示文本；第三个参数规定了提示窗的驻留时长，为 Toast.LENGTH_SHORT 表示停留 2 秒后消失，为 Toast.LENGTH_LONG 表示停留 3.5 秒后消失。

对于计算器来说，有好几种情况需要提示用户，比如"除数不能为零"、"开根号的数值不能小于零"、"不能对零求倒数"等等，这时就能通过 Toast 控件弹窗提醒用户。Toast 弹窗的展示效果如图 3-37 所示，此时 App 发现了除数为零的情况。

图 3-37　Toast 弹窗效果

对于简单计算来说，每次运算至少需要两个操作数，比如加减乘除四则运算就要求有两个操作数，求倒数、求平方、求开方只要求一个操作数；并且每次运算过程有且仅有一个运算符（等号不计在内），故而计算器 App 得事先声明下列几个字符串变量：

```
private String operator = "";  // 运算符
private String firstNum = "";  // 第一个操作数
private String secondNum = "";  // 第二个操作数
private String result = "";  // 当前的计算结果
```

用户在计算器界面每输入一个按键，App 都要进行下列两项操作：

1. 输入按键的合法性校验

在开展计算之前，务必检查用户的按键是否合法，因为非法按键将导致不能正常运算。非法的按键输入包括但不限于下列情况：

（1）被除数不能为零。

（2）开根号的数值不能小于零。

（3）不能对零求倒数。

（4）一个数字不能有两个小数点。

（5）如果没输入运算符，就不能点击等号按钮。

（6）如果没输入操作数，也不能点击等号按钮。

比如点击等号按钮之时，App 的逻辑校验代码示例如下：

（完整代码见 chapter03\src\main\java\com\example\chapter03\CalculatorActivity.java）

```java
if (v.getId() == R.id.btn_equal) {  // 点击了等号按钮
    if (operator.equals("")) {  // 无运算符
        Toast.makeText(this, "请输入运算符", Toast.LENGTH_SHORT).show();
        return false;
    }
    if (firstNum.equals("") || secondNum.equals("")) {  // 无操作数
        Toast.makeText(this, "请输入数字", Toast.LENGTH_SHORT).show();
        return false;
    }
    if (operator.equals("÷") && Double.parseDouble(secondNum) == 0) {  // 被
除数为零
        Toast.makeText(this, "被除数不能为零", Toast.LENGTH_SHORT).show();
        return false;
    }
}
```

2. 执行运算并显示计算结果

合法性校验通过，方能继续接下来的业务逻辑，倘若用户本次未输入与计算有关的按钮（例如等号、求倒数、求平方、求开方），则计算器只需拼接操作数或者运算符；倘若用户本次输入了与计算有关的按钮（例如等号、求倒数、求平方、求开方），则计算器立即执行运算操作并显示计算结果。以加减乘除四则运算为例，它们的计算代码例子如下所示：

```java
// 加减乘除四则运算，返回计算结果
private double caculateFour() {
    double caculate_result = 0;
    if (operator.equals("＋")) {  // 当前是相加运算
        caculate_result = Double.parseDouble(firstNum) +
Double.parseDouble(secondNum);
    } else if (operator.equals("－")) {  // 当前是相减运算
        caculate_result = Double.parseDouble(firstNum) -
Double.parseDouble(secondNum);
    } else if (operator.equals("×")) {  // 当前是相乘运算
        caculate_result = Double.parseDouble(firstNum) *
Double.parseDouble(secondNum);
    } else if (operator.equals("÷")) {  // 当前是相除运算
        caculate_result = Double.parseDouble(firstNum) /
```

```
Double.parseDouble(secondNum);
    }
    return caculate_result;
}
```

完成合法性校验与运算处理之后，计算器 App 的编码基本结束了。运行计算器 App，执行各种运算的界面效果如图 3-38 和图 3-39 所示。其中图 3-38 为执行乘法运算 8×9=?的计算器界面，图 3-39 为先对 8 做开方再给开方结果加上 60 的计算器界面。

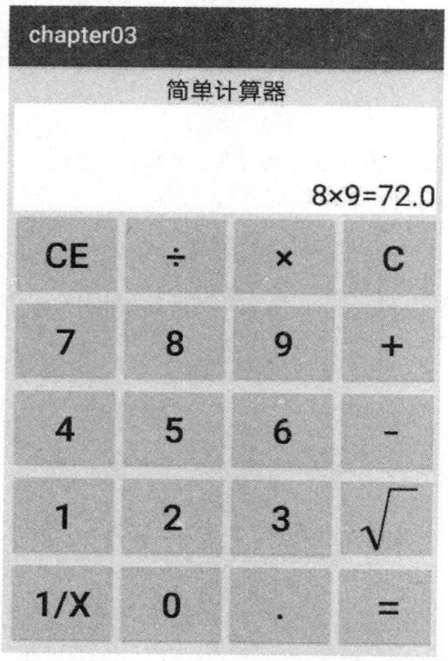

图 3-38　执行乘法运算的计算器界面

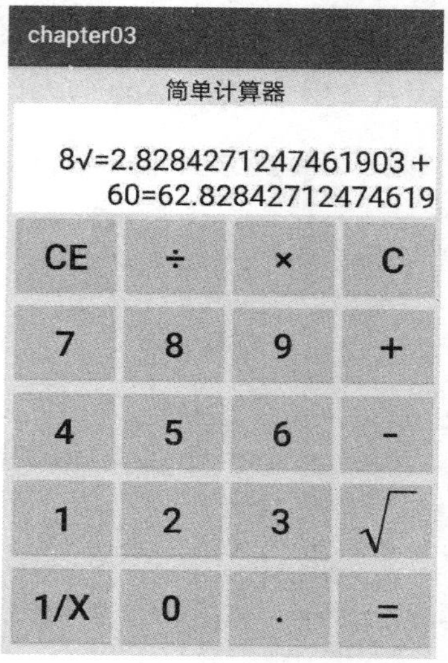

图 3-39　先执行开方运算再执行加法运算

3.7　小　　结

本章主要介绍了 App 开发中常见简单控件的用法，包括：在文本视图上显示文本（设置文本的内容、大小和颜色）、修改视图的基本属性（设置视图的宽高、间距和对齐方式）、运用各种布局排列控件（线性布局、相对布局、网格布局、滚动视图）、处理按钮的触控事件（按钮控件的点击、长按、禁用与恢复）、在图像控件上显示图片（图像视图、图像按钮、同时展示文本与图像）。最后设计了一个实战项目"简单计算器"，在该项目的 App 编码中用到了前面介绍的大部分控件和布局，从而加深了对所学知识的理解。

通过本章的学习，读者应该能掌握以下 4 种开发技能：

（1）学会在文本控件上正确展示文字。

（2）学会在图像控件上正确展示图片。

（3）学会正确处理按钮的点击和长按事件。

（4）学会在常见布局上排列组合多个控件。

3.8　课后练习题

一、填空题

1．res/values 目录下存放字符串定义的资源文件名为_____。

2．_____指的是与设备无关的显示单位。

3．Android 的色值由 alpha 透明度和_____三原色联合定义。

4．线性布局利用属性 layout_weight 设置下级控件的尺寸权重时，要将下级控件的宽高设置为_____。

5．按钮控件被按住超过_____之后，会触发长按事件。

二、判断题（正确打√，错误打×）

1．Android 的控件类都由 ViewGroup 派生而来。（　　）

2．线性布局 LinearLayout 默认下级控件在水平方向排列。（　　）

3．在相对布局内部，如果不设定下级视图的参照物，那么下级视图默认显示在布局中央。（　　）

4．滚动视图 ScrollView 默认下级布局在水平方向排列。（　　）

5．按钮控件上的英文默认显示大写字母。（　　）

三、选择题

1．Java 代码中，setTextSize 方法默认的字号单位是（　　）。
　　A．dp　　　　　　　　B．px　　　　　　　　C．sp　　　　　　　　D．dip

2．网格布局 GridLayout 指定网格行数的属性名称是（　　）。
　　A．columnCount　　　B．rowCount　　　　　C．gridCount　　　　 D．cellCount

3．图像视图采取缩放类型（　　）的时候，图像可能会被拉伸变形。
　　A．FIT_CENTER　　　B．CENTER_CROP　　 C．FIT_XY　　　　　 D．FIT_START

4．图像按钮 ImageButton 由（　　）派生而来。
　　A．Button　　　　　　B．ImageView　　　　 C．View　　　　　　 D．ViewGroup

5．在按钮控件中，把图片放在文本右边的属性名称是（　　）。
　　A．drawableTop　　　B．drawableBottom　　 C．drawableLeft　　　D．drawableRight

四、简答题

1．请简要描述 layout_margin 和 padding 之间的区别。

2．请简要描述 layout_gravity 和 gravity 之间的区别。

五、动手练习

请上机实验本章的计算器项目，要求实现加、减、乘、除、求倒数、求平方根等简单运算。

第 4 章

活动 Activity

本章介绍 Android 4 大组件之一 Activity 的基本概念和常见用法。主要包括如何正确地启动和停止活动页面、如何在两个活动之间传递各类消息、如何在意图之外给活动添加额外的信息，等等。

4.1　启停活动页面

本节介绍如何正确地启动和停止活动页面，首先描述活动页面的启动方法与结束方法，用户看到的页面就是开发者塑造的活动；接着详细分析活动的完整生命周期，以及每个周期方法的发生场景和流转过程；然后描述活动的几种启动模式，以及如何在代码中通过启动标志控制活动的跳转行为。

4.1.1　Activity 的启动和结束

在第 2 章的"2.4.3　跳到另一个页面"一节中，提到通过 startActivity 方法可以从当前页面跳到新页面，具体格式如"startActivity(new Intent(源页面.this, 目标页面.class));"。由于当时尚未介绍按钮控件，因此只好延迟 3 秒后才自动调用 startActivity 方法。现在有了按钮控件，就能利用按钮的点击事件去触发页面跳转，譬如以下代码便在重写后的点击方法 onClick 中执行页面跳转动作。

（完整代码见 chapter04\src\main\java\com\example\chapter04\ActStartActivity.java）

```
// 页面类直接实现点击监听器的接口 View.OnClickListener
public class ActStartActivity extends AppCompatActivity implements
View.OnClickListener {

    @Override
    protected void onCreate(Bundle savedInstanceState) {
        super.onCreate(savedInstanceState);
```

```
    setContentView(R.layout.activity_act_start);
    // setOnClickListener 来自于 View，故而允许直接给 View 对象注册点击监听器
    findViewById(R.id.btn_act_next).setOnClickListener(this);
}

@Override
public void onClick(View v) {  // 点击事件的处理方法
    if (v.getId() == R.id.btn_act_next) {
        // 从当前页面跳到指定的新页面
        startActivity(new Intent(this, ActFinishActivity.class));
    }
}
}
```

以上代码中的 startActivity 方法，清楚标明了从当前页面跳到新的 ActFinishActivity 页面。之所以给新页面取名 ActFinishActivity，是为了在新页面中演示如何关闭页面。众所周知，若要从当前页面回到上一个页面，点击屏幕底部的返回键即可实现，但不是所有场景都使用返回键。比如页面左上角的箭头图标经常代表着返回动作，况且有时页面上会出现"完成"按钮，无论点击箭头图标还是点击完成按钮，都要求马上回到上一个页面。包含箭头图标与"完成"按钮的演示界面如图4-1 所示。

图 4-1　箭头图标与完成按钮

既然点击某个图标或者点击某个按钮均可能触发返回动作，就需要 App 支持在某个事件发生时主动返回上一页。回到上一个页面其实相当于关闭当前页面，因为最开始由 A 页面跳到 B 页面，一旦关闭了 B 页面，App 应该展示哪个页面呢？当然是展示跳转之前的 A 页面了。在 Java 代码中，调用 finish 方法即可关闭当前页面，前述场景要求点击箭头图标或完成按钮都返回上一页面，则需给箭头图标和完成按钮分别注册点击监听器，然后在 onClick 方法中调用 finish 方法。下面便是添加了 finish 方法的新页面代码例子：

（完整代码见 chapter04\src\main\java\com\example\chapter04\ActFinishActivity.java）

```
// 活动类直接实现点击监听器的接口 View.OnClickListener
public class ActFinishActivity extends AppCompatActivity implements
View.OnClickListener {

    @Override
    protected void onCreate(Bundle savedInstanceState) {
        super.onCreate(savedInstanceState);
        setContentView(R.layout.activity_act_finish);
        // 给箭头图标注册点击监听器，ImageView 由 View 类派生而来
        findViewById(R.id.iv_back).setOnClickListener(this);
        // 给完成按钮注册点击监听器，Button 也由 View 类派生而来
```

```
        findViewById(R.id.btn_finish).setOnClickListener(this);
    }

    @Override
    public void onClick(View v) {  // 点击事件的处理方法
        if (v.getId() == R.id.iv_back || v.getId() == R.id.btn_finish) {
            finish();  // 结束当前的活动页面
        }
    }
}
```

另外，所谓"打开页面"或"关闭页面"沿用了浏览网页的叫法，对于 App 而言，页面的真实名称是"活动"——Activity。打开某个页面其实是启动某个活动，所以有 startActivity 方法却无 openActivity 方法；关闭某个页面其实是结束某个活动，所以有 finish 方法却无 close 方法。

4.1.2 Activity 的生命周期

App 引入活动的概念而非传统的页面概念，这是有原因的，单从字面意思理解，页面更像是静态的，而活动更像是动态的。犹如花开花落那般，活动也有从含苞待放到盛开再到凋零的生命过程。每次创建新的活动页面，自动生成的 Java 代码都给出了 onCreate 方法，该方法用于执行活动创建的相关操作，包括加载 XML 布局、设置文本视图的初始文字、注册按钮控件的点击监听，等等。onCreate 方法所代表的创建动作，正是一个活动最开始的行为，除了 onCreate，活动还有其他几种生命周期行为，它们对应的方法说明如下：

- onCreate：创建活动。此时会把页面布局加载进内存，进入了初始状态。
- onStart：开启活动。此时会把活动页面显示在屏幕上，进入了就绪状态。
- onResume：恢复活动。此时活动页面进入活跃状态，能够与用户正常交互，例如允许响应用户的点击动作、允许用户输入文字等。
- onPause：暂停活动。此时活动页面进入暂停状态（也就是退回就绪状态），无法与用户正常交互。
- onStop：停止活动。此时活动页面将不在屏幕上显示。
- onDestroy：销毁活动。此时回收活动占用的系统资源，把页面从内存中清除掉。
- onRestart：重启活动。处于停止状态的活动，若想重新开启的话，无须经历 onCreate 的重复创建过程，而是走 onRestart 的重启过程。
- onNewIntent：重用已有的活动实例。

上述的生命周期方法，涉及复杂的 App 运行状态，更直观的活动状态切换过程如图 4-2 所示。

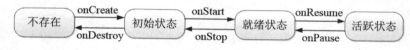

图 4-2 活动的状态变迁

由图 4-2 可知，打开新页面的方法调用顺序为 onCreate→onStart→onResume，关闭旧页面的方法调用顺序为 onPause→onStop→onDestroy。为了弄清楚这些方法的调用时机。接下来通过一个实验加以观察。

首先分别创建两个活动页面，它们的 Java 代码都重写了下列 7 个生命周期方法：onCreate、onStart、onResume、onPause、onStop、onDestroy、onRestart，每个方法内部均调用新写的 refreshLife 方法打印日志。其中第一个活动的 Java 代码示例如下，第二个活动的 Java 代码可如法炮制：

（完整代码见 chapter04\src\main\java\com\example\chapter04\ActLifeActivity.java）

```java
public class ActLifeActivity extends AppCompatActivity implements
View.OnClickListener {
    private final static String TAG = "ActLifeActivity";
    private TextView tv_life;  // 声明一个文本视图对象
    private String mStr = "";

    private void refreshLife(String desc) {  // 刷新生命周期的日志信息
        mStr = String.format("%s%s %s %s\n", mStr, DateUtil.getNowTimeDetail(),
TAG, desc);
        tv_life.setText(mStr);
    }

    @Override
    protected void onCreate(Bundle savedInstanceState) {  // 创建活动页面
        super.onCreate(savedInstanceState);
        setContentView(R.layout.activity_act_life);
        findViewById(R.id.btn_act_next).setOnClickListener(this);
        tv_life = findViewById(R.id.tv_life);  // 从布局文件中获取名为 tv_life 的
文本视图
        refreshLife("onCreate");  // 刷新生命周期的日志信息
    }

    @Override
    protected void onStart() {  // 开始活动
        super.onStart();
        refreshLife("onStart");  // 刷新生命周期的日志信息
    }

    @Override
    protected void onStop() {  // 停止活动
        super.onStop();
        refreshLife("onStop");  // 刷新生命周期的日志信息
    }

    @Override
    protected void onResume() {  // 恢复活动
        super.onResume();
        refreshLife("onResume");  // 刷新生命周期的日志信息
    }

    @Override
    protected void onPause() {  // 暂停活动
        super.onPause();
```

```
    refreshLife("onPause");  // 刷新生命周期的日志信息
}

@Override
protected void onRestart() {  // 重启活动
    super.onRestart();
    refreshLife("onRestart");  // 刷新生命周期的日志信息
}

@Override
protected void onDestroy() {  // 销毁活动
    super.onDestroy();
    refreshLife("onDestroy");  // 刷新生命周期的日志信息
}

@Override
public void onClick(View v) {
    if (v.getId() == R.id.btn_act_next) {
        // 从当前页面跳到指定的活动页面
        startActivity(new Intent(this, ActNextActivity.class));
    }
}
}
```

运行测试 App，依次打开两个活动页面分别如图 4-3 到图 4-5 所示，其中图 4-3 为刚进入第一个活动的界面，图 4-4 为从第一个活动跳到第二个活动的界面，图 4-5 为从第二个活动返回第一个活动的界面。

图 4-3 进入第一个活动 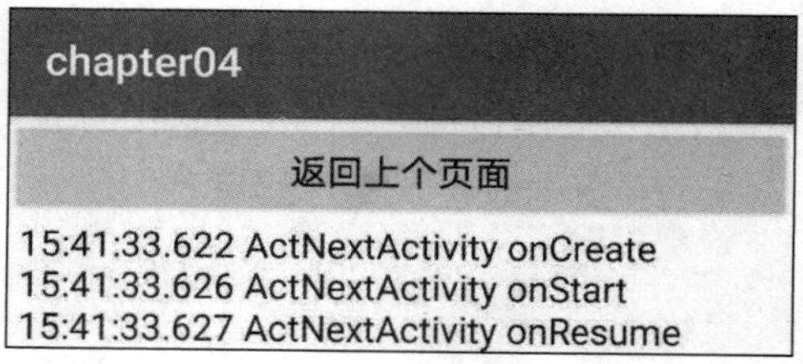   图 4-4 跳到第二个活动

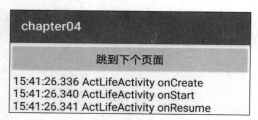

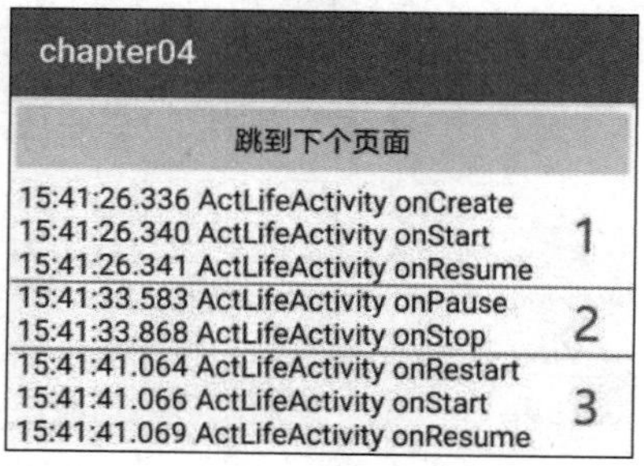

图 4-5 从第二个活动回到第一个活动

根据以上 3 幅图示的日志时间，梳理出完整的生命周期时间线如图 4-6 所示，从而验证了之前所说的生命周期过程。

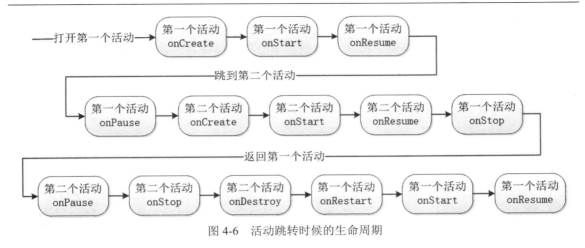

图 4-6　活动跳转时候的生命周期

4.1.3　Activity 的启动模式

上一小节提到，从第一个活动跳到第二个活动，接着结束第二个活动就能返回第一个活动，可是为什么不直接返回桌面呢？这要从 Android 的内核设计说起了，系统给每个正在运行的 App 都分配了活动栈，栈里面容纳着已经创建且尚未销毁的活动信息。鉴于栈是一种先进后出、后进先出的数据结构，故而后面入栈的活动总是先出栈，假设 3 个活动的入栈顺序为：活动 A→活动 B →活动 C，则它们的出栈顺序将变为：活动 C→活动 B→活动 A，可见活动 C 结束之后会返回活动 B，而不是返回活动 A 或者别的地方。

假定某个 App 分配到的活动栈大小为 3，该 App 先后打开两个活动，此时活动栈的变动情况如图 4-7 所示。

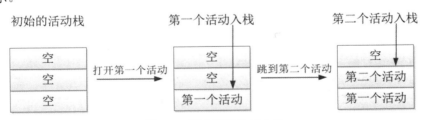

图 4-7　两个活动先后入栈

然后按下返回键，依次结束已打开的两个活动，此时活动栈的变动情况如图 4-8 所示。

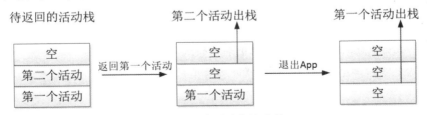

图 4-8　两个活动依次出栈

结合图 4-7 与图 4-8 的入栈与出栈流程，即可验证结束活动之时的返回逻辑了。

不过前述的出入栈情况仅是默认的标准模式，实际上 Android 允许在创建活动时指定该活动的启动模式，通过启动模式控制活动的出入栈行为。App 提供了两种办法用于设置活动页面的启动模式，其一是修改 AndroidManifest.xml，在指定的 activity 节点添加属性 android:launchMode，表示本活动以哪个启动模式运行。其二是在代码中调用 Intent 对象的 setFlags 方法，表明后续打开的活动页面采用该启动标志。下面分别予以详细说明。

1. 在配置文件中指定启动模式

打开 AndroidManifest.xml，给 activity 节点添加属性 android:launchMode，属性值填入 standard 表示采取标准模式，当然不添加属性的话默认就是标准模式。具体的 activity 节点配置内容示例如下：

```
<activity android:name=".JumpFirstActivity" android:launchMode="standard" />
```

其中 launchMode 属性的几种取值说明见表 4-1。

表 4-1　launchMode 属性的取值说明

launchMode 属性值	说明
standard	标准模式，无论何时启动哪个活动，都是重新创建该页面的实例并放入栈顶。如果不指定 launchMode 属性，则默认为标准模式
singleTop	启动新活动时，判断如果栈顶正好就是该活动的实例，则重用该实例；否则创建新的实例并放入栈顶，也就是按照 standard 模式处理
singleTask	启动新活动时，判断如果栈中存在该活动的实例，则重用该实例，并清除位于该实例上面的所有实例；否则按照 standard 模式处理
singleInstance	启动新活动时，将该活动的实例放入一个新栈中，原栈的实例列表保持不变

2. 在代码里面设置启动标志

打开 Java 代码，先调用 Intent 对象的 setFlags 方法设置启动标志，再将该 Intent 对象传给 startActivity 方法。具体的方法调用代码示例如下：

```
// 创建一个意图对象，准备跳到指定的活动页面
Intent intent = new Intent(this, JumpSecondActivity.class);
// 设置启动标志。Intent.FLAG_ACTIVITY_NEW_TASK 表示创建新的任务栈
intent.setFlags(Intent.FLAG_ACTIVITY_NEW_TASK);
startActivity(intent);  // 跳转到意图对象指定的活动页面
```

之所以要在代码中动态指定活动页面的启动模式，是因为 AndroidManifest.xml 对每个活动只能指定唯一的启动模式。若想在不同时候对同一个活动运用不同的启动模式，显然固定的 launchMode 属性无法满足这个要求。于是 Android 允许在代码中手动设置启动标志，这样在不同时候调用 startActivity 方法就能运用不一样的启动模式。

适用于 setFlags 方法的几种启动标志取值说明见表 4-2。

表 4-2 代码中的启动标志取值说明

Intent 类的启动标志	说明
Intent.FLAG_ACTIVITY_NEW_TASK	开辟一个新的任务栈,该值类似于 launchMode="standard";不同之处在于,如果原来不存在活动栈,则 FLAG_ACTIVITY_NEW_TASK 会创建一个新栈
Intent.FLAG_ACTIVITY_SINGLE_TOP	当栈顶为待跳转的活动实例之时,则重用栈顶的实例。该值等同于 launchMode="singleTop"
Intent.FLAG_ACTIVITY_CLEAR_TOP	当栈中存在待跳转的活动实例时,则重新创建一个新实例,并清除原实例上方的所有实例。该值与 launchMode="singleTask" 类似,但 singleTask 采取 onNewIntent 方法启用原任务,而 FLAG_ACTIVITY_CLEAR_TOP 采取先调用 onDestroy 再调用 onCreate 来创建新任务
Intent.FLAG_ACTIVITY_NO_HISTORY	该标志与 launchMode="standard" 情况类似,但栈中不保存新启动的活动实例。这样下次无论以何种方式再启动该实例,也要走 standard 模式的完整流程
Intent.FLAG_ACTIVITY_CLEAR_TASK	该标志非常暴力,跳转到新页面时,栈中的原有实例都被清空。注意该标志需要结合 FLAG_ACTIVITY_NEW_TASK 使用,即 setFlags 方法的参数为 " Intent.FLAG_ACTIVITY_CLEAR_TASK | Intent.FLAG_ACTIVITY_NEW_TASK"

接下来举两个例子阐述启动模式的实际应用:在两个活动之间交替跳转、登录成功后不再返回登录页面,分别介绍如下。

1. 在两个活动之间交替跳转

假设活动 A 有个按钮,点击该按钮会跳到活动 B;同时活动 B 也有个按钮,点击按钮会跳到活动 A;从首页打开活动 A 之后,就点击按钮在活动 A 与活动 B 之间轮流跳转。此时活动页面的跳转流程为:首页→活动 A→活动 B→活动 A→活动 B→活动 A→活动 B→……多次跳转之后想回到首页,正常的话返回流程是这样的:……→活动 B→活动 A→活动 B→活动 A→活动 B→活动 A→首页,注意每个箭头都代表按一次返回键,可见要按下许多次返回键才能返回首页。其实在活动 A 和活动 B 之间本不应该重复返回,因为回来回去总是这两个页面有什么意义呢?照理说每个活动返回一次足矣,同一个地方返回两次已经是多余的了,再返回应当回到首页才是。也就是说,不管过去的时候怎么跳转,回来的时候应该按照这个流程:……→活动 B→活动 A→首页,或者按照这个流程:……→活动 A→活动 B→首页,总之已经返回了的页面,决不再返回第二次。

对于不允许重复返回的情况,可以设置启动标志 FLAG_ACTIVITY_CLEAR_TOP,即使活动栈里面存在待跳转的活动实例,也会重新创建该活动的实例,并清除原实例上方的所有实例,保证栈中最多只有该活动的唯一实例,从而避免了无谓的重复返回。于是活动 A 内部的跳转代码就改成了下面这般:

(完整代码见 chapter04\src\main\java\com\example\chapter04\JumpFirstActivity.java)

```
// 创建一个意图对象,准备跳到指定的活动页面
Intent intent = new Intent(this, JumpSecondActivity.class);
// 当栈中存在待跳转的活动实例时,则重新创建该活动的实例,并清除原实例上方的所有实例
intent.setFlags(Intent.FLAG_ACTIVITY_CLEAR_TOP); // 设置启动标志
startActivity(intent); // 跳转到意图对象指定的活动页面
```

当然活动 B 内部的跳转代码也要设置同样的启动标志：

（完整代码见 chapter04\src\main\java\com\example\chapter04\JumpSecondActivity.java）

```
// 创建一个意图对象，准备跳到指定的活动页面
Intent intent = new Intent(this, JumpFirstActivity.class);
// 当栈中存在待跳转的活动实例时，则重新创建该活动的实例，并清除原实例上方的所有实例
intent.setFlags(Intent.FLAG_ACTIVITY_CLEAR_TOP); // 设置启动标志
startActivity(intent); // 跳转到意图指定的活动页面
```

这下两个活动的跳转代码都设置了 FLAG_ACTIVITY_CLEAR_TOP，运行测试 App 发现多次跳转之后，每个活动仅会返回一次而已。

2. 登录成功后不再返回登录页面

很多 App 第一次打开都要求用户登录，登录成功再进入 App 首页，如果这时按下返回键，发现并没有回到上一个登录页面，而是直接退出 App 了，这又是什么缘故呢？原来用户登录成功后，App 便记下用户的登录信息，接下来默认该用户是登录状态，自然不必重新输入用户名和密码了。既然默认用户已经登录，哪里还需要回到登录页面？不光登录页面，登录之前的其他页面包括获取验证码、找回密码等页面都不应回去，每次登录成功之后，整个 App 就焕然一新仿佛忘记了有登录页面这回事。

对于回不去的登录页面情况，可以设置启动标志 FLAG_ACTIVITY_CLEAR_TASK，该标志会清空当前活动栈里的所有实例。不过全部清空之后，意味着当前栈没法用了，必须另外找个活动栈才行，也就是同时设置启动标志 FLAG_ACTIVITY_NEW_TASK，该标志用于开辟新任务的活动栈。于是离开登录页面的跳转代码变成下面这样：

（完整代码见 chapter04\src\main\java\com\example\chapter04\LoginInputActivity.java）

```
// 创建一个意图对象，准备跳到指定的活动页面
Intent intent = new Intent(this, LoginSuccessActivity.class);
// 设置启动标志：跳转到新页面时，栈中的原有实例都被清空，同时开辟新任务的活动栈
intent.setFlags(Intent.FLAG_ACTIVITY_CLEAR_TASK |
Intent.FLAG_ACTIVITY_NEW_TASK);
startActivity(intent); // 跳转到意图指定的活动页面
```

运行测试 App，登录成功进入首页之后，点击返回键果然没回到登录页面。

4.2 在活动之间传递消息

本节介绍如何在两个活动之间传递各类消息，首先描述 Intent 的用途和组成部分，以及显式 Intent 和隐式 Intent 的区别；接着阐述结合 Intent 和 Bundle 向下一个活动页面发送数据，再在下一个页面中解析收到的请求数据；然后叙述从下一个活动页面返回应答数据给上一个页面，并由上一个页面解析返回的应答数据。

4.2.1 显式 Intent 和隐式 Intent

上一小节的 Java 代码,通过 Intent 对象设置活动的启动标志,这个 Intent 究竟是什么呢?Intent 的中文名是意图,意思是我想让你干什么,简单地说,就是传递消息。Intent 是各个组件之间信息沟通的桥梁,既能在 Activity 之间沟通,又能在 Activity 与 Service 之间沟通,也能在 Activity 与 Broadcast 之间沟通。总而言之,Intent 用于 Android 各组件之间的通信,它主要完成下列 3 部分工作:

(1)标明本次通信请求从哪里来、到哪里去、要怎么走。

(2)发起方携带本次通信需要的数据内容,接收方从收到的意图中解析数据。

(3)发起方若想判断接收方的处理结果,意图就要负责让接收方传回应答的数据内容。

为了做好以上工作,就要给意图配上必需的装备,Intent 的组成部分见表 4-3。

表 4-3　Intent 组成元素的列表说明

元素名称	设置方法	说明与用途
Component	setComponent	组件,它指定意图的来源与目标
Action	setAction	动作,它指定意图的动作行为
Data	setData	即 Uri,它指定动作要操纵的数据路径
Category	addCategory	类别,它指定意图的操作类别
Type	setType	数据类型,它指定消息的数据类型
Extras	putExtras	扩展信息,它指定装载的包裹信息
Flags	setFlags	标志位,它指定活动的启动标志

指定意图对象的目标有两种表达方式,一种是显式 Intent,另一种是隐式 Intent。

1. 显式 Intent,直接指定来源活动与目标活动,属于精确匹配

在构建一个意图对象时,需要指定两个参数,第一个参数表示跳转的来源页面,即"来源 Activity.this";第二个参数表示待跳转的页面,即"目标 Activity.class"。具体的意图构建方式有如下 3 种:

(1)在 Intent 的构造函数中指定,示例代码如下:

```
Intent intent = new Intent(this, ActNextActivity.class);  // 创建一个目标确定的
意图
```

(2)调用意图对象的 setClass 方法指定,示例代码如下:

```
Intent intent = new Intent();  // 创建一个新意图
intent.setClass(this, ActNextActivity.class); // 设置意图要跳转的目标活动
```

(3)调用意图对象的 setComponent 方法指定,示例代码如下:

```
Intent intent = new Intent();  // 创建一个新意图
// 创建包含目标活动在内的组件名称对象
ComponentName component = new ComponentName(this, ActNextActivity.class);
```

```
intent.setComponent(component);  // 设置意图携带的组件信息
```

2. 隐式 Intent，没有明确指定要跳转的目标活动，只给出一个动作字符串让系统自动匹配，属于模糊匹配

通常 App 不希望向外部暴露活动名称，只给出一个事先定义好的标记串，这样大家约定俗成、按图索骥就好，隐式 Intent 便起到了标记过滤作用。这个动作名称标记串，可以是自己定义的动作，也可以是已有的系统动作。常见系统动作的取值说明见表 4-4。

表 4-4　常见系统动作的取值说明

Intent 类的系统动作常量名	系统动作的常量值	说明
ACTION_MAIN	android.intent.action.MAIN	App 启动时的入口
ACTION_VIEW	android.intent.action.VIEW	向用户显示数据
ACTION_SEND	android.intent.action.SEND	分享内容
ACTION_CALL	android.intent.action.CALL	直接拨号
ACITON_DIAL	android.intent.action.DIAL	准备拨号
ACTION_SENDTO	android.intent.action.SENDTO	发送短信
ACTION_ANSWER	android.intent.action.ANSWER	接听电话

动作名称既可以通过 setAction 方法指定，也可以通过构造函数 Intent(String action)直接生成意图对象。当然，由于动作是模糊匹配，因此有时需要更详细的路径，比如仅知道某人住在天通苑小区，并不能直接找到他家，还得说明他住在天通苑的哪一期、哪栋楼、哪一层、哪一个单元。Uri 和 Category 便是这样的路径与门类信息，Uri 数据可通过构造函数 Intent(String action, Uri uri)在生成对象时一起指定，也可通过 setData 方法指定（setData 这个名字有歧义，实际相当于 setUri）；Category 可通过 addCategory 方法指定，之所以用 add 而不用 set 方法，是因为一个意图允许设置多个 Category，方便一起过滤。

下面是一个调用系统拨号程序的代码例子，其中就用到了 Uri：

（完整代码见 chapter04\src\main\java\com\example\chapter04\ActionUriActivity.java）

```
String phoneNo = "12345";
Intent intent = new Intent();  // 创建一个新意图
intent.setAction(Intent.ACTION_DIAL);  // 设置意图动作为准备拨号
Uri uri = Uri.parse("tel:" + phoneNo);  // 声明一个拨号的 Uri
intent.setData(uri);  // 设置意图前往的路径
startActivity(intent);  // 启动意图通往的活动页面
```

隐式 Intent 还用到了过滤器的概念，把不符合匹配条件的过滤掉，剩下符合条件的按照优先顺序调用。譬如创建一个 App 模块，AndroidManifest.xml 里的 intent-filter 就是配置文件中的过滤器。像最常见的首页活动 MainAcitivity，它的 activity 节点下面便设置了 action 和 category 的过滤条件。其中 android.intent.action.MAIN 表示 App 的入口动作，而 android.intent.category.LAUNCHER 表示在桌面上显示 App 图标，配置样例如下：

```
<activity
    android:name=".MainActivity"
    android:label="@string/app_name" >
```

```
<intent-filter>
    <action android:name="android.intent.action.MAIN" />
    <category android:name="android.intent.category.LAUNCHER" />
</intent-filter>
</activity>
```

4.2.2　向下一个 Activity 发送数据

上一小节提到，Intent 对象的 setData 方法只指定到达目标的路径，并非本次通信所携带的参数信息，真正的参数信息存放在 Extras 中。Intent 重载了很多种 putExtra 方法传递各种类型的参数，包括整型、双精度型、字符串等基本数据类型，甚至 Serializable 这样的序列化结构。只是调用 putExtra 方法显然不好管理，像送快递一样大小包裹随便扔，不但找起来不方便，丢了也难以知道。所以 Android 引入了 Bundle 概念，可以把 Bundle 理解为超市的寄包柜或快递收件柜，大小包裹由 Bundle 统一存取，方便又安全。

Bundle 内部用于存放消息的数据结构是 Map 映射，既可添加或删除元素，还可判断元素是否存在。开发者若要把 Bundle 数据全部打包好，只需调用一次意图对象的 putExtras 方法；若要把 Bundle 数据全部取出来，也只需调用一次意图对象的 getExtras 方法。Bundle 对象操作各类型数据的读写方法说明见表 4-5。

表 4-5　Bundle 对各类型数据的读写方法说明

数据类型	读方法	写方法
整型数	getInt	putInt
浮点数	getFloat	putFloat
双精度数	getDouble	putDouble
布尔值	getBoolean	putBoolean
字符串	getString	putString
字符串数组	getStringArray	putStringArray
字符串列表	getStringArrayList	putStringArrayList
可序列化结构	getSerializable	putSerializable

接下来举个在活动之间传递数据的例子，首先在上一个活动使用包裹封装好数据，把包裹塞给意图对象，再调用 startActivity 方法跳到意图指定的目标活动。完整的活动跳转代码示例如下：

（完整代码见 chapter04\src\main\java\com\example\chapter04\ActSendActivity.java）

```
// 创建一个意图对象，准备跳到指定的活动页面
Intent intent = new Intent(this, ActReceiveActivity.class);
Bundle bundle = new Bundle();  // 创建一个新包裹
// 往包裹存入名为 request_time 的字符串
bundle.putString("request_time", DateUtil.getNowTime());
// 往包裹存入名为 request_content 的字符串
bundle.putString("request_content", tv_send.getText().toString());
intent.putExtras(bundle);  // 把快递包裹塞给意图
startActivity(intent);   // 跳转到意图指定的活动页面
```

然后在下一个活动中获取意图携带的快递包裹，从包裹取出各参数信息，并将传来的数据显示到文本视图。下面便是目标活动获取并展示包裹数据的代码例子：

（完整代码见 chapter04\src\main\java\com\example\chapter04\ActReceiveActivity.java）

```
// 从布局文件中获取名为 tv_receive 的文本视图
TextView tv_receive = findViewById(R.id.tv_receive);
// 从上一个页面传来的意图中获取快递包裹
Bundle bundle = getIntent().getExtras();
// 从包裹中取出名为 request_time 的字符串
String request_time = bundle.getString("request_time");
// 从包裹中取出名为 request_content 的字符串
String request_content = bundle.getString("request_content");
String desc = String.format("收到请求消息：\n 请求时间为%s\n 请求内容为%s",
        request_time, request_content);
tv_receive.setText(desc);  // 把请求消息的详情显示在文本视图上
```

代码编写完毕，运行测试 App，打开上一个页面如图 4-9 所示。单击页面上的发送按钮跳到下一个页面如图 4-10 所示，根据展示文本可知正确获得了传来的数据。

图 4-9　上一个页面将要发送数据　　　　　图 4-10　下一个页面收到传来的数据

4.2.3　向上一个 Activity 返回数据

数据传递经常是相互的，上一个页面不但把请求数据发送到下一个页面，有时候还要处理下一个页面的应答数据，所谓应答发生在下一个页面返回到上一个页面之际。如果只把请求数据发送到下一个页面，上一个页面调用 startActivity 方法即可；如果还要处理下一个页面的应答数据，此时就得分多步处理，详细步骤说明如下：

步骤 **01** 上一个页面打包好请求数据，调用 startActivityForResult 方法执行跳转动作，表示需要处理下一个页面的应答数据，该方法的第二个参数表示请求代码，它用于标识每个跳转的唯一性。跳转代码示例如下：

（完整代码见 chapter04\src\main\java\com\example\chapter04\ActRequestActivity.java）

```
String request = "你吃饭了吗？来我家吃吧";
// 创建一个意图对象，准备跳到指定的活动页面
Intent intent = new Intent(this, ActResponseActivity.class);
Bundle bundle = new Bundle();  // 创建一个新包裹
// 往包裹存入名为 request_time 的字符串
bundle.putString("request_time", DateUtil.getNowTime());
// 往包裹存入名为 request_content 的字符串
```

```
bundle.putString("request_content", request);
intent.putExtras(bundle);  // 把快递包裹塞给意图
// 期望接收下个页面的返回数据。第二个参数为本次请求代码
startActivityForResult(intent, 0);
```

步骤 02　下一个页面接收并解析请求数据，进行相应处理。接收代码示例如下：

（完整代码见 chapter04\src\main\java\com\example\chapter04\ActResponseActivity.java）

```
// 从上一个页面传来的意图中获取快递包裹
Bundle bundle = getIntent().getExtras();
// 从包裹中取出名为 request_time 的字符串
String request_time = bundle.getString("request_time");
// 从包裹中取出名为 request_content 的字符串
String request_content = bundle.getString("request_content");
String desc = String.format("收到请求消息：\n 请求时间为%s\n 请求内容为%s",
        request_time, request_content);
tv_request.setText(desc);  // 把请求消息的详情显示在文本视图上
```

步骤 03　下一个页面在返回上一个页面时，打包应答数据并调用 setResult 方法返回数据包裹。setResult 方法的第一个参数表示应答代码（成功还是失败），第二个参数为携带包裹的意图对象。返回代码示例如下：

（完整代码见 chapter04\src\main\java\com\example\chapter04\ActResponseActivity.java）

```
String response = "我吃过了，还是你来我家吃";
Intent intent = new Intent();  // 创建一个新意图
Bundle bundle = new Bundle();  // 创建一个新包裹
// 往包裹存入名为 response_time 的字符串
bundle.putString("response_time", DateUtil.getNowTime());
// 往包裹存入名为 response_content 的字符串
bundle.putString("response_content", response);
intent.putExtras(bundle);  // 把快递包裹塞给意图
// 携带意图返回上一个页面。RESULT_OK 表示处理成功
setResult(Activity.RESULT_OK, intent);
finish();  // 结束当前的活动页面
```

步骤 04　上一个页面重写方法 onActivityResult，该方法的输入参数包含请求代码和结果代码，其中请求代码用于判断这次返回对应哪个跳转，结果代码用于判断下一个页面是否处理成功。如果下一个页面处理成功，再对返回数据解包操作，处理返回数据的代码示例如下：

（完整代码见 chapter04\src\main\java\com\example\chapter04\ActRequestActivity.java）

```
// 从下一个页面携带参数返回当前页面时触发
@Override
protected void onActivityResult(int requestCode, int resultCode, Intent intent)
{ // 接收返回数据
    super.onActivityResult(requestCode, resultCode, intent);
    // 意图非空，且请求代码为之前传的 0，结果代码也为成功
    if (intent!=null && requestCode==0 && resultCode== Activity.RESULT_OK) {
        Bundle bundle = intent.getExtras();  // 从返回的意图中获取快递包裹
        // 从包裹中取出名为 response_time 的字符串
```

```
        String response_time = bundle.getString("response_time");
        // 从包裹中取出名为 response_content 的字符串
        String response_content = bundle.getString("response_content");
        String desc = String.format("收到返回消息：\n 应答时间为%s\n 应答内容为%s",
                response_time, response_content);
        tv_response.setText(desc);  // 把返回消息的详情显示在文本视图上
    }
}
```

结合上述的活动消息交互步骤，运行测试 App 打开第一个活动页面如图 4-11 所示。

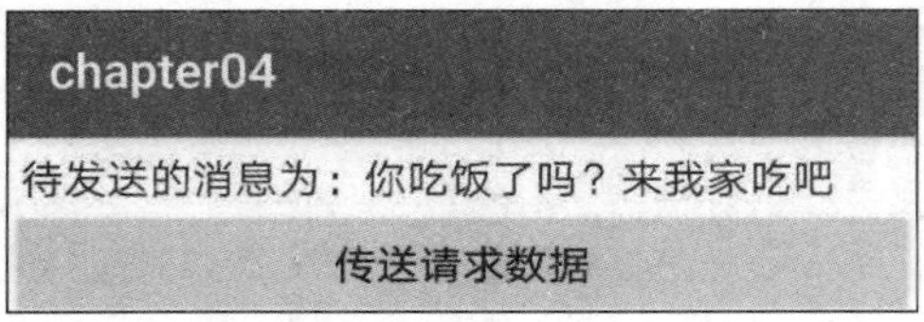

图 4-11　跳转之前的第一个页面

点击传送按钮跳到第二个活动页面如图 4-12 所示，可见第二个页面收到了请求数据。然后点击第二个页面的返回按钮，回到第一个页面如图 4-13 所示，可见第一个页面成功收到了第二个页面的应答数据。

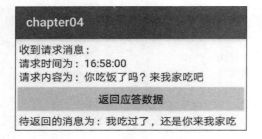

图 4-12　跳转到第二个页面 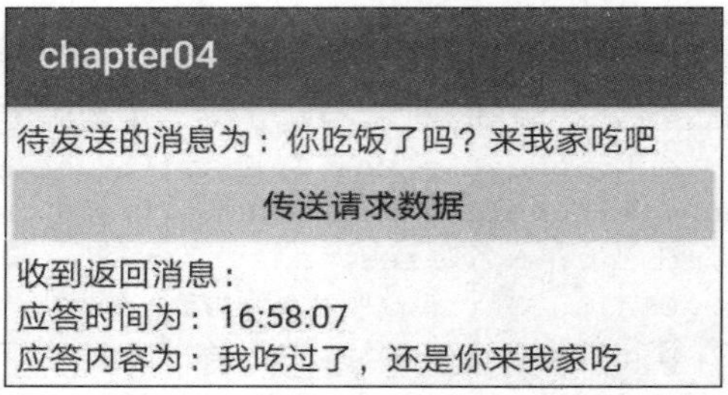　　　　　　　　图 4-13　返回到第一个页面

4.3　为活动补充附加信息

本节介绍如何在意图之外给活动添加额外的信息，首先可以把字符串参数放到字符串资源文件中，待 App 运行之时再从资源文件读取字符串值；接着还能在 AndroidManifest.xml 中给指定活动配置专门的元数据，App 运行时即可获取对应活动的元数据信息；然后利用元数据的 resource 属性配置更复杂的 XML 定义，从而为 App 注册在长按桌面之时弹出的快捷菜单。

4.3.1　利用资源文件配置字符串

利用 Bundle 固然能在页面跳转的时候传送数据，但这仅限于在代码中传递参数，如果要求临时修改某个参数的数值，就得去改 Java 代码。然而直接修改 Java 代码有两个弊端：

（1）代码文件那么多，每个文件又有许多行代码，一下子还真不容易找到修改的地方。

（2）每次改动代码都得重新编译，让 Android Studio 编译的功夫也稍微费点时间。

有鉴于此，对于可能手工变动的参数，通常把参数名称与参数值的对应关系写入配置文件，由程序在运行时读取配置文件，这样只需修改配置文件就能改变对应数据了。res\values 目录下面的 strings.xml 就用来配置字符串形式的参数，打开该文件，发现里面已经存在名为 app_name 的字符串参数，它配置的是当前模块的应用名称。现在可于 app_name 下方补充一行参数配置，参数名称叫作"weather_str"，参数值则为"晴天"，具体的配置内容如下所示：

```
<string name="weather_str">晴天</string>
```

接着打开活动页面的 Java 代码，调用 getString 方法即可根据"R.string.参数名称"获得指定参数的字符串值。获取代码示例如下：

（完整代码见 chapter04\src\main\java\com\example\chapter04\ReadStringActivity.java）

```
// 显示字符串资源
private void showStringResource() {
    String value = getString(R.string.weather_str); // 从 strings.xml 获取名为
weather_str 的字符串值
    tv_resource.setText("来自字符串资源：今天的天气是"+value); // 在文本视图上显示
文字
}
```

上面的 getString 方法来自于 Context 类，由于页面所在的活动类 AppCompatActivity 追根溯源来自 Context 这个抽象类，因此凡是活动页面代码都能直接调用 getString 方法。

然后在 onCreate 方法中调用 showStringResource 方法，运行测试 App，打开读取页面如图 4-14 所示，可见从资源文件成功读到了字符串。

图 4-14　从资源文件读取字符串

4.3.2　利用元数据传递配置信息

尽管资源文件能够配置字符串参数，然而有时候为安全起见，某个参数要给某个活动专用，并不希望其他活动也能获取该参数，此时就不方便到处使用 getString 了。好在 Activity 提供了元数据（Metadata）的概念，元数据是一种描述其他数据的数据，它相当于描述固定活动的参数信息。打开 AndroidManifest.xml，在测试活动的 activity 节点内部添加 meta-data 标签，通过属性 name 指定元数据的名称，通过属性 value 指定元数据的值。仍以天气为例，添加 meta-data 标签之后的 activity 节点如下所示：

```
<activity android:name=".MetaDataActivity">
    <meta-data android:name="weather" android:value="晴天" />
</activity>
```

元数据的 value 属性既可直接填字符串，也可引用 strings.xml 已定义的字符串资源，引用格式形如"@string/字符串的资源名称"。下面便是采取引用方式的 activity 节点配置：

```
<activity android:name=".MetaDataActivity">
    <meta-data android:name="weather"
android:value="@string/weather_str" />
</activity>
```

配置好了 activity 节点的 meta-data 标签，再回到 Java 代码获取元数据信息，获取步骤分为下列 3 步：

步骤 01 调用 getPackageManager 方法获得当前应用的包管理器。

步骤 02 调用包管理器的 getActivityInfo 方法获得当前活动的信息对象。

步骤 03 活动信息对象的 metaData 是 Bundle 包裹类型，调用包裹对象的 getString 即可获得指定名称的参数值。

把上述 3 个步骤串起来，得到以下的元数据获取代码：

（完整代码见 chapter04\src\main\java\com\example\chapter04\MetaDataActivity.java）

```
// 显示活动的附加信息
private void showMetaData() {
    try {
        PackageManager pm = getPackageManager();  // 获取应用包管理器
        // 从应用包管理器中获取当前的活动信息
        ActivityInfo act = pm.getActivityInfo(getComponentName(),
PackageManager.GET_META_DATA);
        Bundle bundle = act.metaData;  // 获取活动附加的元数据信息
        String value = bundle.getString("weather");  // 从包裹中取出名为weather
的字符串
        tv_meta.setText("来自元数据信息：今天的天气是"+value);  // 在文本视图上显示文
字
    } catch (Exception e) {
        e.printStackTrace();
    }
}
```

然后在 onCreate 方法中调用 showMetaData 方法，重新运行 App 观察到的界面如图 4-15 所示，可见成功获得 AndroidManifest.xml 配置的元数据。

图 4-15　从配置文件读取元数据

4.3.3　给应用页面注册快捷方式

元数据不单单能传递简单的字符串参数，还能传送更复杂的资源数据，从 Android 7.1 开始新

　　增的快捷方式便用到了这点，譬如在手机桌面上长按支付宝
图标，会弹出如图 4-16 所示的快捷菜单。

　　点击菜单项"扫一扫"，直接打开支付宝的扫码页面；点击
菜单项"付钱"，直接打开支付宝的付款页面；点击菜单项"收
钱"，直接打开支付宝的收款页面。如此不必打开支付宝首页，
即可迅速跳转到常用的 App 页面，这便是所谓的快捷方式。

　　那么 Android 7.1 又是如何实现快捷方式的呢？那得再琢磨琢
磨元数据了。原来元数据的 meta-data 标签除了前面说到的 name
属性和 value 属性，还拥有 resource 属性，该属性可指定一个 XML
文件，表示元数据想要的复杂信息保存于 XML 数据之中。借助元
数据以及指定的 XML 配置，方可完成快捷方式功能，具体的实现
过程说明如下：

　　首先打开 res/values 目录下的 strings.xml，在 resources 节点内

图 4-16　支付宝的快捷菜单

部添加下述的 3 组（每组两个，共 6 个）字符串配置，每组都代
表一个菜单项，每组又分为长名称和短名称，平时优先展示长名称，当长名称放不下时才展示短名
称。这 3 组 6 个字符串的配置定义示例如下：

```
<string name="first_short">first</string>
<string name="first_long">启停活动</string>
<string name="second_short">second</string>
<string name="second_long">来回跳转</string>
<string name="third_short">third</string>
<string name="third_long">登录返回</string>
```

　　接着在 res 目录下创建名为 xml 的文件夹，并在该文件夹创建 shortcuts.xml，这个 XML 文件
用来保存 3 组菜单项的快捷方式定义，文件内容如下所示：

　　（完整代码见 chapter04\src\main\res\xml\shortcuts.xml）

```
<shortcuts xmlns:android="http://schemas.android.com/apk/res/android">
    <shortcut
        android:shortcutId="first"
        android:enabled="true"
        android:icon="@mipmap/ic_launcher"
        android:shortcutShortLabel="@string/first_short"
        android:shortcutLongLabel="@string/first_long">
        <!-- targetClass 指定了点击该项菜单后要打开哪个活动页面 -->
        <intent
            android:action="android.intent.action.VIEW"
            android:targetPackage="com.example.chapter04"
            android:targetClass="com.example.chapter04.ActStartActivity" />
        <categories android:name="android.shortcut.conversation"/>
    </shortcut>
    <shortcut
        android:shortcutId="second"
        android:enabled="true"
        android:icon="@mipmap/ic_launcher"
```

```
        android:shortcutShortLabel="@string/second_short"
        android:shortcutLongLabel="@string/second_long">
    <!-- targetClass 指定了点击该项菜单后要打开哪个活动页面 -->
    <intent
        android:action="android.intent.action.VIEW"
        android:targetPackage="com.example.chapter04"
        android:targetClass="com.example.chapter04.JumpFirstActivity" />
    <categories android:name="android.shortcut.conversation"/>
</shortcut>
<shortcut
    android:shortcutId="third"
    android:enabled="true"
    android:icon="@mipmap/ic_launcher"
    android:shortcutShortLabel="@string/third_short"
    android:shortcutLongLabel="@string/third_long">
    <!-- targetClass 指定了点击该项菜单后要打开哪个活动页面 -->
    <intent
        android:action="android.intent.action.VIEW"
        android:targetPackage="com.example.chapter04"
        android:targetClass="com.example.chapter04.LoginInputActivity" />
    <categories android:name="android.shortcut.conversation"/>
</shortcut>
</shortcuts>
```

由上述的 XML 例子中看到，每个 shortcut 节点都代表了一个菜单项，该节点的各属性说明如下：

- shortcutId：快捷方式的编号。
- enabled：是否启用快捷方式。true 表示启用，false 表示禁用。
- icon：快捷菜单左侧的图标。
- shortcutShortLabel：快捷菜单的短标签。
- shortcutLongLabel：快捷菜单的长标签。优先展示长标签的文本，长标签放不下时才展示短标签的文本。

以上的节点属性仅仅指明了每项菜单的基本规格，点击菜单项之后的跳转动作还要由 shortcut 内部的 intent 节点定义，该节点主要有 targetPackage 与 targetClass 两个属性需要修改，其中 targetPackage 属性固定为当前 App 的包名，而 targetClass 属性描述了菜单项对应的活动类完整路径。

然后打开 AndroidManifest.xml，找到 MainActivity 所在的 activity 节点，在该节点内部补充如下的元数据配置，其中 name 属性为 android.app.shortcuts，而 resource 属性为@xml/shortcuts：

```
    <meta-data android:name="android.app.shortcuts"
android:resource="@xml/shortcuts" />
```

这行元数据的作用，是告诉 App 首页有个快捷方式菜单，其资源内容参见位于 xml 目录下的 shortcuts.xml。完整的 activity 节点配置示例如下：

```
<activity android:name=".MainActivity">
    <intent-filter>
        <action android:name="android.intent.action.MAIN" />
```

```
        <category android:name="android.intent.category.LAUNCHER" />
    </intent-filter>
    <!-- 指定快捷方式。在桌面上长按应用图标,就会弹出@xml/shortcuts 所描述的快捷菜单 -->
    <meta-data android:name="android.app.shortcuts"
android:resource="@xml/shortcuts" />
    </activity>
```

　　然后把测试应用安装到手机上，回到桌面长按应用图标，此时图标下方弹出如图 4-17 所示的快捷菜单列表。

图 4-17　测试应用的快捷菜单

　　点击其中一个菜单项，果然跳到了配置的活动页面，证明元数据成功实现了类似支付宝的快捷方式。

4.4　小　　结

　　本章主要介绍了活动组件——Activity 的常见用法，包括：正确启停活动页面（Activity 的启动和结束、Activity 的生命周期、Activity 的启动模式）、在活动之间传递消息（显式 Intent 和隐式 Intent、向下一个 Activity 发送数据、向上一个 Activity 返回数据）、为活动补充附加信息（利用资源文件配置字符串、利用元数据传递配置信息、给应用页面注册快捷方式）。

　　通过本章的学习，读者应该能掌握以下 3 种开发技能：

　　（1）理解活动的生命周期过程，并学会正确启动和结束活动。
　　（2）理解意图的组成结构，并利用意图在活动之间传递消息。
　　（3）理解元数据的概念，并通过元数据配置参数信息和注册快捷菜单。

4.5　课后练习题

一、填空题

1. 打开一个新页面，新页面的生命周期方法依次为 onCreate→_____→_____。
2. 关闭现有的页面，现有页面的生命周期方法依次为 onPause→_____→_____。

3. Intent 意图对象的_____方法用于指定意图的动作行为。

4. 上一个页面要在_____方法中处理下一个页面返回的数据。

5. 在 AndroidManifest.xml 的 activity 节点添加_____标签，表示给该活动设置元数据信息。

二、判断题（正确打√，错误打×）

1. 活动页面处于就绪状态时，允许用户在界面上输入文字。（　）

2. 设置了启动标志 Intent.FLAG_ACTIVITY_SINGLE_TOP 之后，当栈顶为待跳转的活动实例之时，会重用栈顶的实例。（　）

3. 隐式 Intent 直接指定来源活动与目标活动，它属于精确匹配。（　）

4. 调用 startActivity 方法也能获得下个页面返回的意图数据。（　）

5. 在桌面长按应用图标，会弹出该应用的快捷方式菜单（如果有配置的话）。（　）

三、选择题

1. 在当前页面调用（　）方法会回到上一个页面。
   A. finish　　　　　　　B. goback　　　　　　C. return　　　　　　D. close

2. 从 A 页面跳到 B 页面，再从 B 页面返回 A 页面，此时 A 页面会先执行（　）方法。
   A. onCreate　　　　　　B. onRestart　　　　　C. onResume　　　　　D. onStart

3. 栈是一种（　）的数据结构。
   A. 先进先出　　　　　　B. 先进后出　　　　　C. 后进先出　　　　　D. 后进后出

4. Bundle 内部用于存放消息的数据结构是（　）。
   A. Deque　　　　　　　B. List　　　　　　　C. Map　　　　　　　D. Set

5. （　）不是 meta-data 标签拥有的属性。
   A. id　　　　　　　　　B. name　　　　　　　C. resource　　　　　D. value

四、简答题

请简要描述意图 Intent 主要完成哪几项工作。

五、动手练习

请上机实验下列 3 项练习：

1. 创建两个活动页面，分别模拟注册页面和完成页面，先从注册页面跳到完成页面，但是在完成页面按返回键，不能回到注册页面（因为注册成功之后无需重新注册）。

2. 创建两个活动页面，从 A 页面携带请求数据跳到 B 页面，B 页面应当展示 A 页面传来的信息；然后 B 页面向 A 页面返回应答数据，A 页面也要展示 B 页面返回的信息。

3. 实现类似支付宝的快捷方式，也就是在手机桌面上长按 App 图标，会弹出快捷方式的菜单列表，点击某项菜单便打开对应的活动页面。

第5章

中级控件

本章介绍 App 开发常见的几类中级控件的用法，主要包括：如何定制几种简单的图形、如何使用几种选择按钮、如何高效地输入文本、如何利用对话框获取交互信息等，然后结合本章所学的知识，演示了一个实战项目"找回密码"的设计与实现。

5.1 图形定制

本节介绍 Android 图形的基本概念和几种常见图形的使用办法，包括：形状图形的组成结构及其具体用法、九宫格图片（点九图片）的制作过程及其适用场景、状态列表图形的产生背景及其具体用法。

5.1.1 图形 Drawable

Android 把所有能够显示的图形都抽象为 Drawable 类（可绘制的）。这里的图形不止是图片，还包括色块、画板、背景等。

包含图片在内的图形文件放在 res 目录的各个 drawable 目录下，其中 drawable 目录一般保存描述性的 XML 文件，而图片文件一般放在具体分辨率的 drawable 目录下。例如：

- drawable-ldpi 里面存放低分辨率的图片（如 240×320），现在基本没有这样的智能手机了。
- drawable-mdpi 里面存放中等分辨率的图片（如 320×480），这样的智能手机已经很少了。
- drawable-hdpi 里面存放高分辨率的图片（如 480×800），一般对应 4 英寸～4.5 英寸的手机（但不绝对，同尺寸的手机有可能分辨率不同，手机分辨率就高不就低，因为分辨率低了屏幕会有模糊的感觉）。
- drawable-xhdpi 里面存放加高分辨率的图片（如 720×1280），一般对应 5 英寸～5.5 英寸的手机。

● drawable-xxhdpi 里面存放超高分辨率的图片（如 1080×1920），一般对应 6 英寸~6.5 英寸的手机。

● drawable-xxxhdpi 里面存放超超高分辨率的图片（如 1440×2560），一般对应 7 英寸以上的平板电脑。

基本上，分辨率每加大一级，宽度和高度就要增加二分之一或三分之一像素。如果各目录存在同名图片，Android 就会根据手机的分辨率分别适配对应文件夹里的图片。在开发 App 时，为了兼容不同的手机屏幕，在各目录存放不同分辨率的图片，才能达到最合适的显示效果。例如，在 drawable-hdpi 放了一张背景图片 bg.png（分辨率为 480×800），其他目录没放，使用分辨率为 480×800 的手机查看该 App 界面没有问题，但是使用分辨率为 720×1280 的手机查看该 App 会发现背景图片有点模糊，原因是 Android 为了让 bg.png 适配高分辨率的屏幕，强行把 bg.png 拉伸到了 720×1280，拉伸的后果是图片变模糊了。

在 XML 布局文件中引用图形文件可使用 "@drawable/不含扩展名的文件名称" 这种形式，如各视图的 background 属性、ImageView 和 ImageButton 的 src 属性、TextView 和 Button 四个方向的 drawable***系列属性都可以引用图形文件。

5.1.2 形状图形

Shape 图形又称形状图形，它用来描述常见的几何形状，包括矩形、圆角矩形、圆形、椭圆等。用好形状图形可以让 App 页面不再呆板，还可以节省美工不少工作量。

形状图形的定义文件放在 drawable 目录下，它是以 shape 标签为根节点的 XML 描述文件。根节点下定义了 6 个节点，分别是：size（尺寸）、stroke（描边）、corners（圆角）、solid（填充）、padding（间隔）、gradient（渐变），各节点的属性值主要是长宽、半径、角度以及颜色等。下面是形状图形各个节点及其属性的简要说明。

1. shape（形状）

shape 是形状图形文件的根节点，它描述了当前是哪种几何图形。下面是 shape 节点的常用属性说明。

● shape：字符串类型，表示图形的形状。形状类型的取值说明见表 5-1。

表 5-1　形状类型的取值说明

形状类型	说明
rectangle	矩形。默认值
oval	椭圆。此时 corners 节点会失效
line	直线。此时必须设置 stroke 节点，不然会报错
ring	圆环

2. size（尺寸）

size 是 shape 的下级节点，它描述了形状图形的宽高尺寸。若无 size 节点，则表示宽高与宿主视图一样大小。下面是 size 节点的常用属性说明。

- height：像素类型，图形高度。
- width：像素类型，图形宽度。

3. stroke（描边）

stroke 是 shape 的下级节点，它描述了形状图形的描边规格。若无 stroke 节点，则表示不存在描边。下面是 stroke 节点的常用属性说明。

- color：颜色类型，描边的颜色。
- dashGap：像素类型，每段虚线之间的间隔。
- dashWidth：像素类型，每段虚线的宽度。若 dashGap 和 dashWidth 有一个值为 0，则描边为实线。
- width：像素类型，描边的厚度。

4. corners（圆角）

corners 是 shape 的下级节点，它描述了形状图形的圆角大小。若无 corners 节点，则表示没有圆角。下面是 corners 节点的常用属性说明。

- bottomLeftRadius：像素类型，左下圆角的半径。
- bottomRightRadius：像素类型，右下圆角的半径。
- topLeftRadius：像素类型，左上圆角的半径。
- topRightRadius：像素类型，右上圆角的半径。
- radius：像素类型，4 个圆角的半径（若有上面 4 个圆角半径的定义，则不需要 radius 定义）。

5. solid（填充）

solid 是 shape 的下级节点，它描述了形状图形的填充色彩。若无 solid 节点，则表示无填充颜色。下面是 solid 节点的常用属性说明。

- color：颜色类型，内部填充的颜色。

6. padding（间隔）

padding 是 shape 的下级节点，它描述了形状图形与周围边界的间隔。若无 padding 节点，则表示四周不设间隔。下面是 padding 节点的常用属性说明。

- top：像素类型，与上方的间隔。
- bottom：像素类型，与下方的间隔。
- left：像素类型，与左边的间隔。
- right：像素类型，与右边的间隔。

7. gradient（渐变）

gradient 是 shape 的下级节点，它描述了形状图形的颜色渐变。若无 gradient 节点，则表示没有渐变效果。下面是 gradient 节点的常用属性说明。

- angle：整型，渐变的起始角度。为 0 时表示时钟的 9 点位置，值增大表示往递时针方向旋转。例如，值为 90 表示 6 点位置，值为 180 表示 3 点位置，值为 270 表示 0 点/12 点位置。
- type：字符串类型，渐变类型。渐变类型的取值说明见表 5-2。

表 5-2　渐变类型的取值说明

渐变类型	说明
linear	线性渐变，默认值
radial	放射渐变，起始颜色就是圆心颜色
sweep	滚动渐变，即一个线段以某个端点为圆心做 360 度旋转

- centerX：浮点型，圆心的 X 坐标。当 android:type="linear"时不可用。
- centerY：浮点型，圆心的 Y 坐标。当 android:type="linear"时不可用。
- gradientRadius：整型，渐变的半径。当 android:type="radial"时需要设置该属性。
- centerColor：颜色类型，渐变的中间颜色。
- startColor：颜色类型，渐变的起始颜色。
- endColor：颜色类型，渐变的终止颜色。
- useLevel：布尔类型，设置为 true 为无渐变色、false 为有渐变色。

在实际开发中，形状图形主要使用 3 个节点：stroke（描边）、corners（圆角）和 solid（填充）。至于 shape 根节点的属性一般不用设置（默认矩形即可）。

接下来演示一下形状图形的界面效果，首先右击 drawable 目录，并依次选择右键菜单的 New →Drawable resource file，在弹窗中输入文件名称再单击 OK 按钮，即可自动生成一个 XML 描述文件。往该文件填入下面的圆角矩形内容定义：

（完整代码见 chapter05\src\main\res\drawable\shape_rect_gold.xml）

```xml
<shape xmlns:android="http://schemas.android.com/apk/res/android" >
    <!-- 指定了形状内部的填充颜色 -->
    <solid android:color="#ffdd66" />
    <!-- 指定了形状轮廓的粗细与颜色 -->
    <stroke
        android:width="1dp"
        android:color="#aaaaaa" />
    <!-- 指定了形状 4 个圆角的半径 -->
    <corners android:radius="10dp" />
</shape>
```

接着创建一个测试页面，并在页面的 XML 文件中添加名为 v_content 的 View 标签，再给 Java 代码补充以下的视图背景设置代码：

（完整代码见 chapter05\src\main\java\com\example\chapter05\DrawableShapeActivity.java）

```java
// 从布局文件中获取名为 v_content 的视图
View v_content = findViewById(R.id.v_content);
// v_content 的背景设置为圆角矩形
v_content.setBackgroundResource(R.drawable.shape_rect_gold);
```

然后运行测试 App，观察到对应的形状图形如图 5-1 所示。该形状为一个圆角矩形，内部填充色为土黄色，边缘线为灰色。

再来一个椭圆的 XML 描述文件示例如下：

（完整代码见 chapter05\src\main\res\drawable\shape_oval_rose.xml）

```
<shape xmlns:android="http://schemas.android.com/apk/res/android"
    android:shape="oval" >
    <!-- 指定了形状内部的填充颜色 -->
    <solid android:color="#ff66aa" />
    <!-- 指定了形状轮廓的粗细与颜色 -->
    <stroke
        android:width="1dp"
        android:color="#aaaaaa" />
</shape>
```

把前述的视图对象 v_content 背景改为 R.drawable.shape_oval_rose，运行 App 观察到对应的形状图形如图 5-2 所示。该形状为一个椭圆，内部填充色为玫红色，边缘线为灰色。

图 5-1 圆角矩形效果

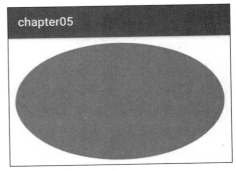

图 5-2 椭圆图形效果

5.1.3 九宫格图片

将某张图片设置成视图背景时，如果图片尺寸太小，则系统会自动拉伸图片使之填满背景。可是一旦图片拉得过大，其画面容易变得模糊，如图 5-3 所示，上面按钮的背景图片被拉得很宽，此时左右两边的边缘线既变宽又变模糊了。

图 5-3 普通图片与九宫格图片的拉伸效果对比

为了解决这个问题，Android 专门设计了点九图片。点九图片的扩展名是 png，文件名后面常

带有 ".9" 字样。因为该图片划分了 3×3 的九宫格区域，所以得名点九图片，也叫九宫格图片。如果背景是一个形状图形，其 stroke 节点的 width 属性已经设置了固定数值（如 1dp），那么无论该图形被拉到多大，描边宽度始终是 1dp。点九图片的实现原理与之类似，即拉伸图形时，只拉伸内部区域，不拉伸边缘线条。

为了演示九宫格图片的展示效果，要利用 Android Studio 制作一张点九图片。首先在 drawable 目录下找到待加工的原始图片 button_pressed_orig.png，右击它弹出右键菜单如图 5-4 所示。

选择右键菜单下面的 "Create 9-Patch files…"，并在随后弹出的对话框中单击 OK 按钮。接着 drawable 目录自动生成一个名为 "button_pressed_orig.9.png" 的图片，双击该文件，主界面右侧弹出如图 5-5 所示的点九图片的加工窗口。

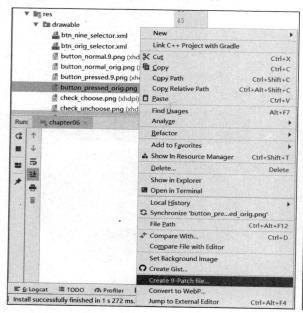

图 5-4　点九图片的制作菜单路径

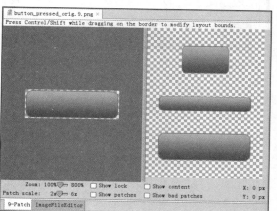

图 5-5　点九图片的加工窗口界面

注意图 5-5 的左侧窗口是图片加工区域，右侧窗口是图片预览区域，从上到下依次是纵向拉伸预览、横向拉伸预览、两方向同时拉伸预览。在左侧窗口图片四周的马赛克处单击会出现一个黑点，把黑点左右或上下拖动会拖出一段黑线，不同方向上的黑线表示不同的效果。

如图 5-6 所示，界面上边的黑线指的是水平方向的拉伸区域。水平方向拉伸图片时，只有黑线区域内的图像会拉伸，黑线以外的图像保持原状，从而保证左右两侧的边框厚度不变。

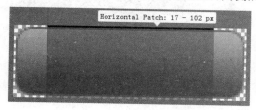

图 5-6　点九图片上边的边缘线

如图 5-7 所示，界面左边的黑线指的是垂直方向的拉伸区域。垂直方向拉伸图片时，只有黑线区域内的图像会拉伸，黑线以外的图像保持原状，从而保证上下两侧的边框厚度不变。

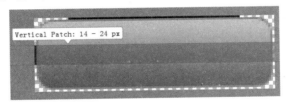

图 5-7　点九图片左边的边缘线

如图 5-8 所示，界面下边的黑线指的是该图片作为控件背景时，控件内部的文字左右边界只能放在黑线区域内。这里 Horizontal Padding 的效果就相当于 android:paddingLeft 与 android:paddingRight。

图 5-8　点九图片下边的边缘线

如图 5-9 所示，界面右边的黑线指的是该图片作为控件背景时，控件内部的文字上下边界只能放在黑线区域内。这里 Vertical Padding 的效果就相当于 android:paddingTop 与 android:paddingBottom。

图 5-9　点九图片右边的边缘线

尤其注意，如果点九图片被设置为视图背景，且该图片指定了 Horizontal Padding 和 Vertical Padding，那么视图内部将一直与视图边缘保持固定间距，无论怎么调整 XML 文件和 Java 代码都无法缩小间隔，缘由是点九图片早已在水平和垂直方向都设置了 padding。

5.1.4　状态列表图形

常见的图形文件一般为静态图形，但有时会用到动态图形，比如按钮控件的背景在正常情况下是凸起的，在按下时是凹陷的，从按下到弹起的过程，用户便晓得点击了该按钮。根据不同的触摸情况变更图形状态，这种情况用到了 Drawable 的一个子类 StateListDrawable（状态列表图形），它在 XML 文件中规定了不同状态时候所呈现的图形列表。

接下来演示一下状态列表图形的界面效果，右击 drawable 目录，并依次选择右键菜单的 New

→Drawable resource file,在弹窗中输入文件名称再单击 OK 按钮,即可自动生成一个 XML 描述文件。往该文件填入下面的状态列表图形定义:

(完整代码见 chapter05\src\main\res\drawable\btn_nine_selector.xml)

```
<selector xmlns:android="http://schemas.android.com/apk/res/android">
    <item android:state_pressed="true"
android:drawable="@drawable/button_pressed" />
    <item android:drawable="@drawable/button_normal" />
</selector>
```

上述 XML 文件的关键点是 state_pressed 属性,该属性表示按下状态,值为 true 表示按下时显示 button_pressed 图像,其余情况显示 button_normal 图像。

为方便理解,接下来做个实验,首先将按钮控件的 background 属性设置为 @drawable/btn_nine_selector,然后在屏幕上点击该按钮,观察发现按下时候的界面如图 5-10 所示,而松开时候的界面如图 5-11 所示,可见按下与松开果然显示不同的图片。

图 5-10　按下按钮时的背景样式

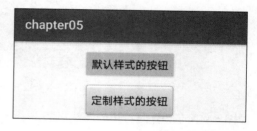

图 5-11　松开按钮时的背景样式

状态列表图形不仅用于按钮控件,还可用于其他拥有多种状态的控件,这取决于开发者在 XML 文件中指定了哪种状态类型。各种状态类型的取值说明详见表 5-3。

表 5-3　状态类型的取值说明

状态类型的属性名称	说明	适用的控件
state_pressed	是否按下	按钮 Button
state_checked	是否勾选	复选框 CheckBox、单选按钮 RadioButton
state_focused	是否获取焦点	文本编辑框 EditText
state_selected	是否选中	各控件通用

5.2　选择按钮

本节介绍几个常用的特殊控制按钮,包括:如何使用复选框 CheckBox 及其勾选监听器、如何使用开关按钮 Switch、如何借助状态列表图形实现仿 iOS 的开关按钮、如何使用单选按钮 RadioButton 和单选组 RadioGroup 及其选中监听器。

5.2.1　复选框 CheckBox

在学习复选框之前，先了解一下 CompoundButton。在 Android 体系中，CompoundButton 类是抽象的复合按钮，因为是抽象类，所以它不能直接使用。实际开发中用的是 CompoundButton 的几个派生类，主要有复选框 CheckBox、单选按钮 RadioButton 以及开关按钮 Switch，这些派生类均可使用 CompoundButton 的属性和方法。加之 CompoundButton 本身继承了 Button 类，故以上几种按钮同时具备 Button 的属性和方法，它们之间的继承关系如图 5-12 所示。

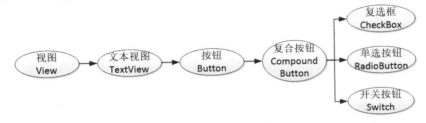

图 5-12　复合按钮的继承关系

CompoundButton 在 XML 文件中主要使用下面两个属性。

● checked：指定按钮的勾选状态，true 表示勾选，false 则表示未勾选。默认为未勾选。
● button：指定左侧勾选图标的图形资源，如果不指定就使用系统的默认图标。

CompoundButton 在 Java 代码中主要使用下列 4 种方法。

● setChecked：设置按钮的勾选状态。
● setButtonDrawable：设置左侧勾选图标的图形资源。
● setOnCheckedChangeListener：设置勾选状态变化的监听器。
● isChecked：判断按钮是否勾选。

复选框 CheckBox 是 CompoundButton 一个最简单的实现控件，点击复选框将它勾选，再次点击取消勾选。复选框对象调用 setOnCheckedChangeListener 方法设置勾选监听器，这样在勾选和取消勾选时就会触发监听器的勾选事件。

接下来演示复选框的操作过程，首先编写活动页面的 XML 文件如下所示：

（完整代码见 chapter05\src\main\res\layout\activity_check_box.xml）

```
<LinearLayout xmlns:android="http://schemas.android.com/apk/res/android"
    android:layout_width="match_parent"
    android:layout_height="match_parent"
    android:orientation="vertical" >
<CheckBox
    android:id="@+id/ck_system"
    android:layout_width="match_parent"
    android:layout_height="wrap_content"
    android:checked="false"
    android:text="这是系统的 CheckBox" />
```

```
</LinearLayout>
```

接着编写对应的 Java 代码，主要是如何处理勾选监听器，具体代码如下所示：

（完整代码见 chapter05\src\main\java\com\example\chapter05\CheckBoxActivity.java）

```
// 该页面实现了接口 OnCheckedChangeListener，意味着要重写勾选监听器的
onCheckedChanged 方法
public class CheckBoxActivity extends AppCompatActivity
        implements CompoundButton.OnCheckedChangeListener {

    @Override
    protected void onCreate(Bundle savedInstanceState) {
        super.onCreate(savedInstanceState);
        setContentView(R.layout.activity_check_box);
        // 从布局文件中获取名为 ck_system 的复选框
        CheckBox ck_system = findViewById(R.id.ck_system);
        // 给 ck_system 设置勾选监听器，一旦用户点击复选框，就触发监听器的
onCheckedChanged 方法
        ck_system.setOnCheckedChangeListener(this);
    }

    @Override
    public void onCheckedChanged(CompoundButton buttonView, boolean isChecked)
{
        String desc = String.format("您%s 了这个 CheckBox", isChecked ? "勾选" :
"取消勾选");
        buttonView.setText(desc);
    }
}
```

然后运行测试 App，一开始的演示界面如图 5-13 所示，此时复选框默认未勾选。首次点击复选框，此时复选框的图标及文字均发生变化，如图 5-14 所示；再次点击复选框，此时复选框的图标及文字又发生变化，如图 5-15 所示；可见先后触发了勾选与取消勾选事件。

图 5-13 初始的复选框界面

图 5-14 首次点击后的复选框    图 5-15 再次点击后的复选框

5.2.2　开关按钮 Switch

Switch 是开关按钮，它像一个高级版本的 CheckBox，在选中与取消选中时可展现的界面元素比复选框丰富。Switch 控件新添加的 XML 属性说明如下：

- textOn：设置右侧开启时的文本。
- textOff：设置左侧关闭时的文本。
- track：设置开关轨道的背景。
- thumb：设置开关标识的图标。

虽然开关按钮是升级版的复选框，但它在实际开发中用得不多。原因之一是大家觉得 Switch 的默认界面不够大气，如图 5-16 和图 5-17 所示，小巧的开关图标显得有些拘谨；原因之二是大家觉得 iPhone 的界面很漂亮，无论用户还是客户，都希望 App 实现 iOS 那样的控件风格，于是 iOS 的开关按钮 UISwitch 就成了安卓开发者仿照的对象。

图 5-16　Switch 控件的"关"状态　　　　　图 5-17　Switch 控件的"开"状态

现在要让 Android 实现类似 iOS 的开关按钮，主要思路是借助状态列表图形，首先创建一个图形专用的 XML 文件，给状态列表指定选中与未选中时候的开关图标，如下所示：

（完整代码见 chapter05\src\main\res\drawable\switch_selector.xml）

```xml
<selector xmlns:android="http://schemas.android.com/apk/res/android">
    <item android:state_checked="true"
android:drawable="@drawable/switch_on"/>
        <item android:drawable="@drawable/switch_off"/>
</selector>
```

然后把 CheckBox 标签的 background 属性设置为@drawable/switch_selector，同时将 button 属性设置为@null。完整的 CheckBox 标签内容示例如下：

（完整代码见 chapter05\src\main\res\layout\activity_switch_ios.xml）

```xml
<CheckBox
    android:id="@+id/ck_status"
    android:layout_width="60dp"
    android:layout_height="30dp"
    android:background="@drawable/switch_selector"
    android:button="@null" />
```

为什么这里修改 background 属性，而不直接修改 button 属性呢？因为 button 属性有局限，无论多大的图片，都只显示一个小小的图标，可是小小的图标一点都不大气，所以这里必须使用 background 属性，要它有多大就能有多大，这才够炫够酷。

最后看看这个仿 iOS 开关按钮的效果,分别如图 5-18 和图 5-19 所示。这下开关按钮脱胎换骨,又圆又鲜艳,比原来的 Switch 好看了很多。

图 5-18 仿 iOS 按钮的"关"状态	图 5-19 仿 iOS 按钮的"开"状态

5.2.3 单选按钮 RadioButton

所谓单选按钮,指的是在一组按钮中选择其中一项,并且不能多选,这要求有个容器确定这组按钮的范围,这个容器便是单选组 RadioGroup。单选组实质上是个布局,同一组 RadioButton 都要放在同一个 RadioGroup 节点下。RadioGroup 提供了 orientation 属性指定下级控件的排列方向,该属性为 horizontal 时,单选按钮在水平方向排列;该属性为 vertical 时,单选按钮在垂直方向排列。RadioGroup 下面除了 RadioButton,还可以挂载其他子控件(如 TextView、ImageView 等)。如此看来,单选组相当于特殊的线性布局,它们主要有以下两个区别:

(1)单选组多了管理单选按钮的功能,而线性布局不具备该功能。
(2)如果不指定 orientation 属性,那么单选组默认垂直排列,而线性布局默认水平排列。

下面是 RadioGroup 在 Java 代码中的 3 个常用方法。

● check:选中指定资源编号的单选按钮。
● getCheckedRadioButtonId:获取已选中单选按钮的资源编号。
● setOnCheckedChangeListener:设置单选按钮勾选变化的监听器。

与 CheckBox 不同的是,RadioButton 默认未选中,点击后显示选中,但是再次点击不会取消选中。只有点击同组的其他单选按钮时,原来选中的单选按钮才会取消选中。另需注意,单选按钮的选中事件不是由 RadioButton 处理,而是由 RadioGroup 处理。

接下来演示单选按钮的操作过程,首先编写活动页面的 XML 文件如下所示:

(完整代码见 chapter05\src\main\res\layout\ activity_radio_horizontal.xml)

```
<LinearLayout xmlns:android="http://schemas.android.com/apk/res/android"
    android:layout_width="match_parent"
    android:layout_height="match_parent"
    android:orientation="vertical" >
    <TextView
        android:layout_width="match_parent"
        android:layout_height="wrap_content"
        android:text="请选择您的性别" />
    <RadioGroup
        android:id="@+id/rg_sex"
        android:layout_width="match_parent"
```

```
        android:layout_height="wrap_content"
        android:orientation="horizontal" >
        <RadioButton
            android:id="@+id/rb_male"
            android:layout_width="0dp"
            android:layout_height="wrap_content"
            android:layout_weight="1"
            android:text="男" />
        <RadioButton
            android:id="@+id/rb_female"
            android:layout_width="0dp"
            android:layout_height="wrap_content"
            android:layout_weight="1"
            android:text="女" />
    </RadioGroup>
    <TextView
        android:id="@+id/tv_sex"
        android:layout_width="match_parent"
        android:layout_height="wrap_content" />
</LinearLayout>
```

接着编写对应的 Java 代码，主要是如何处理选中监听器，具体代码如下所示：

```
// 该页面实现了接口 OnCheckedChangeListener，意味着要重写选中监听器的
onCheckedChanged 方法
public class RadioHorizontalActivity extends AppCompatActivity
        implements RadioGroup.OnCheckedChangeListener {
    private TextView tv_sex;  // 声明一个文本视图对象

    @Override
    protected void onCreate(Bundle savedInstanceState) {
        super.onCreate(savedInstanceState);
        setContentView(R.layout.activity_radio_horizontal);
        // 从布局文件中获取名为 tv_sex 的文本视图
        tv_sex = findViewById(R.id.tv_sex);
        // 从布局文件中获取名为 rg_sex 的单选组
        RadioGroup rg_sex = findViewById(R.id.rg_sex);
        // 设置单选监听器，一旦点击组内的单选按钮，就触发监听器的 onCheckedChanged 方法
        rg_sex.setOnCheckedChangeListener(this);
    }

    // 在用户点击组内的单选按钮时触发
    @Override
    public void onCheckedChanged(RadioGroup group, int checkedId) {
        if (checkedId == R.id.rb_male) {
            tv_sex.setText("哇哦，你是个帅气的男孩");
        } else if (checkedId == R.id.rb_female) {
            tv_sex.setText("哇哦，你是个漂亮的女孩");
        }
    }
}
```

然后运行测试 App，一开始的演示界面如图 5-20 所示，此时两个单选按钮均未选中。先点击左边的单选按钮，此时左边按钮显示选中状态，如图 5-21 所示；再点击右边的单选按钮，此时右边按钮显示选中状态，同时左边按钮取消选中，如图 5-22 所示；可见果然实现了组内只能选中唯一按钮的单选功能。

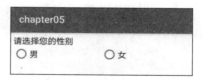

图 5-20　初始的单选按钮界面

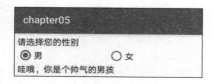

图 5-21　选中左边按钮的单选界面

图 5-22　选中右边按钮的单选界面

5.3　文本输入

本节介绍如何在编辑框 EditText 上高效地输入文本，包括：如何改变编辑框的控件外观，如何利用焦点变更监听器提前校验输入位数，如何利用文本变化监听器自动关闭软键盘。

5.3.1　编辑框 EditText

编辑框 EditText 用于接收软键盘输入的文字，例如用户名、密码、评价内容等，它由文本视图派生而来，除了 TextView 已有的各种属性和方法，EditText 还支持下列 XML 属性。

- inputType：指定输入的文本类型。输入类型的取值说明见表 5-4，若同时使用多种文本类型，则可使用竖线"|"把多种文本类型拼接起来。
- maxLength：指定文本允许输入的最大长度。
- hint：指定提示文本的内容。
- textColorHint：指定提示文本的颜色。

表 5-4　输入类型的取值说明

输入类型	说明
text	文本
textPassword	文本密码。显示时用圆点"·"代替
number	整型数
numberSigned	带符号的数字。允许在开头带负号"-"
numberDecimal	带小数点的数字

输入类型	说明
numberPassword	数字密码。显示时用圆点"·"代替
datetime	时间日期格式。除了数字外，还允许输入横线、斜杆、空格、冒号
date	日期格式。除了数字外，还允许输入横线"-"和斜杆"/"
time	时间格式。除了数字外，还允许输入冒号"："

接下来通过 XML 布局观看编辑框界面效果，演示用的 XML 文件内容如下：

（完整代码见 chapter05\src\main\res\layout\activity_edit_simple.xml）

```xml
<LinearLayout xmlns:android="http://schemas.android.com/apk/res/android"
    android:layout_width="match_parent"
    android:layout_height="match_parent"
    android:orientation="vertical" >
    <TextView
        android:layout_width="match_parent"
        android:layout_height="wrap_content"
        android:text="下面是登录信息" />
    <EditText
        android:layout_width="match_parent"
        android:layout_height="wrap_content"
        android:inputType="text"
        android:maxLength="10"
        android:hint="请输入用户名" />
    <EditText
        android:layout_width="match_parent"
        android:layout_height="wrap_content"
        android:inputType="textPassword"
        android:maxLength="8"
        android:hint="请输入密码" />
</LinearLayout>
```

运行测试 App，进入初始的编辑框页面如图 5-23 所示。然后往用户名编辑框输入文字，输满 10 个字后发现不能再输入，于是切换到密码框继续输，直到输满 8 位密码，此时编辑框页面如图 5-24 所示。

根据以上图示可知编辑框的各属性正常工作，不过编辑框有根下划线，未输入时显示灰色，正在输入时显示红色，这种效果是怎么实现的呢？其实下划线没用到新属性，而用了已有的背景属性 background；至于未输入与正在输入两种情况的颜色差异，乃是因为使用了状态列表图形，编辑框获得焦点时（正在输入）显示红色的下划线，其余时候显示灰色下划线。当然 EditText 默认的下划线背景不甚好看，下面将利用状态列表图形将编辑框背景改为更加美观的圆角矩形。

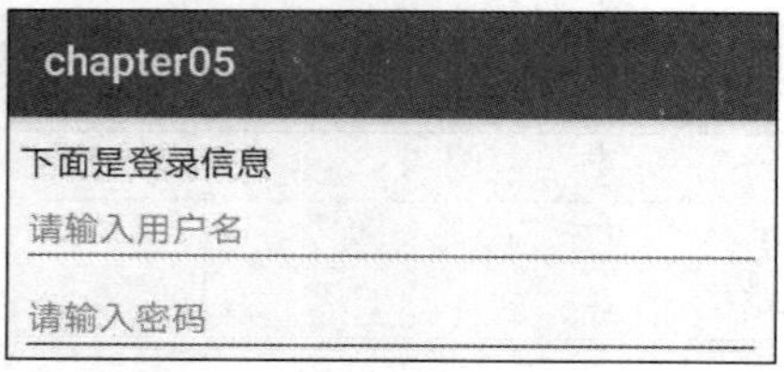

图 5-23　初始的编辑框样式

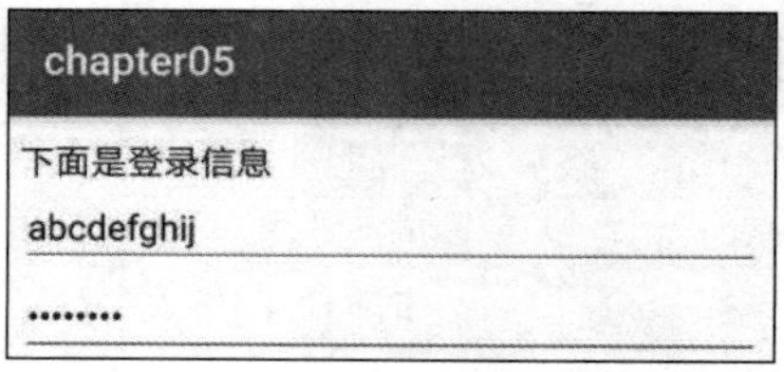

图 5-24　输入文字的编辑框样式

首先编写圆角矩形的形状图形文件，它的 XML 定义文件示例如下：

（完整代码见 chapter05\src\main\res\drawable\shape_edit_normal.xml）

```
<shape xmlns:android="http://schemas.android.com/apk/res/android" >
    <!-- 指定了形状内部的填充颜色 -->
    <solid android:color="#ffffff" />
    <!-- 指定了形状轮廓的粗细与颜色 -->
    <stroke
        android:width="1dp"
        android:color="#aaaaaa" />
    <!-- 指定了形状 4 个圆角的半径 -->
    <corners android:radius="5dp" />
    <!-- 指定了形状 4 个方向的间距 -->
    <padding
        android:bottom="2dp"
        android:left="2dp"
        android:right="2dp"
        android:top="2dp" />
</shape>
```

上述的 shape_edit_normal.xml 定义了一个灰色的圆角矩形，可在未输入时展示该形状。正在输入时候的形状要改为蓝色的圆角矩形，其中轮廓线条的色值从 aaaaaa（灰色）改成 0000ff（蓝色），具体定义放在 shape_edit_focus.xml。

接着编写编辑框背景的状态列表图形文件，主要在 selector 节点下添加两个 item，一个 item 设置了获得焦点时刻（android:state_focused="true"）的图形为@drawable/shape_edit_focus；另一个 item 设置了图形@drawable/shape_edit_normal 但未指定任何状态，表示其他情况都展示该图形。完整的状态列表图形定义示例如下：

（完整代码见 chapter05\src\main\res\drawable\editext_selector.xml）

```
<selector xmlns:android="http://schemas.android.com/apk/res/android">
    <item android:state_focused="true"
android:drawable="@drawable/shape_edit_focus"/>
    <item android:drawable="@drawable/shape_edit_normal"/>
</selector>
```

然后编写测试页面的 XML 布局文件，一共添加 3 个 EditText 标签，第一个 EditText 采用默认的编辑框背景；第二个 EditText 将 background 属性值设为@null，此时编辑框不显示任何背景；第三个 EditText 将 background 属性值设为@drawable/editext_selector，其背景由 editext_selector.xml 所定义的状态列表图形决定。详细的 XML 文件内容如下所示：

（完整代码见 chapter05\src\main\res\layout\activity_edit_border.xml）

```xml
<LinearLayout xmlns:android="http://schemas.android.com/apk/res/android"
    android:layout_width="match_parent"
    android:layout_height="match_parent"
    android:orientation="vertical" >
    <EditText
        android:layout_width="match_parent"
        android:layout_height="wrap_content"
        android:inputType="text"
        android:hint="这是默认边框" />
    <EditText
        android:layout_width="match_parent"
        android:layout_height="wrap_content"
        android:inputType="text"
        android:hint="我的边框不见了"
        android:background="@null" />
    <EditText
        android:layout_width="match_parent"
        android:layout_height="wrap_content"
        android:inputType="text"
        android:hint="我的边框是圆角"
        android:background="@drawable/editext_selector" />
</LinearLayout>
```

最后运行测试 App，更换背景之后的编辑框界面如图 5-25 所示，可见第三个编辑框的背景成功变为了圆角矩形边框。

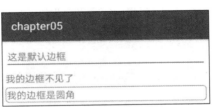

图 5-25　更换背景后的编辑框样式

5.3.2　焦点变更监听器

虽然编辑框 EditText 提供了 maxLength 属性，用来设置可输入文本的最大长度，但是它没提供对应的 minLength 属性，也就无法设置可输入文本的最小长度。譬如手机号码为固定的 11 位数字，用户必须输满 11 位才是合法的，然而编辑框不会自动检查手机号码是否达到 11 位，即使用户少输一位只输入十位数字，编辑框依然认为这是合法的手机号。比如图 5-26 所示的登录页面，有手机号码编辑框，有密码编辑框，还有登录按钮。

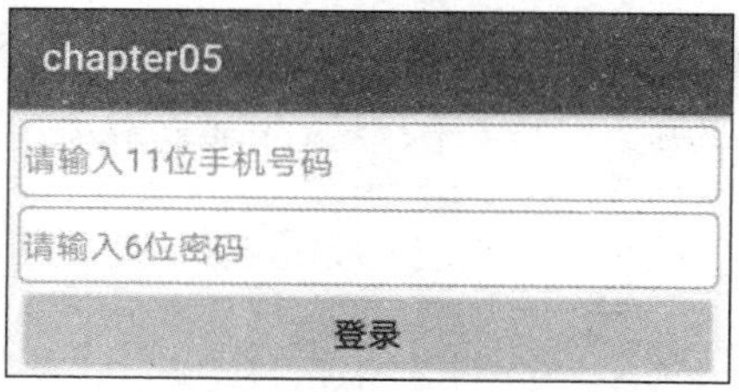

图 5-26　简单的登录界面

　　既然编辑框不会自动校验手机号是否达到 11 位，势必要求代码另行检查。一种想法是在用户点击登录按钮时再判断，不过通常此时已经输完手机号与密码，为啥不能在输入密码之前就判断手机号码的位数呢？早点检查可以帮助用户早点发现错误，特别是表单元素较多的时候，更能改善用户的使用体验。就上面的登录例子而言，手机号编辑框下方为密码框，那么能否给密码框注册点击事件，以便在用户准备输入密码时就校验手机号的位数呢？

　　然而实际运行 App 却发现，先输入手机号码再输入密码，一开始并不会触发密码框的点击事件，再次点击密码框才会触发点击事件。缘由是编辑框比较特殊，要点击两次后才会触发点击事件，因为第一次点击只触发焦点变更事件，第二次点击才触发点击事件。编辑框的所谓焦点，直观上就看那个闪动的光标，哪个编辑框有光标，焦点就落在哪里。光标在编辑框之间切换，便产生了焦点变更事件，所以对于编辑框来说，应当注册焦点变更监听器，而非注册点击监听器。

　　焦点变更监听器来自于接口 View.OnFocusChangeListener，若想注册该监听器，就要调用编辑框对象的 setOnFocusChangeListener 方法，即可在光标切换之时（获得光标和失去光标）触发焦点变更事件。下面是给密码框注册焦点变更监听器的代码例子：

（完整代码见 chapter05\src\main\java\com\example\chapter05\EditFocusActivity.java）

```
// 从布局文件中获取名为 et_password 的编辑框
EditText et_password = findViewById(R.id.et_password);
// 给编辑框注册一个焦点变化监听器，一旦焦点发生变化，就触发监听器的 onFocusChange 方法
et_password.setOnFocusChangeListener(this);
```

　　以上代码把焦点变更监听器设置到当前页面，则需让活动页面实现接口 View.OnFocusChangeListener，并重写该接口定义的 onFocusChange 方法，判断如果是密码框获得焦点，就检查输入的手机号码是否达到 11 位。具体的焦点变更处理方法如下所示：

```
// 焦点变更事件的处理方法，hasFocus 表示当前控件是否获得焦点
// 为什么光标进入事件不选 onClick? 因为要点两下才会触发 onClick 动作（第一下是切换焦点动作）
@Override
public void onFocusChange(View v, boolean hasFocus) {
    // 判断密码编辑框是否获得焦点。hasFocus 为 true 表示获得焦点，为 false 表示失去焦点
    if (v.getId()==R.id.et_password && hasFocus) {
        String phone = et_phone.getText().toString();
        if (TextUtils.isEmpty(phone) || phone.length()<11) {  // 手机号码不足 11 位
            // 手机号码编辑框请求焦点，也就是把光标移回手机号码编辑框
            et_phone.requestFocus();
            Toast.makeText(this, "请输入 11 位手机号码",
```

```
Toast.LENGTH_SHORT).show();
            }
        }
    }
```

改好代码重新运行 App，当手机号不足 11 位时点击密码框，界面底部果然弹出了相应的提示文字，如图 5-27 所示，并且光标仍然留在手机号码编辑框，说明首次点击密码框的确触发了焦点变更事件。

图 5-27　编辑框触发了焦点变更监听器

5.3.3　文本变化监听器

输入法的软键盘往往会遮住页面下半部分，使得"登录""确认""下一步"等按钮看不到了，用户若想点击这些按钮还得再点一次返回键才能关闭软键盘。为了方便用户操作，最好在满足特定条件时自动关闭软键盘，比如手机号码输入满 11 位后自动关闭软键盘，又如密码输入满 6 位后自动关闭软键盘，等等。达到指定位数便自动关闭键盘的功能，可以再分解为两个独立的功能点，一个是如何关闭软键盘，另一个是如何判断已输入的文字达到指定位数，分别说明如下。

1. 如何关闭软键盘

诚然按下返回键就会关闭软键盘，但这是系统自己关闭的，而非开发者在代码中关闭。因为输入法软键盘由系统服务 INPUT_METHOD_SERVICE 管理，所以关闭软键盘也要由该服务处理，下面是使用系统服务关闭软键盘的代码例子：

（完整代码见 chapter05\src\main\java\com\example\chapter05\util\ViewUtil.java）

```java
public static void hideOneInputMethod(Activity act, View v) {
    // 从系统服务中获取输入法管理器
    InputMethodManager imm = (InputMethodManager)
            act.getSystemService(Context.INPUT_METHOD_SERVICE);
    // 关闭屏幕上的输入法软键盘
    imm.hideSoftInputFromWindow(v.getWindowToken(), 0);
}
```

注意上述代码里面的视图对象 v，虽然控件类型为 View，但它必须是 EditText 类型才能正常关闭软键盘。

2. 如何判断已输入的文字达到指定位数

该功能点要求实时监控当前已输入的文本长度，这个监控操作用到文本监听器接口 TextWatcher，该接口提供了 3 个监控方法，具体说明如下：

- beforeTextChanged：在文本改变之前触发。
- onTextChanged：在文本改变过程中触发。
- afterTextChanged：在文本改变之后触发。

具体到编码实现，需要自己写个监听器实现 TextWatcher 接口，再调用编辑框对象的 addTextChangedListener 方法注册文本监听器。监听操作建议在 afterTextChanged 方法中完成，如果同时监听 11 位的手机号码和 6 位的密码，一旦输入文字达到指定长度就关闭键盘，则详细的监听器代码如下所示：

（完整代码见 chapter05\src\main\java\com\example\chapter05\EditHideActivity.java）

```java
// 定义一个编辑框监听器，在输入文本达到指定长度时自动隐藏输入法
private class HideTextWatcher implements TextWatcher {
    private EditText mView;  // 声明一个编辑框对象
    private int mMaxLength;  // 声明一个最大长度变量

    public HideTextWatcher(EditText v, int maxLength) {
        super();
        mView = v;
        mMaxLength = maxLength;
    }

    // 在编辑框的输入文本变化前触发
    public void beforeTextChanged(CharSequence s, int start, int count, int after) {}

    // 在编辑框的输入文本变化时触发
    public void onTextChanged(CharSequence s, int start, int before, int count) {}

    // 在编辑框的输入文本变化后触发
    public void afterTextChanged(Editable s) {
        String str = s.toString();  // 获得已输入的文本字符串
        // 输入文本达到11位（如手机号码），或者达到6位（如登录密码）时关闭输入法
        if ((str.length() == 11 && mMaxLength == 11)
            || (str.length() == 6 && mMaxLength == 6)) {
            ViewUtil.hideOneInputMethod(EditHideActivity.this, mView);  // 隐藏输入法软键盘
        }
    }
}
```

写好文本监听器代码，还要给手机号码编辑框和密码编辑框分别注册监听器，注册代码示例如下：

```
// 从布局文件中获取名为 et_phone 的手机号码编辑框
EditText et_phone = findViewById(R.id.et_phone);
// 从布局文件中获取名为 et_password 的密码编辑框
EditText et_password = findViewById(R.id.et_password);
// 给手机号码编辑框添加文本变化监听器
et_phone.addTextChangedListener(new HideTextWatcher(et_phone, 11));
// 给密码编辑框添加文本变化监听器
et_password.addTextChangedListener(new HideTextWatcher(et_password, 6));
```

然后运行测试 App，先输入手机号码的前 10 位，因为还没达到 11 位，所以软键盘依然展示，如图 5-28 所示。接着输入最后一位手机号，总长度达到 11 位，于是软键盘自动关闭，如图 5-29 所示。

图 5-28　输入 10 位手机号码

图 5-29　输入 11 位手机号码

5.4　对　话　框

本节介绍几种常用的对话框控件，包括：如何使用提醒对话框处理不同的选项，如何使用日期对话框获取用户选择的日期，如何使用时间对话框获取用户选择的时间。

5.4.1　提醒对话框 AlertDialog

AlertDialog 名为提醒对话框，它是 Android 中最常用的对话框，可以完成常见的交互操作，例如提示、确认、选择等功能。由于 AlertDialog 没有公开的构造方法，因此必须借助建造器 AlertDialog.Builder 才能完成参数设置，AlertDialog.Builder 的常用方法说明如下。

● setIcon：设置对话框的标题图标。
● setTitle：设置对话框的标题文本。

- setMessage：设置对话框的内容文本。
- setPositiveButton：设置肯定按钮的信息，包括按钮文本和点击监听器。
- setNegativeButton：设置否定按钮的信息，包括按钮文本和点击监听器。
- setNeutralButton：设置中性按钮的信息，包括按钮文本和点击监听器，该方法比较少用。

通过 AlertDialog.Builder 设置完对话框参数，还需调用建造器的 create 方法才能生成对话框实例。最后调用对话框实例的 show 方法，在页面上弹出提醒对话框。

下面是构建并显示提醒对话框的 Java 代码例子：

（完整代码见 chapter05\src\main\java\com\example\chapter05\AlertDialogActivity.java）

```java
// 创建提醒对话框的建造器
AlertDialog.Builder builder = new AlertDialog.Builder(this);
builder.setTitle("尊敬的用户");  // 设置对话框的标题文本
builder.setMessage("你真的要卸载我吗？");  // 设置对话框的内容文本
// 设置对话框的肯定按钮文本及其点击监听器
builder.setPositiveButton("残忍卸载", new DialogInterface.OnClickListener() {
    public void onClick(DialogInterface dialog, int which) {
        tv_alert.setText("虽然依依不舍，但是只能离开了");
    }
});
// 设置对话框的否定按钮文本及其点击监听器
builder.setNegativeButton("我再想想", new DialogInterface.OnClickListener() {
    public void onClick(DialogInterface dialog, int which) {
        tv_alert.setText("让我再陪你三百六十五个日夜");
    }
});
AlertDialog alert = builder.create();  // 根据建造器构建提醒对话框对象
alert.show();  // 显示提醒对话框
```

提醒对话框的弹窗效果如图 5-30 所示，可见该对话框有标题和内容，还有两个按钮。

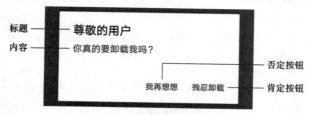

图 5-30　提醒对话框的效果图

点击不同的对话框按钮会触发不同的处理逻辑。例如，图 5-31 为点击"我再想想"按钮后的页面，图 5-32 为点击"残忍卸载"按钮后的页面。

图 5-31　点击"我再想想"的截图

图 5-32　点击"残忍卸载"的截图

5.4.2　日期对话框 DatePickerDialog

虽然 EditText 提供了 inputType="date"的日期输入，但是很少有人会手工输入完整日期，况且 EditText 还不支持"****年**月**日"这样的中文日期，所以系统提供了专门的日期选择器 DatePicker，供用户选择具体的年月日。不过，DatePicker 并非弹窗模式，而是在当前页面占据一块区域，并且不会自动关闭。按习惯来说，日期控件应该弹出对话框，选择完日期就要自动关闭对话框。因此，很少直接在界面上显示 DatePicker，而是利用已经封装好的日期选择对话框 DatePickerDialog。

DatePickerDialog 相当于在 AlertDialog 上装载了 DatePicker，编码时只需调用构造方法设置当前的年、月、日，然后调用 show 方法即可弹出日期对话框。日期选择事件则由监听器 OnDateSetListener 负责响应，在该监听器的 onDateSet 方法中，开发者获取用户选择的具体日期，再做后续处理。特别注意 onDateSet 的月份参数，它的起始值不是 1 而是 0。也就是说，一月份对应的参数值为 0，十二月份对应的参数值为 11，中间月份的数值以此类推。

在界面上内嵌显示 DatePicker 的效果如图 5-33 所示，其中，年、月、日通过上下滑动选择。单独弹出日期对话框的效果如图 5-34 所示，其中年、月、日按照日历风格展示。

图 5-33　日期选择器的截图　　　　　　图 5-34　日期对话框的截图

下面是使用日期对话框的 Java 代码例子，包括弹出日期对话框和处理日期监听事件：

（完整代码见 chapter05\src\main\java\com\example\chapter05\DatePickerActivity.java）

```java
// 该页面类实现了接口 OnDateSetListener，意味着要重写日期监听器的 onDateSet 方法
public class DatePickerActivity extends AppCompatActivity implements
        View.OnClickListener, DatePickerDialog.OnDateSetListener {
    private TextView tv_date; // 声明一个文本视图对象

    @Override
```

```
protected void onCreate(Bundle savedInstanceState) {
    super.onCreate(savedInstanceState);
    setContentView(R.layout.activity_date_picker);
    tv_date = findViewById(R.id.tv_date);
    findViewById(R.id.btn_date).setOnClickListener(this);
}

@Override
public void onClick(View v) {
    if (v.getId() == R.id.btn_date) {
        // 获取日历的一个实例，里面包含了当前的年月日
        Calendar calendar = Calendar.getInstance();
        // 构建一个日期对话框，该对话框已经集成了日期选择器。
        // DatePickerDialog 的第二个构造参数指定了日期监听器
        DatePickerDialog dialog = new DatePickerDialog(this, this,
                calendar.get(Calendar.YEAR), // 年份
                calendar.get(Calendar.MONTH), // 月份
                calendar.get(Calendar.DAY_OF_MONTH)); // 日期
        dialog.show(); // 显示日期对话框
    }
}

// 一旦点击日期对话框上的确定按钮，就会触发监听器的 onDateSet 方法
@Override
public void onDateSet(DatePicker view, int year, int monthOfYear, int
dayOfMonth) {
    // 获取日期对话框设定的年份、月份
    String desc = String.format("您选择的日期是%d年%d月%d日",
            year, monthOfYear + 1, dayOfMonth);
    tv_date.setText(desc);
}
}
```

5.4.3 时间对话框 TimePickerDialog

既然有了日期选择器，还得有对应的时间选择器。同样，实际开发中也很少直接用 TimePicker，而是用封装好的时间选择对话框 TimePickerDialog。该对话框的用法类似 DatePickerDialog，不同之处主要有两个：

（1）构造方法传的是当前的小时与分钟，最后一个参数表示是否采取 24 小时制，一般为 true 表示小时的数值范围为 0～23；若为 false 则表示采取 12 小时制。

（2）时间选择监听器为 OnTimeSetListener，对应需要实现 onTimeSet 方法，在该方法中可获得用户选择的小时和分钟。

在界面上内嵌显示 TimePicker 的效果如图 5-35 所示，其中，小时与分钟可通过上下滑动选择。单独弹出时间对话框的效果如图 5-36 所示，其中小时与分钟按照钟表风格展示。

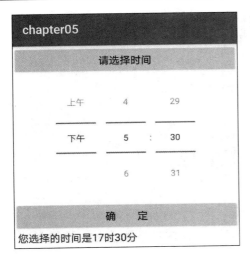

图 5-35　时间选择器的截图

图 5-36　时间对话框的截图

下面是使用时间对话框的 Java 代码例子，包括弹出时间对话框和处理时间监听事件：

（完整代码见 chapter05\src\main\java\com\example\chapter05\TimePickerActivity.java）

```java
// 该页面类实现了接口 OnTimeSetListener，意味着要重写时间监听器的 onTimeSet 方法
public class TimePickerActivity extends AppCompatActivity implements
        View.OnClickListener, TimePickerDialog.OnTimeSetListener {
    private TextView tv_time;  // 声明一个文本视图对象

    @Override
    protected void onCreate(Bundle savedInstanceState) {
        super.onCreate(savedInstanceState);
        setContentView(R.layout.activity_time_picker);
        tv_time = findViewById(R.id.tv_time);
        findViewById(R.id.btn_time).setOnClickListener(this);
    }

    @Override
    public void onClick(View v) {
        if (v.getId() == R.id.btn_time) {
            // 获取日历的一个实例，里面包含了当前的时分秒
            Calendar calendar = Calendar.getInstance();
            // 构建一个时间对话框，该对话框已经集成了时间选择器
            // TimePickerDialog 的第二个构造参数指定了时间监听器
            TimePickerDialog dialog = new TimePickerDialog(this, this,
                    calendar.get(Calendar.HOUR_OF_DAY), // 小时
                    calendar.get(Calendar.MINUTE), // 分钟
                    true);  // true 表示 24 小时制，false 表示 12 小时制
            dialog.show();  // 显示时间对话框
        }
    }

// 一旦点击时间对话框上的确定按钮，就会触发监听器的 onTimeSet 方法
```

```
@Override
public void onTimeSet(TimePicker view, int hourOfDay, int minute) {
    // 获取时间对话框设定的小时和分钟
    String desc = String.format("您选择的时间是%d时%d分", hourOfDay, minute);
    tv_time.setText(desc);
}
}
```

5.5　实战项目：找回密码

在移动互联网时代，用户是每家 IT 企业最宝贵的资源，对于 App 而言，吸引用户注册并登录是万分紧要之事，因为用户登录之后才有机会产生商品交易。登录校验通常是用户名+密码组合，可是每天总有部分用户忘记密码，为此要求 App 提供找回密码的功能，如何简化密码找回步骤，同时兼顾安全性，就是一个值得认真思考的问题。

5.5.1　需求描述

各家电商 App 的登录页面大同小异，要么是用户名与密码组合登录，要么是手机号码与验证码组合登录，若是做好一点的，则会提供找回密码与记住密码等功能。先来看一下登录页面是什么样，因为有两种组合登录方式，所以登录页面也分成两个效果图。如图 5-37 所示，这是选中密码登录时的界面；如图 5-38 所示，这是选中验证码登录时的界面。

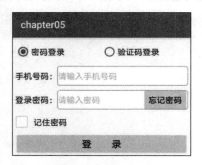

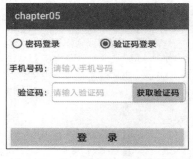

图 5-37　选中密码登录方式时的界面　　　　图 5-38　选中验证码登录时的界面

从以上两个登录效果图可以看到，密码登录与验证码登录的界面主要存在以下几点区别：

（1）密码输入框和验证码输入框的左侧标题以及输入框内部的提示语各不相同。

（2）如果是密码登录，则需要支持找回密码；如果是验证码登录，则需要支持向用户手机发送验证码。

（3）密码登录可以提供记住密码功能，而验证码的数值每次都不一样，无须也没法记住验证码。

对于找回密码功能，一般直接跳到找回密码页面，在该页面输入和确认新密码，并校验找回密码的合法性（通过短信验证码检查），据此勾勒出密码找回页面的轮廓概貌，如图 5-39 所示。

图 5-39　找回密码的界面效果

在找回密码的操作过程当中，为了更好地增强用户体验，有必要在几个关键节点处提醒用户。比如成功发送验证码之后，要及时提示用户注意查收短信，这里暂且做成提醒对话框的形式，如图 5-40 所示。又比如密码登录成功之后，也要告知用户已经修改成功登录，注意继续后面的操作，登录成功的提示弹窗如图 5-41 所示。

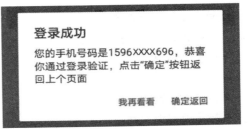

图 5-40　发送验证码的提醒对话框　　　　图 5-41　登录成功后的提醒对话框

真是想不到，原来简简单单的一个登录功能，就得考虑这么多的需求场景。可是仔细想想，这些需求场景都是必要的，其目的是为了让用户能够更加便捷地顺利登录。正所谓"台上十分钟，台下十年功"，每个好用的 App 背后，都离不开开发者十年如一日的辛勤工作。

5.5.2　界面设计

用户登录与找回密码界面看似简单，用到的控件却不少。按照之前的界面效果图，大致从上到下、从左到右分布着下列 Android 控件：

- 单选按钮 RadioButton：用来区分是密码登录还是验证码登录。
- 文本视图 TextView：输入框左侧要显示此处应该输入什么信息。
- 编辑框 EditText：用来输入手机号码、密码和验证码。
- 复选框 CheckBox：用于判断是否记住密码。
- 按钮 Button：除了"登录"按钮，还有"忘记密码"和"获取验证码"两个按钮。
- 线性布局 LinearLayout：整体界面从上往下排列，用到了垂直方向的线性布局。
- 相对布局 RelativeLayout：忘记密码的按钮与密码输入框是叠加的，且"忘记密码"与上级视图右对齐。
- 单选组 RadioGroup：密码登录和验证码登录这两个单选按钮，需要放在单选组之中。

- 提醒对话框 AlertDialog：为了演示方便，获取验证码与登录成功都通过提醒对话框向用户反馈结果。

另外，由于整个登录模块由登录页面和找回密码页面组成，因此这两个页面之间需要进行数据交互，也就是在页面跳转之时传递参数。譬如，从登录页面跳到找回密码页面，要携带唯一标识的手机号码作为请求参数，不然密码找回页面不知道要给哪个手机号码修改密码。同时，从找回密码页面回到登录页面，也要将修改之后的新密码作为应答参数传回去，否则登录页面不知道密码被改成什么了。

5.5.3 关键代码

为了方便读者更好更快地完成登录页面与找回密码页面，下面列举几个重要功能的代码片段：

1. 关于自动清空错误的密码

这里有个细微的用户体验问题：用户会去找回密码，肯定是发现输入的密码不对；那么修改密码后回到登录页面，如果密码框里还是刚才的错误密码，用户只能先清空错误密码，然后才能输入新密码。一个 App 要想让用户觉得好用，就得急用户之所急，想用户之所想，像刚才那个错误密码的情况，应当由 App 在返回登录页面时自动清空原来的错误密码。

自动清空密码框的操作，放在 onActivityResult 方法中处理是个办法，但这样有个问题，如果用户直接按返回键回到登录页面，那么 onActivityResult 方法发现数据为空便不做处理。因此应该这么处理：判断当前是否为返回页面动作，只要是从找回密码页面返回到当前页面，则不管是否携带应答参数，都要自动清空密码输入框。对应的 Java 代码则为重写登录页面的 onRestart 方法，在该方法中强制清空密码。这样一来，不管用户是修改密码完成回到登录页，还是点击返回键回到登录页，App 都会自动清空密码框了。

下面是重写 onRestart 方法之后的代码例子：

（完整代码见 chapter05\src\main\java\com\example\chapter05\LoginMainActivity.java）

```
// 从修改密码页面返回登录页面，要清空密码的输入框
@Override
protected void onRestart() {
    super.onRestart();
    et_password.setText("");
}
```

2. 关于自动隐藏输入法面板

在输入手机号码或者密码的时候，屏幕下方都会弹出输入法面板，供用户按键输入数字和字母。但是输入法面板往往占据屏幕下方大块空间，很是碍手碍脚，用户输入完 11 位的手机号码时，还得再按一下返回键来关闭输入法面板，接着才能继续输入密码。理想的做法是：一旦用户输完 11 位手机号码，App 就要自动隐藏输入法。同理，一旦用户输完 6 位密码或者 6 位验证码，App 也要自动隐藏输入法。要想让 App 具备这种智能的判断功能，就得给文本编辑框添加监听器，只要当前编辑框输入文本长度达到 11 位或者和 6 位，App 就自动隐藏输入法面板。

下面是实现自动隐藏软键盘的监听器代码例子：

（完整代码见 chapter05\src\main\java\com\example\chapter05\LoginMainActivity.java）

```java
// 定义一个编辑框监听器，在输入文本达到指定长度时自动隐藏输入法
private class HideTextWatcher implements TextWatcher {
    private EditText mView;  // 声明一个编辑框对象
    private int mMaxLength;  // 声明一个最大长度变量

    public HideTextWatcher(EditText v, int maxLength) {
        super();
        mView = v;
        mMaxLength = maxLength;
    }

    // 在编辑框的输入文本变化前触发
    public void beforeTextChanged(CharSequence s, int start, int count, int after) {}

    // 在编辑框的输入文本变化时触发
    public void onTextChanged(CharSequence s, int start, int before, int count) {}

    // 在编辑框的输入文本变化后触发
    public void afterTextChanged(Editable s) {
        String str = s.toString();  // 获得已输入的文本字符串
        // 输入文本达到11位（如手机号码），或者达到6位（如登录密码）时关闭输入法
        if ((str.length() == 11 && mMaxLength == 11)
                || (str.length() == 6 && mMaxLength == 6)) {
            ViewUtil.hideOneInputMethod(LoginMainActivity.this, mView);  // 隐
藏输入法软键盘
        }
    }
}
```

3. 关于密码修改的校验操作

由于密码对于用户来说是很重要的信息，因此必须认真校验新密码的合法性，务必做到万无一失才行。具体的密码修改校验可分作下列 4 个步骤：

步骤01 新密码和确认输入的新密码都要是 6 位数字。
步骤02 新密码和确认输入的新密码必须保持一致。
步骤03 用户输入的验证码必须和系统下发的验证码一致。
步骤04 密码修改成功，携带修改后的新密码返回登录页面。

根据以上的校验步骤，对应的代码逻辑示例如下：

（完整代码见 chapter05\src\main\java\com\example\chapter05\LoginForgetActivity.java）

```java
String password_first = et_password_first.getText().toString();
String password_second = et_password_second.getText().toString();
```

```
if (password_first.length() < 6 || password_second.length() < 6) {
    Toast.makeText(this, "请输入正确的新密码", Toast.LENGTH_SHORT).show();
    return;
}
if (!password_first.equals(password_second)) {
    Toast.makeText(this, "两次输入的新密码不一致", Toast.LENGTH_SHORT).show();
    return;
}
if (!et_verifycode.getText().toString().equals(mVerifyCode)) {
    Toast.makeText(this, "请输入正确的验证码", Toast.LENGTH_SHORT).show();
} else {
    Toast.makeText(this, "密码修改成功", Toast.LENGTH_SHORT).show();
    // 以下把修改好的新密码返回给上一个页面
    Intent intent = new Intent();  // 创建一个新意图
    intent.putExtra("new_password", password_first);  // 存入新密码
    setResult(Activity.RESULT_OK, intent);  // 携带意图返回上一个页面
    finish();  // 结束当前的活动页面
}
```

5.6 小　　结

本章主要介绍了 App 开发的中级控件的相关知识，包括：定制简单的图形（图形的基本概念、形状图形、九宫格图片、状态列表图形）、操纵几种选择按钮（复选框 CheckBox、开关按钮 Switch、单选按钮 RadioButton）、高效地输入文本（编辑框 EditText、焦点变更监听器、文本变化监听器）、获取对话框的选择结果（提醒对话框 AlertDialog、日期对话框 DatePickerDialog、时间对话框 TimePickerDialog）。最后设计了一个实战项目"找回密码"，在该项目的 App 编码中用到了前面介绍的大部分控件，从而加深了对所学知识的理解。

通过本章的学习，读者应该能掌握以下 4 种开发技能：

（1）学会定制几种简单的图形。

（2）学会操纵常见的选择按钮。

（3）学会高效且合法地输入文本。

（4）学会通过对话框获取用户选项。

5.7 课后练习题

一、填空题

1. 图形描述文件的扩展名是_____。

2. 形状图形 shape 的下级节点_____描述了形状图形的宽高尺寸。

3. 由复合按钮 CompoundButton 派生而来的控件包括_____、_____和 Switch。

4. EditText 的属性_____可指定文本允许输入的最大长度。

5．输入法软键盘由系统服务_____管理。

二、判断题（正确打 √，错误打 ×）

1．形状图形可以描述圆角矩形的定义。（　　）

2．单选组 RadioGroup 默认内部控件在水平方向排列。（　　）

3．首次点击编辑框，就会触发它的点击事件。（　　）

4．提醒对话框 AlertDialog 支持同时设置 3 个按钮。（　　）

5．时间对话框会显示当前的时、分、秒。（　　）

三、选择题

1．状态列表图形的（　　）属性用于描述是否按下的图形列表。

    A．state_pressed　　　　　B．state_checked　　　　　C．state_focused　　　　　D．state_selected

2．在一组按钮中只选择其中一个按钮，应当选用（　　）控件。

    A．Button　　　　　B．CheckBox　　　　　C．RadioButton　　　　　D．Switch

3．若想让编辑框 EditText 输入数字密码，则要将 inputType 属性设置为（　　）。

    A．text　　　　　B．textPassword　　　　　C．number　　　　　D．numberPassword

4．若想在编辑框的文本改变之后补充处理，应当在（　　）方法中增加代码。

    A．beforeTextChanged　　B．onTextChanged　　　C．afterTextChanged　　D．构造

5．日期选择对话框上能够看到哪些时间单位（　　）。

    A．年份　　　　　B．月份　　　　　C．日期　　　　　D．星期

四、简答题

请简要描述九宫格图片的作用。

五、动手练习

请上机实验本章的找回密码项目，其中登录操作支持"用户名+密码"和"手机号+验证码"两种方式，同时支持通过验证码重置密码。

第6章

数据存储

本章介绍 Android 4 种存储方式的用法，包括共享参数 SharedPreferences、数据库 SQLite、存储卡文件、App 的全局内存，另外介绍 Android 重要组件——应用 Application 的基本概念与常见用法。最后，结合本章所学的知识演示实战项目"购物车"的设计与实现。

6.1　共享参数 SharedPreferences

本节介绍 Android 的键值对存储方式——共享参数 SharedPreferences 的使用方法，包括：如何将数据保存到共享参数，如何从共享参数读取数据，如何使用共享参数实现登录页面的记住密码功能，如何利用设备浏览器找到共享参数文件。

6.1.1　共享参数的用法

SharedPreferences 是 Android 的一个轻量级存储工具，它采用的存储结构是 Key-Value 的键值对方式，类似于 Java 的 Properties，二者都是把 Key-Value 的键值对保存在配置文件中。不同的是，Properties 的文件内容形如 Key=Value，而 SharedPreferences 的存储介质是 XML 文件，且以 XML 标记保存键值对。保存共享参数键值对信息的文件路径为：/data/data/应用包名/shared_prefs/文件名.xml。下面是一个共享参数的 XML 文件例子：

```
<?xml version='1.0' encoding='utf-8' standalone='yes' ?>
<map>
    <string name="name">Mr Lee</string>
    <int name="age" value="30" />
    <boolean name="married" value="true" />
    <float name="weight" value="100.0" />
</map>
```

基于 XML 格式的特点，共享参数主要用于如下场合：

（1）简单且孤立的数据。若是复杂且相互关联的数据，则要保存于关系数据库。

（2）文本形式的数据。若是二进制数据，则要保存至文件。

（3）需要持久化存储的数据。App 退出后再次启动时，之前保存的数据仍然有效。

实际开发中，共享参数经常存储的数据包括：App 的个性化配置信息、用户使用 App 的行为信息、临时需要保存的片段信息等。

共享参数对数据的存储和读取操作类似于 Map，也有存储数据的 put 方法，以及读取数据的 get 方法。调用 getSharedPreferences 方法可以获得共享参数实例，获取代码示例如下：

```
// 从 share.xml 获取共享参数实例
SharedPreferences shared = getSharedPreferences("share", MODE_PRIVATE);
```

由以上代码可知，getSharedPreferences 方法的第一个参数是文件名，填 share 表示共享参数的文件名是 share.xml；第二个参数是操作模式，填 MODE_PRIVATE 表示私有模式。

往共享参数存储数据要借助于 Editor 类，保存数据的代码示例如下：

（完整代码见 chapter06\src\main\java\com\example\chapter06\ShareWriteActivity.java）

```
SharedPreferences.Editor editor = shared.edit();  // 获得编辑器的对象
editor.putString("name", "Mr Lee");  // 添加一个名为 name 的字符串参数
editor.putInt("age", 30);  // 添加一个名为 age 的整型参数
editor.putBoolean("married", true);  // 添加一个名为 married 的布尔型参数
editor.putFloat("weight", 100f);  // 添加一个名为 weight 的浮点数参数
editor.commit();  // 提交编辑器中的修改
```

从共享参数读取数据相对简单，直接调用共享参数实例的 get*** 方法即可读取键值，注意 get*** 方法的第二个参数表示默认值，读取数据的代码示例如下：

（完整代码见 chapter06\src\main\java\com\example\chapter06\ShareReadActivity.java）

```
String name = shared.getString("name", "");  // 从共享参数获取名为 name 的字符串
int age = shared.getInt("age", 0);  // 从共享参数获取名为 age 的整型数
boolean married = shared.getBoolean("married", false);  // 从共享参数获取名为 married 的布尔数
float weight = shared.getFloat("weight", 0);  // 从共享参数获取名为 weight 的浮点数
```

下面通过测试页面演示共享参数的存取过程，先在编辑页面录入用户注册信息，点击保存按钮把数据提交至共享参数，如图 6-1 所示。再到查看页面浏览用户注册信息，App 从共享参数中读取各项数据，并将注册信息显示在页面上，如图 6-2 所示。

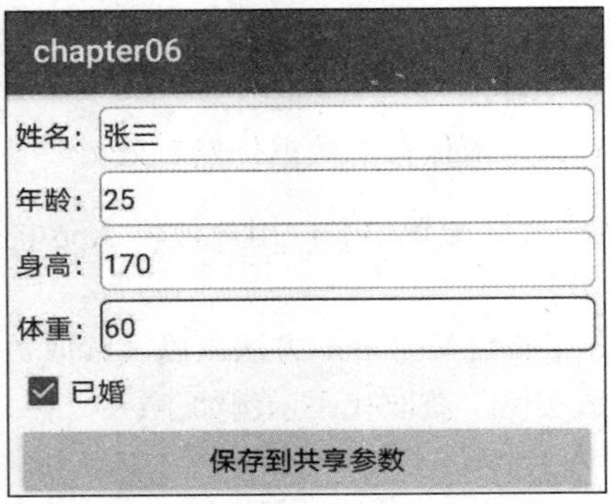

图 6-1　把注册信息写入共享参数

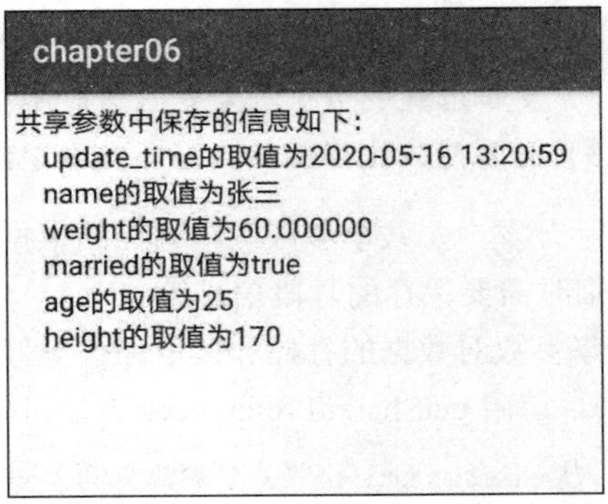

图 6-2　从共享参数读取注册信息

6.1.2　实现记住密码功能

上一章末尾的实战项目，登录页面下方有一个"记住密码"复选框，当时只是为了演示控件的用法，并未真正记住密码。因为用户退出后重新进入登录页面，App 没有回忆起上次的登录密码。现在利用共享参数改造该项目，使之实现记住密码的功能。

改造内容主要有下列 3 处：

（1）声明一个共享参数对象，并在 onCreate 中调用 getSharedPreferences 方法获取共享参数的实例。

（2）登录成功时，如果用户勾选了"记住密码"，就使用共享参数保存手机号码与密码。也就是在 loginSuccess 方法中增加以下代码：

（完整代码见 chapter06\src\main\java\com\example\chapter06\LoginShareActivity.java）

```java
// 如果勾选了"记住密码"，就把手机号码和密码都保存到共享参数中
if (bRemember) {
    SharedPreferences.Editor editor = mShared.edit();  // 获得编辑器的对象
    editor.putString("phone", et_phone.getText().toString());  // 添加名为
phone 的手机号码
    editor.putString("password", et_password.getText().toString());  // 添加
名为 password 的密码
    editor.commit();  // 提交编辑器中的修改
}
```

（3）再次打开登录页面时，App 从共享参数读取手机号码与密码，并自动填入编辑框。也就是在 onCreate 方法中增加以下代码：

```java
// 从 share_login.xml 获取共享参数实例
mShared = getSharedPreferences("share_login", MODE_PRIVATE);
String phone = mShared.getString("phone", "");  // 获取共享参数保存的手机号码
String password = mShared.getString("password", "");  // 获取共享参数保存的密码
et_phone.setText(phone);  // 往手机号码编辑框填写上次保存的手机号
et_password.setText(password);  // 往密码编辑框填写上次保存的密码
```

代码修改完毕，只要用户上次登录成功时勾选"记住密码"，下次进入登录页面后 App 就会

自动填写上次登录的手机号码与密码。具体的效果如图 6-3 和图 6-4 所示。其中，图 6-3 为用户首次登录成功的界面，此时勾选了"记住密码"；图 6-4 为用户再次进入登录的界面，因为上次登录成功时已经记住密码，所以这次页面会自动填充保存的登录信息。

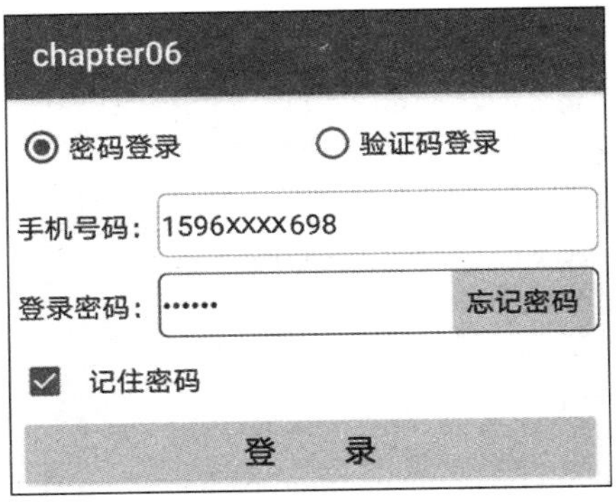

chapter06	chapter06
◉ 密码登录　　○ 验证码登录	◉ 密码登录　　○ 验证码登录
手机号码：1596XXXX698	手机号码：1596XXXX698
登录密码：•••••• 忘记密码	登录密码：•••••• 忘记密码
☑ 记住密码	☐ 记住密码
登　录	登　录

图 6-3　将登录信息保存到共享参数 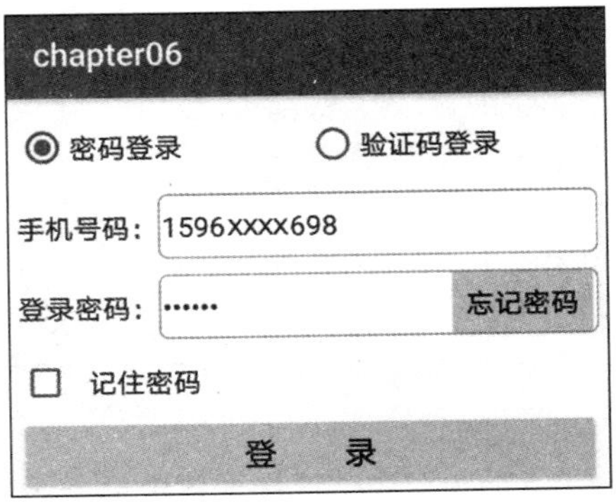　　　　图 6-4　从共享参数读取登录信息

6.1.3　利用设备浏览器寻找共享参数文件

前面的"6.1.1　共享参数的基本用法"提到，参数文件的路径为"/data/data/应用包名/shared_prefs/***.xml"，然而使用手机自带的文件管理器却找不到该路径，data 下面只有空目录而已。这是因为手机厂商加了层保护，不让用户查看 App 的核心文件，否则万一不小心误删了，App岂不是运行报错了？当然作为开发者，只要打开了手机的 USB 调试功能，还是有办法拿到测试应用的数据文件。首先打开 Android Studio，依次选择菜单 Run→Run '***'，把测试应用比如 chapter06安装到手机上。接着单击 Android Studio 左下角的 logcat 标签，找到已连接的手机设备和测试应用，如图 6-5 所示。

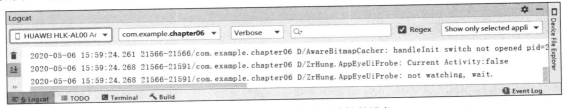

图 6-5　Android Studio 找到已连接的设备

注意到 logcat 窗口的右边，也就是 Android Studio 右下角有个竖排标签"Device File Explorer"，翻译过来叫设备文件浏览器。单击该标签按钮，此时主界面右边弹出名为"Device File Explorer"的窗口，如图 6-6 所示。

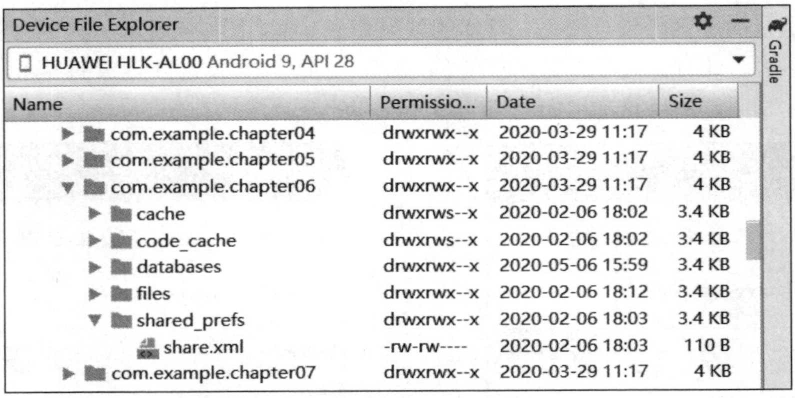

图 6-6　设备文件浏览器的窗口

在图 6-6 的窗口中依次展开各级目录，进到/data/data/com.example.chapter06/shared_prefs 目录，在该目录下看到了参数文件 share.xml。右击 share.xml，并在右键菜单中选择"Save As"，把该文件保存到电脑中，之后就能查看详细的文件内容了。不仅参数文件，凡是保存在"/data/data/应用包名/"下面的所有文件，均可利用设备浏览器导出至电脑，下一节将要介绍的数据库 db 文件也可按照以上步骤导出。

6.2　数据库 SQLite

本节介绍 Android 的数据库存储方式——SQLite 的使用方法，包括：SQLite 用到了哪些 SQL 语法，如何使用数据库管理器操纵 SQLite，如何使用数据库帮助器简化数据库操作等，以及如何利用 SQLite 改进登录页面的记住密码功能。

6.2.1　SQL 的基本语法

SQL 本质上是一种编程语言，它的学名叫作"结构化查询语言"（全称为 Structured Query Language，简称 SQL）。不过 SQL 语言并非通用的编程语言，它专用于数据库的访问和处理，更像是一种操作命令，所以常说 SQL 语句而不说 SQL 代码。标准的 SQL 语句分为 3 类：数据定义、数据操纵和数据控制，但不同的数据库往往有自己的实现。

SQLite 是一种小巧的嵌入式数据库，使用方便、开发简单。如同 MySQL、Oracle 那样，SQLite 也采用 SQL 语句管理数据，由于它属于轻型数据库，不涉及复杂的数据控制操作，因此 App 开发只用到数据定义和数据操纵两类 SQL。此外，SQLite 的 SQL 语法与通用的 SQL 语法略有不同，接下来介绍的两类 SQL 语法全部基于 SQLite。

1. 数据定义语言

数据定义语言全称 Data Definition Language，简称 DDL，它描述了怎样变更数据实体的框架结构。就 SQLite 而言，DDL 语言主要包括 3 种操作：创建表格、删除表格、修改表结构，分别说明如下。

（1）创建表格

表格的创建动作由 create 命令完成，格式为"CREATE TABLE IF NOT EXISTS 表格名称 (以逗号分隔的各字段定义);"。以用户信息表为例，它的建表语句如下所示：

```
CREATE TABLE IF NOT EXISTS user_info (
    _id INTEGER PRIMARY KEY AUTOINCREMENT NOT NULL,
    name VARCHAR NOT NULL, age INTEGER NOT NULL,
    height LONG NOT NULL, weight FLOAT NOT NULL,
    married INTEGER NOT NULL, update_time VARCHAR NOT NULL);
```

上面的 SQL 语法与其他数据库的 SQL 语法有所出入，相关的注意点说明见下：

①SQL 语句不区分大小写，无论是 create 与 table 这类关键词，还是表格名称、字段名称，都不区分大小写。唯一区分大小写的是被单引号括起来的字符串值。

②为避免重复建表，应加上 IF NOT EXISTS 关键词，例如 CREATE TABLE IF NOT EXISTS 表格名称……

③SQLite 支持整型 INTEGER、长整型 LONG、字符串 VARCHAR、浮点数 FLOAT，但不支持布尔类型。布尔类型的数据要使用整型保存，如果直接保存布尔数据，在入库时 SQLite 会自动将它转为 0 或 1，其中 0 表示 false，1 表示 true。

④建表时需要唯一标识字段，它的字段名为_id。创建新表都要加上该字段定义，例如_id INTEGER PRIMARY KEY AUTOINCREMENT NOT NULL。

（2）删除表格

表格的删除动作由 drop 命令完成，格式为"DROP TABLE IF EXISTS 表格名称;"。下面是删除用户信息表的 SQL 语句例子：

```
DROP TABLE IF EXISTS user_info;
```

（3）修改表结构

表格的修改动作由 alter 命令完成，格式为"ALTER TABLE 表格名称 修改操作;"。不过 SQLite 只支持增加字段，不支持修改字段，也不支持删除字段。对于字段增加操作，需要在 alter 之后补充 add 命令，具体格式如"ALTER TABLE 表格名称 ADD COLUMN 字段名称 字段类型;"。下面是给用户信息表增加手机号字段的 SQL 语句例子：

```
ALTER TABLE user_info ADD COLUMN phone VARCHAR;
```

注意，SQLite 的 ALTER 语句每次只能添加一列字段，若要添加多列，就得分多次添加。

2. 数据操纵语言

数据操纵语言全称 Data Manipulation Language，简称 DML，它描述了怎样处理数据实体的内部记录。表格记录的操作类型包括添加、删除、修改、查询 4 类，分别说明如下：

（1）添加记录

记录的添加动作由 insert 命令完成，格式为"INSERT INTO 表格名称 (以逗号分隔的字段名列表) VALUES (以逗号分隔的字段值列表);"。下面是往用户信息表插入一条记录的 SQL 语句例子：

```
INSERT INTO user_info (name,age,height,weight,married,update_time)
VALUES ('张三',20,170,50,0,'20200504');
```

（2）删除记录

记录的删除动作由 delete 命令完成，格式为"DELETE FROM 表格名称 WHERE 查询条件;"，其中查询条件的表达式形如"字段名=字段值"，多个字段的条件交集通过"AND"连接，条件并集通过"OR"连接。下面是从用户信息表删除指定记录的 SQL 语句例子：

```
DELETE FROM user_info WHERE name='张三';
```

（3）修改记录

记录的修改动作由 update 命令完成，格式为"UPDATE 表格名称 SET 字段名=字段值 WHERE 查询条件;"。下面是对用户信息表更新指定记录的 SQL 语句例子：

```
UPDATE user_info SET married=1 WHERE name='张三';
```

（4）查询记录

记录的查询动作由 select 命令完成，格式为"SELECT 以逗号分隔的字段名列表 FROM 表格名称 WHERE 查询条件;"。如果字段名列表填星号"*"，则表示查询该表的所有字段。下面是从用户信息表查询指定记录的 SQL 语句例子：

```
SELECT name FROM user_info WHERE name='张三';
```

查询操作除了比较字段值条件之外，常常需要对查询结果排序，此时要在查询条件后面添加排序条件，对应的表达式为"ORDER BY 字段名 ASC 或者 DESC"，意指对查询结果按照某个字段排序，其中 ASC 代表升序，DESC 代表降序。下面是查询记录并对结果排序的 SQL 语句例子：

```
SELECT * FROM user_info ORDER BY age ASC;
```

如果读者之前不熟悉 SQL 语法，建议下载一个 SQLite 管理软件，譬如 SQLiteStudio，先在电脑上多加练习 SQLite 的常见操作语句。

6.2.2 数据库管理器 SQLiteDatabase

SQL 语句毕竟只是 SQL 命令，若要在 Java 代码中操纵 SQLite，还需专门的工具类。SQLiteDatabase 便是 Android 提供的 SQLite 数据库管理器，开发者可以在活动页面代码调用 openOrCreateDatabase 方法获取数据库实例，参考代码如下：

（完整代码见 chapter06\src\main\java\com\example\chapter06\DatabaseActivity.java）

```
// 创建名为 test.db 的数据库。数据库如果不存在就创建它，如果存在就打开它
SQLiteDatabase db = openOrCreateDatabase(getFilesDir() + "/test.db",
Context.MODE_PRIVATE, null);
String desc = String.format("数据库%s 创建%s", db.getPath(), (db!=null)?"成功
```

```
":"失败");
    tv_database.setText(desc);
    // deleteDatabase(getFilesDir() + "/test.db");  // 删除名为 test.db 数据库
```

首次运行测试 App，调用 openOrCreateDatabase 方法会自动创建数据库，并返回该数据库的管理器实例，创建结果如图 6-7 所示。

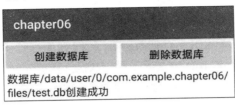

图 6-7　创建数据库的结果提示

获得数据库实例之后，就能对该数据库开展各项操作了。数据库管理器 SQLiteDatabase 提供了若干操作数据表的 API，常用的方法有 3 类，列举如下：

1. 管理类，用于数据库层面的操作

- openDatabase：打开指定路径的数据库。
- isOpen：判断数据库是否已打开。
- close：关闭数据库。
- getVersion：获取数据库的版本号。
- setVersion：设置数据库的版本号。

2. 事务类，用于事务层面的操作

- beginTransaction：开始事务。
- setTransactionSuccessful：设置事务的成功标志。
- endTransaction：结束事务。执行本方法时，系统会判断之前是否调用了 setTransactionSuccessful 方法，如果之前已调用该方法就提交事务，如果没有调用该方法就回滚事务。

3. 数据处理类，用于数据表层面的操作

- execSQL：执行拼接好的 SQL 控制语句。一般用于建表、删表、变更表结构。
- delete：删除符合条件的记录。
- update：更新符合条件的记录信息。
- insert：插入一条记录。
- query：执行查询操作，并返回结果集的游标。
- rawQuery：执行拼接好的 SQL 查询语句，并返回结果集的游标。

在实际开发中，比较经常用到的是查询语句，建议先写好查询操作的 select 语句，再调用 rawQuery 方法执行查询语句。

6.2.3 数据库帮助器 SQLiteOpenHelper

由于 SQLiteDatabase 存在局限性，一不小心就会重复打开数据库，处理数据库的升级也不方便；因此 Android 提供了数据库帮助器 SQLiteOpenHelper，帮助开发者合理使用 SQLite。SQLiteOpenHelper 的具体使用步骤如下：

步骤 01 新建一个继承自 SQLiteOpenHelper 的数据库操作类，按提示重写 onCreate 和 onUpgrade 两个方法。其中，onCreate 方法只在第一次打开数据库时执行，在此可以创建表结构；而 onUpgrade 方法在数据库版本升高时执行，在此可以根据新旧版本号变更表结构。

步骤 02 为保证数据库安全使用，需要封装几个必要方法，包括获取单例对象、打开数据库连接、关闭数据库连接，说明如下：

● 获取单例对象：确保在 App 运行过程中数据库只会打开一次，避免重复打开引起错误。
● 打开数据库连接：SQLite 有锁机制，即读锁和写锁的处理；故而数据库连接也分两种，读连接可调用 getReadableDatabase 方法获得，写连接可调用 getWritableDatabase 获得。
● 关闭数据库连接：数据库操作完毕，调用数据库实例的 close 方法关闭连接。

步骤 03 提供对表记录增加、删除、修改、查询的操作方法。

能被 SQLite 直接使用的数据结构是 ContentValues 类，它类似于映射 Map，也提供了 put 和 get 方法存取键值对。区别之处在于：ContentValues 的键只能是字符串，不能是其他类型。ContentValues 主要用于增加记录和更新记录，对应数据库的 insert 和 update 方法。

记录的查询操作用到了游标类 Cursor，调用 query 和 rawQuery 方法返回的都是 Cursor 对象，若要获取全部的查询结果，则需根据游标的指示一条一条遍历结果集合。Cursor 的常用方法可分为 3 类，说明如下：

1. 游标控制类方法，用于指定游标的状态

● close：关闭游标。
● isClosed：判断游标是否关闭。
● isFirst：判断游标是否在开头。
● isLast：判断游标是否在末尾。

2. 游标移动类方法，把游标移动到指定位置

● moveToFirst：移动游标到开头。
● moveToLast：移动游标到末尾。
● moveToNext：移动游标到下一条记录。
● moveToPrevious：移动游标到上一条记录。
● move：往后移动游标若干条记录。
● moveToPosition：移动游标到指定位置的记录。

3. 获取记录类方法，可获取记录的数量、类型以及取值

- getCount：获取结果记录的数量。
- getInt：获取指定字段的整型值。
- getLong：获取指定字段的长整型值。
- getFloat：获取指定字段的浮点数值。
- getString：获取指定字段的字符串值。
- getType：获取指定字段的字段类型。

鉴于数据库操作的特殊性，不方便单独演示某个功能，接下来从创建数据库开始介绍，完整演示一下数据库的读写操作。用户注册信息的演示页面包括两个，分别是记录保存页面和记录读取页面，其中记录保存页面通过 insert 方法向数据库添加用户信息，完整代码见 chapter06\src\main\java\com\example\chapter06\SQLiteWriteActivity.java；而记录读取页面通过 query 方法从数据库读取用户信息，完整代码见 chapter06\src\main\java\com\example\chapter06\SQLiteReadActivity.java。

运行测试 App，先打开记录保存页面，依次录入并将两个用户的注册信息保存至数据库，如图 6-8 和图 6-9 所示。再打开记录读取页面，从数据库读取用户注册信息并展示在页面上，如图 6-10 所示。

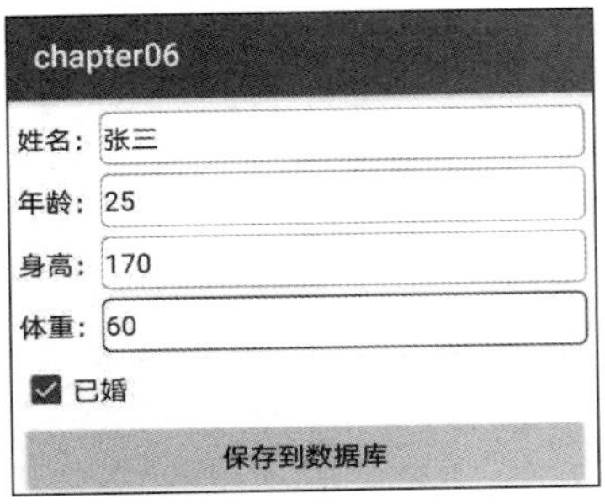

图 6-8　第一条注册信息保存到数据库

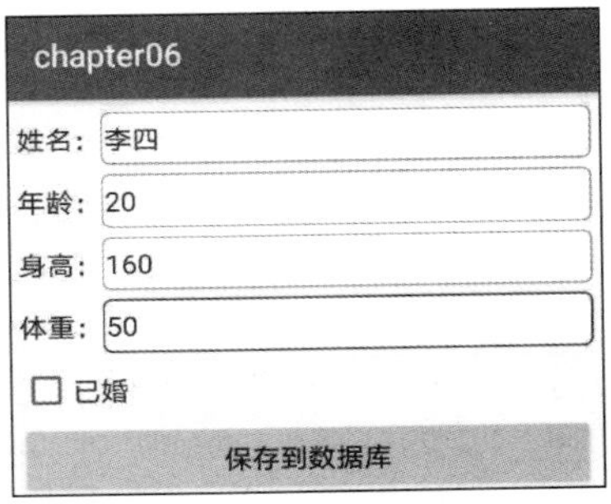

图 6-9　第二条注册信息保存到数据库

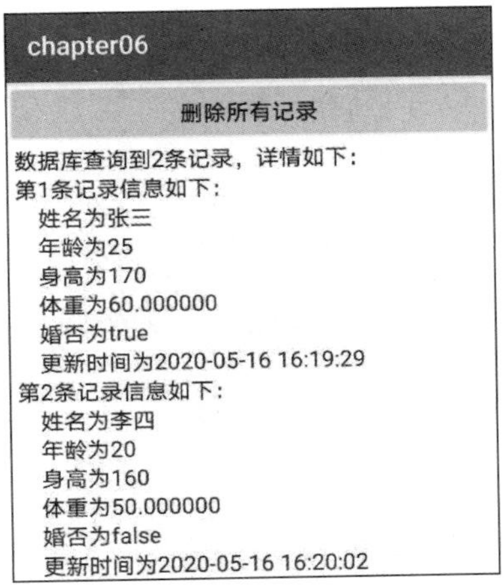

图 6-10　从数据库读取了两条注册信息

上述演示页面主要用到了数据库记录的添加、查询和删除操作，对应的数据库帮助器关键代码如下所示，尤其关注里面的 insert、delete、update 和 query 方法：

（完整代码见 chapter06\src\main\java\com\example\chapter06\database\UserDBHelper.java）

```java
public class UserDBHelper extends SQLiteOpenHelper {
    private static final String DB_NAME = "user.db"; // 数据库的名称
    private static UserDBHelper mHelper = null; // 数据库帮助器的实例
    private SQLiteDatabase mDB = null; // 数据库的实例
    public static final String TABLE_NAME = "user_info"; // 表的名称
    private UserDBHelper(Context context, int version) {
        super(context, DB_NAME, null, version);
    }

    // 利用单例模式获取数据库帮助器的唯一实例
    public static UserDBHelper getInstance(Context context, int version) {
        if (version > 0 && mHelper == null) {
            mHelper = new UserDBHelper(context, version);
        }
        return mHelper;
    }

    // 打开数据库的读连接
    public SQLiteDatabase openReadLink() {
        if (mDB == null || !mDB.isOpen()) {
            mDB = mHelper.getReadableDatabase();
        }
        return mDB;
    }

    // 打开数据库的写连接
    public SQLiteDatabase openWriteLink() {
        if (mDB == null || !mDB.isOpen()) {
            mDB = mHelper.getWritableDatabase();
        }
        return mDB;
    }

    // 关闭数据库连接
    public void closeLink() {
        if (mDB != null && mDB.isOpen()) {
            mDB.close();
            mDB = null;
        }
    }

    // 创建数据库，执行建表语句
    public void onCreate(SQLiteDatabase db) {
        String create_sql = "CREATE TABLE IF NOT EXISTS " + TABLE_NAME + " ("
                + "_id INTEGER PRIMARY KEY  AUTOINCREMENT NOT NULL,"
```

```
                + "name VARCHAR NOT NULL," + "age INTEGER NOT NULL,"
                + "height INTEGER NOT NULL," + "weight FLOAT NOT NULL,"
                + "married INTEGER NOT NULL," + "update_time VARCHAR NOT NULL"
                + ",phone VARCHAR" + ",password VARCHAR" + ");";
        db.execSQL(create_sql); // 执行完整的 SQL 语句
    }

    // 升级数据库，执行表结构变更语句
    public void onUpgrade(SQLiteDatabase db, int oldVersion, int newVersion)
{}

    // 根据指定条件删除表记录
    public int delete(String condition) {
        // 执行删除记录动作，该语句返回删除记录的数目
        return mDB.delete(TABLE_NAME, condition, null);
    }

    // 往该表添加多条记录
    public long insert(List<UserInfo> infoList) {
        long result = -1;
        for (int i = 0; i < infoList.size(); i++) {
            UserInfo info = infoList.get(i);
            // 不存在唯一性重复的记录，则插入新记录
            ContentValues cv = new ContentValues();
            cv.put("name", info.name);
            cv.put("age", info.age);
            cv.put("height", info.height);
            cv.put("weight", info.weight);
            cv.put("married", info.married);
            cv.put("update_time", info.update_time);
            cv.put("phone", info.phone);
            cv.put("password", info.password);
            // 执行插入记录动作，该语句返回插入记录的行号
            result = mDB.insert(TABLE_NAME, "", cv);
            if (result == -1) { // 添加成功则返回行号，添加失败则返回-1
                return result;
            }
        }
        return result;
    }

    // 根据条件更新指定的表记录
    public int update(UserInfo info, String condition) {
        ContentValues cv = new ContentValues();
        cv.put("name", info.name);
        cv.put("age", info.age);
        cv.put("height", info.height);
        cv.put("weight", info.weight);
        cv.put("married", info.married);
        cv.put("update_time", info.update_time);
```

```
                cv.put("phone", info.phone);
                cv.put("password", info.password);
                // 执行更新记录动作，该语句返回更新的记录数量
                return mDB.update(TABLE_NAME, cv, condition, null);
            }


            // 根据指定条件查询记录，并返回结果数据列表
            public List<UserInfo> query(String condition) {
                String sql = String.format("select
rowid,_id,name,age,height,weight,married,update_time," +
                    "phone,password from %s where %s;", TABLE_NAME, condition);
                List<UserInfo> infoList = new ArrayList<UserInfo>();
                // 执行记录查询动作，该语句返回结果集的游标
                Cursor cursor = mDB.rawQuery(sql, null);
                // 循环取出游标指向的每条记录
                while (cursor.moveToNext()) {
                    UserInfo info = new UserInfo();
                    info.rowid = cursor.getLong(0);   // 取出长整型数
                    info.xuhao = cursor.getInt(1);   // 取出整型数
                    info.name = cursor.getString(2);   // 取出字符串
                    info.age = cursor.getInt(3);   // 取出整型数
                    info.height = cursor.getLong(4);   // 取出长整型数
                    info.weight = cursor.getFloat(5);   // 取出浮点数
                    //SQLite 没有布尔型，用 0 表示 false，用 1 表示 true
                    info.married = (cursor.getInt(6) == 0) ? false : true;
                    info.update_time = cursor.getString(7);   // 取出字符串
                    info.phone = cursor.getString(8);   // 取出字符串
                    info.password = cursor.getString(9);   // 取出字符串
                    infoList.add(info);
                }
                cursor.close();   // 查询完毕，关闭数据库游标
                return infoList;
            }
        }
```

6.2.4　优化记住密码功能

在"6.1.2　实现记住密码功能"中，虽然使用共享参数实现了记住密码功能，但是该方案只能记住一个用户的登录信息，并且手机号码跟密码没有对应关系，如果换个手机号码登录，前一个用户的登录信息就被覆盖了。真正的记住密码功能应当是这样的：先输入手机号码，然后根据手机号码匹配保存的密码，一个手机号码对应一个密码，从而实现具体手机号码的密码记忆功能。

现在运用数据库技术分条存储各用户的登录信息，并支持根据手机号查找登录信息，从而同时记住多个手机号的密码。具体的改造主要有下列 3 点：

（1）声明一个数据库的帮助器对象，然后在活动页面的 onResume 方法中打开数据库连接，在 onPasue 方法中关闭数据库连接，示例代码如下：

（完整代码见 chapter06\src\main\java\com\example\chapter06\LoginSQLiteActivity.java）

```java
private UserDBHelper mHelper;  // 声明一个用户数据库的帮助器对象

@Override
protected void onResume() {
    super.onResume();
    mHelper = UserDBHelper.getInstance(this, 1);  // 获得用户数据库帮助器的实
例
    mHelper.openWriteLink();  // 恢复页面，则打开数据库连接
}

@Override
protected void onPause() {
    super.onPause();
    mHelper.closeLink();  // 暂停页面，则关闭数据库连接
}
```

（2）登录成功时，如果用户勾选了"记住密码"，就将手机号码及其密码保存至数据库。也就是在 loginSuccess 方法中增加如下代码：

```java
// 如果勾选了"记住密码"，则把手机号码和密码保存为数据库的用户表记录
if (bRemember) {
    UserInfo info = new UserInfo();  // 创建一个用户信息对象
    info.phone = et_phone.getText().toString();
    info.password = et_password.getText().toString();
    info.update_time = DateUtil.getNowDateTime("yyyy-MM-dd HH:mm:ss");
    mHelper.insert(info);  // 往用户数据库添加登录成功的用户信息
}
```

（3）再次打开登录页面，用户输入手机号再点击密码框的时候，App 根据手机号到数据库查找登录信息，并将记录结果中的密码填入密码框。其中根据手机号码查找登录信息，要求在帮助器代码中添加以下方法，用于找到指定手机的登录密码：

```java
// 根据手机号码查询指定记录
public UserInfo queryByPhone(String phone) {
    UserInfo info = null;
    List<UserInfo> infoList = query(String.format("phone='%s'", phone));
    if (infoList.size() > 0) {  // 存在该号码的登录信息
        info = infoList.get(0);
    }
    return info;
}
```

此外，上面第 3 点的点击密码框触发查询操作，用到了编辑框的焦点变更事件，有关焦点变更监听器的详细用法参见第 5 章的"5.3.2 焦点变更监听器"。就本案例而言，光标切到密码框触发焦点变更事件，具体处理逻辑要求重写监听器的 onFocusChange 方法，重写后的方法代码如下所示：

```java
@Override
public void onFocusChange(View v, boolean hasFocus) {
```

```
      String phone = et_phone.getText().toString();
      // 判断是否是密码编辑框发生焦点变化
      if (v.getId() == R.id.et_password) {
          // 用户已输入手机号码，且密码框获得焦点
          if (phone.length() > 0 && hasFocus) {
              // 根据手机号码到数据库中查询用户记录
              UserInfo info = mHelper.queryByPhone(phone);
              if (info != null) {
                  // 找到用户记录，则自动在密码框中填写该用户的密码
                  et_password.setText(info.password);
              }
          }
      }
  }
```

重新运行测试 App，先打开登录页面，勾选"记住密码"，并确保本次登录成功。然后再次进入登录页面，输入手机号码后光标还停留在手机框，如图 6-11 所示。接着点击密码框，光标随之跳到密码框，此时密码框自动填入了该号码对应的密码串，如图 6-12 所示。由效果图可见，这次实现了真正意义上的记住密码功能。

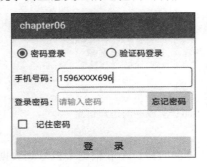

图 6-11　光标在手机号码框

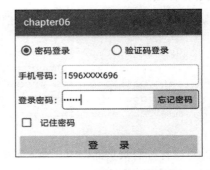

图 6-12　光标在密码输入框

6.3　存储卡的文件操作

本节介绍 Android 的文件存储方式——在存储卡上读写文件，包括：公有存储空间与私有存储空间有什么区别、如何利用存储卡读写文本文件、如何利用存储卡读写图片文件等。

6.3.1　私有存储空间与公共存储空间

为了更规范地管理手机存储空间，Android 从 7.0 开始将存储卡划分为私有存储和公共存储两大部分，也就是分区存储方式，系统给每个 App 都分配了默认的私有存储空间。App 在私有空间上读写文件无须任何授权，但是若想在公共空间读写文件，则要在 AndroidManifest.xml 里面添加下述的权限配置。

```
<!-- 存储卡读写 -->
```

```
<uses-permission android:name="android.permission.WRITE_EXTERNAL_STORAGE"
/>
<uses-permission android:name="android.permission.READ_EXTERNAL_STORAGE" />
```

但是即使 App 声明了完整的存储卡操作权限，系统仍然默认禁止该 App 访问公共空间。打开手机的系统设置界面，进入到具体应用的管理页面，会发现该应用的存储访问权限被禁止了，如图 6-13 所示。

图 6-13　系统设置页面里的存储访问权限开关

当然图示的禁止访问只是不让访问存储卡的公共空间，App 自身的私有空间依旧可以正常读写。这缘于 Android 把存储卡分成了两块区域，一块是所有应用均可访问的公共空间，另一块是只有应用自己才可访问的专享空间。虽然 Android 给每个应用都分配了单独的安装目录，但是安装目录的空间很紧张，所以 Android 在存储卡的"Android/data"目录下给每个应用又单独建了一个文件目录，用来保存应用自己需要处理的临时文件。这个目录只有当前应用才能够读写文件，其他应用是不允许读写的。由于私有空间本身已经加了访问权限控制，因此它不受系统禁止访问的影响，应用操作自己的文件目录自然不成问题。因为私有的文件目录只有属主应用才能访问，所以一旦属主应用被卸载，那么对应的目录也会被删掉。

既然存储卡分为公共空间和私有空间两部分，它们的空间路径获取也就有所不同。若想获取公共空间的存储路径，调用的是 Environment.getExternalStoragePublicDirectory 方法；若想获取应用私有空间的存储路径，调用的是 getExternalFilesDir 方法。下面是分别获取两个空间路径的代码例子：

（完整代码见 chapter06\src\main\java\com\example\chapter06\FilePathActivity.java）

```
// 获取系统的公共存储路径
String publicPath = Environment.getExternalStoragePublicDirectory(
        Environment.DIRECTORY_DOWNLOADS).toString();
// 获取当前 App 的私有存储路径
String privatePath =
getExternalFilesDir(Environment.DIRECTORY_DOWNLOADS).toString();
    TextView tv_file_path = findViewById(R.id.tv_file_path);
    String desc = "系统的公共存储路径位于" + publicPath +
        "\n\n 当前 App 的私有存储路径位于" + privatePath +
        "\n\nAndroid 7.0 之后默认禁止访问公共存储目录";
    tv_file_path.setText(desc);
```

该例子运行之后获得的路径信息如图 6-14 所示，可见应用的私有空间路径位于"存储卡根目录/Android/data/应用包名/files/Download"这个目录中。

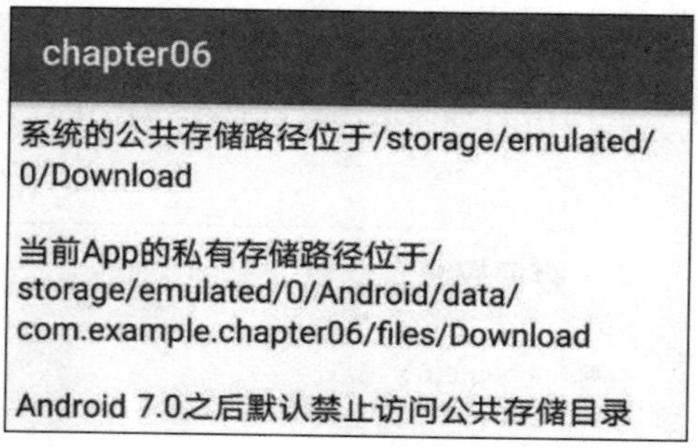

chapter06

系统的公共存储路径位于/storage/emulated/0/Download

当前App的私有存储路径位于/storage/emulated/0/Android/data/com.example.chapter06/files/Download

Android 7.0之后默认禁止访问公共存储目录

图 6-14 公共存储与私有存储的目录路径

6.3.2 在存储卡上读写文本文件

文本文件的读写借助于文件 IO 流 FileOutputStream 和 FileInputStream。其中，FileOutputStream 用于写文件，FileInputStream 用于读文件，它们读写文件的代码例子如下：

（完整代码见 chapter06\src\main\java\com\example\chapter06\util\FileUtil.java）

```
// 把字符串保存到指定路径的文本文件
public static void saveText(String path, String txt) {
    // 根据指定的文件路径构建文件输出流对象
    try (FileOutputStream fos = new FileOutputStream(path)) {
        fos.write(txt.getBytes()); // 把字符串写入文件输出流
    } catch (Exception e) {
        e.printStackTrace();
    }
}

// 从指定路径的文本文件中读取内容字符串
public static String openText(String path) {
    String readStr = "";
    // 根据指定的文件路径构建文件输入流对象
    try (FileInputStream fis = new FileInputStream(path)) {
        byte[] b = new byte[fis.available()];
        fis.read(b); // 从文件输入流读取字节数组
        readStr = new String(b); // 把字节数组转换为字符串
    } catch (Exception e) {
        e.printStackTrace();
    }
    return readStr; // 返回文本文件中的文本字符串
}
```

接着分别创建写文件页面和读文件页面，其中写文件页面调用 saveText 方法保存文本，完整代码见 chapter06\src\main\java\com\example\chapter06\FileWriteActivity.java；而读文件页面调用 readText 方法从指定路径的文件中读取文本内容，完整代码见 chapter06\src\main\java\com\example\

chapter06\FileReadActivity.java。

　　然后运行测试 App，先打开文本写入页面，录入注册信息后保存为私有目录里的文本文件，此时写入界面如图 6-15 所示。再打开文本读取页面，App 自动在私有目录下找到文本文件列表，并展示其中一个文件的文本内容，此时读取界面如图 6-16 所示。

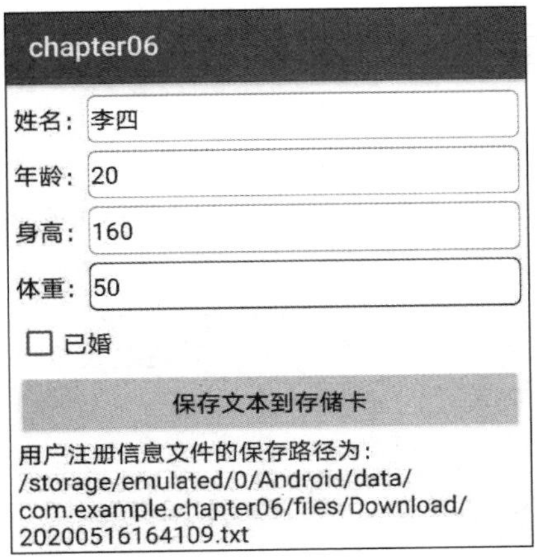

图 6-15　将注册信息保存到文本文件

图 6-16　从文本文件读取注册信息

6.3.3　在存储卡上读写图片文件

　　文本文件读写可以转换为对字符串的读写，而图片文件保存的是图像数据，需要专门的位图工具 Bitmap 处理。位图对象依据来源不同又分成 3 种获取方式，分别对应位图工厂 BitmapFactory 的下列 3 种方法：

- decodeResource：从指定的资源文件中获取位图数据。例如下面代码表示从资源文件 huawei.png 获取位图对象：

```
Bitmap bitmap = BitmapFactory.decodeResource(getResources(),
R.drawable.huawei);
```

- decodeFile：从指定路径的文件中获取位图数据。注意从 Android 10 开始，该方法只适用于私有目录下的图片，不适用公共空间下的图片。
- decodeStream：从指定的输入流中获取位图数据。比如使用 IO 流打开图片文件，此时文件输入流对象即可作为 decodeStream 方法的入参，相应的图片读取代码如下：

（完整代码见 chapter06\src\main\java\com\example\chapter06\util\FileUtil.java）

```
// 从指定路径的图片文件中读取位图数据
public static Bitmap openImage(String path) {
    Bitmap bitmap = null;  // 声明一个位图对象
    // 根据指定的文件路径构建文件输入流对象
    try (FileInputStream fis = new FileInputStream(path)) {
        bitmap = BitmapFactory.decodeStream(fis);//从文件输入流中解码位图数据
    } catch (Exception e) {
        e.printStackTrace();
```

```
    }
    return bitmap;  // 返回图片文件中的位图数据
}
```

得到位图对象之后，就能在图像视图上显示位图。图像视图 ImageView 提供了下列方法显示各种来源的图片：

- setImageResource：设置图像视图的图片资源，该方法的入参为资源图片的编号，形如 "R.drawable.去掉扩展名的图片名称"。
- setImageBitmap：设置图像视图的位图对象，该方法的入参为 Bitmap 类型。
- setImageURI：设置图像视图的路径对象，该方法的入参为 Uri 类型。字符串格式的文件路径可通过代码 "Uri.parse(file_path)" 转换成路径对象。

读取图片文件的花样倒是挺多，把位图数据写入图片文件却只有一种，即通过位图对象的 compress 方法将位图数据压缩到文件输出流。具体的图片写入代码如下所示：

```
// 把位图数据保存到指定路径的图片文件
public static void saveImage(String path, Bitmap bitmap) {
    // 根据指定的文件路径构建文件输出流对象
    try (FileOutputStream fos = new FileOutputStream(path)) {
        // 把位图数据压缩到文件输出流中
        bitmap.compress(Bitmap.CompressFormat.JPEG, 80, fos);
    } catch (Exception e) {
        e.printStackTrace();
    }
}
```

接下来完整演示一遍图片文件的读写操作，首先创建图片写入页面，从某个资源图片读取位图数据，再把位图数据保存为私有目录的图片文件，相关代码示例如下：

（完整代码见 chapter06\src\main\java\com\example\chapter06\ImageWriteActivity.java）

```
// 获取当前 App 的私有下载目录
String path = getExternalFilesDir(Environment.DIRECTORY_DOWNLOADS).toString()
+ "/";
// 从指定的资源文件中获取位图对象
Bitmap bitmap = BitmapFactory.decodeResource(getResources(),
R.drawable.huawei);
String file_path = path + DateUtil.getNowDateTime("") + ".jpeg";
FileUtil.saveImage(file_path, bitmap);  // 把位图对象保存为图片文件
tv_path.setText("图片文件的保存路径为：\n" + file_path);
```

然后创建图片读取页面，从私有目录找到图片文件，并挑出一张在图像视图上显示，相关代码示例如下：

（完整代码见 chapter06\src\main\java\com\example\chapter06\ImageReadActivity.java）

```
// 获取当前 App 的私有下载目录
String path = getExternalFilesDir(Environment.DIRECTORY_DOWNLOADS).toString()
+ "/";
// 获得指定目录下面的所有图片文件
```

```
List<File> fileList = FileUtil.getfileList(path, new String[]{".jpeg"});
if (fileList.size() > 0) {
    // 打开并显示选中的图片文件内容
    String file_path = fileList.get(0).getAbsolutePath();
    tv_content.setText("找到最新的图片文件，路径为"+file_path);
    // 显示存储卡图片文件的第一种方式：直接调用 setImageURI 方法
    //iv_content.setImageURI(Uri.parse(file_path));  // 设置图像视图的路径对象
    // 第二种方式：先调用 BitmapFactory.decodeFile 获得位图，再调用 setImageBitmap
方法
    //Bitmap bitmap = BitmapFactory.decodeFile(file_path);
    //iv_content.setImageBitmap(bitmap);  // 设置图像视图的位图对象
    // 第三种方式：先调用 FileUtil.openImage 获得位图，再调用 setImageBitmap 方法
    Bitmap bitmap = FileUtil.openImage(file_path);
    iv_content.setImageBitmap(bitmap);  // 设置图像视图的位图对象
}
```

　　运行测试 App，先打开图片写入页面，点击保存按钮把资源图片保存到存储卡，此时写入界面如图 6-17 所示。再打开图片读取页面，App 自动在私有目录下找到图片文件列表，并展示其中一张图片，此时读取界面如图 6-18 所示。

图 6-17　把资源图片保存到存储卡

图 6-18　从存储卡读取图片文件

6.4　应用组件 Application

　　本节介绍 Android 重要组件 Application 的基本概念和常见用法。首先说明 Application 的生命周期贯穿了 App 的整个运行过程，接着利用 Application 实现 App 全局变量的读写，然后阐述了如何借助 App 实例来操作 Room 数据库框架。

6.4.1 Application 的生命周期

Application 是 Android 的一大组件，在 App 运行过程中有且仅有一个 Application 对象贯穿应用的整个生命周期。打开 AndroidManifest.xml，发现 activity 节点的上级正是 application 节点，不过该节点并未指定 name 属性，此时 App 采用默认的 Application 实例。

注意到每个 activity 节点都指定了 name 属性，譬如常见的 name 属性值为.MainActivity，让人知晓该 activity 的入口代码是 MainActivity.java。现在尝试给 application 节点加上 name 属性，看看其庐山真面目，具体步骤说明如下：

（1）打开 AndroidManifest.xml，给 application 节点加上 name 属性，表示 application 的入口代码是 MainApplication.java。修改后的 application 节点示例如下：

（完整代码见 chapter06\src\main\AndroidManifest.xml）

```
<application
    android:name=".MainApplication"
    android:icon="@mipmap/ic_launcher"
    android:label="@string/app_name"
    android:theme="@style/AppTheme">
```

（2）在 Java 代码的包名目录下创建 MainApplication.java，要求该类继承 Application，继承之后可供重写的方法主要有以下 3 个。

- onCreate：在 App 启动时调用。
- onTerminate：在 App 终止时调用（按字面意思）。
- onConfigurationChanged：在配置改变时调用，例如从竖屏变为横屏。

光看字面意思的话，与生命周期有关的方法是 onCreate 和 onTerminate，那么重写这两个方法，并在重写后的方法中打印日志，修改后的 Java 代码如下所示：

（完整代码见 chapter06\src\main\java\com\example\chapter06\MainApplication.java）

```
public class MainApplication extends Application {
    private final static String TAG = "MainApplication";

    @Override
    public void onCreate() {
        super.onCreate();
        Log.d(TAG, "onCreate");
    }

    @Override
    public void onTerminate() {
        super.onTerminate();
        Log.d(TAG, "onTerminate");
    }
}
```

（3）运行测试 App，在 logcat 窗口观察应用日志。但是只在启动一开始看到 MainApplication 的 onCreate 日志（该日志先于 MainActivity 的 onCreate 日志），却始终无法看到它的 onTerminate 日志，无论是自行退出 App 还是强行杀掉 App，日志都不会打印 onTerminate。

无论你怎么折腾，这个 onTerminate 日志都不会出来。Android 明明提供了这个方法，同时提供了关于该方法的解释，说明文字如下：This method is for use in emulated process environments. It will never be called on a production Android device, where processes are removed by simply killing them; no user code (including this callback) is executed when doing so. 这段话的意思是：该方法供模拟环境使用，它在真机上永远不会被调用，无论是直接杀进程还是代码退出；执行该操作时，不会执行任何用户代码。

现在很明确了，onTerminate 方法就是个摆设，中看不中用。如果读者想在 App 退出前回收系统资源，就不能指望 onTerminate 方法的回调了。

6.4.2　利用 Application 操作全局变量

C/C++有全局变量的概念，因为全局变量保存在内存中，所以操作全局变量就是操作内存，显然内存的读写速度远比读写数据库或读写文件快得多。所谓全局，指的是其他代码都可以引用该变量，因此全局变量是共享数据和消息传递的好帮手。不过 Java 没有全局变量的概念，与之比较接近的是类里面的静态成员变量，该变量不但能被外部直接引用，而且它在不同地方引用的值是一样的（前提是在引用期间不能改动变量值），所以借助静态成员变量也能实现类似全局变量的功能。

根据上一小节的介绍可知，Application 的生命周期覆盖了 App 运行的全过程。不像短暂的 Activity 生命周期，一旦退出该页面，Activity 实例就被销毁。因此，利用 Application 的全生命特性，能够在 Application 实例中保存全局变量。

适合在 Application 中保存的全局变量主要有下面 3 类数据：

（1）会频繁读取的信息，例如用户名、手机号码等。
（2）不方便由意图传递的数据，例如位图对象、非字符串类型的集合对象等。
（3）容易因频繁分配内存而导致内存泄漏的对象，例如 Handler 处理器实例等。

要想通过 Application 实现全局内存的读写，得完成以下 3 项工作：

（1）编写一个继承自 Application 的新类 MainApplication。该类采用单例模式，内部先声明自身类的一个静态成员对象，在创建 App 时把自身赋值给这个静态对象，然后提供该对象的获取方法 getInstance。具体实现代码示例如下：

（完整代码见 chapter06\src\main\java\com\example\chapter06\MainApplication.java）

```
public class MainApplication extends Application {
    private static MainApplication mApp; // 声明一个当前应用的静态实例
    // 声明一个公共的信息映射，可当作全局变量使用
    public HashMap<String, String> infoMap = new HashMap<String, String>();

    // 利用单例模式获取当前应用的唯一实例
    public static MainApplication getInstance() {
```

```
        return mApp;
    }

    @Override
    public void onCreate() {
        super.onCreate();
        mApp = this;  // 在打开应用时对静态的应用实例赋值
    }
}
```

（2）在活动页面代码中调用 MainApplication 的 getInstance 方法，获得它的一个静态对象，再通过该对象访问 MainApplication 的公共变量和公共方法。

（3）不要忘了在 AndroidManifest.xml 中注册新定义的 Application 类名，也就是给 application 节点增加 android:name 属性，其值为.MainApplication。

接下来演示如何读写内存中的全局变量，首先分别创建写内存页面和读内存页面，其中写内存页面把用户的注册信息保存到全局变量 infoMap，完整代码见 chapter06\src\main\java\com\example\chapter06\AppWriteActivity.java；而读内存页面从全局变量 infoMap 读取用户的注册信息，完整代码见 chapter06\src\main\java\com\example\chapter06\AppReadActivity.java。

然后运行测试 App，先打开内存写入页面，录入注册信息后保存至全局变量，此时写入界面如图 6-19 所示。再打开内存读取页面，App 自动从全局变量获取注册信息，并展示拼接后的信息文本，此时读取界面如图 6-20 所示。

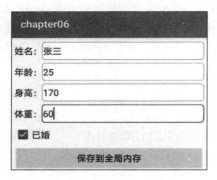

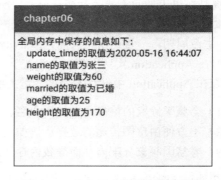

图 6-19　注册信息保存到全局内存　　　　　图 6-20　从全局内存读取注册信息

6.4.3　利用 Room 简化数据库操作

虽然 Android 提供了数据库帮助器，但是开发者在进行数据库编程时仍有诸多不便，比如每次增加一张新表，开发者都得手工实现以下代码逻辑：

（1）重写数据库帮助器的 onCreate 方法，添加该表的建表语句。

（2）在插入记录之时，必须将数据实例的属性值逐一赋给该表的各字段。

（3）在查询记录之时，必须遍历结果集游标，把各字段值逐一赋给数据实例。

（4）每次读写操作之前，都要先开启数据库连接；读写操作之后，又要关闭数据库连接。

上述的处理操作无疑存在不少重复劳动，数年来引得开发者叫苦连连。为此各类数据库处理框架纷纷涌现，包括 GreenDao、OrmLite、Realm 等，可谓百花齐放。眼见 SQLite 渐渐乏人问津，谷歌公司干脆整了个自己的数据库框架——Room，该框架同样基于 SQLite，但它通过注解技术极大地简化了数据库操作，减少了原来相当一部分编码工作量。

由于 Room 并未集成到 SDK 中，而是作为第三方框架提供，因此要修改模块的 build.gradle 文件，往 dependencies 节点添加下面两行配置，表示导入指定版本的 Room 库：

```
implementation 'androidx.room:room-runtime:2.2.5'
annotationProcessor 'androidx.room:room-compiler:2.2.5'
```

导入 Room 库之后，还要编写若干对应的代码文件。以录入图书信息为例，此时要对图书信息表进行增删改查，则具体的编码过程分为下列 5 个步骤：

1. 编写图书信息表对应的实体类

假设图书信息类名为 BookInfo，且它的各属性与图书信息表的各字段一一对应，那么要给该类添加"@Entity"注解，表示该类是 Room 专用的数据类型，对应的表名称也叫 BookInfo。如果 BookInfo 表的 name 字段是该表的主键，则需给 BookInfo 类的 name 属性添加"@PrimaryKey"与"@NonNull"两个注解，表示该字段是个非空的主键。下面是 BookInfo 类的定义代码例子：

（完整代码见 chapter06\src\main\java\com\example\chapter06\entity\BookInfo.java）

```
@Entity
public class BookInfo {
    @PrimaryKey // 该字段是主键，不能重复
    @NonNull // 主键必须是非空字段
    private String name;  // 图书名称
    private String author;  // 作者
    private String press;  // 出版社
    private double price;  // 价格
    // 以下省略各属性的set***方法和get***方法
}
```

2. 编写图书信息表对应的持久化类

所谓持久化，指的是将数据保存到磁盘而非内存，其实等同于增删改等 SQL 语句。假设图书信息表的持久化类名叫作 BookDao，那么该类必须添加"@Dao"注解，内部的记录查询方法必须添加"@Query"注解，记录插入方法必须添加"@Insert"注解，记录更新方法必须添加"@Update"注解，记录删除方法必须添加"@Delete"注解（带条件的删除方法除外）。对于记录查询方法，允许在@Query之后补充具体的查询语句以及查询条件；对于记录插入方法与记录更新方法，需明确出现重复记录时要采取哪种处理策略。下面是 BookDao 类的定义代码例子：

（完整代码见 chapter06\src\main\java\com\example\chapter06\dao\BookDao.java）

```
@Dao
public interface BookDao {
    @Query("SELECT * FROM BookInfo")  // 设置查询语句
    List<BookInfo> getAllBook();  // 加载所有图书信息
```

```
@Query("SELECT * FROM BookInfo WHERE name = :name")  // 设置带条件的查询语句
BookInfo getBookByName(String name);  // 根据名字加载图书

@Insert(onConflict = OnConflictStrategy.REPLACE)  // 记录重复时替换原记录
void insertOneBook(BookInfo book);  // 插入一条图书信息

@Insert
void insertBookList(List<BookInfo> bookList);  // 插入多条图书信息

@Update(onConflict = OnConflictStrategy.REPLACE)// 出现重复记录时替换原记录
int updateBook(BookInfo book);  // 更新图书信息

@Delete
void deleteBook(BookInfo book);  // 删除图书信息

@Query("DELETE FROM BookInfo WHERE 1=1")  // 设置删除语句
void deleteAllBook();  // 删除所有图书信息
}
```

3. 编写图书信息表对应的数据库类

因为先有数据库然后才有表，所以图书信息表还得放到某个数据库里，这个默认的图书数据库要从 RoomDatabase 派生而来，并添加"@Database"注解。下面是数据库类 BookDatabase 的定义代码例子：

（完整代码见 chapter06\src\main\java\com\example\chapter06\database\BookDatabase.java）

```
//entities 表示该数据库有哪些表，version 表示数据库的版本号
//exportSchema 表示是否导出数据库信息的 json 串，建议设为 false，若设为 true 还需在
build.gradle 中指定 json 文件的保存路径
@Database(entities = {BookInfo.class},version = 1, exportSchema = false)
public abstract class BookDatabase extends RoomDatabase {
    // 获取该数据库中某张表的持久化对象
    public abstract BookDao bookDao();
}
```

4. 在自定义的 Application 类中声明图书数据库的唯一实例

为了避免重复打开数据库造成的内存泄漏问题，每个数据库在 App 运行过程中理应只有一个实例，此时要求开发者自定义新的 Application 类，在该类中声明并获取图书数据库的实例，并将自定义的 Application 类设为单例模式，保证 App 运行之时有且仅有一个应用实例。下面是自定义 Application 类的代码例子：

（完整代码见 chapter06\src\main\java\com\example\chapter06\MainApplication.java）

```
public class MainApplication extends Application {
    private static MainApplication mApp;  // 声明一个当前应用的静态实例
    private BookDatabase bookDatabase;  // 声明一个图书数据库对象

    // 利用单例模式获取当前应用的唯一实例
```

```
public static MainApplication getInstance() {
    return mApp;
}

@Override
public void onCreate() {
    super.onCreate();
    mApp = this;  // 在打开应用时对静态的应用实例赋值
    // 构建图书数据库的实例
    bookDatabase = Room.databaseBuilder(mApp,
BookDatabase.class,"BookInfo")
            .addMigrations()  // 允许迁移数据库（发生数据库变更时，Room 默认删除原
数据库再创建新数据库。如此一来原来的记录会丢失，故而要改为迁移方式以便保存原有记录）
            .allowMainThreadQueries()  // 允许在主线程中操作数据库(Room 默认不能
在主线程中操作数据库）
            .build();
}

// 获取图书数据库的实例
public BookDatabase getBookDB(){
    return bookDatabase;
}
}
```

5. 在操作图书信息表的地方获取数据表的持久化对象

持久化对象的获取代码很简单，只需下面一行代码就够了：

```
// 从 App 实例中获取唯一的图书持久化对象
BookDao bookDao = MainApplication.getInstance().getBookDB().bookDao();
```

完成以上 5 个编码步骤之后，接着调用持久化对象的 query***、insert***、update***、delete***
等方法，就能实现图书信息的增删改查操作了。例程的图书信息演示页面有两个，分别是记录保存
页面和记录读取页面，其中记录保存页面通过 insertOneBook 方法向数据库添加图书信息，完整代
码见 chapter06\src\main\java\com\example\chapter06\RoomWriteActivity.java；而记录读取页面通过
queryAllBook 方法从数据库读取图书信息，完整代码见 chapter06\src\main\java\com\example\
chapter06\RoomReadActivity.java。

运行测试 App，先打开记录保存页面，依次录入两本图书信息并保存至数据库，如图 6-21 和
图 6-22 所示。再打开记录读取页面，从数据库读取图书信息并展示在页面上，如图 6-23 所示。

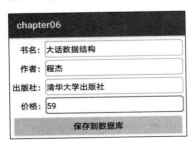

图 6-21　第一本图书信息保存到数据库　　　　　图 6-22　第二本图书信息保存到数据库

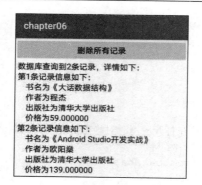

图 6-23　从数据库读取了两本图书信息

6.5　实战项目：购物车

购物车的应用面很广，凡是电商 App 都可以看到它的身影，之所以选择购物车作为本章的实战项目，除了它使用广泛的特点，更因为它用到了多种存储方式。现在就让我们开启电商购物车的体验之旅吧。

6.5.1　需求描述

电商 App 的购物车可谓是司空见惯了，以京东商城的购物车为例，一开始没有添加任何商品，此时空购物车如图 6-24 所示，而且提示去逛秒杀商场；加入几件商品之后，购物车页面如图 6-25 所示。

图 6-24　京东 App 购物车的初始页面

图 6-25　京东 App 购物车加了几件商品

可见购物车除了底部有个结算行，其余部分主要是已加入购物车的商品列表，然后每个商品行左边是商品小图，右边是商品名称及其价格。

据此仿照本项目的购物车功能，第一次进入购物车页面，购物车里面是空的，同时提示去逛手机商场，如图 6-26 所示。接着去商场页面选购手机，随便挑了几部手机加入购物车，再返回购物车页面，即可看到购物车的商品列表，如图 6-27 所示，有商品图片、名称、数量、单价、总价等等信息。当然购物车并不仅仅只是展示待购买的商品，还要支持最终购买的结算操作、支持清空购物车等功能。

图 6-26　首次打开购物车页面

图 6-27　选购商品后的购物车

购物车的存在感很强，不仅仅在购物车页面才能看到购物车。往往在商场页面，甚至商品详情页面，都会看到某个角落冒出购物车图标。一旦有新商品加入购物车，购物车图标上的商品数量立马加一。当然，用户也能点击购物车图标直接跳到购物车页面。商场页面除了商品列表之外，页面右上角还有一个购物车图标，如图 6-28 所示，有时这个图标会在页面右下角。商品详情页面通常也有购物车图标，如图 6-29 所示，倘使用户在详情页面把商品加入购物车，那么图标上的数字也会加一。

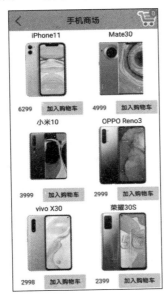

图 6-28　手机商场页面

图 6-29　手机详情页面

至此大概过了一遍购物车需要实现的基本功能，提需求总是很简单的，真正落到实处还得开发者发挥想象力，把购物车做成一个功能完备的模块。

6.5.2　界面设计

首先找找看，购物车使用了哪些 Android 控件：

● 线性布局 LinearLayout：购物车界面从上往下排列，用到了垂直方向的线性布局。
● 网格布局 GridLayout：商场页面的陈列橱柜，允许分行分列展示商品。
● 相对布局 RelativeLayout：页面右上角的购物车图标，图标右上角又有数字标记，按照指定方位排列控件正是相对布局的拿手好戏。
● 其他常见控件尚有文本视图 TextView、图像视图 ImageView，按钮控件 Button 等。

然后考虑一下购物车的存储功能，到底采取了哪些存储方式：

● 数据库 SQLite：最直观的肯定是数据库了，购物车里的商品列表一定是放在 SQLite 中，增删改查都少不了它。
● 全局内存：购物车图标右上角的数字表示购物车中的商品数量，该数值建议保存在全局内存中，这样不必每次都到数据库中执行 count 操作。
● 存储卡文件：通常商品图片来自于电商平台的服务器，此时往往引入图片缓存机制，也就是首次访问先将网络图片保存到存储卡，下次访问时直接从存储卡获取缓存图片，从而提高图片的加载速度。
● 共享参数 SharedPreferences：是否首次访问网络图片，这个标志位推荐放在共享参数中，因为它需要持久化存储，并且只有一个参数信息。

真是想不到，一个小小的购物车，竟然用到了好几种存储方式。

6.5.3　关键代码

为了读者更好更快地完成购物车项目，下面列举几个重要功能的代码片段。

1. 关于页面跳转

因为购物车页面允许直接跳到商场页面，并且商场页面也允许跳到购物车页面，所以如果用户在这两个页面之间来回跳转，然后再按返回键，结果发现返回的时候也是在两个页面间往返跳转。出现问题的缘由在于：每次启动活动页面都往活动栈加入一个新活动，那么返回出栈之时，也只好一个一个活动依次退出了。

解决该问题的办法参见第 4 章的 "4.1.3　Activity 的启动模式"，对于购物车的活动跳转需要指定启动标志 FLAG_ACTIVITY_CLEAR_TOP，表示活动栈有且仅有该页面的唯一实例，如此即可避免多次返回同一页面的情况。比如从购物车页面跳到商场页面，此时活动跳转的代码示例如下：

```
// 从购物车页面跳到商场页面
Intent intent = new Intent(this, ShoppingChannelActivity.class);
```

```
intent.setFlags(Intent.FLAG_ACTIVITY_CLEAR_TOP);  // 设置启动标志
startActivity(intent);  // 跳转到手机商场页面
```

又如从商场页面跳到购物车页面，此时活动跳转的代码示例如下：

```
// 从商场页面跳到购物车页面
Intent intent = new Intent(this, ShoppingCartActivity.class);
intent.setFlags(Intent.FLAG_ACTIVITY_CLEAR_TOP);  // 设置启动标志
startActivity(intent);  // 跳转到购物车页面
}
```

2. 关于商品图片的缓存

通常商品图片由后端服务器提供，App 打开页面时再从服务器下载所需的商品图。可是购物车模块的多个页面都会展示商品图片，如果每次都到服务器请求图片，显然既耗时间又耗流量非常不经济。因此 App 都会缓存常用的图片，一旦从服务器成功下载图片，便在手机存储卡上保存图片文件。然后下次界面需要加载商品图片时，就先从存储卡寻找该图片，如果找到就读取图片的位图信息，如果没找到就再到服务器下载图片。

以上的缓存逻辑是最简单的二级图片缓存，实际开发往往使用更高级的三级缓存机制，即"运行内存→存储卡→网络下载"。当然就初学者而言，先从掌握最简单的二级缓存开始，也就是"存储卡→网络下载"。按照二级缓存机制，可以设计以下的缓存处理逻辑：

（1）先判断是否为首次访问网络图片。

（2）如果是首次访问网络图片，就先从网络服务器下载图片。

（3）把下载完的图片数据保存到手机的存储卡。

（4）往数据库中写入商品记录，以及商品图片的本地存储路径。

（5）更新共享参数中的首次访问标志。

按照上述的处理逻辑，编写的图片加载代码示例如下：

（完整代码见 chapter06\src\main\java\com\example\chapter06\ShoppingCartActivity.java）

```
private String mFirst = "true";  // 是否首次打开
// 模拟网络数据，初始化数据库中的商品信息
private void downloadGoods() {
    // 获取共享参数保存的是否首次打开参数
    mFirst = SharedUtil.getIntance(this).readString("first", "true");
    // 获取当前 App 的私有下载路径
    String path =
getExternalFilesDir(Environment.DIRECTORY_DOWNLOADS).toString()+"/";
    if (mFirst.equals("true")) {  // 如果是首次打开
        ArrayList<GoodsInfo> goodsList = GoodsInfo.getDefaultList();  // 模拟
网络图片下载
        for (int i = 0; i < goodsList.size(); i++) {
            GoodsInfo info = goodsList.get(i);
            long rowid = mGoodsHelper.insert(info);  // 往商品数据库插入一条该商品
的记录
            info.rowid = rowid;
            Bitmap pic = BitmapFactory.decodeResource(getResources(),
```

```
info.pic);
            String pic_path = path + rowid + ".jpg";
            FileUtil.saveImage(pic_path, pic);  // 往存储卡保存商品图片
            pic.recycle();  // 回收位图对象
            info.pic_path = pic_path;
            mGoodsHelper.update(info);  // 更新商品数据库中该商品记录的图片路径
        }
    }
    // 把是否首次打开写入共享参数
    SharedUtil.getIntance(this).writeString("first", "false");
}
```

3. 关于各页面共同的标题栏

注意到购物车、手机商场、手机详情三个页面顶部都有标题栏，而且这三个标题栏风格统一，既然如此，能否把它做成公共的标题栏呢？当然 App 界面支持局部的公共布局，以购物车的标题栏为例，公共布局的实现过程包括以下两个步骤：

步骤 01 首先定义标题栏专用的布局文件，包含返回箭头、文字标题、购物车图标、商品数量表等，具体内容如下所示：

（完整代码见 chapter06\src\main\res\layout\title_shopping.xml）

```xml
<RelativeLayout xmlns:android="http://schemas.android.com/apk/res/android"
    android:layout_width="match_parent"
    android:layout_height="50dp"
    android:background="#aaaaff" >
    <ImageView
        android:id="@+id/iv_back"
        android:layout_width="50dp"
        android:layout_height="match_parent"
        android:layout_alignParentLeft="true"
        android:padding="10dp"
        android:scaleType="fitCenter"
        android:src="@drawable/ic_back" />
    <TextView
        android:id="@+id/tv_title"
        android:layout_width="wrap_content"
        android:layout_height="match_parent"
        android:layout_centerInParent="true"
        android:gravity="center" />
    <ImageView
        android:id="@+id/iv_cart"
        android:layout_width="50dp"
        android:layout_height="match_parent"
        android:layout_alignParentRight="true"
        android:src="@drawable/cart" />
    <TextView
        android:id="@+id/tv_count"
        android:layout_width="20dp"
        android:layout_height="20dp"
```

```
    android:layout_alignParentTop="true"
    android:layout_toRightOf="@+id/iv_cart"
    android:layout_marginLeft="-20dp"
    android:gravity="center"
    android:background="@drawable/shape_oval_red"
    android:text="0" />
</RelativeLayout>
```

步骤02 然后在购物车页面的布局文件中添加如下一行 include 标签，表示引入 title_shopping.xml 的布局内容：

（完整代码见 chapter06\src\main\res\layout\activity_shopping_cart.xml）

```
<include layout="@layout/title_shopping" />
```

之后重新运行测试 App，即可发现购物车页面的顶部果然出现了公共标题栏，商场页面、详情页面的公共标题栏可参考购物车页面的 include 标签。

4. 关于商品网格的单元布局

商场页面的商品列表，呈现三行二列的表格布局，每个表格单元的界面布局雷同，都是商品名称在上、商品图片居中、商品价格与添加按钮在下，看起来跟公共标题栏的处理有些类似。但后者为多个页面引用同一个标题栏，是多对一的关系；而前者为一个商场页面引用了多个商品网格，是一对多的关系。因此二者的实现过程不尽相同，就商场网格而言，它的单元复用分为下列 3 个步骤：

步骤01 在商场页面的布局文件中添加 GridLayout 节点，如下所示：

（完整代码见 chapter06\src\main\res\layout\activity_shopping_channel.xml）

```
<LinearLayout xmlns:android="http://schemas.android.com/apk/res/android"
    android:layout_width="match_parent"
    android:layout_height="match_parent"
    android:orientation="vertical" >
    <include layout="@layout/title_shopping" />
    <ScrollView
        android:layout_width="match_parent"
        android:layout_height="wrap_content" >
        <GridLayout
            android:id="@+id/gl_channel"
            android:layout_width="match_parent"
            android:layout_height="wrap_content"
            android:columnCount="2" />
    </ScrollView>
</LinearLayout>
```

步骤02 为商场网格编写统一的商品信息布局，XML 文件内容示例如下：

（完整代码见 chapter06\src\main\res\layout\item_goods.xml）

```
<LinearLayout xmlns:android="http://schemas.android.com/apk/res/android"
    android:id="@+id/ll_item"
```

```
        android:layout_width="match_parent"
        android:layout_height="wrap_content"
        android:orientation="vertical">
        <TextView
            android:id="@+id/tv_name"
            android:layout_width="match_parent"
            android:layout_height="wrap_content"
            android:gravity="center" />
        <ImageView
            android:id="@+id/iv_thumb"
            android:layout_width="180dp"
            android:layout_height="150dp" />
        <LinearLayout
            android:layout_width="match_parent"
            android:layout_height="45dp"
            android:orientation="horizontal">
            <TextView
                android:id="@+id/tv_price"
                android:layout_width="0dp"
                android:layout_height="match_parent"
                android:layout_weight="2"
                android:gravity="center" />
            <Button
                android:id="@+id/btn_add"
                android:layout_width="0dp"
                android:layout_height="match_parent"
                android:layout_weight="3"
                android:gravity="center"
                android:text="加入购物车" />
        </LinearLayout>
</LinearLayout>
```

步骤 03 在商场页面的 Java 代码中，先利用下面代码获取布局文件 item_goods.xml 的根视图：

```
View view = LayoutInflater.from(this).inflate(R.layout.item_goods, null);
```

再从根视图中依据控件 ID 分别取出网格单元的各控件对象：

```
ImageView iv_thumb = view.findViewById(R.id.iv_thumb);
TextView tv_name = view.findViewById(R.id.tv_name);
TextView tv_price = view.findViewById(R.id.tv_price);
Button btn_add = view.findViewById(R.id.btn_add);
```

然后就能按照寻常方式操纵这些控件对象了，下面便是给网格布局加载商品的代码例子：

（完整代码见 chapter06\src\main\java\com\example\chapter06\ShoppingChannelActivity.java）

```
private void showGoods() {
    gl_channel.removeAllViews();  // 移除下面的所有子视图
    // 查询商品数据库中的所有商品记录
    List<GoodsInfo> goodsArray = mGoodsHelper.query("1=1");
    for (final GoodsInfo info : goodsArray) {
        // 获取布局文件 item_goods.xml 的根视图
```

```
View view = LayoutInflater.from(this).inflate(R.layout.item_goods, null);
ImageView iv_thumb = view.findViewById(R.id.iv_thumb);
TextView tv_name = view.findViewById(R.id.tv_name);
TextView tv_price = view.findViewById(R.id.tv_price);
Button btn_add = view.findViewById(R.id.btn_add);
tv_name.setText(info.name);  // 设置商品名称
iv_thumb.setImageURI(Uri.parse(info.pic_path));  // 设置商品图片
iv_thumb.setOnClickListener(new View.OnClickListener() {
    @Override
    public void onClick(View v) {
        Intent intent = new Intent(
            ShoppingChannelActivity.this,
            ShoppingDetailActivity.class);
        intent.putExtra("goods_id", info.rowid);
        startActivity(intent);  // 跳到商品详情页面
    }
});
tv_price.setText("" + (int)info.price);  // 设置商品价格
btn_add.setOnClickListener(new View.OnClickListener() {
    @Override
    public void onClick(View v) {
        addToCart(info.rowid, info.name);  // 添加到购物车
    }
});
gl_channel.addView(view);  // 把商品视图添加到网格布局
    }
}
```

　　弄好了商场页面的网格单元，购物车页面的商品行也可照此办理，不同之处在于购物车页面的商品行使用线性布局而非网格布局，其余实现过程依然分成上述 3 个步骤。

6.6　小　　结

　　本章主要介绍了 Android 常用的几种数据存储方式，包括共享参数 SharedPreferences 的键值对存取、数据库 SQLite 的关系型数据存取、存储卡的文件读写操作（含文本文件读写和图片文件读写）、App 全局内存的读写，以及为实现全局内存而学习的 Application 组件的生命周期及其用法。最后设计了一个实战项目"购物车"，通过该项目的编码进一步复习巩固本章几种存储方式的使用。

　　通过本章的学习，读者应该能够掌握以下 4 种开发技能：

　　（1）学会使用共享参数存取键值对数据。

　　（2）学会使用 SQLite 存取数据库记录。

　　（3）学会使用存储卡读写文本文件和图片文件。

　　（4）学会应用组件 Application 的用法。

6.7　课后练习题

一、填空题

1．SharedPreferences 采用的存储结构是_____的键值对方式。
2．Android 可以直接操作的数据库名为_____。
3．_____是 Android 提供的 SQLite 数据库管理器。
4．数据库记录的修改动作由_____命令完成。
5．为了确保在 App 运行期间只有唯一的 Application 实例，可以采取_____模式实现。

二、判断题（正确打 √，错误打 ×）

1．共享参数只能保存字符串类型的数据。（　　）
2．SQLite 可以直接读写布尔类型的数据。（　　）
3．从 Android 7.0 开始，系统默认禁止 App 访问公共存储空间。（　　）
4．App 在私有空间上读写文件无须任何授权。（　　）
5．App 终止时会调用 Application 的 onTerminate 方法。（　　）

三、选择题

1．（　　）不是持久化的存储方式。
　　A．共享参数　　　　　B．数据库　　　　C．文件　　　　　D．全局变量
2．DDL 语言包含哪些数据库操作（　　）。
　　A．创建表格　　　　　B．删除表格　　　C．清空表格　　　D．修改表结构
3．调用（　　）方法会返回结果集的 Cursor 对象。
　　A．update　　　　　　　　　　　　　　B．insert
　　C．query　　　　　　　　　　　　　　　D．rawQuery
4．位图工厂 BitmapFactory 的（　　）方法支持获取图像数据。
　　A．decodeStream　　　　　　　　　　　B．decodeFile
　　C．decodeImage　　　　　　　　　　　　D．decodeResource
5．已知某个图片文件的存储卡路径，可以调用（　　）方法将它显示到图像视图上。
　　A．setImageBitmap　　　　　　　　　　B．setImageFile
　　C．setImageURI　　　　　　　　　　　　D．setImageResource

四、简答题

请简要描述共享参数与数据库两种存储方式的主要区别。

五、动手练习

1．请上机实验完善找回密码项目的记住密码功能，分别采用以下两种存储方式：

（1）使用共享参数记住上次登录成功时输入的用户名和密码。
（2）使用 SQLite 数据库记住用户名对应的密码，也就是根据用户名自动填写密码。

2．请上机实验本章的购物车项目，要求实现下列功能：

（1）往购物车添加商品。

（2）自动计算购物车中所有商品的总金额。

（3）移除购物车里的某个商品。

（4）清空购物车。

第 7 章

内容共享

本章介绍 Android 不同应用之间共享内容的具体方式，主要包括：如何利用内容组件在应用之间共享数据，如何使用内容组件获取系统的通讯信息，如何借助文件提供器在应用之间共享文件等。

7.1　在应用之间共享数据

本节介绍 Android 4 大组件之一 ContentProvider 的基本概念和常见用法。首先说明如何使用内容提供器封装内部数据的外部访问接口，接着阐述如何使用内容解析器通过外部接口操作内部数据。

7.1.1　通过 ContentProvider 封装数据

Android 号称提供了 4 大组件，分别是活动 Activity、广播 Broadcast、服务 Service 和内容提供器 ContentProvider。其中内容提供器涵盖与内部数据存取有关的一系列组件，完整的内容组件由内容提供器 ContentProvider、内容解析器 ContentResolver、内容观察器 ContentObserver 三部分组成。

ContentProvider 给 App 存取内部数据提供了统一的外部接口，让不同的应用之间得以互相共享数据。像上一章提到的 SQLite 可操作应用自身的内部数据库；上传和下载功能可操作后端服务器的文件；而 ContentProvider 可操作当前设备其他应用的内部数据，它是一种中间层次的数据存储形式。

在实际编码中，ContentProvider 只是服务端 App 存取数据的抽象类，开发者需要在其基础上实现一个完整的内容提供器，并重写下列数据库管理方法。

- onCreate：创建数据库并获得数据库连接。
- insert：插入数据。
- delete：删除数据。

- update：更新数据。
- query：查询数据，并返回结果集的游标。
- getType：获取内容提供器支持的数据类型。

这些方法看起来是不是很像 SQLite？没错，ContentProvider 作为中间接口，本身并不直接保存数据，而是通过 SQLiteOpenHelper 与 SQLiteDatabase 间接操作底层的数据库。所以要想使用 ContentProvider，首先得实现 SQLite 的数据库帮助器，然后由 ContentProvider 封装对外的接口。以封装用户信息为例，具体步骤主要分成以下 3 步。

1. 编写用户信息表的数据库帮助器

这个数据库帮助器就是常规的 SQLite 操作代码，实现过程参见上一章的"6.2.3　数据库帮助器 SQLiteOpenHelper"，完整代码参见 chapter07\src\main\java\com\example\chapter07\database\UserDBHelper.java。

2. 编写内容提供器的基础字段类

该类需要实现接口 BaseColumns，同时加入几个常量定义。详细代码示例如下：

（完整代码见 chapter07\src\main\java\com\example\chapter07\provider\UserInfoContent.java）

```java
public class UserInfoContent implements BaseColumns {
    // 这里的名称必须与 AndroidManifest.xml 里的 android:authorities 保持一致
    public static final String AUTHORITIES =
"com.example.chapter07.provider.UserInfoProvider";
    // 内容提供器的外部表名
    public static final String TABLE_NAME = UserDBHelper.TABLE_NAME;
    // 访问内容提供器的 URI
    public static final Uri CONTENT_URI = Uri.parse("content://" + AUTHORITIES
+ "/user");
    // 下面是该表的各个字段名称
    public static final String USER_NAME = "name";
    public static final String USER_AGE = "age";
    public static final String USER_HEIGHT = "height";
    public static final String USER_WEIGHT = "weight";
}
```

3. 通过右键菜单创建内容提供器

右击 App 模块的包名目录，在弹出的右键菜单中依次选择 New→Other→Content Provider，打开如图 7-1 所示的组件创建对话框。

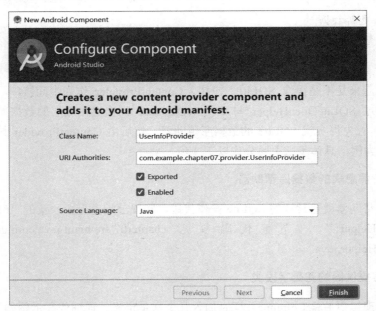

图 7-1　内容提供器的组件创建对话框

在创建对话框的 Class Name 一栏填写内容提供器的名称，比如 UserInfoProvider；在 URI Authorities 一栏填写 URI 的授权串，比如 "com.example.chapter07.provider.UserInfoProvider"；然后单击对话框右下角的 Finish 按钮，完成提供器的创建操作。

上述创建过程会自动修改 App 模块的两处地方，一处是往 AndroidManifest.xml 添加内容提供器的注册配置，配置信息示例如下：

```
<!-- provider 的 authorities 属性值需要与 Java 代码的 AUTHORITIES 保持一致 -->
<provider
    android:name=".provider.UserInfoProvider"
    android:authorities="com.example.chapter07.provider.UserInfoProvider"
    android:enabled="true"
    android:exported="true" />
```

另一处是在包名目录下生成名为 UserInfoProvider.java 的代码文件，打开一看发现该类继承了 ContentProvider，并且提示重写 onCreate、insert、delete、query、update、getType 等方法，以便对数据进行增删改查等操作。这个提供器代码显然只有一个框架，还需补充详细的实现代码，为此重写 onCreate 方法，在此获取用户信息表的数据库帮助器实例，其他 insert、delete、query 等方法也要加入对应的数据库操作代码，修改之后的内容提供器代码如下所示：

（完整代码见 chapter07\src\main\java\com\example\chapter07\provider\UserInfoProvider.java）

```
public class UserInfoProvider extends ContentProvider {
    private UserDBHelper userDB;  // 声明一个用户数据库的帮助器对象
    public static final int USER_INFO = 1;  // Uri 匹配时的代号
    public static final UriMatcher uriMatcher = new
UriMatcher(UriMatcher.NO_MATCH);
    static {  // 往 Uri 匹配器中添加指定的数据路径
        uriMatcher.addURI(UserInfoContent.AUTHORITIES, "/user", USER_INFO);
```

```java
        }

        // 创建 ContentProvider 时调用，可在此获取具体的数据库帮助器实例
        public boolean onCreate() {
            userDB = UserDBHelper.getInstance(getContext(), 1);
            return true;
        }

        // 插入数据
        public Uri insert(Uri uri, ContentValues values) {
            if (uriMatcher.match(uri) == USER_INFO) {  // 匹配到了用户信息表
                // 获取 SQLite 数据库的写连接
                SQLiteDatabase db = userDB.getWritableDatabase();
                // 向指定的表插入数据，返回记录的行号
                long rowId = db.insert(UserInfoContent.TABLE_NAME, null, values);
                if (rowId > 0) {  // 判断插入是否执行成功
                    // 如果添加成功，就利用新记录的行号生成新的地址
                    Uri newUri = ContentUris.withAppendedId(UserInfoContent.
CONTENT_URI, rowId);
                    // 通知监听器，数据已经改变
                    getContext().getContentResolver().notifyChange(newUri, null);
                }
                db.close();  // 关闭 SQLite 数据库连接
            }
            return uri;
        }

        // 根据指定条件删除数据
        public int delete(Uri uri, String selection, String[] selectionArgs) {
            int count = 0;
            if (uriMatcher.match(uri) == USER_INFO) {  // 匹配到了用户信息表
                // 获取 SQLite 数据库的写连接
                SQLiteDatabase db = userDB.getWritableDatabase();
                // 执行 SQLite 的删除操作，并返回删除记录的数目
                count = db.delete(UserInfoContent.TABLE_NAME, selection,
selectionArgs);
                db.close();  // 关闭 SQLite 数据库连接
            }
            return count;
        }

        // 根据指定条件查询数据库
        public Cursor query(Uri uri, String[] projection, String selection,
                        String[] selectionArgs, String sortOrder) {
            Cursor cursor = null;
            if (uriMatcher.match(uri) == USER_INFO) {  // 匹配到了用户信息表
                // 获取 SQLite 数据库的读连接
                SQLiteDatabase db = userDB.getReadableDatabase();
                // 执行 SQLite 的查询操作
                cursor = db.query(UserInfoContent.TABLE_NAME,
```

```
                         projection, selection, selectionArgs, null, null, sortOrder);
                // 设置内容解析器的监听
                cursor.setNotificationUri(getContext().getContentResolver(), uri);
            }
            return cursor;   // 返回查询结果集的游标
        }

        // 获取 Uri 支持的数据类型，暂未实现
        public String getType(Uri uri) {}

        // 更新数据，暂未实现
        public int update(Uri uri, ContentValues values, String selection, String[]
selectionArgs) {}
    }
```

经过以上 3 个步骤之后，便完成了服务端 App 的接口封装工作，接下来再由其他 App 去访问服务端 App 的数据。

7.1.2 通过 ContentResolver 访问数据

上一小节提到了利用 ContentProvider 封装服务端 App 的数据，如果客户端 App 想访问对方的内部数据，就要借助内容解析器 ContentResolver。内容解析器是客户端 App 操作服务端数据的工具，与之对应的内容提供器则是服务端的数据接口。在活动代码中调用 getContentResolver 方法，即可获取内容解析器的实例。

ContentResolver 提供的方法与 ContentProvider 一一对应，比如 insert、delete、query、update、getType 等，甚至连方法的参数类型都雷同。以添加操作为例，针对前面 UserInfoProvider 提供的数据接口，下面由内容解析器调用 insert 方法，使之往内容提供器插入一条用户信息，记录添加代码如下所示：

（完整代码见 chapter07\src\main\java\com\example\chapter07\ContentWriteActivity.java）

```
// 添加一条用户记录
private void addUser(UserInfo user) {
    ContentValues name = new ContentValues();
    name.put("name", user.name);
    name.put("age", user.age);
    name.put("height", user.height);
    name.put("weight", user.weight);
    name.put("married", 0);
    name.put("update_time", DateUtil.getNowDateTime(""));
    // 通过内容解析器往指定 Uri 添加用户信息
    getContentResolver().insert(UserInfoContent.CONTENT_URI, name);
```

至于删除操作就更简单了，只要下面一行代码就删除了所有记录：

```
getContentResolver().delete(UserInfoContent.CONTENT_URI, "1=1", null);
```

查询操作稍微复杂一些,调用 query 方法会返回游标对象,这个游标正是 SQLite 的游标 Cursor,

详细用法参见上一章的"6.2.3　数据库帮助器 SQLiteOpenHelper"。query 方法的输入参数有好几个，具体说明如下（依参数顺序排列）。

- uri：Uri 类型，指定本次操作的数据表路径。
- projection：字符串数组类型，指定将要查询的字段名称列表。
- selection：字符串类型，指定查询条件。
- selectionArgs：字符串数组类型，指定查询条件中的参数取值列表。
- sortOrder：字符串类型，指定排序条件。

下面是调用 query 方法从内容提供器查询所有用户信息的代码例子：

（完整代码见 chapter07\src\main\java\com\example\chapter07\ContentReadActivity.java）

```java
// 显示所有的用户记录
private void showAllUser() {
    List<UserInfo> userList = new ArrayList<UserInfo>();
    // 通过内容解析器从指定 Uri 中获取用户记录的游标
    Cursor cursor = getContentResolver().query(UserInfoContent.CONTENT_URI,
null, null, null, null);
    // 循环取出游标指向的每条用户记录
    while (cursor.moveToNext()) {
        UserInfo user = new UserInfo();
        user.name =
cursor.getString(cursor.getColumnIndex(UserInfoContent.USER_NAME));
        user.age =
cursor.getInt(cursor.getColumnIndex(UserInfoContent.USER_AGE));
        user.height =
cursor.getInt(cursor.getColumnIndex(UserInfoContent.USER_HEIGHT));
        user.weight =
cursor.getFloat(cursor.getColumnIndex(UserInfoContent.USER_WEIGHT));
        userList.add(user);   // 添加到用户信息列表
    }
    cursor.close();   // 关闭数据库游标
    String contactCount = String.format("当前共找到%d个用户", userList.size());
    tv_desc.setText(contactCount);
    ll_list.removeAllViews();   // 移除线性布局下面的所有下级视图
    for (UserInfo user : userList) {   // 遍历用户信息列表
        String contactDesc = String.format("姓名为%s，年龄为%d，身高为%d，体重
为%f\n",
                user.name, user.age, user.height, user.weight);
        TextView tv_contact = new TextView(this);   // 创建一个文本视图
        tv_contact.setText(contactDesc);
        ll_list.addView(tv_contact);   // 把文本视图添加至线性布局
    }
}
```

接下来分别演示通过内容解析器添加和查询用户信息的过程，其中记录添加页面为 ContentWriteActivity.java，记录查询页面为 ContentReadActivity.java。运行测试 App，先打开记录添加页面，输入用户信息后点击添加按钮，由内容解析器执行插入操作，此时添加界面如图 7-2 所

示。接着打开记录查询页面，内容解析器自动执行查询操作，并将查到的用户信息一一显示出来，此时查询界面如图 7-3 所示。

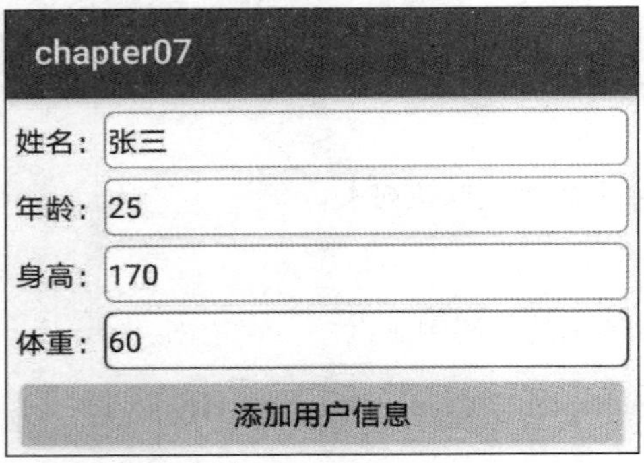

图 7-2　通过内容解析器添加用户信息 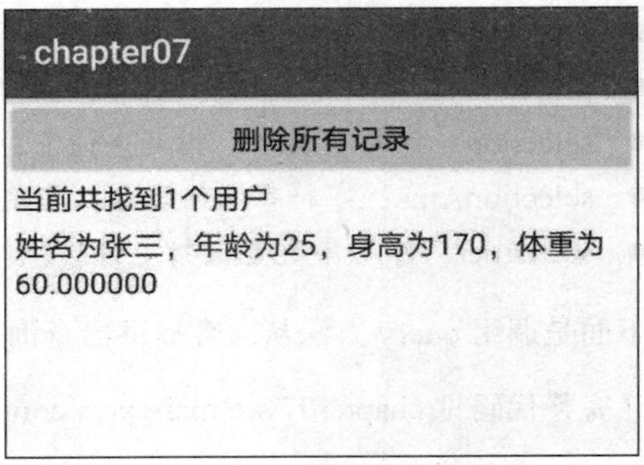　　　图 7-3　通过内容解析器查询用户信息

对比添加页面和查询页面的用户信息，可知成功查到了新增的用户记录。

7.2　使用内容组件获取通讯信息

本节介绍了使用内容组件获取通讯信息的操作办法，包括：如何在 App 运行的时候动态申请权限（访问通讯信息要求获得相应授权），如何利用内容解析器读写联系人信息，如何利用内容观察器监听收到的短信内容等。

7.2.1　运行时动态申请权限

上一章的"6.3.1　公共存储空间与私有存储空间"提到，App 若想访问存储卡的公共空间，就要在 AndroidManifest.xml 里面添加下述的权限配置。

```
<!-- 存储卡读写 -->
<uses-permission android:name="android.permission.WRITE_EXTERNAL_STORAGE"
/>
<uses-permission android:name="android.permission.READ_EXTERNAL_STORAGE" />
```

然而即使 App 声明了完整的存储卡操作权限，从 Android 7.0 开始，系统仍然默认禁止该 App 访问公共空间，必须到设置界面手动开启应用的存储卡权限才行。尽管此举是为用户隐私着想，可是人家咋知道要手工开权限呢？就算用户知道，去设置界面找到权限开关也颇费周折。为此 Android 支持在 Java 代码中处理权限，处理过程分为 3 个步骤，详述如下：

1. 检查 App 是否开启了指定权限

权限检查需要调用 ContextCompat 的 checkSelfPermission 方法，该方法的第一个参数为活动实例，第二个参数为待检查的权限名称，例如存储卡的写权限名为 Manifest.permission. WRITE_EXTERNAL_STORAGE。注意 checkSelfPermission 方法的返回值，当它为 PackageManager. PERMISSION_GRANTED 时表示已经授权，否则就是未获授权。

2. 请求系统弹窗，以便用户选择是否开启权限

一旦发现某个权限尚未开启，就得弹窗提示用户手工开启，这个弹窗不是开发者自己写的提醒对话框，而是系统专门用于权限申请的对话框。调用 ActivityCompat 的 requestPermissions 方法，即可命令系统自动弹出权限申请窗口，该方法的第一个参数为活动实例，第二个参数为待申请的权限名称数组，第三个参数为本次操作的请求代码。

3. 判断用户的权限选择结果

然而上面第二步的 requestPermissions 方法没有返回值，那怎么判断用户到底选了开启权限还是拒绝权限呢？其实活动页面提供了权限选择的回调方法 onRequestPermissionsResult，如果当前页面请求弹出权限申请窗口，那么该页面的 Java 代码必须重写 onRequestPermissionsResult 方法，并在该方法内部处理用户的权限选择结果。

具体到编码实现上，前两步的权限校验和请求弹窗可以合并到一块，先调用 checkSelfPermission 方法检查某个权限是否已经开启，如果没有开启再调用 requestPermissions 方法请求系统弹窗。合并之后的检查方法代码示例如下，此处代码支持一次检查一个权限，也支持一次检查多个权限：

（完整代码见 chapter07\src\main\java\com\example\chapter07\util\PermissionUtil.java）

```java
// 检查某个权限。返回 true 表示已启用该权限，返回 false 表示未启用该权限
public static boolean checkPermission(Activity act, String permission, int requestCode) {
    return checkPermission(act, new String[]{permission}, requestCode);
}

// 检查多个权限。返回 true 表示已完全启用权限，返回 false 表示未完全启用权限
public static boolean checkPermission(Activity act, String[] permissions, int requestCode) {
    boolean result = true;
    if (Build.VERSION.SDK_INT >= Build.VERSION_CODES.M) {
        int check = PackageManager.PERMISSION_GRANTED;
        // 通过权限数组检查是否都开启了这些权限
        for (String permission : permissions) {
            check = ContextCompat.checkSelfPermission(act, permission);
            if (check != PackageManager.PERMISSION_GRANTED) {
                break;  // 有个权限没有开启，就跳出循环
            }
        }
        if (check != PackageManager.PERMISSION_GRANTED) {
            // 未开启该权限，则请求系统弹窗，好让用户选择是否立即开启权限
            ActivityCompat.requestPermissions(act, permissions, requestCode);
            result = false;
        }
    }
    return result;
}
```

注意到上面代码有判断安卓版本号，只有系统版本大于 Android 6.0（版本代号为 M），才执

行后续的权限校验操作。这是因为从 Android 6.0 开始引入了运行时权限机制，在 Android 6.0 之前，只要 App 在 AndroidManifest.xml 中添加了权限配置，则系统会自动给 App 开启相关权限；但在 Android 6.0 之后，即便事先添加了权限配置，系统也不会自动开启权限，而要开发者在 App 运行时判断权限的开关情况，再据此动态申请未获授权的权限。

回到活动页面代码，一方面增加权限校验入口，比如点击某个按钮后触发权限检查操作，其中 Manifest.permission.WRITE_EXTERNAL_STORAGE 表示存储卡权限，入口代码如下：

（完整代码见 chapter07\src\main\java\com\example\chapter07\MainActivity.java）

```java
if (v.getId() == R.id.btn_file_write) {  // 点击了按钮 btn_file_write
    if (PermissionUtil.checkPermission(this,
                    Manifest.permission.WRITE_EXTERNAL_STORAGE,
                    R.id.btn_file_write % 65536)) {
        startActivity(new Intent(this, FileWriteActivity.class));  // 已获授权，
则直接跳到下个页面
    }
}
```

另一方面还要重写活动的 onRequestPermissionsResult 方法，在方法内部校验用户的选择结果，若用户同意授权，就执行后续业务；若用户拒绝授权，只能提示用户无法开展后续业务了。重写后的方法代码如下所示：

```java
@Override
public void onRequestPermissionsResult(int requestCode, String[] permissions,
int[] grantResults) {
    // requestCode 不能为负数，也不能大于 2 的 16 次方即 65536
    if (requestCode == R.id.btn_file_write % 65536) {
        if (PermissionUtil.checkGrant(grantResults)) {  // 用户选择了同意授权
            startActivity(new Intent(this, FileWriteActivity.class));
        } else {
            ToastUtil.show(this, "需要允许存储卡权限才能写入公共空间噢");
        }
    }
}
```

以上代码为了简化逻辑，将结果校验操作封装为 PermissionUtil 的 checkGrant 方法，该方法遍历授权结果数组，依次检查每个权限是否都得到授权了。详细的方法代码如下所示：

```java
// 检查权限结果数组，返回 true 表示都已经获得授权。返回 false 表示至少有一个未获得授权
public static boolean checkGrant(int[] grantResults) {
    boolean result = true;
    if (grantResults != null) {
        for (int grant : grantResults) {  // 遍历权限结果数组中的每条选择结果
            if (grant != PackageManager.PERMISSION_GRANTED) {  // 未获得授权
                result = false;
            }
        }
    } else {
        result = false;
    }
```

```
    return result;
}
```

代码都改好后，运行测试 App，由于一开始 App 默认未开启存储卡权限，因此点击按钮 btn_file_write 触发了权限校验操作，弹出如图 7-4 所示的存储卡权限申请窗口。

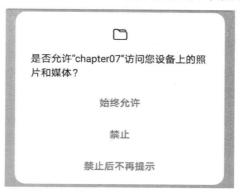

图 7-4　App 运行时弹出权限申请窗口

点击弹窗上的"始终允许"，表示同意赋予存储卡读写权限，然后系统自动给 App 开启了存储卡权限，并执行后续处理逻辑，也就是跳到了 FileWriteActivity 页面，在该页面即可访问公共空间的文件了。但在 Android 10 系统中，即使授权通过，App 仍然无法访问公共空间，这是因为 Android 10 默认开启沙箱模式，不允许直接使用公共空间的文件路径，此时要修改 AndroidManifest.xml，给 application 节点添加如下的 requestLegacyExternalStorage 属性：

```
android:requestLegacyExternalStorage="true"
```

从 Android 11 开始，为了让应用升级时也能正常访问公共空间，还得修改 AndroidManifest.xml，给 application 节点添加如下的 preserveLegacyExternalStorage 属性，表示暂时关闭沙箱模式：

```
android:preserveLegacyExternalStorage="true"
```

除了存储卡的读写权限，还有部分权限也要求运行时动态申请，这些权限名称的取值说明见表 7-1。

表 7-1　权限名称的取值说明

代码中的权限名称	权限说明
Manifest.permission.READ_EXTERNAL_STORAGE	读存储卡
Manifest.permission.WRITE_EXTERNAL_STORAGE	写存储卡
Manifest.permission.READ_CONTACTS	读联系人
Manifest.permission.WRITE_CONTACTS	写联系人
Manifest.permission.SEND_SMS	发送短信
Manifest.permission.RECEIVE_SMS	接收短信
Manifest.permission.READ_SMS	读短信
Manifest.permission.READ_CALL_LOG	读通话记录
Manifest.permission.WRITE_CALL_LOG	写通话记录
Manifest.permission.CAMERA	相机

（续表）

代码中的权限名称	权限说明
Manifest.permission.RECORD_AUDIO	录音
Manifest.permission.ACCESS_FINE_LOCATION	精确定位

7.2.2 利用 ContentResolver 读写联系人

在实际开发中，普通 App 很少会开放数据接口给其他应用访问，作为服务端接口的 ContentProvider 基本用不到。内容组件能够派上用场的情况，往往是 App 想要访问系统应用的通讯数据，比如查看联系人、短信、通话记录，以及对这些通讯数据进行增、删、改、查。

访问系统的通讯数据之前，得先在 AndroidManifest.xml 添加相应的权限配置，常见的通讯权限配置主要有下面几个：

```
<!-- 联系人/通讯录。包括读联系人、写联系人 -->
<uses-permission android:name="android.permission.READ_CONTACTS" />
<uses-permission android:name="android.permission.WRITE_CONTACTS" />
<!-- 短信。包括发送短信、接收短信、读短信-->
<uses-permission android:name="android.permission.SEND_SMS" />
<uses-permission android:name="android.permission.RECEIVE_SMS" />
<uses-permission android:name="android.permission.READ_SMS" />
<!-- 通话记录。包括读通话记录、写通话记录 -->
<uses-permission android:name="android.permission.READ_CALL_LOG" />
<uses-permission android:name="android.permission.WRITE_CALL_LOG" />
```

当然，从 Android 6.0 开始，上述的通讯权限默认是关闭的，必须在运行 App 的时候动态申请相关权限，详细的权限申请过程参见上一小节的"7.2.1 运行时动态申请权限"。

尽管系统允许 App 通过内容解析器修改联系人列表，但操作过程比较烦琐，因为一个联系人可能有多个电话号码，还可能有多个邮箱，所以系统通讯录将其设计为 3 张表，分别是联系人基本信息表、联系号码表、联系邮箱表，于是每添加一位联系人，就要调用至少三次 insert 方法。下面是往手机通讯录添加联系人信息的代码例子：

（完整代码见 chapter07\src\main\java\com\example\chapter07\util\CommunicationUtil.java）

```
// 往手机通讯录添加一个联系人信息（包括姓名、电话号码、电子邮箱）
public static void addContacts(ContentResolver resolver, Contact contact) {
    // 构建一个指向系统联系人提供器的 Uri 对象
    Uri raw_uri = Uri.parse("content://com.android.contacts/raw_contacts");
    ContentValues values = new ContentValues();  // 创建新的配对
    // 往 raw_contacts 添加联系人记录，并获取添加后的联系人编号
    long contactId = ContentUris.parseId(resolver.insert(raw_uri, values));
    // 构建一个指向系统联系人数据的 Uri 对象
    Uri uri = Uri.parse("content://com.android.contacts/data");
    ContentValues name = new ContentValues();  // 创建新的配对
    name.put("raw_contact_id", contactId);  // 往配对添加联系人编号
    // 往配对添加"姓名"的数据类型
    name.put("mimetype", "vnd.android.cursor.item/name");
```

```
name.put("data2", contact.name);  // 往配对添加联系人的姓名
resolver.insert(uri, name);  // 往提供器添加联系人的姓名记录
ContentValues phone = new ContentValues();  // 创建新的配对
phone.put("raw_contact_id", contactId);  // 往配对添加联系人编号
// 往配对添加"电话号码"的数据类型
phone.put("mimetype", "vnd.android.cursor.item/phone_v2");
phone.put("data1", contact.phone);  // 往配对添加联系人的电话号码
phone.put("data2", "2");  // 联系类型。1 表示家庭，2 表示工作
resolver.insert(uri, phone);  // 往提供器添加联系人的号码记录
ContentValues email = new ContentValues();  // 创建新的配对
email.put("raw_contact_id", contactId);  // 往配对添加联系人编号
// 往配对添加"电子邮箱"的数据类型
email.put("mimetype", "vnd.android.cursor.item/email_v2");
email.put("data1", contact.email);  // 往配对添加联系人的电子邮箱
email.put("data2", "2");  // 联系类型。1 表示家庭，2 表示工作
resolver.insert(uri, email);  // 往提供器添加联系人的邮箱记录
}
```

同理，联系人读取代码也分成 3 个步骤，先查出联系人的基本信息，再依次查询联系人号码和联系人邮箱，详细代码参见 CommunicationUtil.java 的 readAllContacts 方法。

接下来演示联系人信息的访问过程，分别创建联系人的添加页面和查询页面，其中添加页面的完整代码见 chapter07\src\main\java\com\example\chapter07\ContactAddActivity.java，查询页面的完整代码见 chapter07\src\main\java\com\example\chapter07\ContactReadActivity.java。首先在添加页面输入联系人信息，点击添加按钮调用 addContacts 方法写入联系人数据，此时添加界面如图 7-5 所示。然后打开联系人查询页面，App 自动调用 readAllContacts 方法查出所有的联系人，并显示联系人列表如图 7-6 所示，可见刚才添加的联系人已经成功写入系统的联系人列表，而且也能正确读取最新的联系人信息。

图 7-5　联系人的添加界面

图 7-6　联系人的查询界面

7.2.3　利用 ContentObserver 监听短信

ContentResolver 获取数据采用的是主动查询方式，有查询就有数据，没查询就没数据。然而有时不但要获取以往的数据，还要实时获取新增的数据，最常见的业务场景是短信验证码。电商 App 经常在用户注册或付款时发送验证码短信，为了替用户省事，App 通常会监控手机刚收到的短信验证码，并自动填写验证码输入框。这时就用到了内容观察器 ContentObserver，事先给目标内容注册一个观察器，目标内容的数据一旦发生变化，就马上触发观察器的监听事件，从而执行开发者预先定义的代码。

内容观察器的用法与内容提供器类似，也要从 ContentObserver 派生一个新的观察器，然后通过 ContentResolver 对象调用相应的方法注册或注销观察器。下面是内容解析器与内容观察器之间的交互方法说明。

- registerContentObserver：内容解析器要注册内容观察器。
- unregisterContentObserver：内容解析器要注销内容观察器。
- notifyChange：通知内容观察器发生了数据变化，此时会触发观察器的 onChange 方法。notifyChange 的调用时机参见 "7.1.1　通过 ContentProvider 封装数据" 的 insert 代码。

为了让读者更好理解，下面举一个实际应用的例子。手机号码的每月流量限额由移动运营商指定，以中国移动为例，只要将流量校准短信发给运营商客服号码（如发送 18 到 10086），运营商就会回复用户本月的流量数据，包括月流量额度、已使用流量、未使用流量等信息。手机 App 只需监控 10086 发来的短信内容，即可自动获取当前号码的流量详情。

下面是利用内容观察器实现流量校准的关键代码片段：

（完整代码见 chapter07\src\main\java\com\example\chapter07\MonitorSmsActivity.java）

```java
private Handler mHandler = new Handler();  // 声明一个处理器对象
private SmsGetObserver mObserver;  // 声明一个短信获取的观察器对象
private static Uri mSmsUri;  // 声明一个系统短信提供器的 Uri 对象
private static String[] mSmsColumn;  // 声明一个短信记录的字段数组

// 初始化短信观察器
private void initSmsObserver() {
    mSmsUri = Uri.parse("content://sms");  // 短信数据的提供器路径
    mSmsColumn = new String[]{"address", "body", "date"};// 短信记录的字段数组
    // 创建一个短信观察器对象
    mObserver = new SmsGetObserver(this, mHandler);
    // 给指定 Uri 注册内容观察器，一旦发生数据变化，就触发观察器的 onChange 方法
    getContentResolver().registerContentObserver(mSmsUri, true, mObserver);
}

// 在页面销毁时触发
protected void onDestroy() {
    super.onDestroy();
    getContentResolver().unregisterContentObserver(mObserver);//注销内容观察器
}

// 定义一个短信获取的观察器
private static class SmsGetObserver extends ContentObserver {
    private Context mContext;  // 声明一个上下文对象
    public SmsGetObserver(Context context, Handler handler) {
        super(handler);
        mContext = context;
    }

    // 观察到短信的内容提供器发生变化时触发
    public void onChange(boolean selfChange) {
```

```
    String sender = "", content = "";
    // 构建一个查询短信的条件语句，移动号码要查找 10086 发来的短信
    String selection = String.format("address='10086' and date>%d",
            System.currentTimeMillis() - 1000 * 60 * 1);  // 查找最近一分钟的
短信
    // 通过内容解析器获取符合条件的结果集游标
    Cursor cursor = mContext.getContentResolver().query(
            mSmsUri, mSmsColumn, selection, null, " date desc");
    // 循环取出游标所指向的所有短信记录
    while (cursor.moveToNext()) {
        sender = cursor.getString(0);  // 短信的发送号码
        content = cursor.getString(1);  // 短信内容
        break;
    }
    cursor.close();  // 关闭数据库游标
    mCheckResult = String.format("发送号码：%s\n短信内容：%s", sender,
content);
    // 依次解析流量校准短信里面的各项流量数值，并拼接流量校准的结果字符串
    String flow = String.format("流量校准结果如下：总流量为：%s；已使用：%s" +
            "；剩余流量：%s", findFlow(content, "总流量为"),
        findFlow(content, "已使用"), findFlow(content, "剩余"));
    if (tv_check_flow != null) {  // 离开该页面后就不再显示流量信息
        tv_check_flow.setText(flow);  // 在文本视图显示流量校准结果
    }
    super.onChange(selfChange);
    }
}
```

运行测试 App，点击校准按钮发送流量校准短信，接着收到如图 7-7 所示的短信内容。同时 App 监听刚收到的流量短信，从中解析得到当前的流量数值，并展示在界面上如图 7-8 所示。可见通过内容观察器实时获取了最新的短信记录。

图 7-7　用户收到的短信内容　　　　　图 7-8　内容观察器监听短信并解析出流量信息

总结一下系统开放给普通应用访问的常用 URI，详细的 URI 取值说明见表 7-2。

表 7-2　常用的系统 URI 取值说明

内容名称	URI 常量名	实际路径
联系人基本信息	ContactsContract.Contacts.CONTENT_URI	content://com.android.contacts/contacts
联系人电话号码	ContactsContract.CommonDataKinds.Phone.CONTENT_URI	content://com.android.contacts/data/phones
联系人邮箱	ContactsContract.CommonDataKinds.Email.CONTENT_URI	content://com.android.contacts/data/emails
短信	Telephony.Sms.CONTENT_URI	content://sms
彩信	Telephony.Mms.CONTENT_URI	content://mms
通话记录	CallLog.Calls.CONTENT_URI	content://call_log/calls

7.3　在应用之间共享文件

本节介绍了 Android 在应用间共享文件的几种方式，包括：如何使用系统相册发送带图片的彩信，如何从相册媒体库获取图片并借助 FileProvider 发送彩信，如何在媒体库中查找 APK 文件并借助 FileProvider 安装应用。

7.3.1　使用相册图片发送彩信

不同应用之间可以共享数据，当然也能共享文件，比如系统相册保存着用户拍摄的照片，这些照片理应分享给其他 App 使用。举个例子，短信只能发送文本，而彩信允许同时发送文本和图片，彩信的附件图片就来自系统相册。现在准备到系统相册挑选照片，测试页面的 Java 代码先增加以下两行代码，分别声明一个路径对象和选择照片的请求码：

```
private Uri mUri; // 文件的路径对象
private int CHOOSE_CODE = 3; // 选择照片的请求码
```

接着在选取按钮的点击方法中加入下面代码，表示打开系统相册选择照片：

（完整代码见 chapter07\src\main\java\com\example\chapter07\SendMmsActivity.java）

```
// 创建一个内容获取动作的意图
Intent albumIntent = new Intent(Intent.ACTION_GET_CONTENT);
albumIntent.setType("image/*"); // 设置内容类型为图像
startActivityForResult(albumIntent, CHOOSE_CODE); // 打开系统相册，并等待照片选择结果
```

上面的跳转代码期望接收照片选择结果，于是重写当前活动的 onActivityResult 方法，调用返回意图的 getData 方法获得选中照片的路径对象，重写后的方法代码如下所示：

```
@Override
protected void onActivityResult(int requestCode, int resultCode, Intent intent) {
    super.onActivityResult(requestCode, resultCode, intent);
    if (resultCode == RESULT_OK && requestCode == CHOOSE_CODE) { // 选择一张
```

照片

```
        if (intent.getData() != null) {  // 数据非空，表示选中了某张照片
            mUri = intent.getData();  // 获得选中照片的路径对象
            iv_appendix.setImageURI(mUri);  // 设置图像视图的路径对象
        }
    }
}
```

这下拿到了相册照片的路径对象，既能把它显示到图像视图，也能将它作为图片附件发送彩信了。由于普通应用无法自行发送彩信，必须打开系统的信息应用才行，于是编写页面跳转代码，往意图对象塞入详细的彩信数据，包括彩信发送的目标号码、标题、内容，以及 Uri 类型的图片附件。详细的跳转代码示例如下：

```
// 发送带图片的彩信
private void sendMms(String phone, String title, String message) {
    Intent intent = new Intent(Intent.ACTION_SEND);  // 创建一个发送动作的意图
    intent.addFlags(Intent.FLAG_ACTIVITY_NEW_TASK);  // 另外开启新页面
    intent.addFlags(Intent.FLAG_GRANT_READ_URI_PERMISSION);  // 需要读权限
    intent.putExtra("address", phone);  // 彩信发送的目标号码
    intent.putExtra("subject", title);  // 彩信的标题
    intent.putExtra("sms_body", message);  // 彩信的内容
    intent.putExtra(Intent.EXTRA_STREAM, mUri);  // mUri 为彩信的图片附件
    intent.setType("image/*");  // 彩信的附件为图片
    startActivity(intent);  // 因为未指定要打开哪个页面，所以系统会在底部弹出选择窗口
}
```

运行测试 App，刚打开的活动页面如图 7-9 所示，在各行编辑框中依次填写彩信的目标号码、标题、内容，再到系统相册选取照片，填好的界面效果如图 7-10 所示。

图 7-9　初始的彩信发送界面　　　　图 7-10　填好的彩信发送界面

之后点击发送按钮，屏幕下方弹出如图 7-11 所示的应用选择窗口。

先点击信息图标，表示希望跳到信息应用，再点击"仅此一次"按钮，此时打开信息应用界面如图 7-12 所示。可见信息发送界面已经自动填充收件人号码、信息标题和内容，以及图片附件，只待用户轻点右下角的飞鸽传书图标，就能将彩信发出去了。

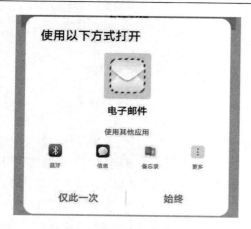

图 7-11 选择使用哪个应用发送彩信

图 7-12 信息应用的待发送彩信

7.3.2 借助 FileProvider 发送彩信

通过系统相册固然可以获得照片的路径对象，却无法知晓更多的详细信息，例如照片名称、文件大小、文件路径等信息，也就无法进行个性化的定制开发。为了把更多的文件信息开放出来，Android 设计了专门的媒体共享库，允许开发者通过内容组件从中获取更详细的媒体信息。

图片所在的相册媒体库路径为 MediaStore.Images.Media.EXTERNAL_CONTENT_URI，通过内容解析器即可从媒体库依次遍历得到图片列表详情。为便于代码管理,首先要声明如下的对象变量:

（完整的 ImageInfo 代码见 chapter07\src\main\java\com\example\chapter07\bean\ImageInfo.java）

```
private List<ImageInfo> mImageList = new ArrayList<ImageInfo>();  // 图片列表
private Uri mImageUri = MediaStore.Images.Media.EXTERNAL_CONTENT_URI; // 相
册 Uri
private String[] mImageColumn = new String[]{ // 媒体库的字段名称数组
        MediaStore.Images.Media._ID, // 编号
        MediaStore.Images.Media.TITLE, // 标题
        MediaStore.Images.Media.SIZE, // 文件大小
        MediaStore.Images.Media.DATA}; // 文件路径
```

然后使用内容解析器查询媒体库的图片信息，简单起见只挑选文件大小最小的前 6 张图片，图片列表加载代码示例如下:

（完整代码见 chapter07\src\main\java\com\example\chapter07\ProviderMmsActivity.java）

```
// 加载图片列表
private void loadImageList() {
    mImageList.clear();  // 清空图片列表
    // 查询相册媒体库，并返回结果集的游标。“_size asc”表示按照文件大小升序排列
    Cursor cursor = getContentResolver().query(mImageUri, mImageColumn, null,
null, "_size asc");
    if (cursor != null) {
        // 下面遍历结果集，并逐个添加到图片列表。简单起见只挑选前 6 张图片
        for (int i=0; i<6 && cursor.moveToNext(); i++) {
```

```
        ImageInfo image = new ImageInfo(); // 创建一个图片信息对象
        image.setId(cursor.getLong(0)); // 设置图片编号
        image.setName(cursor.getString(1)); // 设置图片名称
        image.setSize(cursor.getLong(2)); // 设置图片的文件大小
        image.setPath(cursor.getString(3)); // 设置图片的文件路径
        mImageList.add(image); // 添加至图片列表
    }
    cursor.close(); // 关闭数据库游标
    }
}
```

注意到以上代码获得了字符串格式的文件路径，而彩信发送应用却要求 Uri 类型的路径对象，原本可以通过代码"Uri.parse(path)"将字符串转换为 Uri 对象，但是从 Android 7.0 开始，系统不允许其他应用直接访问老格式的路径，必须使用文件提供器 FileProvider 才能获取合法的 Uri 路径，相当于 A 应用申明了共享某个文件，然后 B 应用方可访问该文件。为此需要重头配置 FileProvider，详细的配置步骤说明如下。

首先在 res 目录新建 xml 文件夹，并在该文件夹中创建 file_paths.xml，再往 XML 文件填入以下内容，表示定义几个外部文件目录：

```xml
<paths>
    <external-path path="Android/data/com.example.chapter07/"
name="files_root" />
    <external-path path="." name="external_storage_root" />
</paths>
```

接着打开 AndroidManifest.xml，在 application 节点内部添加下面的 provider 标签，表示声明当前应用的内容提供器组件，添加后的标签配置示例如下：

```xml
<!-- 兼容 Android 7.0，把访问文件的 Uri 方式改为 FileProvider -->
<provider
    android:name="androidx.core.content.FileProvider"
    android:authorities="com.example.chapter07.fileProvider"
    android:exported="false"
    android:grantUriPermissions="true">
    <meta-data
        android:name="android.support.FILE_PROVIDER_PATHS"
        android:resource="@xml/file_paths" />
</provider>
```

上面的 provider 有两处地方允许修改，一处是 authorities 属性，它规定了授权字符串，这是每个提供器的唯一标识；另一处是元数据的 resource 属性，它指明了文件提供器的路径资源，也就是刚才定义的 file_paths.xml。

回到活动页面的源码，在发送彩信之前添加下述代码，目的是根据字符串路径构建 Uri 对象，注意针对 Android 7.0 以上的兼容处理。

（完整代码见 ProviderMmsActivity.java 的 sendMms 方法）

```java
Uri uri = Uri.parse(path); // 根据指定路径创建一个 Uri 对象
// 兼容 Android 7.0，把访问文件的 Uri 方式改为 FileProvider
```

```
if (Build.VERSION.SDK_INT >= Build.VERSION_CODES.N) {
    // 通过 FileProvider 获得文件的 Uri 访问方式
    uri = FileProvider.getUriForFile(this,
            "com.example.chapter07.fileProvider", new File(path));
}
```

由以上代码可见，Android 7.0 开始调用 FileProvider 的 getUriForFile 方法获得 Uri 对象，该方法的第二个参数为文件提供器的授权字符串，第三个参数为 File 类型的文件对象。

运行测试 App，页面会自动加载媒体库的前 6 张图片，另外手工输入对方号码、彩信标题、彩信内容等信息，填好的发送界面如图 7-13 所示。

图 7-13　填好信息的彩信发送界面

点击页面下方的某张图片，表示选中该图片作为彩信附件，此时界面下方弹出如图 7-14 所示的应用选择窗口。选中信息图标再点击"仅此一次"按钮，即可跳到如图 7-15 所示的系统信息发送页面了。

图 7-14　选择使用哪个应用发送彩信　　　　　　图 7-15　信息应用的待发送彩信

7.3.3　借助 FileProvider 安装应用

除了发送彩信需要文件提供器，安装应用也需要 FileProvider。不单单彩信的附件图片能到媒体库中查询，应用的 APK 安装包也可在媒体库找到。查找安装包依然借助于内容解析器，具体的实现过程和查询图片类似，比如事先声明如下的对象变量：

（完整的 ApkInfo 代码见 chapter07\src\main\java\com\example\chapter07\bean\ApkInfo.java）

```
private List<ApkInfo> mApkList = new ArrayList<ApkInfo>(); // 安装包列表
private Uri mFilesUri = MediaStore.Files.getContentUri("external"); // 存储
卡的Uri
private String[] mFilesColumn = new String[]{ // 媒体库的字段名称数组
    MediaStore.Files.FileColumns._ID, // 编号
    MediaStore.Files.FileColumns.TITLE, // 标题
    MediaStore.Files.FileColumns.SIZE, // 文件大小
    MediaStore.Files.FileColumns.DATA, // 文件路径
    MediaStore.Files.FileColumns.MIME_TYPE}; // 媒体类型
```

再通过内容解析器到媒体库查找安装包列表，具体的加载代码示例如下：

（完整代码见 chapter07\src\main\java\com\example\chapter07\ProviderApkActivity.java）

```
// 加载安装包列表
private void loadApkList() {
    mApkList.clear(); // 清空安装包列表
    // 查找存储卡上所有的 apk 文件，其中 mime_type 指定了 APK 的文件类型
    Cursor cursor = getContentResolver().query(mFilesUri, mFilesColumn,
        "mime_type='application/vnd.android.package-archive'\" or _data like
'%.apk'", null, null);
    if (cursor != null) {
        // 下面遍历结果集，并逐个添加到安装包列表。简单起见只挑选前十个文件
        for (int i=0; i<10 && cursor.moveToNext(); i++) {
            ApkInfo apk = new ApkInfo(); // 创建一个安装包信息对象
            apk.setId(cursor.getLong(0)); // 设置安装包编号
            apk.setName(cursor.getString(1)); // 设置安装包名称
            apk.setSize(cursor.getLong(2)); // 设置安装包的文件大小
            apk.setPath(cursor.getString(3)); // 设置安装包的文件路径
            mApkList.add(apk); // 添加至安装包列表
        }
        cursor.close(); // 关闭数据库游标
    }
}
```

找到安装包之后，通常还要获取它的包名、版本名称、版本号等信息，此时可调用应用包管理器的 getPackageArchiveInfo 方法，从安装包文件中提取 PackageInfo 包信息。包信息对象的 packageName 属性值为应用包名，versionName 属性值为版本名称，versionCode 属性值为版本号。下面是利用弹窗展示包信息的代码例子：

```
// 显示安装 apk 的提示对话框
```

```
private void showAlert(final ApkInfo apkInfo) {
    PackageManager pm = getPackageManager();  // 获取应用包管理器
    // 获取 apk 文件的包信息
    PackageInfo pi = pm.getPackageArchiveInfo(apkInfo.getPath(),
PackageManager.GET_ACTIVITIES);
    if (pi != null) {  // 能找到包信息
        String desc = String.format("应用包名：%s\n 版本名称：%s\n 版本编码：%s\n
文件路径：%s",
                    pi.packageName, pi.versionName, pi.versionCode,
apkInfo.getPath());
        AlertDialog.Builder builder = new AlertDialog.Builder(this);
        builder.setTitle("是否安装该应用？");  // 设置提醒对话框的标题
        builder.setMessage(desc);  // 设置提醒对话框的消息内容
        builder.setPositiveButton("是", new DialogInterface.OnClickListener()
{
            public void onClick(DialogInterface dialog, int which) {
                installApk(apkInfo.getPath());  // 安装指定路径的 APK
            }
        });
        builder.setNegativeButton("否", null);
        builder.create().show();  // 显示提醒对话框
    }
}
```

有了安装包的文件路径之后，就能打开系统自带的安装程序执行安装操作了，此时一样要把安装包的 Uri 对象传过去。应用安装的详细调用代码如下所示：

```
// 安装指定路径的 APK
private void installApk(String path) {
    Uri uri = Uri.parse(path);  // 根据指定路径创建一个 Uri 对象
    // 兼容 Android 7.0，把访问文件的 Uri 方式改为 FileProvider
    if (Build.VERSION.SDK_INT >= Build.VERSION_CODES.N) {
        // 通过 FileProvider 获得安装包文件的 Uri 访问方式
        uri = FileProvider.getUriForFile(this,
                "com.example.chapter07.fileProvider", new File(path));
    }
    Intent intent = new Intent(Intent.ACTION_VIEW);  // 创建一个浏览动作的意图
    intent.setFlags(Intent.FLAG_ACTIVITY_NEW_TASK);  // 另外开启新页面
    intent.setFlags(Intent.FLAG_GRANT_READ_URI_PERMISSION);  // 需要读权限
    // 设置 Uri 的数据类型为 APK 文件
    intent.setDataAndType(uri, "application/vnd.android.package-archive");
    startActivity(intent);  // 启动系统自带的应用安装程序
}
```

注意，从 Android 8.0 开始，安装应用需要申请权限 REQUEST_INSTALL_PACKAGES，于是打开 AndroidManifest.xml，补充下面的权限申请配置：

```
<!-- 安装应用请求，Android 8.0 需要 -->
<uses-permission android:name="android.permission.REQUEST_INSTALL_PACKAGES"
/>
```

这下大功告成，编译运行 App，打开测试页面自动加载安装包列表的界面如图 7-16 所示。点击某项安装包，弹出如图 7-17 所示的确认对话框。

图 7-16　安装包列表的发现界面

图 7-17　安装应用的提示对话框

点击确认对话框的"是"按钮，便跳到了如图 7-18 所示的应用安装界面，点击"允许"按钮之后，剩下的安装操作就交给系统程序了。

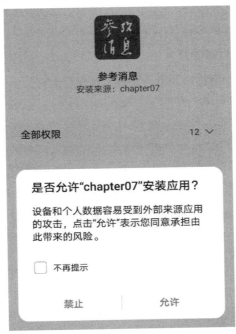

图 7-18　跳转到系统的应用安装界面

7.4 小 结

本章主要介绍内容组件——ContentProvider 的常见用法，包括：在应用之间共享数据（通过 ContentProvider 封装数据、通过 ContentResolver 访问数据）、使用内容组件获取通讯信息（运行时动态申请权限、利用 ContentResolver 读写联系人、利用 ContentObserver 监听短信）、在应用之间共享文件（使用相册照片发送彩信、借助 FileProvider 发送彩信、借助 FileProvider 安装应用）。

通过本章的学习，读者应该能掌握以下 4 种开发技能：

（1）学会利用 ContentProvider 在应用之间共享数据。
（2）学会在 App 运行过程中动态申请权限。
（3）学会使用内容组件获取系统的通讯信息。
（4）学会利用 FileProvider 在应用之间共享文件。

7.5 课后练习题

一、填空题

1．在 AndroidManifest.xml 里面声明内容提供器的标签名称是_____。
2．在活动代码中调用 getContentResolver 方法，得到的是_____实例。
3．Manifest.permission.READ_CONTACTS 表示_____权限。
4．10086 是_____的客服号码，_____是中国电信的客服号码。
5．MediaStore.Images.Media.DATA 保存了媒体库中图片文件的_____。

二、判断题（正确打 √，错误打 ×）

1．ContentProvider 属于中间接口，本身并不直接保存数据。（ ）
2．内容解析器 ContentResolver 是客户端 App 操作服务端数据的工具。（ ）
3．只要调用 ContentResolver 的一次 insert 方法，就能向通讯录写入一条联系人数据。（ ）
4．内容观察器 ContentObserver 能够实时获取新增的数据。（ ）
5．短信和彩信都只能发送文本内容。（ ）

三、选择题

1．内容组件由哪 3 个部分组成？（ ）
  A．ContentProvider   B．ContentObserver   C．FileProvider   D．ContentResolver
2．App 读取短信需要申请（ ）权限。
  A．SEND_SMS   B．RECEIVE_SMS   C．READ_SMS
  D．READ_CONTACTS
3．content://mms 是（ ）的内容路径。
  A．彩信   B．短信   C．飞信   D．微信

4. FileProvider 的 getUriForFile 方法返回的数据是（　　）类型。

    A．File   B．String   C．Uri   D．URL

5. 安卓 App 安装包的文件扩展名是（　　）。

    A．APP   B．APK   C．EXE   D．IPA

四、简答题

请简要描述 App 运行时申请动态权限的几个步骤。

五、动手练习

请上机实验下列 3 项练习：

1. 使用内容解析器读写系统通讯录里的联系人信息。
2. 使用内容观察器监听运营商客服号码回复的流量短信，并从中获得用户的流量数据。
3. 利用内容解析器从系统媒体库获得图片列表，并借助文件提供器向目标号码发送彩信。

第8章

高级控件

本章介绍了 App 开发常用的一些高级控件用法，主要包括：如何使用下拉框及其适配器、如何使用列表类视图及其适配器、如何使用翻页类视图及其适配器、如何使用碎片及其适配器等。然后结合本章所学的知识，演示了一个实战项目"记账本"的设计与实现。

8.1 下拉列表

本节介绍下拉框的用法以及适配器的基本概念，结合对下拉框 Spinner 的使用说明分别阐述数组适配器 ArrayAdapter、简单适配器 SimpleAdapter 的具体用法与展示效果。

8.1.1 下拉框 Spinner

Spinner 是下拉框控件，它用于从一串列表中选择某项，其功能类似于单选按钮的组合。下拉列表的展示方式有两种，一种是在当前下拉框的正下方弹出列表框，此时要把 spinnerMode 属性设置为 dropdown，下面是 XML 文件中采取下拉模式的 Spinner 标签例子：

```
<Spinner
    android:id="@+id/sp_dropdown"
    android:layout_width="match_parent"
    android:layout_height="wrap_content"
    android:spinnerMode="dropdown" />"
```

另一种是在页面中部弹出列表对话框，此时要把 spinnerMode 属性设置为 dialog，下面是 XML 文件中采取对话框模式的 Spinner 标签例子：

```
<Spinner
    android:id="@+id/sp_dialog"
```

```
android:layout_width="match_parent"
android:layout_height="wrap_content"
android:spinnerMode="dialog" />"
```

此外，在 Java 代码中，Spinner 还可以调用下列 4 个方法。

● setPrompt：设置标题文字。注意对话框模式才显示标题，下拉模式不显示标题。
● setAdapter：设置列表项的数据适配器。
● setSelection：设置当前选中哪项。注意该方法要在 setAdapter 方法后调用。
● setOnItemSelectedListener：设置下拉列表的选择监听器，该监听器要实现接口 OnItemSelectedListener。

下面是初始化下拉框，并设置选择监听器的代码例子：

（完整代码见 chapter08\src\main\java\com\example\chapter08\SpinnerDropdownActivity.java）

```
// 初始化下拉模式的列表框
private void initSpinnerForDropdown() {
    // 声明一个下拉列表的数组适配器
    ArrayAdapter<String> starAdapter = new ArrayAdapter<String>(this,
            R.layout.item_select, starArray);
    // 从布局文件中获取名为 sp_dropdown 的下拉框
    Spinner sp_dropdown = findViewById(R.id.sp_dropdown);
    // 设置下拉框的标题。对话框模式才显示标题，下拉模式不显示标题
    sp_dropdown.setPrompt("请选择行星");
    sp_dropdown.setAdapter(starAdapter);  // 设置下拉框的数组适配器
    sp_dropdown.setSelection(0);  // 设置下拉框默认显示第一项
    // 给下拉框设置选择监听器，一旦用户选中某一项，就触发监听器的 onItemSelected 方法
    sp_dropdown.setOnItemSelectedListener(new MySelectedListener());
}

// 定义下拉列表需要显示的文本数组
private String[] starArray = {"水星", "金星", "地球", "火星", "木星", "土星"};
// 定义一个选择监听器，它实现了接口 OnItemSelectedListener
class MySelectedListener implements OnItemSelectedListener {
    // 选择事件的处理方法，其中 arg2 代表选择项的序号
    public void onItemSelected(AdapterView<?> arg0, View arg1, int arg2, long arg3) {
        Toast.makeText(SpinnerDropdownActivity.this, "您选择的是" +
starArray[arg2], Toast.LENGTH_LONG).show();
    }

    // 未选择时的处理方法，通常无须关注
    public void onNothingSelected(AdapterView<?> arg0) {}
}
```

接下来观察两种下拉列表的界面效果，运行测试 App，一开始的下拉框如图 8-1 所示。

图 8-1　下拉框控件的初始界面

在下拉模式页面（SpinnerDropdownActivity.java）单击下拉框，六大行星的列表框在下拉框正下方展开，如图 8-2 所示。点击某项后，列表框消失，同时下拉框文字变为刚选中的行星名称。再打开对话框模式页面（SpinnerDialogActivity），单击下拉框会在页面中央弹出六大行星的列表对话框，如图 8-3 所示。点击某项后，对话框消失，同时下拉框文字也变为刚选中的行星名称。

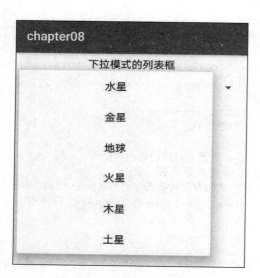

图 8-2　下拉模式的列表框

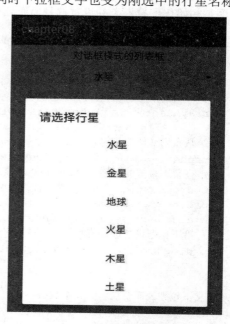

图 8-3　对话框模式的列表框

8.1.2　数组适配器 ArrayAdapter

上一小节在演示下拉框控件时，调用了 setAdapter 方法设置列表适配器。这个适配器好比一组数据的加工流水线，你丢给它一大把糖果（六大行星的原始数据），适配器先按顺序排列糖果（对应行星数组 starArray），然后拿来制作好的包装盒（对应每个列表项的布局文件 item_select.xml），把糖果往里面一塞，出来的便是一个个精美的糖果盒（界面上排布整齐的列表框）。这个流水线可以做得很复杂，也可以做得简单一些，最简单的流水线就是之前演示用到的数组适配器 ArrayAdapter。

ArrayAdapter 主要用于每行列表只展示文本的情况，实现过程分成下列 3 个步骤：

步骤 **01** 编写列表项的 XML 文件，内部布局只有一个 TextView 标签，示例如下：

（完整代码见 chapter08\src\main\res\layout\item_select.xml）

```
<TextView xmlns:android="http://schemas.android.com/apk/res/android"
    android:layout_width="match_parent"
    android:layout_height="50dp"
    android:gravity="center" />
```

步骤 **02** 调用 ArrayAdapter 的构造方法，填入待展现的字符串数组，以及列表项的包装盒，即 XML 文件 R.layout.item_select。构造方法的调用代码示例如下。

```
// 声明一个下拉列表的数组适配器
ArrayAdapter<String> starAdapter = new ArrayAdapter<String>(this,
R.layout.item_select, starArray);
```

步骤 **03** 调用下拉框控件的 setAdapter 方法，传入第二步得到的适配器实例，代码如下：

```
sp_dropdown.setAdapter(starAdapter);  // 设置下拉框的数组适配器
```

经过以上 3 个步骤，先由 ArrayAdapter 明确原料糖果的分拣过程与包装方式，再由下拉框调用 setAdapter 方法发出开工指令，适配器便会把一个个包装好的糖果盒输出到界面。

8.1.3　简单适配器 SimpleAdapter

ArrayAdapter 只能显示文本列表，显然不够美观，有时还想给列表加上图标，比如希望显示六大行星的天文影像。这时简单适配器 SimpleAdapter 就派上用场了，它允许在列表项中同时展示文本与图片。

SimpleAdapter 的实现过程略微复杂，因为它的原料需要更多信息。例如，原料不但有糖果，还有贺卡，这样就得把一大袋糖果和一大袋贺卡送进流水线，适配器每次拿一颗糖果和一张贺卡，把糖果与贺卡按规定塞进包装盒。对于 SimpleAdapter 的构造方法来说，第 2 个参数 Map 容器放的是原料糖果与贺卡，第 3 个参数放的是包装盒，第 4 个参数放的是糖果袋与贺卡袋的名称，第 5 个参数放的是包装盒里塞糖果的位置与塞贺卡的位置。

下面是下拉框控件使用简单适配器的示例代码：

（完整代码见 chapter08\src\main\java\com\example\chapter08\SpinnerIconActivity.java）

```
// 初始化下拉框，演示简单适配器
private void initSpinnerForSimpleAdapter() {
    // 声明一个映射对象的列表，用于保存行星的图标与名称配对信息
    List<Map<String, Object>> list = new ArrayList<Map<String, Object>>();
    // iconArray 是行星的图标数组，starArray 是行星的名称数组
    for (int i = 0; i < iconArray.length; i++) {
        Map<String, Object> item = new HashMap<String, Object>();
        item.put("icon", iconArray[i]);
        item.put("name", starArray[i]);
        list.add(item);  // 把行星图标与名称的配对映射添加到列表
    }
```

```
    // 声明一个下拉列表的简单适配器，其中指定了图标与文本两组数据
    SimpleAdapter starAdapter = new SimpleAdapter(this, list,
            R.layout.item_simple, new String[]{"icon", "name"},
            new int[]{R.id.iv_icon, R.id.tv_name});
    // 设置简单适配器的布局样式
    starAdapter.setDropDownViewResource(R.layout.item_simple);
    // 从布局文件中获取名为 sp_icon 的下拉框
    Spinner sp_icon = findViewById(R.id.sp_icon);
    sp_icon.setPrompt("请选择行星");  // 设置下拉框的标题
    sp_icon.setAdapter(starAdapter);  // 设置下拉框的简单适配器
    sp_icon.setSelection(0);  // 设置下拉框默认显示第一项
    // 给下拉框设置选择监听器，一旦用户选中某一项，就触发监听器的 onItemSelected 方法
    sp_icon.setOnItemSelectedListener(new MySelectedListener());
}
```

以上代码中，简单适配器使用的包装盒名为 R.layout.item_simple，它的布局内容如下：

（完整代码见 chapter08\src\main\res\layout\item_simple.xml）

```xml
<LinearLayout xmlns:android="http://schemas.android.com/apk/res/android"
    android:layout_width="match_parent"
    android:layout_height="wrap_content"
    android:orientation="horizontal">
    <!-- 这是展示行星图标的 ImageView -->
    <ImageView
        android:id="@+id/iv_icon"
        android:layout_width="0dp"
        android:layout_height="50dp"
        android:layout_weight="1" />
    <!-- 这是展示行星名称的 TextView -->
    <TextView
        android:id="@+id/tv_name"
        android:layout_width="0dp"
        android:layout_height="match_parent"
        android:layout_weight="3"
        android:gravity="center" />
</LinearLayout>
```

运行测试 App，一开始的下拉框如图 8-4 所示，可见默认选项既有图标又有文字。然后单击下拉框，页面中央弹出六大行星的列表对话框，如图 8-5 所示，可见列表框的各项也一齐展示了行星的图标及其名称。

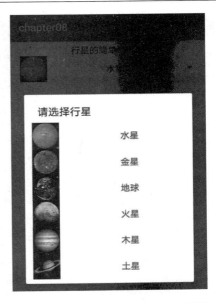

图 8-4 采用简单适配器的初始下拉框　　　图 8-5 采用简单适配器的列表对话框

8.2 列表类视图

本节介绍列表类视图怎样结合基本适配器展示视图阵列，包括：基本适配器 BaseAdapter 的用法、列表视图 ListView 的用法及其常见问题的解决、网格视图 GridView 的用法及其拉伸模式说明。

8.2.1 基本适配器 BaseAdapter

由上一节的介绍可知，数组适配器适用于纯文本的列表数据，简单适配器适用于带图标的列表数据。然而实际应用常常有更复杂的列表，比如每个列表项存在 3 个以上的控件，这种情况即便是简单适配器也很吃力，而且不易扩展。为此 Android 提供了一种适应性更强的基本适配器 BaseAdapter，该适配器允许开发者在别的代码文件中编写操作代码，大大提高了代码的可读性和可维护性。

从 BaseAdapter 派生的数据适配器主要实现下面 5 种方法。

- 构造方法：指定适配器需要处理的数据集合。
- getCount：获取列表项的个数。
- getItem：获取列表项的数据。
- getItemId：获取列表项的编号。
- getView：获取每项的展示视图，并对每项的内部控件进行业务处理。

下面以下拉框控件为载体，演示如何操作 BaseAdapter，具体的编码过程分为 3 步：

步骤 01 编写列表项的布局文件，示例代码如下：

（完整代码见 chapter08\src\main\res\layout\item_list.xml）

```xml
<LinearLayout xmlns:android="http://schemas.android.com/apk/res/android"
    android:layout_width="match_parent"
    android:layout_height="wrap_content"
    android:orientation="horizontal">
    <!-- 这是显示行星图片的图像视图 -->
    <ImageView
        android:id="@+id/iv_icon"
        android:layout_width="0dp"
        android:layout_height="80dp"
        android:layout_weight="1"
        android:scaleType="fitCenter" />
    <LinearLayout
        android:layout_width="0dp"
        android:layout_height="match_parent"
        android:layout_weight="3"
        android:orientation="vertical">
        <!-- 这是显示行星名称的文本视图 -->
        <TextView
            android:id="@+id/tv_name"
            android:layout_width="match_parent"
            android:layout_height="0dp"
            android:layout_weight="1" />
        <!-- 这是显示行星描述的文本视图 -->
        <TextView
            android:id="@+id/tv_desc"
            android:layout_width="match_parent"
            android:layout_height="0dp"
            android:layout_weight="2" />
    </LinearLayout>
</LinearLayout>
```

步骤 02 写个新的适配器继承 BaseAdapter，实现对列表项的管理操作，示例代码如下：

（完整代码见 chapter08\src\main\java\com\example\chapter08\adapter\PlanetBaseAdapter.java）

```java
public class PlanetBaseAdapter extends BaseAdapter {
    private Context mContext; // 声明一个上下文对象
    private List<Planet> mPlanetList; // 声明一个行星信息列表

    // 行星适配器的构造方法，传入上下文与行星列表
    public PlanetBaseAdapter(Context context, List<Planet> planet_list) {
        mContext = context;
        mPlanetList = planet_list;
    }

    // 获取列表项的个数
    public int getCount() {
        return mPlanetList.size();
```

```java
    }

    // 获取列表项的数据
    public Object getItem(int arg0) {
        return mPlanetList.get(arg0);
    }

    // 获取列表项的编号
    public long getItemId(int arg0) {
        return arg0;
    }

    // 获取指定位置的列表项视图
    public View getView(final int position, View convertView, ViewGroup parent){
        ViewHolder holder;
        if (convertView == null) {  // 转换视图为空
            holder = new ViewHolder();  // 创建一个新的视图持有者
            // 根据布局文件 item_list.xml 生成转换视图对象
            convertView =
LayoutInflater.from(mContext).inflate(R.layout.item_list, null);
            holder.iv_icon = convertView.findViewById(R.id.iv_icon);
            holder.tv_name = convertView.findViewById(R.id.tv_name);
            holder.tv_desc = convertView.findViewById(R.id.tv_desc);
            convertView.setTag(holder);  // 将视图持有者保存到转换视图当中
        } else {  // 转换视图非空
            // 从转换视图中获取之前保存的视图持有者
            holder = (ViewHolder) convertView.getTag();
        }
        Planet planet = mPlanetList.get(position);
        holder.iv_icon.setImageResource(planet.image);  // 显示行星的图片
        holder.tv_name.setText(planet.name);  // 显示行星的名称
        holder.tv_desc.setText(planet.desc);  // 显示行星的描述
        holder.iv_icon.requestFocus();
        return convertView;
    }

    // 定义一个视图持有者，以便重用列表项的视图资源
    public final class ViewHolder {
        public ImageView iv_icon;  // 声明行星图片的图像视图对象
        public TextView tv_name;  // 声明行星名称的文本视图对象
        public TextView tv_desc;  // 声明行星描述的文本视图对象
    }
}
```

步骤 **03** 在页面代码中创建该适配器实例，并交给下拉框设置，示例代码如下：

（完整代码见 chapter08\src\main\java\com\example\chapter08\BaseAdapterActivity.java）

```java
// 初始化行星列表的下拉框
private void initPlanetSpinner() {
    // 获取默认的行星列表，即水星、金星、地球、火星、木星、土星
```

```
        planetList = Planet.getDefaultList();
        // 构建一个行星列表的适配器
        PlanetBaseAdapter adapter = new PlanetBaseAdapter(this, planetList);
        // 从布局文件中获取名为 sp_planet 的下拉框
        Spinner sp_planet = findViewById(R.id.sp_planet);
        sp_planet.setPrompt("请选择行星");   // 设置下拉框的标题
        sp_planet.setAdapter(adapter);   // 设置下拉框的列表适配器
        sp_planet.setSelection(0);   // 设置下拉框默认显示第一项
        // 给下拉框设置选择监听器,一旦用户选中某一项,就触发监听器的 onItemSelected 方法
        sp_planet.setOnItemSelectedListener(new MySelectedListener());
    }
```

运行测试 App,一开始的下拉框如图 8-6 所示,可见默认选项有图标有标题还有内容。然后单击下拉框,页面中央弹出六大行星的列表对话框,如图 8-7 所示,可见列表框的各项也一齐展示了行星的图标、名称及其详细描述。因为对列表项布局 item_list.xml 使用了单独的适配器代码 PlanetBaseAdapter,所以即使多加几个控件也不怕麻烦了。

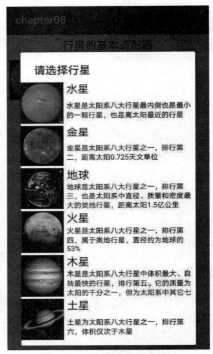

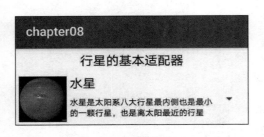

图 8-6　采用基本适配器的初始下拉框　　　　图 8-7　采用基本适配器的列表对话框

8.2.2　列表视图 ListView

上一小节给下拉框控件设置了基本适配器,然而列表效果只在弹出对话框中展示,一旦选中某项,回到页面时又只显示选中的内容。这么丰富的列表信息没展示在页面上实在是可惜,也许用户对好几项内容都感兴趣。若想在页面上直接显示全部列表信息,就要引入新的列表视图 ListView。列表视图允许在页面上分行展示相似的数据列表,例如新闻列表、商品列表、图书列表等,方便用

户浏览与操作。

ListView 同样通过 setAdapter 方法设置列表项的数据适配器，但操作列表项的时候，它不使用 setOnItemSelectedListener 方法，而是调用 setOnItemClickListener 方法设置列表项的点击监听器 OnItemClickListener，有时也调用 setOnItemLongClickListener 方法设置列表项的长按监听器 OnItemLongClickListener。在点击列表项或者长按列表项之时，即可触发监听器对应的事件处理方法。除此之外，列表视图还新增了几个属性与方法，详细说明见表 8-1。

表 8-1　列表视图新增的属性与方法说明

XML 中的属性	ListView 类的设置方法	说明
divider	setDivider	指定分隔线的图形。如需取消分隔线，可将该属性值设为@null
dividerHeight	setDividerHeight	指定分隔线的高度
listSelector	setSelector	指定列表项的按压背景（状态图形格式）

在 XML 文件中添加 ListView 很简单，只要以下几行就声明了一个列表视图：

```
<ListView
    android:id="@+id/lv_planet"
    android:layout_width="match_parent"
    android:layout_height="wrap_content" />
```

往列表视图填充数据也很容易，先利用基本适配器实现列表适配器，再调用 setAdapter 方法设置适配器对象。下面是使用列表视图在界面上展示行星列表的代码例子：

（完整代码见 chapter08\src\main\java\com\example\chapter08\ListViewActivity.java）

```
List<Planet> planetList = Planet.getDefaultList(); // 获得默认的行星列表
// 构建一个行星列表的列表适配器
PlanetListAdapter adapter = new PlanetListAdapter(this, planetList);
// 从布局视图中获取名为 lv_planet 的列表视图
ListView lv_planet = findViewById(R.id.lv_planet);
lv_planet.setAdapter(adapter);  // 设置列表视图的适配器
lv_planet.setOnItemClickListener(adapter);  // 设置列表视图的点击监听器
lv_planet.setOnItemLongClickListener(adapter);  // 设置列表视图的长按监听器
```

其中列表项的点击事件和长按事件的处理方法代码如下所示：

（完整代码见 chapter08\src\main\java\com\example\chapter08\adapter\PlanetListAdapter.java）

```
// 处理列表项的点击事件，由接口 OnItemClickListener 触发
public void onItemClick(AdapterView<?> parent, View view, int position, long id) {
    String desc = String.format("您点击了第%d 个行星，它的名字是%s", position +1,
            mPlanetList.get(position).name);
    Toast.makeText(mContext, desc, Toast.LENGTH_LONG).show();
}

// 处理列表项的长按事件，由接口 OnItemLongClickListener 触发
public boolean onItemLongClick(AdapterView<?> parent, View view, int position, long id) {
```

```
String desc = String.format("您长按了第%d 个行星，它的名字是%s", position +1,
    mPlanetList.get(position).name);
Toast.makeText(mContext, desc, Toast.LENGTH_LONG).show();
return true;
}
```

运行 App 后打开包含列表视图的测试页面，行星列表的界面效果如图 8-8 所示。

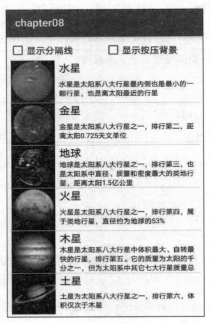

图 8-8　采用基本适配器的列表视图

由图 8-8 可见，列表视图在各项之间默认展示灰色的分隔线，点击或长按某项时会显示默认的灰色水波背景。若想修改分隔线样式或按压背景，则需调整 ListView 的对应属性，调整时候的注意点说明如下：

1. 修改列表视图的分隔线样式

修改分隔线样式要在 XML 文件中同时设置 divider（分隔图片）与 dividerHeight（分隔高度）两个属性，并且遵循下列两条规则：

（1）divider 属性设置为@null 时，不能再将 dividerHeight 属性设置为大于 0 的数值，因为这会导致最后一项没法完全显示，底部有一部分被掩盖了。原因是列表高度为 wrap_content 时，系统已按照没有分隔线的情况计算列表高度，此时 dividerHeight 占用了 n–1 块空白分隔区域，使得最后一项被挤到背影里面去了。

（2）通过代码设置的话，务必先调用 setDivider 方法再调用 setDividerHeight 方法。如果先调用 setDividerHeight 后调用 setDivider，分隔线高度就会变成分隔图片的高度，而不是 setDividerHeight 设置的高度。XML 布局文件则不存在 divider 属性和 dividerHeight 属性的先后顺序问题。

下面的代码示范了如何在代码中正确设置分隔线，以及如何正确去掉分隔线：

（完整代码见 ListViewActivity.java 的 refreshListView 方法）

```
if (ck_divider.isChecked()) {  // 显示分隔线
    // 从资源文件获得图形对象
    Drawable drawable = getResources().getDrawable(R.color.red);
    lv_planet.setDivider(drawable);  // 设置列表视图的分隔线
    lv_planet.setDividerHeight(Utils.dip2px(this, 5));// 设置列表视图的分隔线高
度
} else {  // 不显示分隔线
    lv_planet.setDivider(null);  // 设置列表视图的分隔线
    lv_planet.setDividerHeight(0);  // 设置列表视图的分隔线高度
}
```

2. 修改列表项的按压背景

若想取消按压列表项之时默认的水波背景，可在布局文件中设置也可在代码中设置，两种方式的注意点说明如下：

（1）在布局文件中取消按压背景的话，直接将 listSelector 属性设置为@null 并不合适，因为尽管设为@null，按压列表项时仍出现橙色背景。只有把 listSelector 属性设置为透明色才算真正取消背景，此时 listSelector 的属性值如下所示（事先在 colors.xml 中定义好透明色）：

```
android:listSelector="@color/transparent"
```

（2）在代码中取消按压背景的话，调用 setSelector 方法不能设置 null 值，因为 null 值会在运行时报空指针异常。正确的做法是先从资源文件获得透明色的图形对象，再调用 setSelector 方法设置列表项的按压状态图形，设置按压背景的代码如下所示：

```
// 从资源文件获得图形对象
Drawable drawable = getResources().getDrawable(R.color.transparent);
lv_planet.setSelector(drawable);  // 设置列表项的按压状态图形
```

列表视图除了以上两处属性修改，实际开发还有两种用法要特别小心，一种是列表视图的高度问题，另一种是列表项的点击问题，分别叙述如下。

1. 列表视图的高度问题

在 XML 文件中，如果 ListView 后面还有其他平级的控件，就要将 ListView 的高度设为 0dp，同时权重设为 1，确保列表视图扩展到剩余的页面区域；如果 ListView 的高度设置为 wrap_content，系统就只给列表视图预留一行高度，如此一来只有列表的第一项会显示，其他项不显示，这显然不是我们所期望的。因此建议列表视图的尺寸参数按照如下方式设置：

```
<ListView
    android:id="@+id/lv_planet"
    android:layout_width="match_parent"
    android:layout_height="0dp"
    android:layout_weight="1" />
```

2. 列表项的点击问题

通常只要调用 setOnItemClickListener 方法设置点击监听器，点击列表项即可触发列表项的点

击事件，但是如果列表项中存在编辑框或按钮（含 Button、ImageButton、Checkbox 等），点击列表项就无法触发点击事件了。缘由在于编辑框和按钮这类控件会抢占焦点，因为它们要么等待用户输入、要么等待用户点击，按道理用户点击按钮确实应该触发按钮的点击事件，而非触发列表项的点击事件，可问题是用户点击列表项的其余区域，也由于焦点被强占的缘故导致触发不了列表项的点击事件。

为了规避焦点抢占的问题，列表视图允许开发者自行设置内部视图的焦点抢占方式，该方式在 XML 文件中由 descendantFocusability 属性指定，在代码中由 setDescendantFocusability 方法设置，详细的焦点抢占方式说明见表 8-2。

表 8-2 列表视图的焦点抢占方式

抢占方式说明	代码中的焦点抢占类型	XML 文件中的抢占属性
在子控件之前处理	ViewGroup.FOCUS_BEFORE_DESCENDANTS	beforeDescendants
在子控件之后处理	ViewGroup.FOCUS_AFTER_DESCENDANTS	afterDescendants
不让子控件处理	ViewGroup.FOCUS_BLOCK_DESCENDANTS	blocksDescendants

注意焦点抢占方式不是由 ListView 设置，而是由列表项的根布局设置，也就是 item_***.xml 的根节点。完整的演示代码见本章源码中的 ListFocusActivity.java、PlanetListWithButtonAdapter.java，以及列表项的布局文件 item_list_with_button.xml。自行指定焦点抢占方式的界面效果如图 8-9 所示。

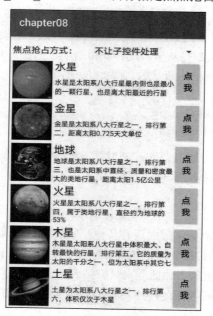

图 8-9 列表项包含按钮控件的列表视图

在图 8-9 所示的界面上选择方式"不让子控件处理"（FOCUS_BLOCK_DESCENDANTS），之后点击列表项除按钮之外的区域，才会弹出列表项点击事件的提示。

接下来读者不妨改写第 6 章实战项目的购物车页面，将商品列表改为列表视图实现，从而把列表项的相关操作剥离到单独的适配器代码，有利于界面代码的合理解耦。改造完毕的购物车效果如图 8-10 所示（完整代码见 chapter08\src\main\java\com\example\chapter08\ShoppingCartActivity.java）。

图 8-10 利用列表视图改造购物车界面

8.2.3 网格视图 GridView

除了列表视图,网格视图 GridView 也是常见的列表类视图,它用于分行分列显示表格信息,比列表视图更适合展示物品清单。除了沿用列表视图的 3 个方法 setAdapter、setOnItemClickListener、setOnItemLongClickListener,网格视图还新增了部分属性与方法,新属性与新方法的说明见表 8-3。

表 8-3 网格视图新增的属性与方法说明

XML 中的属性	代码中的设置方法	说明
horizontalSpacing	setHorizontalSpacing	指定网格项在水平方向的间距
verticalSpacing	setVerticalSpacing	指定网格项在垂直方向的间距
numColumns	setNumColumns	指定列的数目
stretchMode	setStretchMode	指定剩余空间的拉伸模式。拉伸模式的取值说明见表 8-4
columnWidth	setColumnWidth	指定每列的宽度。拉伸模式为 spacingWidth、spacingWidthUniform 时,必须指定列宽

表 8-4 网格视图拉伸模式的取值说明

XML 中的拉伸模式	GridView 类的拉伸模式	说明
none	NO_STRETCH	不拉伸
columnWidth	STRETCH_COLUMN_WIDTH	若有剩余空间,则拉伸列宽挤掉空隙
spacingWidth	STRETCH_SPACING	若有剩余空间,则列宽不变,把空间分配到每列间的空隙
spacingWidthUniform	STRETCH_SPACING_UNIFORM	若有剩余空间,则列宽不变,把空间分配到每列左右的空隙

在 XML 文件中添加 GridView 需要指定列的数目，以及空隙的拉伸模式，示例如下：

```xml
<GridView
    android:id="@+id/gv_planet"
    android:layout_width="match_parent"
    android:layout_height="wrap_content"
    android:numColumns="2"
    android:stretchMode="columnWidth" />
```

网格视图的按压背景与焦点抢占问题类似于列表视图，此外还需注意网格项的拉伸模式，因为同一行的网格项可能占不满该行空间，多出来的空间就由拉伸模式决定怎么分配。接下来做个实验，看看各种拉伸模式分别呈现什么样的界面效果。实验之前先给网格视图设置青色背景，通过观察背景的覆盖区域，即可知晓网格项之间的空隙分布。

下面是演示网格视图拉伸模式的代码片段：

（完整代码见 chapter08\src\main\java\com\example\chapter08\GridViewActivity.java）

```java
int dividerPad = Utils.dip2px(GridViewActivity.this, 2);  // 定义间隔宽度为2dp
gv_planet.setBackgroundColor(Color.CYAN);  // 设置背景颜色
gv_planet.setHorizontalSpacing(dividerPad);  // 设置列表项在水平方向的间距
gv_planet.setVerticalSpacing(dividerPad);  // 设置列表项在垂直方向的间距
gv_planet.setStretchMode(GridView.STRETCH_COLUMN_WIDTH);  // 设置拉伸模式
gv_planet.setColumnWidth(Utils.dip2px(GridViewActivity.this, 120));  // 设置
每列宽度为120dp
gv_planet.setPadding(0, 0, 0, 0);  // 设置网格视图的四周间距
if (arg2 == 0) {  // 不显示分隔线
    gv_planet.setBackgroundColor(Color.WHITE);
    gv_planet.setHorizontalSpacing(0);
    gv_planet.setVerticalSpacing(0);
} else if (arg2 == 1) {  // 不拉伸(NO_STRETCH)
    gv_planet.setStretchMode(GridView.NO_STRETCH);
} else if (arg2 == 2) {  // 拉伸列宽(COLUMN_WIDTH)
    gv_planet.setStretchMode(GridView.STRETCH_COLUMN_WIDTH);
} else if (arg2 == 3) {  // 列间空隙(STRETCH_SPACING)
    gv_planet.setStretchMode(GridView.STRETCH_SPACING);
} else if (arg2 == 4) {  // 左右空隙(SPACING_UNIFORM)
    gv_planet.setStretchMode(GridView.STRETCH_SPACING_UNIFORM);
} else if (arg2 == 5) {  // 使用padding显示全部分隔线
    gv_planet.setPadding(dividerPad, dividerPad, dividerPad, dividerPad);
}
```

运行测试 App，一开始的行星网格界面如图 8-11 所示，此时网格视图没有分隔线。点击界面顶部的下拉框，并选择"不拉伸 NO_STRETCH"，此时每行的网格项紧挨着，多出来的空隙排在当前行的右边，如图 8-12 所示。

拉伸模式选择"拉伸列宽（COLUMN_WIDTH）"，此时行星网格界面如图 8-13 所示，可见每个网格的宽度都变宽了。拉伸模式选择"列间空隙（STRETCH_SPACING）"，此时行星网格界面如图 8-14 所示，可见多出来的空隙位于网格项中间。

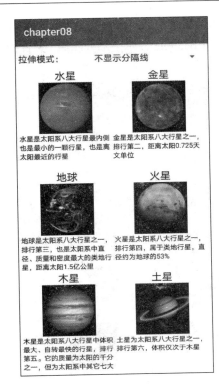

图 8-11 没有分隔线效果

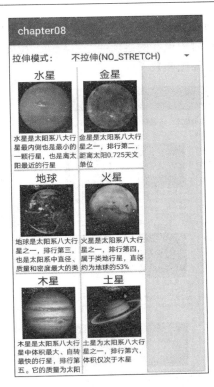

图 8-12 拉伸模式为 NO_STRETCH

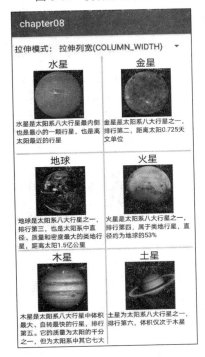

图 8-13 拉伸模式为 COLUMN_WIDTH

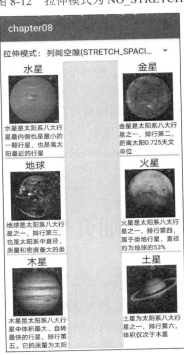

图 8-14 拉伸模式为 STRETCH_SPACING

拉伸模式选择"左右空隙（SPACING_UNIFORM）"，此时行星网格界面如图 8-15 所示，可见空隙同时出现在网格项的左右两边。拉伸模式选择"使用 padding 显示全部分隔线"，此时行星网格界面如图 8-16 所示，可见网格视图的内外边界都显示了分隔线。

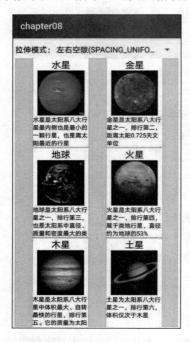

图 8-15　拉伸模式为 SPACING_UNIFORM

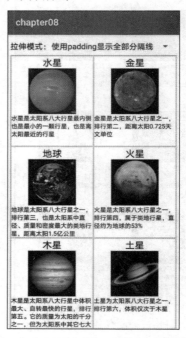

图 8-16　使用 padding 显示全部分隔线

接下来继续在实战中运用网格视图，上一节的列表视图已经成功改造了购物车的商品列表，现在使用网格视图改造商品频道页面，六部手机正好做成三行两列的 GridView。采用网格视图改造的商品频道页面效果如图 8-17 所示（完整代码见 chapter08\src\main\java\com\example\chapter08\ShoppingChannelActivity.java）。

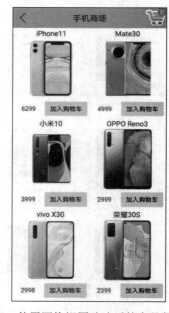

8.3　翻页类视图

本节介绍翻页类视图的相关用法，包括：翻页视图 ViewPager 如何搭配翻页适配器 PagerAdapter、如何搭配翻页标签栏 PagerTabStrip，最后结合实战演示了如何使用翻页视图实现简单的启动引导页。

图 8-17　使用网格视图改造后的商品频道页面

8.3.1 翻页视图 ViewPager

上一节介绍的列表视图与网格视图，一个分行展示，另一个分行又分列，其实都是在垂直方向上下滑动。有没有一种控件允许页面在水平方向左右滑动，就像翻书、翻报纸一样呢？为了实现左右滑动的翻页功能，Android 提供了相应的控件——翻页视图 ViewPager。对于 ViewPager 来说，一个页面就是一个项（相当于 ListView 的一个列表项），许多个页面组成了 ViewPager 的页面项。

既然明确了翻页视图的原理类似列表视图和网格视图，它们的用法也很类似。例如，列表视图和网格视图使用基本适配器 BaseAdapter，翻页视图则使用翻页适配器 PagerAdapter；列表视图和网格视图使用列表项的点击监听器 OnItemClickListener，翻页视图则使用页面变更监听器 OnPageChangeListener 监听页面切换事件。

下面是翻页视图 3 个常用方法的说明。

- setAdapter：设置页面项的适配器。适配器用的是 PagerAdapter 及其子类。
- setCurrentItem：设置当前页码，也就是要显示哪个页面。
- addOnPageChangeListener：添加翻页视图的页面变更监听器。该监听器需实现接口 OnPageChangeListener 下的 3 个方法，具体说明如下。
  - ➢ onPageScrollStateChanged：在页面滑动状态变化时触发。
  - ➢ onPageScrolled：在页面滑动过程中触发。
  - ➢ onPageSelected：在选中页面时，即滑动结束后触发。

在 XML 文件中添加 ViewPager 时注意指定完整路径的节点名称，示例如下：

```
<!-- 注意翻页视图 ViewPager 的节点名称要填全路径 -->
<androidx.viewpager.widget.ViewPager
    android:id="@+id/vp_content"
    android:layout_width="match_parent"
    android:layout_height="370dp" />
```

由于翻页视图包含了多个页面项，因此要借助翻页适配器展示每个页面。翻页适配器的实现原理与基本适配器类似，从 PagerAdapter 派生的翻页适配器主要实现下面 6 个方法。

- 构造方法：指定适配器需要处理的数据集合。
- getCount：获取页面项的个数。
- isViewFromObject：判断当前视图是否来自指定对象，返回 view == object 即可。
- instantiateItem：实例化指定位置的页面，并将其添加到容器中。
- destroyItem：从容器中销毁指定位置的页面。
- getPageTitle：获得指定页面的标题文本，有搭配翻页标签栏时才要实现该方法。

以商品信息为例，翻页适配器需要通过构造方法传入商品列表，再由 instantiateItem 方法实例化视图对象并添加至容器，详细的翻页适配器代码示例如下：：

（完整代码见 chapter08\src\main\java\com\example\chapter08\adapter\ImagePagerAdapater.java）

```
public class ImagePagerAdapater extends PagerAdapter {
    // 声明一个图像视图列表
```

```
        private List<ImageView> mViewList = new ArrayList<ImageView>();
        // 声明一个商品信息列表
        private List<GoodsInfo> mGoodsList = new ArrayList<GoodsInfo>();

        // 图像翻页适配器的构造方法，传入上下文与商品信息列表
        public ImagePagerAdapater(Context context, List<GoodsInfo> goodsList) {
            mGoodsList = goodsList;
            // 给每个商品分配一个专用的图像视图
            for (int i = 0; i < mGoodsList.size(); i++) {
                ImageView view = new ImageView(context);  // 创建一个图像视图对象
                view.setLayoutParams(new LayoutParams(
                        LayoutParams.MATCH_PARENT, LayoutParams.WRAP_CONTENT));
                view.setImageResource(mGoodsList.get(i).pic);
                mViewList.add(view);  // 把该商品的图像视图添加到图像视图列表
            }
        }

        // 获取页面项的个数
        public int getCount() {
            return mViewList.size();
        }

        // 判断当前视图是否来自指定对象
        public boolean isViewFromObject(View view, Object object) {
            return view == object;
        }

        // 从容器中销毁指定位置的页面
        public void destroyItem(ViewGroup container, int position, Object object) {
            container.removeView(mViewList.get(position));
        }

        // 实例化指定位置的页面，并将其添加到容器中
        public Object instantiateItem(ViewGroup container, int position) {
            container.addView(mViewList.get(position));
            return mViewList.get(position);
        }
    }
}
```

接着回到活动页面代码，给翻页视图设置上述的翻页适配器，代码如下所示：

（完整代码见 chapter08\src\main\java\com\example\chapter08\ViewPagerActivity.java）

```
    public class ViewPagerActivity extends AppCompatActivity implements
OnPageChangeListener {
        private List<GoodsInfo> mGoodsList;  // 手机商品列表

        @Override
        protected void onCreate(Bundle savedInstanceState) {
            super.onCreate(savedInstanceState);
            setContentView(R.layout.activity_view_pager);
```

```
        mGoodsList = GoodsInfo.getDefaultList();
        // 构建一个商品图片的翻页适配器
        ImagePagerAdapater adapter = new ImagePagerAdapater(this, mGoodsList);
        // 从布局视图中获取名为 vp_content 的翻页视图
        ViewPager vp_content = findViewById(R.id.vp_content);
        vp_content.setAdapter(adapter);   // 设置翻页视图的适配器
        vp_content.setCurrentItem(0);   // 设置翻页视图显示第一页
        vp_content.addOnPageChangeListener(this);// 给翻页视图添加页面变更监听器
    }

    // 翻页状态改变时触发。state 取值说明为：0 表示静止，1 表示正在滑动，2 表示滑动完毕
    // 在翻页过程中，状态值变化依次为：正在滑动→滑动完毕→静止
    public void onPageScrollStateChanged(int state) {}

    // 在翻页过程中触发。该方法的 3 个参数取值说明为：第一个参数表示当前页面的序号
    // 第二个参数表示页面偏移的百分比，取值为 0 到 1；第三个参数表示页面的偏移距离
    public void onPageScrolled(int position, float ratio, int offset) {}

    // 在翻页结束后触发。position 表示当前滑到了哪一个页面
    public void onPageSelected(int position) {
        Toast.makeText(this, "您翻到的手机品牌是：" +
mGoodsList.get(position).name, Toast.LENGTH_SHORT).show();
    }
}
```

由于监听器 OnPageChangeListener 多数情况只用到 onPageSelected 方法，很少用到 onPageScrollStateChanged 和 onPageScrolled 两个方法，因此 Android 又提供了简化版的页面变更监听器名为 SimpleOnPageChangeListener，新的监听器仅需实现 onPageSelected 方法。给翻页视图添加简化版监听器的代码示例如下：

```
// 给翻页视图添加简化版的页面变更监听器
vp_content.addOnPageChangeListener(new
ViewPager.SimpleOnPageChangeListener() {
    @Override
    public void onPageSelected(int position) {
        Toast.makeText(ViewPagerActivity.this, "您翻到的手机品牌是："
                + mGoodsList.get(position).name, Toast.LENGTH_SHORT).show();
    }
});
```

然后运行测试 App，初始的翻页界面如图 8-18 所示，此时整个页面只显示第一部手机。用手指从右向左活动页面，滑到一半的界面如图 8-19 所示，可见第一部手机逐渐向左隐去，而第二部手机逐渐从右边拉出。继续向左活动一段距离再松开手指，此时滑动结束的界面如图 8-20 所示，可见整个页面完全显示第二部手机了。

图 8-18　初始的翻页视图　　　图 8-19　滑到一半的翻页视图　　　图 8-20　滑动结束的翻页视图

8.3.2　翻页标签栏 PagerTabStrip

尽管翻页视图实现了左右滑动，可是没滑动的时候看不出这是个翻页视图，而且也不晓得当前滑到了哪个页面。为此 Android 提供了翻页标签栏 PagerTabStrip，它能够在翻页视图上方显示页面标题，从而方便用户的浏览操作。PagerTabStrip 类似选项卡效果，文本下面有横线，点击左右选项卡即可切换到对应页面。给翻页视图引入翻页标签栏只需下列两个步骤：

步骤 01　在 XML 文件的 ViewPager 节点内部添加 PagerTabStrip 节点，示例如下：

（完整代码见 chapter08\src\main\res\layout\activity_pager_tab.xml）

```xml
<LinearLayout xmlns:android="http://schemas.android.com/apk/res/android"
    android:layout_width="match_parent"
    android:layout_height="match_parent"
    android:orientation="vertical">
    <!-- 注意翻页视图 ViewPager 的节点名称要填全路径 -->
    <androidx.viewpager.widget.ViewPager
        android:id="@+id/vp_content"
        android:layout_width="match_parent"
        android:layout_height="400dp">
        <!-- 注意翻页标签栏 PagerTabStrip 的节点名称要填全路径 -->
        <androidx.viewpager.widget.PagerTabStrip
            android:id="@+id/pts_tab"
            android:layout_width="wrap_content"
            android:layout_height="wrap_content" />
    </androidx.viewpager.widget.ViewPager>
</LinearLayout>
```

步骤 02　在翻页适配器的代码中重写 getPageTitle 方法，在不同位置返回对应的标题文本，示例代码如下：

（完整代码见 chapter08\src\main\java\com\example\chapter08\adapter\ImagePagerAdapater.java）

```java
// 获得指定页面的标题文本
public CharSequence getPageTitle(int position) {
    return mGoodsList.get(position).name;
```

```
    }
```

完成上述两步骤之后，重新运行测试 App，即可观察翻页标签栏的界面效果。如图 8-21 和图 8-22 所示，这是翻到不同页面的翻页视图，可见界面正上方是当前页面的标题，左上方文字是左边页面的标题，右上方文字是右边页面的标题。

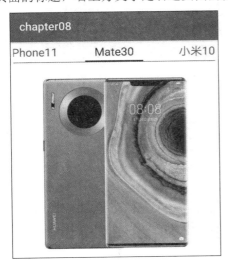

图 8-21　翻页标签栏的界面效果 1　　　　　图 8-22　翻页标签栏的界面效果 2

另外，若想修改翻页标签栏的文本样式，必须在 Java 代码中调用 setTextSize 和 setTextColor 方法才行，因为 PagerTabStrip 不支持在 XML 文件中设置文本大小和文本颜色，只能在代码中设置文本样式，具体的设置代码如下所示：

（完整代码见 chapter08\src\main\java\com\example\chapter08\PagerTabActivity.java）

```
// 初始化翻页标签栏
private void initPagerStrip() {
    // 从布局视图中获取名为 pts_tab 的翻页标签栏
    PagerTabStrip pts_tab = findViewById(R.id.pts_tab);
    // 设置翻页标签栏的文本大小
    pts_tab.setTextSize(TypedValue.COMPLEX_UNIT_SP, 20);
    pts_tab.setTextColor(Color.BLACK);  // 设置翻页标签栏的文本颜色
}
```

8.3.3　简单的启动引导页

翻页视图的使用范围很广，当用户安装一个新应用时，首次启动大多出现欢迎页面，这个引导页要往右翻好几页，才会进入应用主页。这种启动引导页就是通过翻页视图实现的。

下面就来动手打造你的第一个 App 启动欢迎页吧！翻页技术的核心在于页面项的 XML 布局及其适配器，因此首先要设计页面项的布局。一般来说，引导页由两部分组成，一部分是背景图；另一部分是页面下方的一排圆点，其中高亮的圆点表示当前位于第几页。启动引导页的界面效果如图 8-23 与图 8-24 所示。其中，图 8-23 为欢迎页面的第一页，此时第一个圆点高亮显示；图 8-24

为右翻到了第二页，此时第二个圆点高亮显示。

图 8-23 欢迎页的第一页

图 8-24 欢迎页的第二页

除了背景图与一排圆点之外，最后一页往往有个按钮，它便是进入应用主页的入口。于是页面项的 XML 文件至少包含 3 个控件：引导页的背景图（采用 ImageView）、底部的一排圆点（采用 RadioGroup）、最后一页的入口按钮（采用 Button），XML 内容示例如下：

（完整代码见 chapter08\src\main\res\layout\item_launch.xml）

```
<RelativeLayout xmlns:android="http://schemas.android.com/apk/res/android"
    android:layout_width="match_parent"
    android:layout_height="match_parent">
    <!-- 这是引导图片的图像视图 -->
    <ImageView
        android:id="@+id/iv_launch"
        android:layout_width="match_parent"
        android:layout_height="match_parent"
        android:scaleType="fitXY" />
    <!-- 这里容纳引导页底部的一排圆点 -->
    <RadioGroup
        android:id="@+id/rg_indicate"
        android:layout_width="wrap_content"
        android:layout_height="wrap_content"
        android:layout_alignParentBottom="true"
        android:layout_centerHorizontal="true"
        android:orientation="horizontal"
        android:paddingBottom="20dp" />
    <!-- 这是最后一页的入口按钮 -->
    <Button
        android:id="@+id/btn_start"
```

```
        android:layout_width="wrap_content"
        android:layout_height="wrap_content"
        android:layout_centerInParent="true"
        android:text="立即开始美好生活"
        android:visibility="gone" />
</RelativeLayout>
```

根据上面的 XML 文件，引导页的最后两页如图 8-25 与图 8-26 所示。其中，图 8-25 是第三页，此时第三个圆点高亮显示；图 8-26 是最后一页，只有该页才会显示入口按钮。

图 8-25　欢迎页的第三页

图 8-26　欢迎页的最后一页

写好了页面项的 XML 布局，还得编写启动引导页的适配器代码，主要完成 3 项工作：

（1）根据页面项的 XML 文件构造每页的视图。

（2）让当前页码的圆点高亮显示。

（3）如果翻到了最后一页，就显示中间的入口按钮。

下面是启动引导页对应的翻页适配器代码例子：

（完整代码见 chapter08\src\main\java\com\example\chapter08\adapter\LaunchSimpleAdapter.java）

```
public class LaunchSimpleAdapter extends PagerAdapter {
    private List<View> mViewList = new ArrayList<View>(); // 声明一个引导页的
视图列表

    // 引导页适配器的构造方法，传入上下文与图片数组
    public LaunchSimpleAdapter(final Context context, int[] imageArray) {
        for (int i = 0; i < imageArray.length; i++) {
            // 根据布局文件 item_launch.xml 生成视图对象
```

```
            View view =
LayoutInflater.from(context).inflate(R.layout.item_launch, null);
            ImageView iv_launch = view.findViewById(R.id.iv_launch);
            RadioGroup rg_indicate = view.findViewById(R.id.rg_indicate);
            Button btn_start = view.findViewById(R.id.btn_start);
            iv_launch.setImageResource(imageArray[i]);  // 设置引导页的全屏图片
            // 每个页面都分配一个对应的单选按钮
            for (int j = 0; j < imageArray.length; j++) {
                RadioButton radio = new RadioButton(context);//创建一个单选按钮
                radio.setLayoutParams(new LayoutParams(
                        LayoutParams.WRAP_CONTENT, LayoutParams.WRAP_CONTENT));
                radio.setButtonDrawable(R.drawable.launch_guide);  // 设置单选
按钮的图标
                radio.setPadding(10, 10, 10, 10);  // 设置单选按钮的四周间距
                rg_indicate.addView(radio);  // 把单选按钮添加到页面底部的单选组
            }
            // 当前位置的单选按钮要高亮显示，比如第二个引导页就高亮第二个单选按钮
            ((RadioButton) rg_indicate.getChildAt(i)).setChecked(true);
            // 如果是最后一个引导页，则显示入口按钮，以便用户点击按钮进入主页
            if (i == imageArray.length - 1) {
                btn_start.setVisibility(View.VISIBLE);
                btn_start.setOnClickListener(new OnClickListener() {
                    @Override
                    public void onClick(View v) {
                        // 这里要跳到应用主页
                    }
                });
            }
            mViewList.add(view);  // 把该图片对应的页面添加到引导页的视图列表
        }
    }

    // 获取页面项的个数
    public int getCount() {
        return mViewList.size();
    }

    // 判断当前视图是否来自指定对象
    public boolean isViewFromObject(View view, Object object) {
        return view == object;
    }

    // 从容器中销毁指定位置的页面
    public void destroyItem(ViewGroup container, int position, Object object){
        container.removeView(mViewList.get(position));
    }

    // 实例化指定位置的页面，并将其添加到容器中
    public Object instantiateItem(ViewGroup container, int position) {
        container.addView(mViewList.get(position));
```

```
                return mViewList.get(position);
        }
}
```

8.4 碎片 Fragment

本节介绍碎片的概念及其用法，包括：通过静态注册方式使用碎片、通过动态注册方式使用碎片（需要配合碎片适配器 FragmentPagerAdapter），并分析两种注册方式的碎片生命周期，最后结合实战演示了如何使用碎片改进启动引导页。

8.4.1 碎片的静态注册

碎片 Fragment 是个特别的存在，它有点像报纸上的专栏，看起来只占据页面的一小块区域，但是这一区域有自己的生命周期，可以自行其是，仿佛独立王国；并且该区域只占据空间不扰乱业务，添加之后不影响宿主页面的其他区域，去除之后也不影响宿主页面的其他区域。

每个碎片都有对应的 XML 布局文件，依据其使用方式可分为静态注册与动态注册两类。静态注册指的是在 XML 文件中直接放置 fragment 节点，类似于一个普通控件，可被多个布局文件同时引用。静态注册一般用于某个通用的页面部件（如 Logo 条、广告条等），每个活动页面均可直接引用该部件。

下面是碎片页对应的 XML 文件内容，看起来跟列表项与网格项的布局文件差不多。

（完整代码见 chapter08\src\main\res\layout\fragment_static.xml）

```xml
<LinearLayout xmlns:android="http://schemas.android.com/apk/res/android"
    android:layout_width="match_parent"
    android:layout_height="wrap_content"
    android:orientation="horizontal"
    android:background="#bbffbb">
    <TextView
        android:id="@+id/tv_adv"
        android:layout_width="0dp"
        android:layout_height="match_parent"
        android:layout_weight="1"
        android:gravity="center"
        android:text="广告图片" />
    <ImageView
        android:id="@+id/iv_adv"
        android:layout_width="0dp"
        android:layout_height="match_parent"
        android:layout_weight="4"
        android:src="@drawable/adv" />
</LinearLayout>
```

下面是与上述 XML 布局对应的碎片代码，除了继承自 Fragment 与入口方法 onCreateView 两点，其他地方类似活动页面代码。

（完整代码见 chapter08\src\main\java\com\example\chapter08\fragment\StaticFragment.java）

```java
public class StaticFragment extends Fragment implements OnClickListener {
    protected View mView;  // 声明一个视图对象
    protected Context mContext;  // 声明一个上下文对象

    // 创建碎片视图
    @Override
    public View onCreateView(LayoutInflater inflater,ViewGroup
container,Bundle savedInstanceState) {
        mContext = getActivity();  // 获取活动页面的上下文
        // 根据布局文件 fragment_static.xml 生成视图对象
        mView = inflater.inflate(R.layout.fragment_static, container, false);
        TextView tv_adv = mView.findViewById(R.id.tv_adv);
        ImageView iv_adv = mView.findViewById(R.id.iv_adv);
        tv_adv.setOnClickListener(this);  // 设置点击监听器
        iv_adv.setOnClickListener(this);  // 设置点击监听器
        return mView;  // 返回该碎片的视图对象
    }

    @Override
    public void onClick(View v) {
        if (v.getId() == R.id.tv_adv) {
            Toast.makeText(mContext, "您点击了广告文本",
Toast.LENGTH_LONG).show();
        } else if (v.getId() == R.id.iv_adv) {
            Toast.makeText(mContext, "您点击了广告图片",
Toast.LENGTH_LONG).show();
        }
    }
}
```

若想在活动页面的 XML 文件中引用上面定义的 StaticFragment，可以直接添加一个 fragment 节点，但需注意下列两点：

（1）fragment 节点必须指定 id 属性，否则 App 运行会报错。
（2）fragment 节点必须通过 name 属性指定碎片类的完整路径。

下面是在布局文件中引用碎片的 XML 例子。

（完整代码见 chapter08\src\main\res\layout\activity_fragment_static.xml）

```xml
<LinearLayout xmlns:android="http://schemas.android.com/apk/res/android"
    android:layout_width="match_parent"
    android:layout_height="match_parent"
    android:orientation="vertical">
    <!-- 把碎片当作一个控件使用，其中 android:name 指明了碎片来源 -->
    <fragment
        android:id="@+id/fragment_static"
```

```
        android:name="com.example.chapter08.fragment.StaticFragment"
        android:layout_width="match_parent"
        android:layout_height="60dp" />
    <TextView
        android:layout_width="match_parent"
        android:layout_height="wrap_content"
        android:gravity="center"
        android:text="这里是每个页面的具体内容" />
</LinearLayout>
```

运行测试 App，可见碎片所在界面如图 8-27 所示。此时碎片区域仿佛一个视图，其内部控件同样可以接收点击事件。

图 8-27　静态注册的碎片效果

另外，介绍一下碎片在静态注册时的生命周期，像活动的基本生命周期方法 onCreate、onStart、onResume、onPause、onStop、onDestroy，碎片同样也有，而且还多出了下面 5 个生命周期方法。

- onAttach：与活动页面结合。
- onCreateView：创建碎片视图。
- onActivityCreated：在活动页面创建完毕后调用。
- onDestroyView：回收碎片视图。
- onDetach：与活动页面分离。

至于这些周期方法的先后调用顺序，观察日志最简单明了。下面是打开活动页面时的日志信息，此时碎片的 onCreate 方法先于活动的 onCreate 方法，而碎片的 onStart 与 onResume 均在活动的同名方法之后。

```
12:26:11.506: D/StaticFragment: onAttach
12:26:11.506: D/StaticFragment: onCreate
12:26:11.530: D/StaticFragment: onCreateView
12:26:11.530: D/FragmentStaticActivity: onCreate
12:26:11.530: D/StaticFragment: onActivityCreated
12:26:11.530: D/FragmentStaticActivity: onStart
12:26:11.530: D/StaticFragment: onStart
12:26:11.530: D/FragmentStaticActivity: onResume
12:26:11.530: D/StaticFragment: onResume
```

下面是退出活动页面时的日志信息，此时碎片的 onPause、onStop、onDestroy 都在活动的同名方法之前。

```
12:26:36.586: D/StaticFragment: onPause
12:26:36.586: D/FragmentStaticActivity: onPause
```

```
12:26:36.990: D/StaticFragment: onStop
12:26:36.990: D/FragmentStaticActivity: onStop
12:26:36.990: D/StaticFragment: onDestroyView
12:26:36.990: D/StaticFragment: onDestroy
12:26:36.990: D/StaticFragment: onDetach
12:26:36.990: D/FragmentStaticActivity: onDestroy
```

总结一下，在静态注册时，除了碎片的创建操作在页面创建之前，其他操作没有僭越页面范围。就像老实本分的下级，上级开腔后才能说话，上级要做总结性发言前赶紧闭嘴。

8.4.2 碎片的动态注册

碎片拥有两种使用方式，也就是静态注册和动态注册。相比静态注册，实际开发中动态注册用得更多。静态注册是在 XML 文件中直接添加 fragment 节点，而动态注册迟至代码执行时才动态添加碎片。动态生成的碎片基本给翻页视图使用，要知道 ViewPager 和 Fragment 可是一对好搭档。

要想在翻页视图中使用动态碎片，关键在于适配器。在"8.3.1 翻页视图 ViewPager"小节演示翻页功能时，用到了翻页适配器 PagerAdapter。如果结合使用碎片，翻页视图的适配器就要改用碎片适配器 FragmentPagerAdapter。与翻页适配器相比，碎片适配器增加了 getItem 方法用于获取指定位置的碎片，同时去掉了 isViewFromObject、instantiateItem、destroyItem 三个方法，用起来更加容易。下面是一个碎片适配器的实现代码例子。

（完整代码见 chapter08\src\main\java\com\example\chapter08\adapter\MobilePagerAdapter.java）

```java
public class MobilePagerAdapter extends FragmentPagerAdapter {
    private List<GoodsInfo> mGoodsList = new ArrayList<GoodsInfo>(); // 声明
一个商品列表

    // 碎片页适配器的构造方法，传入碎片管理器与商品信息列表
    public MobilePagerAdapter(FragmentManager fm, List<GoodsInfo> goodsList)
{
        super(fm, BEHAVIOR_RESUME_ONLY_CURRENT_FRAGMENT);
        mGoodsList = goodsList;
    }

    // 获取碎片 Fragment 的个数
    public int getCount() {
        return mGoodsList.size();
    }

    // 获取指定位置的碎片 Fragment
    public Fragment getItem(int position) {
        return DynamicFragment.newInstance(position,
                mGoodsList.get(position).pic, mGoodsList.get(position).desc);
    }

    // 获得指定碎片页的标题文本
    public CharSequence getPageTitle(int position) {
```

```
        return mGoodsList.get(position).name;
    }
}
```

上面的适配器代码在 getItem 方法中不调用碎片的构造方法，却调用了 newInstance 方法，目的是给碎片对象传递参数信息。由 newInstance 方法内部先调用构造方法创建碎片对象，再调用 setArguments 方法塞进请求参数，然后在 onCreateView 中调用 getArguments 方法才能取出请求参数。下面是在动态注册时传递请求参数的碎片代码例子：

（完整代码见 chapter08\src\main\java\com\example\chapter08\fragment\DynamicFragment.java）

```
public class DynamicFragment extends Fragment {
    protected View mView;  // 声明一个视图对象
    protected Context mContext;  // 声明一个上下文对象
    private int mPosition;  // 位置序号
    private int mImageId;  // 图片的资源编号
    private String mDesc;  // 商品的文字描述

    // 获取该碎片的一个实例
    public static DynamicFragment newInstance(int position, int image_id,
String desc) {
        DynamicFragment fragment = new DynamicFragment();// 创建该碎片的一个实例
        Bundle bundle = new Bundle();  // 创建一个新包裹
        bundle.putInt("position", position);  // 往包裹存入位置序号
        bundle.putInt("image_id", image_id);  // 往包裹存入图片的资源编号
        bundle.putString("desc", desc);  // 往包裹存入商品的文字描述
        fragment.setArguments(bundle);  // 把包裹塞给碎片
        return fragment;  // 返回碎片实例
    }

    // 创建碎片视图
    public View onCreateView(LayoutInflater inflater,ViewGroup
container,Bundle savedInstanceState) {
        mContext = getActivity();  // 获取活动页面的上下文
        if (getArguments() != null) {  // 如果碎片携带有包裹，就打开包裹获取参数信息
        mPosition = getArguments().getInt("position", 0);  // 从包裹取出位置
序号
        mImageId = getArguments().getInt("image_id", 0);  // 从包裹取出图片
的资源编号
        mDesc = getArguments().getString("desc");  // 从包裹取出商品的文字描述
        }
        // 根据布局文件 fragment_dynamic.xml 生成视图对象
        mView = inflater.inflate(R.layout.fragment_dynamic, container, false);
        ImageView iv_pic = mView.findViewById(R.id.iv_pic);
        TextView tv_desc = mView.findViewById(R.id.tv_desc);
        iv_pic.setImageResource(mImageId);
        tv_desc.setText(mDesc);
        return mView;  // 返回该碎片的视图对象
    }
}
```

现在有了适用于动态注册的适配器与碎片对象，还需要一个活动页面展示翻页视图及其搭配的碎片适配器。下面便是动态注册用到的活动页面代码。

（完整代码见 chapter08\src\main\java\com\example\chapter08\FragmentDynamicActivity.java）

```java
public class FragmentDynamicActivity extends AppCompatActivity {

    @Override
    protected void onCreate(Bundle savedInstanceState) {
        super.onCreate(savedInstanceState);
        setContentView(R.layout.activity_fragment_dynamic);
        List<GoodsInfo> goodsList = GoodsInfo.getDefaultList();
        // 构建一个手机商品的碎片翻页适配器
        MobilePagerAdapter adapter = new MobilePagerAdapter(
                getSupportFragmentManager(), goodsList);
        // 从布局视图中获取名为 vp_content 的翻页视图
        ViewPager vp_content = findViewById(R.id.vp_content);
        vp_content.setAdapter(adapter);  // 设置翻页视图的适配器
        vp_content.setCurrentItem(0);  // 设置翻页视图显示第一页
    }
}
```

运行测试 App，初始的碎片界面如图 8-28 所示，此时默认展示第一个碎片，包含商品图片和商品描述。接着一路滑到最后一页如图 8-29 所示，此时展示了最后一个碎片，可见总体界面效果类似于"8.3.2 翻页标签栏 PagerTabStrip"那样。

图 8-28　翻到第一个碎片界面

图 8-29　翻到最后一个碎片界面

接下来观察动态注册时候的碎片生命周期。按惯例分别在活动代码与碎片代码内部补充生命周期的日志，然后观察 App 运行日志。下面是打开活动页面时的日志信息：

```
12:28:28.074: D/FragmentDynamicActivity: onCreate
12:28:28.074: D/FragmentDynamicActivity: onStart
12:28:28.074: D/FragmentDynamicActivity: onResume
```

```
12:28:28.086: D/DynamicFragment: onAttach position=0
12:28:28.086: D/DynamicFragment: onCreate position=0
12:28:28.114: D/DynamicFragment: onCreateView position=0
12:28:28.114: D/DynamicFragment: onActivityCreated position=0
12:28:28.114: D/DynamicFragment: onStart position=0
12:28:28.114: D/DynamicFragment: onResume position=0
12:28:28.114: D/DynamicFragment: onAttach position=0
12:28:28.114: D/DynamicFragment: onCreate position=0
12:28:28.146: D/DynamicFragment: onCreateView position=1
12:28:28.146: D/DynamicFragment: onStart position=1
12:28:28.146: D/DynamicFragment: onResume position=1
```

下面是退出活动页面时的日志信息：

```
12:28:57.994: D/DynamicFragment: onPause position=0
12:28:57.994: D/DynamicFragment: onPause position=1
12:28:57.994: D/FragmentDynamicActivity: onPause
12:28:58.402: D/DynamicFragment: onStop position=0
12:28:58.402: D/DynamicFragment: onStop position=1
12:28:58.402: D/FragmentDynamicActivity: onStop
12:28:58.402: D/DynamicFragment: onDestroyView position=0
12:28:58.402: D/DynamicFragment: onDestroy position=0
12:28:58.402: D/DynamicFragment: onDetach position=0
12:28:58.402: D/DynamicFragment: onDestroyView position=1
12:28:58.402: D/DynamicFragment: onDestroy position=1
12:28:58.402: D/DynamicFragment: onDetach position=1
12:28:58.402: D/FragmentDynamicActivity: onDestroy
```

日志搜集完毕，分析其中的奥妙，总结一下主要有以下 3 点：

（1）动态注册时，碎片的 onCreate 方法在活动的 onCreate 方法之后，其余方法的先后顺序与静态注册时保持一致。

（2）注意 onActivityCreated 方法，无论是静态注册还是动态注册，该方法都在活动的 onCreate 方法之后，可见该方法的确在页面创建之后才调用。

（3）最重要的一点，进入第一个碎片之际，实际只加载了第一页和第二页，并没有加载所有碎片页，这正是碎片动态注册的优点。无论当前位于哪一页，系统都只会加载当前页及相邻的左右两页，总共加载不超过 3 页。一旦发生页面切换，相邻页面就被加载，非相邻页面就被回收。这么做的好处是节省了宝贵的系统资源，只有用户正在浏览与将要浏览的碎片页才会加载，避免所有碎片页一起加载造成资源浪费，后者正是普通翻页视图的缺点。

8.4.3　改进的启动引导页

接下来将碎片用于实战，对"8.3.3　简单的启动引导页"加以改进。与之前相比，XML 文件不变，改动的都是 Java 代码。下面是用于启动引导页的碎片适配器代码：

（完整代码见 chapter08\src\main\java\com\example\chapter08\adapter\LaunchImproveAdapter.java）

```java
public class LaunchImproveAdapter extends FragmentPagerAdapter {
```

```
private int[] mImageArray;  // 声明一个图片数组

// 碎片页适配器的构造方法，传入碎片管理器与图片数组
public LaunchImproveAdapter(FragmentManager fm, int[] imageArray) {
    super(fm, BEHAVIOR_RESUME_ONLY_CURRENT_FRAGMENT);
    mImageArray = imageArray;
}

// 获取碎片 Fragment 的个数
public int getCount() {
    return mImageArray.length;
}

// 获取指定位置的碎片 Fragment
public Fragment getItem(int position) {
    return LaunchFragment.newInstance(position, mImageArray[position]);
}
}
```

以上的碎片适配器代码倒是简单，原来与视图控件有关的操作都挪到碎片代码当中了，下面是每个启动页的碎片代码例子：

（完整代码见 chapter08\src\main\java\com\example\chapter08\fragment\LaunchFragment.java）

```
public class LaunchFragment extends Fragment {
    protected View mView;  // 声明一个视图对象
    protected Context mContext;  // 声明一个上下文对象
    private int mPosition;  // 位置序号
    private int mImageId;  // 图片的资源编号
    private int mCount = 4;  // 引导页的数量

    // 获取该碎片的一个实例
    public static LaunchFragment newInstance(int position, int image_id) {
        LaunchFragment fragment = new LaunchFragment();  // 创建该碎片的一个实例
        Bundle bundle = new Bundle();  // 创建一个新包裹
        bundle.putInt("position", position);  // 往包裹存入位置序号
        bundle.putInt("image_id", image_id);  // 往包裹存入图片的资源编号
        fragment.setArguments(bundle);  // 把包裹塞给碎片
        return fragment;  // 返回碎片实例
    }

    // 创建碎片视图
    public View onCreateView(LayoutInflater inflater,ViewGroup
container,Bundle savedInstanceState) {
        mContext = getActivity();  // 获取活动页面的上下文
        if (getArguments() != null) {  // 如果碎片携带有包裹，就打开包裹获取参数信息
            mPosition = getArguments().getInt("position", 0);  // 从包裹获取位置序号
            mImageId = getArguments().getInt("image_id", 0);  // 从包裹获取图片的资源编号
        }
```

```
// 根据布局文件 item_launch.xml 生成视图对象
mView = inflater.inflate(R.layout.item_launch, container, false);
ImageView iv_launch = mView.findViewById(R.id.iv_launch);
RadioGroup rg_indicate = mView.findViewById(R.id.rg_indicate);
Button btn_start = mView.findViewById(R.id.btn_start);
iv_launch.setImageResource(mImageId);  // 设置引导页的全屏图片
// 每个页面都分配一个对应的单选按钮
for (int j = 0; j < mCount; j++) {
    RadioButton radio = new RadioButton(mContext);
    radio.setLayoutParams(new LayoutParams(LayoutParams.WRAP_CONTENT,
LayoutParams.WRAP_CONTENT));
        radio.setButtonDrawable(R.drawable.launch_guide);  // 设置单选按钮
的图标
        radio.setPadding(10, 10, 10, 10);  // 设置单选按钮的四周间距
        rg_indicate.addView(radio);  // 把单选按钮添加到页面底部的单选组
    }
// 当前位置的单选按钮要高亮显示，比如第二个引导页就高亮第二个单选按钮
((RadioButton) rg_indicate.getChildAt(mPosition)).setChecked(true);
// 如果是最后一个引导页，则显示入口按钮，以便用户点击按钮进入首页
if (mPosition == mCount - 1) {
    btn_start.setVisibility(View.VISIBLE);
    btn_start.setOnClickListener(new View.OnClickListener() {
        @Override
        public void onClick(View v) {
            // 这里要跳到应用主页
        }
    });
    }
    return mView;  // 返回该碎片的视图对象
    }
}
```

经过碎片改造后的启动引导页，其界面效果跟"8.3.3　简单的启动引导页"是一样的。尽管看不出界面上的差异，但引入碎片之后至少有以下两个好处。

（1）加快启动速度。因为动态注册的碎片，一开始只会加载前两个启动页，对比原来加载所有启动页（至少 4 页），无疑大幅减少了加载页的数量，从而提升了启动速度。

（2）降低代码耦合。把视图操作剥离到单独的碎片代码，不与适配器代码混合在一起，方便后继的代码维护工作。

8.5　实战项目：记账本

人云：你不理财，财不理你。从工作开始，年轻人就要好好管理自己的个人收支。每年的收入减去支出，剩下的结余才是进一步发展的积累资金。记账本便是管理日常收支的好帮手，一个易用的记账本 App 有助于合理安排个人资金。

8.5.1 需求描述

好用的记账本必须具备两项基本功能，一项是记录新账单，另一项是查看账单列表。其中账单的记录操作要求用户输入账单的明细要素，包括账单的发生时间、账单的收支类型（收入还是支出）、账单的交易金额、账单的事由描述等，据此勾勒简易的账单添加界面如图 8-30 所示。账单列表页通常分月展示，每页显示单个月份的账单数据，还要支持在不同月份之间切换。每月的账单数据按照时间从上往下排列，每行的账单明细则需依次展示账单日期、事由描述、交易金额等信息，然后列表末尾展示当月的账单合计情况（总共收入多少、总共支出多少）。根据这些要求描绘的账单列表界面原型如图 8-31 所示。

账单的填写功能对应数据库记录的添加操作，账单的展示功能对应数据库记录的查询操作，数据库记录还有修改和删除操作，分别对应账单的编辑功能和删除功能。账单的编辑页面原型如图 8-32 所示，至于删除操作则由如图 8-33 所示的提示窗控制，点击"是"按钮表示确定删除，点击"否"按钮表示取消删除。

图 8-30　账单填写页面

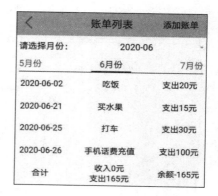

图 8-31　账单列表页面

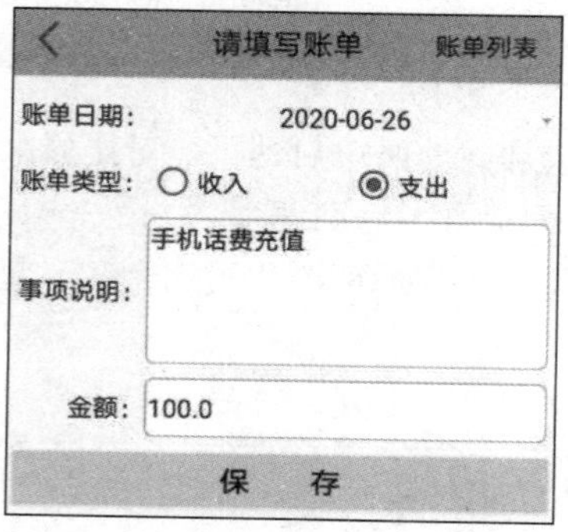

图 8-32　账单编辑页面

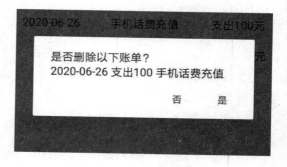

图 8-33　删除账单的提示窗

8.5.2 界面设计

除了文本视图、按钮、编辑框、单选按钮等简单控件之外，记账本还用到了下列控件以及相关的适配器：

- 翻页视图 ViewPager：每页一个月份，一年 12 个月，支持左右滑动，用到了 ViewPager。
- 翻页标签栏 PagerTabStrip：每个账单页上方的月份标题来自 PagerTabStrip。
- 碎片适配器 FragmentPagerAdapter：把 12 个月份的 Fragment 组装到 ViewPager 中，用到了碎片适配器。
- 碎片 Fragment：12 个月份对应 12 个账单页，每页都是一个碎片 Fragment。
- 列表视图 ListView：每月的账单明细从上往下排列，采用了 ListView。
- 基本适配器 BaseAdapter：每行的账单项依次展示账单日期、事由描述、交易金额等信息，需要列表视图搭档基本适配器。
- 提醒对话框 AlertDialog：删除账单项的提示窗用到了 AlertDialog。
- 日期选择对话框 DatePickerDialog：填写账单信息时，要通过 DatePickerDialog 选择账单日期。

记账本的几个页面当中，账单列表页面使用了好几种高级控件，又有翻页视图又有列表视图，以及它们各自的数据适配器，看起来颇为复杂。为方便读者理清该页面的控件联系，图 8-34 列出了从活动页面开始直到账单行的依赖嵌套关系（账单总体页面→每个月份的账单页→每月账单的明细列表→每行的账单信息）。

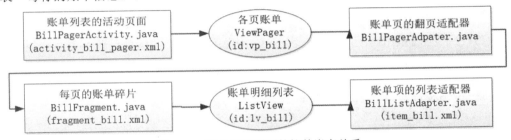

图 8-34 账单列表页面的控件嵌套关系

8.5.3 关键代码

为了方便读者顺利完成记账本的编码开发，下面罗列几处关键的代码实现逻辑。

1. 如何实现日期下拉框

填写账单时间的时候，输入界面默认展示当天日期，用户若想修改账单时间，就要点击日期文本，此时界面弹出日期选择对话框，待用户选完具体日期，再回到主界面展示选定日期的文本。这种实现方式类似于下拉框控件 Spinner，可是点击 Spinner 会弹出文本列表对话框，而非日期选择对话框。尽管 Android 未提供现成的日期下拉框，但是结合文本视图与日期选择对话框，也能实现类似 Spinner 的日期下拉框效果。具体步骤说明如下：

步骤01 在账单填写页面的 XML 文件中添加名为 tv_date 的 TextView，并给它指定 drawableRight 属性，属性值为一个向下三角形的资源图片，也就是让该控件看起来像个下拉框。包含 tv_date 在内的账单时间布局片段示例如下：

（完整代码见 chapter08\src\main\res\layout\activity_bill_add.xml）

```
<LinearLayout
    android:layout_width="match_parent"
    android:layout_height="40dp"
    android:orientation="horizontal">
    <TextView
        android:layout_width="wrap_content"
        android:layout_height="match_parent"
        android:gravity="center|right"
        android:text="账单日期: " />
    <TextView
        android:id="@+id/tv_date"
        android:layout_width="0dp"
        android:layout_height="match_parent"
        android:layout_weight="2"
        android:drawableRight="@drawable/arrow_down"
        android:gravity="center" />
</LinearLayout>
```

步骤 02 回到该页面对应的 Java 代码，给文本视图 tv_date 注册点击监听器，一旦发现用户点击了该视图，就弹出日期选择对话框 DatePickerDialog。下面是控件 tv_date 的点击响应代码例子：

（完整代码见 chapter08\src\main\java\com\example\chapter08\BillAddActivity.java）

```
@Override
public void onClick(View v) {
    if (v.getId() == R.id.tv_date) {
        // 构建一个日期对话框，构造方法的第二个构造参数指定了日期监听器
        DatePickerDialog dialog = new DatePickerDialog(this, this,
                calendar.get(Calendar.YEAR), // 年份
                calendar.get(Calendar.MONTH), // 月份
                calendar.get(Calendar.DAY_OF_MONTH)); // 日期
        dialog.show(); // 显示日期选择对话框
    }
}
```

步骤 03 注意到第二步构建日期对话框时，将日期监听器设在了当前页面，于是令活动代码实现日期变更监听接口 DatePickerDialog.OnDateSetListener，同时还要重写该接口的 onDateSet 方法，一旦发现用户选择了某个日期，就将文本视图 tv_date 设为该日期文本。重写后的 onDateSet 方法代码示例如下：

```
@Override
public void onDateSet(DatePicker view, int year, int month, int dayOfMonth) {
    calendar.set(Calendar.YEAR, year);
    calendar.set(Calendar.MONTH, month);
    calendar.set(Calendar.DAY_OF_MONTH, dayOfMonth);
    tv_date.setText(DateUtil.getDate(calendar));
}
```

2. 如何编辑与删除账单项

需求描述提到既要支持账单的编辑功能，又要支持账单的删除功能，因为账单明细位于列表视图当中，且列表视图允许同时设置列表项的点击监听器和长按监听器，所以可考虑将列表项的点击监听器映射到账单的编辑功能，将列表项的长按监听器映射到账单的删除功能，也就是点击账单项时跳到账单的编辑页面，长按账单项时弹出删除账单的提醒对话框。为此需要在账单的列表页实现下列两个步骤：

步骤 01 给每月账单的列表视图分别注册列表项的点击监听器和长按监听器，注册代码如下：

（完整代码见 chapter08\src\main\java\com\example\chapter08\fragment\BillFragment.java）

```
// 构建一个当月账单的列表适配器
BillListAdapter listAdapter = new BillListAdapter(mContext, mBillList);
lv_bill.setAdapter(listAdapter);  // 设置列表视图的适配器
lv_bill.setOnItemClickListener(listAdapter);  // 设置列表视图的点击监听器
lv_bill.setOnItemLongClickListener(listAdapter);  // 设置列表视图的长按监听器
```

步骤 02 由于第一步将点击监听器和长按监听器设到了列表适配器，因此令 BillListAdapter 分别实现 AdapterView.OnItemClickListener 和 AdapterView.OnItemLongClickListener，并且重写对应的点击方法 onItemClick 与长按方法 onItemLongClick，其中 onItemClick 内部补充页面的跳转逻辑，而 onItemLongClick 内部补充提示窗的处理逻辑。重写之后的点击方法与长按方法代码如下所示：

（完整代码见 chapter08\src\main\java\com\example\chapter08\adapter\BillListAdapter.java）

```
@Override
public void onItemClick(AdapterView<?> parent, View view, int position, long id) {
    BillInfo bill = mBillList.get(position);  // 获得当前位置的账单信息
    // 以下跳转到账单填写页面
    Intent intent = new Intent(mContext, BillAddActivity.class);
    intent.putExtra("xuhao", bill.xuhao);  // 携带账单序号，表示已存在该账单
    mContext.startActivity(intent);// 因为已存在该账单，所以跳过去实际会编辑账单
}

@Override
public boolean onItemLongClick(AdapterView<?> parent, View view, final int
position, long id) {
    BillInfo bill = mBillList.get(position);  // 获得当前位置的账单信息
    AlertDialog.Builder builder = new AlertDialog.Builder(mContext);
    String desc = String.format("是否删除以下账单？\n%s %s%d %s", bill.date,
            bill.type==0?"收入":"支出", (int) bill.amount, bill.desc);
    builder.setMessage(desc);  // 设置提醒对话框的消息文本
    builder.setPositiveButton("是", new DialogInterface.OnClickListener() {
        @Override
        public void onClick(DialogInterface dialog, int which) {
            deleteBill(position);  // 删除该账单
        }
    });
    builder.setNegativeButton("否", null);
    builder.create().show();  // 显示提醒对话框
```

```
        return true;
    }
```

3. 合并账单的添加与编辑功能

上述第二点提到账单编辑页面仍然跳到了 BillAddActivity，然而该页面原本用作账单填写，若想让它同时支持账单编辑功能，则需从意图包裹取出名为 xuhao 的字段，得到上个页面传来的序号数值，通过判断该字段是否为-1，再分别对应处理，后续的处理过程分成以下两个步骤：

步骤 01 若 xuhao 字段的值为-1，则表示不存在原账单的序号，此时应进入账单添加逻辑；若值不为-1，则表示已存在该账单序号，此时应进入账单编辑处理，也就是将数据库中查到的原账单信息展示在各输入框，再由用户酌情修改详细的账单信息。相应的代码逻辑如下所示：

（完整代码见 chapter08\src\main\java\com\example\chapter08\BillAddActivity.java）

```java
private int xuhao; // 如果序号有值，说明已存在该账单
private Calendar calendar = Calendar.getInstance(); // 获取日历实例，里面包含了
当前的年月日
private BillDBHelper mBillHelper; // 声明一个账单数据库的帮助器对象

@Override
protected void onResume() {
    super.onResume();
    xuhao = getIntent().getIntExtra("xuhao", -1);
    mBillHelper = BillDBHelper.getInstance(this); // 获取账单数据库的帮助器对象
    if (xuhao != -1) { // 序号有值，就展示数据库里的账单详情
        List<BillInfo> bill_list = (List<BillInfo>)
mBillHelper.queryById(xuhao);
        if (bill_list.size() > 0) { // 已存在该账单
            BillInfo bill = bill_list.get(0); // 获取账单信息
            Date date = DateUtil.formatString(bill.date);
            calendar.set(Calendar.YEAR, date.getYear()+1900);
            calendar.set(Calendar.MONTH, date.getMonth());
            calendar.set(Calendar.DAY_OF_MONTH, date.getDate());
            if (bill.type == 0) { // 收入
                rb_income.setChecked(true);
            } else { // 支出
                rb_expand.setChecked(true);
            }
            et_desc.setText(bill.desc); // 设置账单的描述文本
            et_amount.setText(""+bill.amount); // 设置账单的交易金额
        }
    }
    tv_date.setText(DateUtil.getDate(calendar)); // 设置账单的发生时间
}
```

步骤 02 保存账单记录之时，也要先判断数据库中是否已经存在对应账单，如果有找到对应的账单记录，那么执行记录更新操作，否则执行记录添加操作。对应的数据库的操作代码示例如下：

（完整代码见 chapter08\src\main\java\com\example\chapter08\database\BillDBHelper.java）

```
public void save(BillInfo bill) {
    // 根据序号寻找对应的账单记录
    List<BillInfo> bill_list = (List<BillInfo>) queryById(bill.xuhao);
    BillInfo info = null;
    if (bill_list.size() > 0) {  // 有找到账单记录
        info = bill_list.get(0);
    }
    if (info != null) {  // 已存在该账单信息，则更新账单
        bill.rowid = info.rowid;
        bill.create_time = info.create_time;
        bill.update_time = DateUtil.getNowDateTime("");
        update(bill);  // 更新数据库记录
    } else {  // 未存在该账单信息，则添加账单
        bill.create_time = DateUtil.getNowDateTime("");
        insert(bill);  // 添加数据库记录
    }
}
```

8.6　小　　结

　　本章主要介绍了 App 开发的高级控件相关知识，包括：下拉列表的用法（下拉框 Spinner、数组适配器 ArrayAdapter、简单适配器 SimpleAdapter）、列表类视图的用法（基本适配器 BaseAdapter、列表视图 ListView、网格视图 GridView）、翻页类视图的基本用法（翻页视图 ViewPager、翻页适配器 PagerAdapter、翻页标签栏 PagerTabStrip）、碎片的两种用法（静态注册方式、动态注册方式、碎片适配器 FragmentPagerAdapter）。中间穿插了实战模块的运用，如改进后的购物车、改进后的启动引导页等。最后设计了一个实战项目"记账本"，在该项目的 App 编码中用到了前面介绍的大部分控件，从而加深了对所学知识的理解。

　　通过本章的学习，读者应该能够掌握以下 4 种开发技能：

（1）学会使用下拉框控件。
（2）学会使用列表视图和网格视图。
（3）学会使用翻页视图与翻页标签栏。
（4）学会通过两种注册方式分别使用碎片。

8.7　课后练习题

一、填空题

1. Spinner 是种多选_____的下拉框控件。

2. 若想在页面中部弹出 Spinner 的列表对话框，要把 spinnerMode 属性设置为_____。

3. 在 XML 文件中，如果 ListView 后面还有其他平级的控件，就要将 ListView 的高度设为_____，同时权重设为1，确保列表视图扩展到剩余的页面区域。

4. 翻页视图 ViewPager 设置当前页面的方法是_____。

5. Fragment 有两种注册方式，分别是_____和_____。

二、判断题（正确打√，错误打×）

1. 简单适配器只能展示纯文本列表。（　）

2. 列表视图只支持列表项的点击事件，不支持列表项的长按事件。（　）

3. 网格视图可以同时指定行数和列数。（　）

4. 引入翻页标签栏 PagerTabStrip，它能够在翻页视图上方显示页面标题。（　）

5. 采取动态注册方式的时候，碎片需要配合翻页视图才能正常使用。（　）

三、选择题

1. 下拉框可使用（　）。
   A．数组适配器　　　　B．简单适配器　　　　C．基本适配器　　　　D．翻页适配器

2. 从 BaseAdapter 派生的数据适配器，要在（　）方法中补充各控件的处理逻辑。
   A．getCount　　　　B．getItem　　　　C．getItemId　　　　D．getView

3. 在列表视图当中，若想不让列表中的控件抢占列表项的焦点，应当将内部视图的焦点抢占方式设置为（　）。
   A．beforeDescendants　　B．afterDescendants　　C．blocksDescendants　　D．不设置

4. 在网格视图当中，若想让每行的剩余空间均匀分配给该行的每个网格，应当将拉伸模式设置为（　）。
   A．none　　　　　　　　　　　　　　B．columnWidth
   C．spacingWidth　　　　　　　　　　D．spacingWidthUniform

5. 若想让翻页视图在滚动结束后触发某种动作，应当重写翻页适配器的（　）方法。
   A．onPageScrolled　　　　　　　　　B．onPageSelected
   C．onPageScrollStateChanged　　　　D．以上 3 个都不是

四、简答题

请简要描述 App 的启动引导页主要采用了哪些控件。

五、动手练习

请上机实验下列 3 项练习：

1. 将第 6 章购物车界面的商品列表改造为列表视图，将商城界面的商品列表改造为网格视图。

2. 联合运用翻页视图与碎片，实现 App 启动之时的欢迎引导页面。

3. 实践本章的记账本项目，要求实现账单的增加、删除、修改、查看功能，并支持账单的列表展示与分月浏览。

第9章

广播组件 Broadcast

本章介绍 Android 4 大组件之一 Broadcast 的基本概念和常见用法。主要包括如何发送和接收应用自身的广播、如何监听和处理设备发出来的系统广播、如何监听因为屏幕变更导致 App 界面改变的状态事件。

9.1 收发应用广播

本节介绍应用广播的几种收发形式,包括如何收发标准广播、如何收发有序广播、如何收发静态广播等。

9.1.1 收发标准广播

App 在运行的时候有各种各样的数据流转,有的数据从上一个页面流向下一个页面,此时可通过意图在活动之间传递包裹;有的数据从应用内存流向存储卡,此时可进行文件读写操作。还有的数据流向千奇百怪,比如活动页面向碎片传递数据,按照"8.4.2 碎片的动态注册"小节的描述,尚可调用 setArguments 和 getArguments 方法存取参数;然而若是由碎片向活动页面传递数据,就没有类似 setResult 这样回馈结果的方法了。

随着 App 工程的代码量日益增长,承载数据流通的管道会越发不够用,好比装修房子的时候,给每个房间都预留了网线插口,只有插上网线才能上网。可是现在联网设备越来越多,除了电脑之外,电视也要联网,平板也要联网,乃至空调都要联网,如此一来网口早就不够用了。那怎样解决众多设备的联网问题呢?原来家家户户都配了无线路由器,路由器向四周发射 WiFi 信号,各设备只要安装了无线网卡,就能接收 WiFi 信号从而连接上网。于是"发射器+接收器"的模式另辟蹊径,比起网线这种固定管道要灵活得多,无须拉线即可随时随地传输数据。

Android 的广播机制正是借鉴了 WiFi 的通信原理,不必搭建专门的通路,就能在发送方与接收方之间建立连接。同时广播（Broadcast）也是 Android 的四大组件之一，它用于 Android 各组件之间的灵活通信，与活动的区别在于：

（1）活动只能一对一通信；而广播可以一对多，一人发送广播，多人接收处理。

（2）对于发送方来说，广播不需要考虑接收方有没有在工作，接收方在工作就接收广播，不在工作就丢弃广播。

（3）对于接收方来说，因为可能会收到各式各样的广播，所以接收方要自行过滤符合条件的广播，之后再解包处理。

与广播有关的方法主要有以下 3 个。

- sendBroadcast：发送广播。
- registerReceiver：注册广播的接收器，可在 onStart 或 onResume 方法中注册接收器。
- unregisterReceiver：注销广播的接收器，可在 onStop 或 onPause 方法中注销接收器。

具体到编码实现上，广播的收发过程可分为 3 个步骤：发送标准广播、定义广播接收器、开关广播接收器，分别说明如下。

1．发送标准广播

广播的发送操作很简单，一共只有两步：先创建意图对象，再调用 sendBroadcast 方法发送广播即可。不过要注意，意图对象需要指定广播的动作名称，如同每个路由器都得给自己的 WiFi 起个名称一般，这样接收方才能根据动作名称判断来的是李逵而不是李鬼。下面是通过点击按钮发送广播的活动页面代码：

（完整代码见 chapter09\src\main\java\com\example\chapter09\BroadStandardActivity.java）

```java
public class BroadStandardActivity extends AppCompatActivity implements
View.OnClickListener {
    // 这是广播的动作名称，发送广播和接收广播都以它作为接头暗号
    private final static String STANDARD_ACTION =
"com.example.chapter09.standard";
    private TextView tv_standard; // 声明一个文本视图对象

    @Override
    protected void onCreate(Bundle savedInstanceState) {
        super.onCreate(savedInstanceState);
        setContentView(R.layout.activity_broad_standard);
        tv_standard = findViewById(R.id.tv_standard);
        findViewById(R.id.btn_send_standard).setOnClickListener(this);
    }

    @Override
    public void onClick(View v) {
      . if (v.getId() == R.id.btn_send_standard) {
            Intent intent = new Intent(STANDARD_ACTION); // 创建指定动作的意图
            sendBroadcast(intent); // 发送标准广播
        }
```

```
    }
}
```

2. 定义广播接收器

广播发出来之后，还得有设备去接收广播，也就是需要广播接收器。接收器主要规定两个事情，一个是接收什么样的广播，另一个是收到广播以后要做什么。由于接收器的处理逻辑大同小异，因此 Android 提供了抽象之后的接收器基类 BroadcastReceiver，开发者自定义的接收器都从 BroadcastReceiver 派生而来。新定义的接收器需要重写 onReceive 方法，方法内部先判断当前广播是否符合待接收的广播名称，校验通过再开展后续的业务逻辑。下面是广播接收器的一个定义代码例子：

```
private String mDesc = "这里查看标准广播的收听信息";
// 定义一个标准广播的接收器
private class StandardReceiver extends BroadcastReceiver {
    // 一旦接收到标准广播，马上触发接收器的 onReceive 方法
    @Override
    public void onReceive(Context context, Intent intent) {
        // 广播意图非空，且接头暗号正确
        if (intent != null && intent.getAction().equals(STANDARD_ACTION)) {
            mDesc = String.format("%s\n%s 收到一个标准广播", mDesc,
DateUtil.getNowTime());
            tv_standard.setText(mDesc);
        }
    }
}
```

3. 开关广播接收器

为了避免资源浪费，还要求合理使用接收器。就像 WiFi 上网，需要上网时才打开 WiFi，不需要上网时就关闭 WiFi。广播接收器也是如此，活动页面启动之后才注册接收器，活动页面停止之际就注销接收器。在注册接收器的时候，允许事先指定只接收某种类型的广播，即通过意图过滤器挑选动作名称一致的广播。接收器的注册与注销代码示例如下：

```
private StandardReceiver standardReceiver; // 声明一个标准广播的接收器实例
@Override
protected void onStart() {
    super.onStart();
    standardReceiver = new StandardReceiver(); // 创建一个标准广播的接收器
    // 创建一个意图过滤器，只处理 STANDARD_ACTION 的广播
    IntentFilter filter = new IntentFilter(STANDARD_ACTION);
    registerReceiver(standardReceiver, filter); // 注册接收器，注册之后才能正常
接收广播
}

@Override
protected void onStop() {
    super.onStop();
    unregisterReceiver(standardReceiver); // 注销接收器，注销之后就不再接收广播
```

```
    }
```

完成上述 3 个步骤后，便构建了广播从发送到接收的完整流程。运行测试 App，初始的广播界面如图 9-1 所示，点击发送按钮触发广播，界面下方立刻刷新广播日志，如图 9-2 所示，可见接收器正确收到广播并成功打印日志。

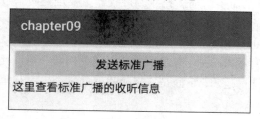

图 9-1　准备接收标准广播

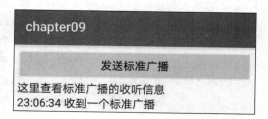

图 9-2　收听到了标准广播

9.1.2　收发有序广播

由于广播没指定唯一的接收者，因此可能存在多个接收器，每个接收器都拥有自己的处理逻辑。这种机制固然灵活，却不够严谨，因为不同接收器之间也许有矛盾。

比如只要办了借书证，大家都能借阅图书馆的藏书，不过一本书被读者甲借出去之后，读者乙就不能再借这本书了，必须等到读者甲归还了该书之后，读者乙方可继续借阅此书。这个借书场景体现了一种有序性，即图书是轮流借阅着的，且同时刻仅能借给一位读者，只有前面的读者借完归还，才轮到后面的读者借阅。另外，读者甲一定会归还此书吗？可能读者甲对该书爱不释手，从图书馆高价买断了这本书；也可能读者甲粗心大意，不小心弄丢了这本书。不管是哪种情况，读者甲都无法还书，导致正在排队的读者乙无书可借。这种借不到书的场景体现了一种依赖关系，即使读者乙迫不及待地想借到书，也得看读者甲的心情，要是读者甲因为各种理由没能还书，那么读者乙就白白排队了。上述的借书业务对应到广播的接收功能，则要求实现下列的处理逻辑：

（1）一个广播存在多个接收器，这些接收器需要排队收听广播，这意味着该广播是条有序广播。

（2）先收到广播的接收器 A，既可以让其他接收器继续收听广播，也可以中断广播不让其他接收器收听。

至于如何实现有序广播的收发，则需完成以下的 3 个编码步骤：

1. 发送广播时要注明这是个有序广播

之前发送标准广播用到了 sendBroadcast 方法，可是该方法发出来的广播是无序的。只有调用 sendOrderedBroadcast 方法才能发送有序广播，具体的发送代码示例如下：

（完整代码见 chapter09\src\main\java\com\example\chapter09\BroadOrderActivity.java）

```
Intent intent = new Intent(ORDER_ACTION);  // 创建一个指定动作的意图
sendOrderedBroadcast(intent, null);  // 发送有序广播
```

2. 定义有序广播的接收器

接收器的定义代码基本不变，也要从 BroadcastReceiver 继承而来，唯一的区别是有序广播的接收器允许中断广播。倘若在接收器的内部代码调用 abortBroadcast 方法，就会中断有序广播，使得后面的接收器不能再接收该广播。下面是有序广播的两个接收器代码例子：

```
private OrderAReceiver orderAReceiver; // 声明有序广播接收器 A 的实例
// 定义一个有序广播的接收器 A
private class OrderAReceiver extends BroadcastReceiver {
    // 一旦接收到有序广播，马上触发接收器的 onReceive 方法
    @Override
    public void onReceive(Context context, Intent intent) {
        if (intent != null && intent.getAction().equals(ORDER_ACTION)) {
            String desc = String.format("%s%s 接收器 A 收到一个有序广播\n",
                    tv_order.getText().toString(), DateUtil.getNowTime());
            tv_order.setText(desc);
            if (ck_abort.isChecked()) {
                abortBroadcast(); // 中断广播，此时后面的接收器无法收到该广播
            }
        }
    }
}

private OrderBReceiver orderBReceiver; // 声明有序广播接收器 B 的实例
// 定义一个有序广播的接收器 B
private class OrderBReceiver extends BroadcastReceiver {
    // 一旦接收到有序广播 B，马上触发接收器的 onReceive 方法
    @Override
    public void onReceive(Context context, Intent intent) {
        if (intent != null && intent.getAction().equals(ORDER_ACTION)) {
            String desc = String.format("%s%s 接收器 B 收到一个有序广播\n",
                    tv_order.getText().toString(), DateUtil.getNowTime());
            tv_order.setText(desc);
            if (ck_abort.isChecked()) {
                abortBroadcast(); // 中断广播，此时后面的接收器无法收到该广播
            }
        }
    }
}
```

3. 注册有序广播的多个接收器

接收器的注册操作同样调用 registerReceiver 方法，为了给接收器排队，还需调用意图过滤器的 setPriority 方法设置优先级，优先级越大的接收器，越先收到有序广播。如果不设置优先级，或者两个接收器的优先级相等，那么越早注册的接收器，会越先收到有序广播。譬如以下的广播注册代码，尽管接收器 A 更早注册，但接收器 B 的优先级更高，结果先收到广播的应当是接收器 B。

```
orderAReceiver = new OrderAReceiver(); // 创建一个有序广播的接收器 A
// 创建一个意图过滤器 A，只处理 ORDER_ACTION 的广播
```

```
IntentFilter filterA = new IntentFilter(ORDER_ACTION);
filterA.setPriority(8);  // 设置过滤器A的优先级，数值越大优先级越高
registerReceiver(orderAReceiver, filterA);  // 注册接收器A，注册之后才能正常接收
广播
orderBReceiver = new OrderBReceiver();  // 创建一个有序广播的接收器B
// 创建一个意图过滤器A，只处理ORDER_ACTION的广播
IntentFilter filterB = new IntentFilter(ORDER_ACTION);
filterB.setPriority(10);  // 设置过滤器B的优先级，数值越大优先级越高
registerReceiver(orderBReceiver, filterB);  // 注册接收器B，注册之后才能正常接收
广播
```

接下来通过测试页面演示有序广播的收发，如果没要求中断广播，则有序广播的接收界面如图 9-3 所示，此时接收器 B 和接收器 A 依次收到了广播；如果要求中断广播，则有序广播的接收界面如图 9-4 所示，此时只有接收器 B 收到了广播。

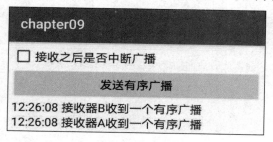

图 9-3　依次接收有序广播

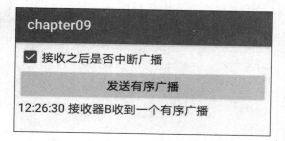

图 9-4　中途打断有序广播

9.1.3　收发静态广播

前面几节使用广播之时，无一例外在代码中注册接收器。可是同为 4 大组件，活动（activity）、服务（service）、内容提供器（provider）都能在 AndroidManifest.xml 注册，为啥广播只能在代码中注册呢？其实广播接收器也能在 AndroidManifest.xml 注册，并且注册时候的节点名为 receiver，一旦接收器在 AndroidManifest.xml 注册，就无须在代码中注册了。

在 AndroidManifest.xml 中注册接收器，该方式被称作静态注册；而在代码中注册接收器，该方式被称作动态注册。之所以罕见静态注册，是因为静态注册容易导致安全问题，故而 Android 8.0 之后废弃了大多数静态注册。话虽如此，Android 倒也没有彻底禁止静态注册，只要满足特定的编码条件，那么依然能够通过静态方式注册接收器。具体注册步骤说明如下。

首先右击当前模块的默认包，依次选择右键菜单的 New→Package，创建名为 receiver 的新包，用于存放静态注册的接收器代码。

其次右击刚创建的 receiver 包，依次选择右键菜单的 New→Other→Broadcast Receiver，弹出如图 9-5 所示的组件创建对话框。

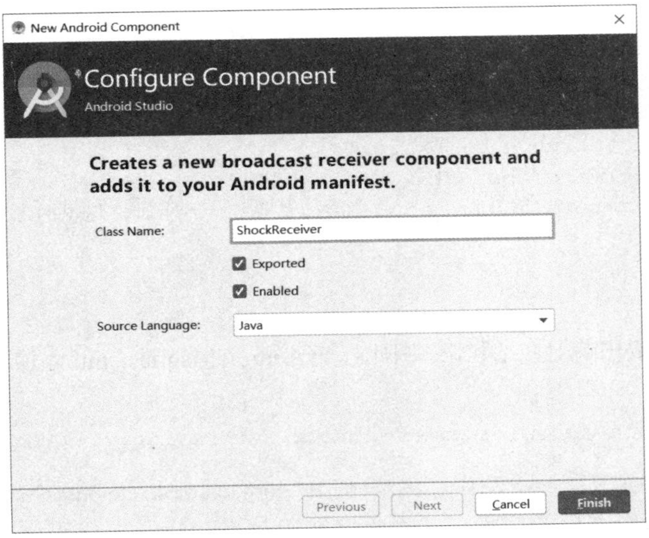

图 9-5　广播组件的创建对话框

在组件创建对话框的 Class Name 一栏填写接收器的类名，比如 ShockReceiver，再单击对话框右下角的 Finish 按钮。之后 Android Studio 自动在 receiver 包内创建代码文件 ShockReceiver.java，且接收器的默认代码如下所示：

```
public class ShockReceiver extends BroadcastReceiver {
    @Override
    public void onReceive(Context context, Intent intent) {
        throw new UnsupportedOperationException("Not yet implemented");
    }
}
```

同时 AndroidManifest.xml 自动添加接收器的节点配置，默认的 receiver 配置如下所示：

```
<receiver
    android:name=".receiver.ShockReceiver"
    android:enabled="true"
    android:exported="true"></receiver>
```

然而自动生成的接收器不仅啥都没干，还丢出一个异常 UnsupportedOperationException。明显这个接收器没法用，为了感知到接收器正在工作，可以考虑在 onReceive 方法中记录日志，也可在该方法中震动手机。因为 ShockReceiver 未依附于任何活动，自然无法直接操作界面控件，所以只能观察程序日志，或者干脆让手机摇晃起来。实现手机震动之时，要调用 getSystemService 方法，先从系统服务 VIBRATOR_SERVICE 获取震动管理器 Vibrator，再调用震动管理器的 vibrate 方法震动手机。包含手机震动功能的接收器代码示例如下：

（完整代码见 chapter09\src\main\java\com\example\chapter09\receiver\ShockReceiver.java）

```
public class ShockReceiver extends BroadcastReceiver {
    // 静态注册时候的 action、发送广播时的 action、接收广播时的 action，三者需要保持一致
    public static final String SHOCK_ACTION = "com.example.chapter09.shock";
```

```
        @Override
        public void onReceive(Context context, Intent intent) {
            if (intent.getAction().equals(ShockReceiver.SHOCK_ACTION)){
                // 从系统服务中获取震动管理器
                Vibrator vb = (Vibrator)
context.getSystemService(Context.VIBRATOR_SERVICE);
                vb.vibrate(500);  // 命令震动器吱吱个若干秒，这里的 500 表示 500 毫秒
            }
        }
    }
```

由于震动手机需要申请对应的权限，因此打开 AndroidManifest.xml 添加以下的权限申请配置：

```
<!-- 震动 -->
<uses-permission android:name="android.permission.VIBRATE" />
```

此外，接收器代码定义了一个动作名称，其值为"com.example.chapter09.shock"，表示 onReceive 方法只处理过滤该动作之后的广播，从而提高接收效率。除了在代码中过滤之外，还能修改 AndroidManifest.xml，在 receiver 节点内部增加 intent-filter 标签加以过滤，添加过滤配置后的 receiver 节点信息如下所示：

```
<receiver
    android:name=".receiver.ShockReceiver"
    android:enabled="true"
    android:exported="true">
    <intent-filter>
        <action android:name="com.example.chapter09.shock" />
    </intent-filter>
</receiver>
```

终于到了发送广播这步，由于 Android 8.0 之后删除了大部分静态注册，防止 App 退出后仍在收听广播，因此为了让应用能够继续接收静态广播，需要给静态广播指定包名，也就是调用意图对象的 setComponent 方法设置组件路径。详细的静态广播发送代码示例如下：

（完整代码见 chapter09\src\main\java\com\example\chapter09\BroadStaticActivity.java）

```
String receiverPath = "com.example.chapter09.receiver.ShockReceiver";
Intent intent = new Intent(ShockReceiver.SHOCK_ACTION);  // 创建一个指定动作的意图
// 发送静态广播之时，需要通过 setComponent 方法指定接收器的完整路径
ComponentName componentName = new ComponentName(this, receiverPath);
intent.setComponent(componentName);  // 设置意图的组件信息
sendBroadcast(intent);  // 发送静态广播
```

经过上述的编码以及配置工作，总算完成了静态广播的发送与接收流程。特别注意，经过整改的静态注册只适用于接收 App 自身的广播，不能接收系统广播，也不能接收其他应用的广播。

运行测试 App，初始的广播发送界面如图 9-6 所示，点击发送按钮触发静态广播，接着接收器收到广播信息，手机随之震动了若干时间，说明静态注册的接收器奏效了。

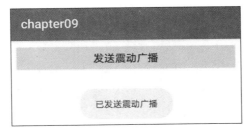

图 9-6　收到静态注册的震动广播

9.2　监听系统广播

本节介绍了几种系统广播的监听办法，包括如何接收分钟到达广播、如何接收网络变更广播、如何监听定时管理器发出的系统闹钟广播等。

9.2.1　接收分钟到达广播

除了应用自身的广播，系统也会发出各式各样的广播，通过监听这些系统广播，App 能够得知周围环境发生了什么变化，从而按照最新环境调整运行逻辑。分钟到达广播便是系统广播之一，每当时钟到达某分零秒，也就是跳到新的分钟时刻，系统就通过全局大喇叭播报分钟广播。App只要在运行时侦听分钟广播 Intent.ACTION_TIME_TICK，即可在分钟切换之际收到广播信息。

由于分钟广播属于系统广播，发送操作已经交给系统了，因此若要侦听分钟广播，App 只需实现该广播的接收操作。具体到编码上，接收分钟广播可分解为下面 3 个步骤：

步骤 01　定义一个分钟广播的接收器，并重写接收器的 onReceive 方法，补充收到广播之后的处理逻辑。

步骤 02　重写活动页面的 onStart 方法，添加广播接收器的注册代码，注意要让接收器过滤分钟到达广播 Intent.ACTION_TIME_TICK。

步骤 03　重写活动页面的 onStop 方法，添加广播接收器的注销代码。

根据上述逻辑编写活动代码，使之监听系统发来的分钟广播，下面是演示页面的活动代码例子：

（完整代码见 chapter09\src\main\java\com\example\chapter09\SystemMinuteActivity.java）

```
public class SystemMinuteActivity extends AppCompatActivity {
    private TextView tv_minute; // 声明一个文本视图对象
    private String desc = "开始侦听分钟广播，请稍等。注意要保持屏幕亮着，才能正常收到
广播";

    @Override
    protected void onCreate(Bundle savedInstanceState) {
        super.onCreate(savedInstanceState);
        setContentView(R.layout.activity_system_minute);
```

```
        tv_minute = findViewById(R.id.tv_minute);
        tv_minute.setText(desc);
    }

    @Override
    protected void onStart() {
        super.onStart();
        timeReceiver = new TimeReceiver();  // 创建一个分钟变更的广播接收器
        // 创建一个意图过滤器，只处理系统分钟变化的广播
        IntentFilter filter = new IntentFilter(Intent.ACTION_TIME_TICK);
        registerReceiver(timeReceiver, filter);  // 注册接收器，注册之后才能正常接
收广播
    }

    @Override
    protected void onStop() {
        super.onStop();
        unregisterReceiver(timeReceiver);  // 注销接收器，注销之后就不再接收广播
    }

    private TimeReceiver timeReceiver;  // 声明一个分钟广播的接收器实例
    // 定义一个分钟广播的接收器
    private class TimeReceiver extends BroadcastReceiver {
        // 一旦接收到分钟变更的广播，马上触发接收器的 onReceive 方法
        @Override
        public void onReceive(Context context, Intent intent) {
            if (intent != null) {
                desc = String.format("%s\n%s 收到一个分钟到达广播%s", desc,
                        DateUtil.getNowTime(), intent.getAction());
                tv_minute.setText(desc);
            }
        }
    }
}
```

运行测试 App，初始界面如图 9-7 所示，稍等片刻直到下一分钟到来，界面马上多了广播日志，如图 9-8 所示，可见此时准点收到了系统发出的分钟到达广播。

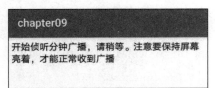

| 图 9-7　准备接收分钟广播 | 图 9-8　收听到了分钟广播 |

9.2.2　接收网络变更广播

除了分钟广播，网络变更广播也很常见，因为手机可能使用 WiFi 上网，也可能使用数据连接

上网，而后者会产生流量费用，所以手机浏览器都提供了"智能无图"的功能，连上 WiFi 网络时才显示网页上的图片，没连上 WiFi 就不显示图片。这类业务场景就要求侦听网络变更广播，对于当前网络变成 WiFi 连接、变成数据连接的两种情况，需要分别判断并加以处理。

接收网络变更广播可分解为下面 3 个步骤：

步骤01 定义一个网络广播的接收器，并重写接收器的 onReceive 方法，补充收到广播之后的处理逻辑。

步骤02 重写活动页面的 onStart 方法，添加广播接收器的注册代码，注意要让接收器过滤网络变更广播 android.net.conn.CONNECTIVITY_CHANGE。

步骤03 重写活动页面的 onStop 方法，添加广播接收器的注销代码。

上述 3 个步骤中，尤为注意第一步骤，因为 onReceive 方法只表示收到了网络广播，至于变成哪种网络，还得把广播消息解包才知道是怎么回事。网络广播携带的包裹中有个名为 networkInfo 的对象，其数据类型为 NetworkInfo，于是调用 NetworkInfo 对象的相关方法，即可获取详细的网络信息。下面是 NetworkInfo 的常用方法说明：

- getType：获取网络类型。网络类型的取值说明见表 9-1。

表 9-1　网络类型的取值说明

ConnectivityManager 类的网络类型	说明
TYPE_WIFI	无线热点 WiFi
TYPE_MOBILE	数据连接
TYPE_WIMAX	WiMAX
TYPE_ETHERNET	以太网
TYPE_BLUETOOTH	蓝牙
TYPE_VPN	虚拟专用网络 VPN

- getTypeName：获取网络类型的名称。
- getSubtype：获取网络子类型。当网络类型为数据连接时，子类型为 2G/3G/4G 的细分类型，如 CDMA、EVDO、HSDPA、LTE 等。网络子类型的取值说明见表 9-2。

表 9-2　网络子类型的取值说明

取值	TelephonyManager 类的网络子类型	制式分类
1	NETWORK_TYPE_GPRS	2G
2	NETWORK_TYPE_EDGE	2G
3	NETWORK_TYPE_UMTS	3G
4	NETWORK_TYPE_CDMA	2G
5	NETWORK_TYPE_EVDO_0	3G
6	NETWORK_TYPE_EVDO_A	3G
7	NETWORK_TYPE_1xRTT	2G
8	NETWORK_TYPE_HSDPA	3G
9	NETWORK_TYPE_HSUPA	3G

（续表）

取值	TelephonyManager 类的网络子类型	制式分类
10	NETWORK_TYPE_HSPA	3G
11	NETWORK_TYPE_IDEN	2G
12	NETWORK_TYPE_EVDO_B	3G
13	NETWORK_TYPE_LTE	4G
14	NETWORK_TYPE_EHRPD	3G
15	NETWORK_TYPE_HSPAP	3G
16	NETWORK_TYPE_GSM	2G
17	NETWORK_TYPE_TD_SCDMA	3G
18	NETWORK_TYPE_IWLAN	4G
20	NETWORK_TYPE_NR	5G

- getSubtypeName：获取网络子类型的名称。
- getState：获取网络状态。网络状态的取值说明见表 9-3。

表 9-3　网络状态的取值说明

NetworkInfo.State 的网络状态	说明
CONNECTING	正在连接
CONNECTED	已连接
SUSPENDED	挂起
DISCONNECTING	正在断开
DISCONNECTED	已断开
UNKNOWN	未知

　　根据梳理后的解包逻辑编写活动代码，使之监听系统发来的网络变更广播，下面是演示页面的代码片段：

　　（完整代码见 chapter09\src\main\java\com\example\chapter09\SystemNetworkActivity.java）

```
@Override
protected void onStart() {
    super.onStart();
    networkReceiver = new NetworkReceiver(); // 创建一个网络变更的广播接收器
    // 创建一个意图过滤器，只处理网络状态变化的广播
    IntentFilter filter = new
IntentFilter("android.net.conn.CONNECTIVITY_CHANGE");
    registerReceiver(networkReceiver, filter); // 注册接收器，注册之后才能正常接收广播
}

@Override
protected void onStop() {
    super.onStop();
    unregisterReceiver(networkReceiver); // 注销接收器，注销之后就不再接收广播
}
```

```
private NetworkReceiver networkReceiver; // 声明一个网络变更的广播接收器实例
// 定义一个网络变更的广播接收器
private class NetworkReceiver extends BroadcastReceiver {
    // 一旦接收到网络变更的广播，马上触发接收器的 onReceive 方法
    @Override
    public void onReceive(Context context, Intent intent) {
        if (intent != null) {
            NetworkInfo networkInfo =
intent.getParcelableExtra("networkInfo");
            String networkClass =
NetworkUtil.getNetworkClass(networkInfo.getSubtype());
            desc = String.format("%s\n%s 收到一个网络变更广播，网络大类为%s, " +
                    "网络小类为%s, 网络制式为%s, 网络状态为%s",
                desc, DateUtil.getNowTime(), networkInfo.getTypeName(),
                networkInfo.getSubtypeName(), networkClass,
                networkInfo.getState().toString());
            tv_network.setText(desc);
        }
    }
}
```

运行测试 App，初始界面如图 9-9 所示，说明手机正在使用数据连接。然后关闭数据连接，再开启 WLAN，此时界面日志如图 9-10 所示，可见 App 果然收到了网络广播，并且正确从广播信息中得知已经切换到了 WiFi 网络。

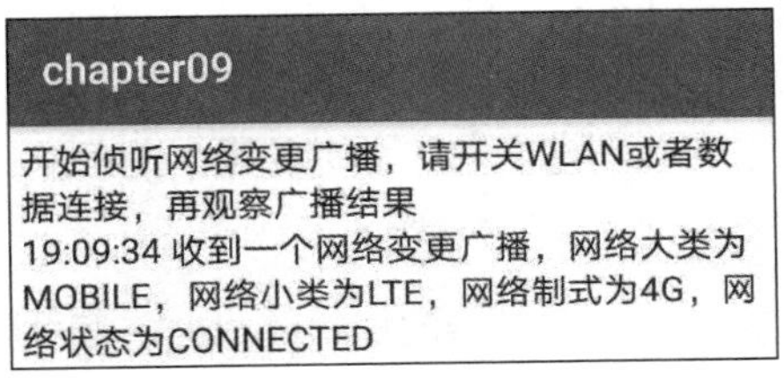

图 9-9　收到数据连接的网络广播

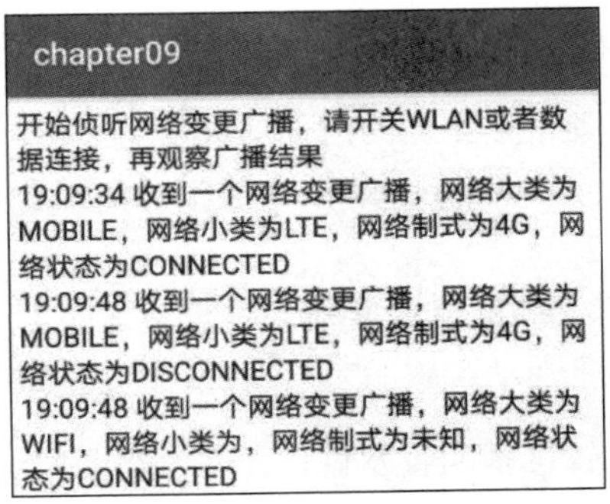

图 9-10　切换到 WiFi 的网络广播

9.2.3　定时管理器 AlarmManager

尽管系统的分钟广播能够实现定时功能（每分钟一次），但是这种定时功能太低级了，既不能定制可长可短的时间间隔，也不能限制定时广播的次数。为此 Android 提供了专门的定时管理器 AlarmManager，它利用系统闹钟定时发送广播，比分钟广播拥有更强大的功能。由于闹钟与震动器同属系统服务，且闹钟的服务名称为 ALARM_SERVICE，因此依然调用 getSystemService 方法获取闹钟管理器的实例，下面是从系统服务中获取闹钟管理器的代码：

```
// 从系统服务中获取闹钟管理器
```

```
AlarmManager alarmMgr = (AlarmManager) getSystemService(ALARM_SERVICE);
```

得到闹钟实例后，即可调用它的各种方法设置闹钟规则了，AlarmManager 的常见方法说明如下：

- set：设置一次性定时器。第一个参数为定时器类型，通常填 larmManager.RTC_WAKEUP；第二个参数为期望的执行时刻（单位为毫秒）；第三个参数为待执行的延迟意图（PendingIntent 类型）。
- setAndAllowWhileIdle：设置一次性定时器，参数说明同 set 方法，不同之处在于：即使设备处于空闲状态，也会保证执行定时器。因为从 Android 6.0 开始，set 方法在暗屏时不保证发送广播，必须调用 setAndAllowWhileIdle 方法才能保证发送广播。
- setRepeating：设置重复定时器。第一个参数为定时器类型；第二个参数为首次执行时间（单位为毫秒）；第三个参数为下次执行的间隔时间（单位为毫秒）；第四个参数为待执行的延迟意图（PendingIntent 类型）。然而从 Android 4.4 开始，setRepeating 方法不保证按时发送广播，只能通过 setAndAllowWhileIdle 方法间接实现重复定时功能。
- cancel：取消指定延迟意图的定时器。

以上的方法说明出现了新名词——延迟意图，它是 PendingIntent 类型，顾名思义，延迟意图不是马上执行的意图，而是延迟若干时间才执行的意图。像之前的活动页面跳转，调用 startActivity 方法跳到下个页面，此时跳转动作是立刻发生的，所以要传入 Intent 对象。由于定时器的广播不是立刻发送的，而是时刻到达了才发送广播，因此不能传 Intent 对象只能传 PendingIntent 对象。当然意图与延迟意图不止一处区别，它们的差异主要有下列 3 点：

（1）PendingIntent 代表延迟的意图，它指向的组件不会马上激活；而 Intent 代表实时的意图，一旦被启动，它指向的组件就会马上激活。

（2）PendingIntent 是一类消息的组合，不但包含目标的 Intent 对象，还包含请求代码、请求方式等信息。

（3）PendingIntent 对象在创建之时便已知晓将要用于活动还是广播，例如调用 getActivity 方法得到的是活动跳转的延迟意图，调用 getBroadcast 方法得到的是广播发送的延迟意图。

就闹钟广播的收发过程而言，需要实现 3 个编码步骤：定义定时器的广播接收器、开关定时器的广播接收器、设置定时器的播报规则，分别叙述如下。

1. 定义定时器的广播接收器

闹钟广播的接收器采用动态注册方式，它的实现途径与标准广播类似，都要从 BroadcastReceiver 派生新的接收器，并重写 onReceive 方法。闹钟广播接收器的定义代码示例如下：

（完整代码见 chapter09\src\main\java\com\example\chapter09\AlarmActivity.java）

```
// 声明一个闹钟广播事件的标识串
private String ALARM_ACTION = "com.example.chapter09.alarm";
private String mDesc = "";  // 闹钟时间到达的描述
// 定义一个闹钟广播的接收器
public class AlarmReceiver extends BroadcastReceiver {
    // 一旦接收到闹钟时间到达的广播，马上触发接收器的 onReceive 方法
```

```
        @Override
        public void onReceive(Context context, Intent intent) {
            if (intent != null) {
                mDesc = String.format("%s\n%s 闹钟时间到达", mDesc,
DateUtil.getNowTime());
                tv_alarm.setText(mDesc);
                // 从系统服务中获取震动管理器
                Vibrator vb = (Vibrator)
context.getSystemService(Context.VIBRATOR_SERVICE);
                vb.vibrate(500);  // 命令震动器吱吱个若干秒
            }
        }
    }
```

2．开关定时器的广播接收器

定时接收器的开关流程参照标准广播，可以在活动页面的 onStart 方法中注册接收器，在活动页面的 onStop 方法中注销接收器。相应的接收器开关代码如下所示：

```
    private AlarmReceiver alarmReceiver;  // 声明一个闹钟的广播接收器
    @Override
    public void onStart() {
        super.onStart();
        alarmReceiver = new AlarmReceiver();  // 创建一个闹钟的广播接收器
        // 创建一个意图过滤器，只处理指定事件来源的广播
        IntentFilter filter = new IntentFilter(ALARM_ACTION);
        registerReceiver(alarmReceiver, filter);  // 注册接收器，注册之后才能正常接收
广播
    }

    @Override
    public void onStop() {
        super.onStop();
        unregisterReceiver(alarmReceiver);  // 注销接收器，注销之后就不再接收广播
    }
```

3．设置定时器的播报规则

首先从系统服务中获取闹钟管理器，然后调用管理器的 set***方法，把事先创建的延迟意图填到播报规则当中。下面是发送闹钟广播的代码例子：

```
    // 发送闹钟广播
    private void sendAlarm() {
        Intent intent = new Intent(ALARM_ACTION);  // 创建一个广播事件的意图
        // 创建一个用于广播的延迟意图
        PendingIntent pIntent = PendingIntent.getBroadcast(this, 0,
                intent, PendingIntent.FLAG_UPDATE_CURRENT);
        // 从系统服务中获取闹钟管理器
        AlarmManager alarmMgr = (AlarmManager) getSystemService(ALARM_SERVICE);
        long delayTime = System.currentTimeMillis() + mDelay*1000;  // 给当前时间
加上若干秒
        if (Build.VERSION.SDK_INT >= Build.VERSION_CODES.M) {
```

```
                // 允许在空闲时发送广播，Android 6.0 之后新增的方法
                alarmMgr.setAndAllowWhileIdle(AlarmManager.RTC_WAKEUP, delayTime,
pIntent);
            } else {
                // 设置一次性闹钟，延迟若干秒后，携带延迟意图发送闹钟广播
                alarmMgr.set(AlarmManager.RTC_WAKEUP, delayTime, pIntent);
            }
        }
```

完成上述的 3 个步骤之后，运行测试 App，点击"设置闹钟"按钮，界面下方回显闹钟的设置信息，如图 9-11 所示。稍等片刻，发现回显文本多了一行日志，如图 9-12 所示，同时手机也嗡嗡震动了一会，对比日志时间可知，闹钟广播果然在设定的时刻触发且收听了。

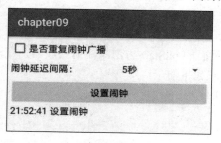

图 9-11　刚刚设置闹钟

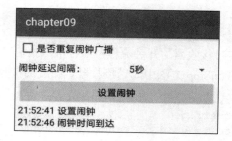

图 9-12　收到闹钟广播

至于闹钟的重复播报问题，因为 setRepeating 方法不再可靠，所以要修改闹钟的收听逻辑，在 onReceive 末尾补充调用 sendAlarm 方法，确保每次收到广播之后立即准备下一个广播。调整以后的 onReceive 方法代码示例如下：

```
public void onReceive(Context context, Intent intent) {
    if (intent != null) {
        // 这里省略现有的广播处理代码
        if (ck_repeate.isChecked()) {  // 需要重复闹钟广播
            sendAlarm();  // 发送闹钟广播
        }
    }
}
```

9.3　捕获屏幕的变更事件

本节介绍几种屏幕变更事件的捕获办法，包括如何监听竖屏与横屏之间的切换事件、如何监听从 App 界面回到桌面的事件、如何监听从 App 界面切换到任务列表的事件等。

9.3.1　竖屏与横屏切换

除了系统广播之外，App 所处的环境也会影响运行，比如手机有竖屏与横屏两种模式，竖屏

时水平方向较短而垂直方向较长，横屏时水平方向较长而垂直方向较短。两种屏幕方向不但造成 App 界面的展示差异，而且竖屏和横屏切换之际，甚至会打乱 App 的生命周期。

接下来做个实验观察屏幕方向切换给生命周期带来的影响，现有一个测试页面 ActTestActivity.java，参考第 4 章的"4.1.2　Activity 的生命周期"，它的活动代码重写了主要的生命周期方法，在每个周期方法中都打印状态日志，完整代码见 chapter09\src\main\java\com\example\chapter09\ActTestActivity.java。运行测试 App，初始的竖屏界面如图 9-13 所示；接着旋转手机使之处于横屏，测试 App 也跟着转过来，此时横屏界面如图 9-14 所示。

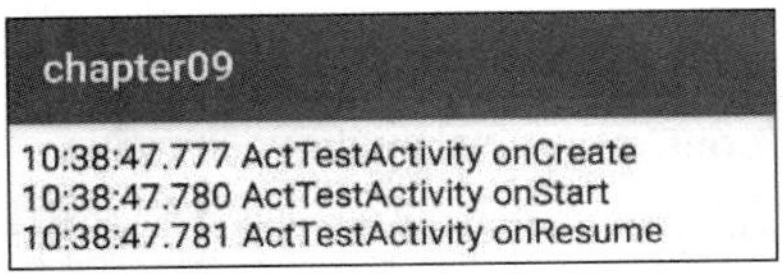

图 9-13　初始的竖屏界面 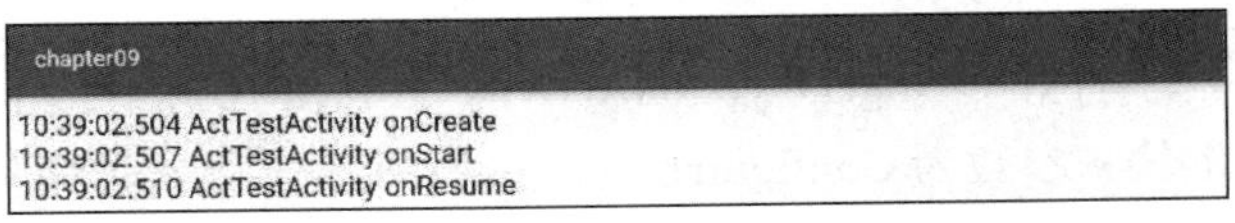　　　　　　　　图 9-14　切换到横屏界面

对比图 9-13 的竖屏界面和图 9-14 的横屏界面，发现二者打印的生命周期时间居然是不一样的，而且横屏界面的日志时间全部在竖屏界面的日志时间后面，说明 App 从竖屏变为横屏的时候，整个活动页面又重头创建了一遍。可是这个逻辑明显不对劲啊，从竖屏变为横屏，App 界面就得重新加载；再从横屏变回竖屏，App 界面又得重新加载，如此反复重启页面，无疑非常浪费系统资源。

为了避免横竖屏切换时重新加载界面的情况，Android 设计了一种配置变更机制，在指定的环境配置发生变更之时，无须重启活动页面，只需执行特定的变更行为。该机制的编码过程分为两步：修改 AndroidManifest.xml、修改活动页面的 Java 代码，详细说明如下。

1. 修改 AndroidManifest.xml

首先创建新的活动页面 ChangeDirectionActivity，再打开 AndroidManifest.xml，看到该活动对应的节点配置是下面这样的：

```
<activity android:name=".ChangeDirectionActivity" />
```

给这个 activity 节点增加 android:configChanges 属性，并将属性值设为 "orientation|screenLayout|screenSize"，修改后的节点配置如下所示：

```
<activity
    android:name=".ChangeDirectionActivity"
    android:configChanges="orientation|screenLayout|screenSize" />
```

新属性 configChanges 的意思是，在某些情况之下，配置项变更不用重启活动页面，只需调用 onConfigurationChanged 方法重新设定显示方式。故而只要给该属性指定若干豁免情况，就能避免无谓的页面重启操作了，配置变更豁免情况的取值说明见表 9-4。

表 9-4　配置变更豁免情况的取值说明

configChanges 属性的取值	说明
orientation	屏幕方向发生改变
screenLayout	屏幕的显示发生改变，例如在全屏和分屏之间切换
screenSize	屏幕大小发生改变，例如在竖屏与横屏之间切换
keyboard	键盘发生改变，例如使用了外部键盘

（续表）

configChanges 属性的取值	说明
keyboardHidden	软键盘弹出或隐藏
navigation	导航方式发生改变，例如采用了轨迹球导航
fontScale	字体比例发生改变，例如在系统设置中调整默认字体
locale	设备的本地位置发生改变，例如切换了系统语言
uiMode	用户界面的模式发生改变，例如开启了夜间模式

2. 修改活动页面的 Java 代码

打开 ChangeDirectionActivity 的 Java 代码，重写活动的 onConfigurationChanged 方法，该方法的输入参数为 Configuration 类型的配置对象，根据配置对象的 orientation 属性，即可判断屏幕的当前方向是竖屏还是横屏，再补充对应的代码处理逻辑。下面是重写了 onConfigurationChanged 方法的活动代码例子：

（完整代码见 chapter09\src\main\java\com\example\chapter09\ChangeDirectionActivity.java）

```java
public class ChangeDirectionActivity extends AppCompatActivity {
    private TextView tv_monitor;  // 声明一个文本视图对象
    private String mDesc = "";  // 屏幕变更的描述说明

    @Override
    protected void onCreate(Bundle savedInstanceState) {
        super.onCreate(savedInstanceState);
        setContentView(R.layout.activity_change_direction);
        tv_monitor = findViewById(R.id.tv_monitor);
    }

    // 在配置项变更时触发。比如屏幕方向发生变更，等等
    @Override
    public void onConfigurationChanged(Configuration newConfig) {
        super.onConfigurationChanged(newConfig);
        switch (newConfig.orientation) {  // 判断当前的屏幕方向
            case Configuration.ORIENTATION_PORTRAIT:  // 切换到竖屏
                mDesc = String.format("%s%s %s\n", mDesc,
                        DateUtil.getNowTime(), "当前屏幕为竖屏方向");
                tv_monitor.setText(mDesc);
                break;
            case Configuration.ORIENTATION_LANDSCAPE:  // 切换到横屏
                mDesc = String.format("%s%s %s\n", mDesc,
                        DateUtil.getNowTime(), "当前屏幕为横屏方向");
                tv_monitor.setText(mDesc);
                break;
            default:
                break;
        }
    }
}
```

运行测试 App，一开始手机处于竖屏界面，旋转手机使之切为横屏状态，此时 App 界面如图 9-15 所示，可见 App 成功获知了变更后的屏幕方向。反向旋转手机使之切回竖屏状态，此时 App 界面如图 9-16 所示，可见 App 同样监听到了最新的屏幕方向。

图 9-15　切为横屏状态的界面 　　　　　　图 9-16　切回竖屏状态的界面

经过上述两个步骤的改造，每次横竖屏的切换操作都不再重启界面，只会执行 onConfigurationChanged 方法的代码逻辑，从而节省了系统的资源开销。

如果希望 App 始终保持竖屏界面，即使手机旋转为横屏也不改变 App 的界面方向，可以修改 AndroidManifest.xml，给 activity 节点添加 android:screenOrientation 属性，并将该属性设置为 portrait 表示垂直方向，也就是保持竖屏界面；若该属性为 landscape 则表示水平方向，也就是保持横屏界面。修改后的 activity 节点示例如下：

```
<activity android:name=".ActTestActivity"
          android:screenOrientation="portrait" />
```

9.3.2　回到桌面与切换到任务列表

App 不但能监测手机屏幕的方向变更，还能获知回到桌面的事件，连打开任务列表的事件也能实时得知。回到桌面与打开任务列表都由按键触发，例如按下主页键会回到桌面，按下任务键会打开任务列表。虽然这两个操作看起来属于按键事件，但系统并未提供相应的按键处理方法，而是通过广播发出事件信息。

因此，若想知晓是否回到桌面，以及是否打开任务列表，均需收听系统广播 Intent.ACTION_CLOSE_SYSTEM_DIALOGS。至于如何区分当前广播究竟是回到桌面还是打开任务列表，则要从广播意图中获取原因 reason 字段，该字段值为 homekey 时表示回到桌面，值为 recentapps 时表示打开任务列表。接下来演示一下此类广播的接收过程。

首先定义一个广播接收器，只处理动作为 Intent.ACTION_CLOSE_SYSTEM_DIALOGS 的系统广播，并判断它是主页键来源还是任务键来源。该接收器的代码定义示例如下：

（完整代码见 chapter09\src\main\java\com\example\chapter09\ReturnDesktopActivity.java）

```
// 定义一个返回到桌面的广播接收器
private class DesktopRecevier extends BroadcastReceiver {
    // 在收到返回桌面广播时触发
    @Override
    public void onReceive(Context context, Intent intent) {
        if (intent.getAction().equals(Intent.ACTION_CLOSE_SYSTEM_DIALOGS)) {
            String reason = intent.getStringExtra("reason"); // 获取变更原因
            // 按下了主页键或者任务键
            if (!TextUtils.isEmpty(reason) && (reason.equals("homekey")
                    || reason.equals("recentapps"))) {
```

```
                    showChangeStatus(reason);    // 显示变更的状态
                }
            }
        }
    }
```

接着在活动页面的 onCreate 方法中注册接收器，在 onDestroy 方法中注销接收器，其中接收器的注册代码如下所示：

```
private DesktopRecevier desktopRecevier;    // 声明一个返回桌面的广播接收器对象
// 初始化桌面广播
private void initDesktopRecevier() {
    desktopRecevier = new DesktopRecevier();    // 创建一个返回桌面的广播接收器
    // 创建一个意图过滤器，只接收关闭系统对话框（即返回桌面）的广播
    IntentFilter intentFilter = new
IntentFilter(Intent.ACTION_CLOSE_SYSTEM_DIALOGS);
    registerReceiver(desktopRecevier, intentFilter);    // 注册接收器，注册之后才
能正常接收广播
}
```

可是监听回到桌面的广播能用来干什么呢？一种用处是开启 App 的画中画模式，比如原先应用正在播放视频，回到桌面时势必要暂停播放，有了画中画模式之后，可将播放界面缩小为屏幕上的一个小方块，这样即使回到桌面也能继续观看视频。注意从 Android 8.0 开始才提供画中画模式，故而代码需要判断系统版本，下面是进入画中画模式的代码例子：

```
// 显示变更的状态
private void showChangeStatus(String reason) {
    mDesc = String.format("%s%s 按下了%s 键\n", mDesc, DateUtil.getNowTime(),
reason);
    tv_monitor.setText(mDesc);
    if (Build.VERSION.SDK_INT >= Build.VERSION_CODES.O
            && !isInPictureInPictureMode()) {// 当前未开启画中画，则开启画中画模式
    // 创建画中画模式的参数构建器
        PictureInPictureParams.Builder builder = new
PictureInPictureParams.Builder();
        // 设置宽高比例值，第一个参数表示分子，第二个参数表示分母
        // 下面的10/5=2，表示画中画窗口的宽度是高度的两倍
        Rational aspectRatio = new Rational(10,5);
        builder.setAspectRatio(aspectRatio);    // 设置画中画窗口的宽高比例
        // 进入画中画模式，注意 enterPictureInPictureMode 是 Android 8.0 之后新增的方法
        enterPictureInPictureMode(builder.build());
    }
}
```

以上代码用于开启画中画模式，但有时希望在进入画中画之际调整界面，则需重写活动的
onPictureInPictureModeChanged 方法，该方法在应用进入画中画模式或退出画中画模式时触发，在此可补充相应的处理逻辑。重写后的方法代码示例如下：

```
// 在进入画中画模式或退出画中画模式时触发
@Override
public void onPictureInPictureModeChanged(boolean isInPicInPicMode,
```

```
Configuration newConfig) {
        super.onPictureInPictureModeChanged(isInPicInPicMode, newConfig);
        if (isInPicInPicMode) {  // 进入画中画模式
        } else {  // 退出画中画模式
        }
}
```

另外，画中画模式要求在 AndroidManifest.xml 中开启画中画支持，也就是给 activity 节点添加 supportsPictureInPicture 属性并设为 true，添加新属性之后的 activity 配置示例如下：

```
<activity android:name=".ReturnDesktopActivity"
        android:configChanges="orientation|screenLayout|screenSize"
        android:supportsPictureInPicture="true"
        android:theme="@style/AppCompatTheme" />
```

运行测试 App，正常的竖屏界面如图 9-17 所示。

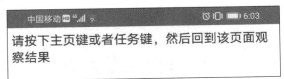

图 9-17　App 正常的竖屏界面

然后按下主页键，在回到桌面的同时，该应用自动开启画中画模式，变成悬浮于桌面的小窗，如图 9-18 所示。点击小窗会变成大窗，如图 9-19 所示，再次点击大窗才退出画中画模式，重新打开应用的完整界面。

图 9-18　开启了画中画模式的小窗

图 9-19　点击小窗变成大窗

9.4 小 结

本章主要介绍广播组件——Broadcast 的常见用法，包括：正确收发应用广播（收发标准广播、收发有序广播、收发静态广播）、正确监听系统广播（接收分钟到达广播、接收网络变更广播、定时管理器 AlarmManager）、正确捕获屏幕的变更事件（竖屏与横屏切换、回到桌面与切到任务列表）。

通过本章的学习，读者应该能掌握以下 3 种开发技能：

（1）了解广播的应用场景，并学会正确收发应用广播。
（2）了解常见的系统广播，并学会正确监听系统广播。
（3）了解屏幕变更的产生条件，并学会捕捉屏幕变更事件。

9.5 课后练习题

一、填空题

1．活动只能一对一通信，而广播可以_____通信。
2．通过静态方式注册广播，就要在 AndroidManifest.xml 中添加名为_____的接收器标签。
3．_____代表延迟的意图，它指向的组件不会马上激活。
4．手机的屏幕方向默认是_____。
5．开启_____模式之后，可将 App 界面缩小为屏幕上的一个方块。

二、判断题（正确打√，错误打×）

1．标准广播是无序的，有可能后面注册的接收器反而比前面注册的接收器先收到广播。（ ）
2．通过 setPriority 方法设置优先级，优先级越小的接收器，越先收到有序广播。（ ）
3．普通应用能够通过静态注册方式来监听系统广播。（ ）
4．闹钟管理器 AlarmManager 的 setRepeating 方法保证能够按时发送广播。（ ）
5．旋转手机使得屏幕由竖屏变为横屏，App 默认会重新加载整个页面（先销毁原页面再创建新页面）。（ ）

三、选择题

1．在接收器内部调用（ ）方法，就会中断有序广播。
    A．abortBroadcast   B．cancelBroadcast   C．interrupt   D．sendBroadcast
2．android.permission.VIBRATE 表达的是（ ）权限。
    A．呼吸灯   B．麦克风   C．闹钟   D．震动器
3．网络类型（ ）表示手机的数据连接（含 2G/3G/4G/5G）。
    A．TYPE_WIFI   B．TYPE_MOBILE

　　　C．TYPE_WIMAX　　　　　　　　D．TYPE_ETHERNET

4．网络状态（　　）表示已经连接。

　　A．CONNECTING　　　　B．CONNECTED　　　C．SUSPENDED　　D．DISCONNECTED

5．（　　）属于 configChanges 属性配置的显示变更豁免情况。

　　A．orientation　　　　　B．screenLayout　　　　C．screenSize　　　D．keyboard

四、简答题

请简要描述收发标准广播的主要步骤。

五、动手练习

请上机实验下列 3 项练习：

1．通过设置不同的优先级，实现有序广播的正确收发。

2．通过监听网络变更广播，判断当前位于哪种网络。

3．通过监听回到桌面广播，实现 App 的画中画模式。

第10章

自定义控件

本章介绍 App 开发中的一些自定义控件技术，主要包括：视图是如何从无到有构建出来的、如何改造已有的控件变出新控件、如何通过持续绘制实现简单动画。然后结合本章所学的知识，演示了一个实战项目"广告轮播"的设计与实现。

10.1　视图的构建过程

本节介绍了一个视图的构建过程，包括：如何编写视图的构造方法，4 种构造方法之间有什么区别；如何测量实体的实际尺寸，包含文本、图像、线性视图的测量办法；如何利用画笔绘制视图的界面，并说明 onDraw 方法与 dispatchDraw 方法的先后执行顺序。

10.1.1　视图的构造方法

Android 自带的控件往往外观欠佳，开发者常常需要修改某些属性，比如按钮控件 Button 就有好几个问题，其一字号太小，其二文字颜色太浅，其三字母默认大写。于是 XML 文件中的每个 Button 节点都得添加 textSize、textColor、textAllCaps 3 个属性，以便定制按钮的字号、文字颜色和大小写开关，就像下面这样：

```
<Button
    android:layout_width="match_parent"
    android:layout_height="wrap_content"
    android:text="Hello World"
    android:textAllCaps="false"
    android:textColor="#000000"
    android:textSize="20sp" />
```

如果只是一两个按钮控件倒还好办，倘若 App 的许多页面都有很多 Button，为了统一按钮风格，就得给全部 Button 节点都加上这些属性。要是哪天产品大姐心血来潮，命令所有按钮统统换成另一种风格，如此多的 Button 节点只好逐个修改过去，令人苦不堪言。为此可以考虑把按钮样式提炼出来，将统一的按钮风格定义在某个地方，每个 Button 节点引用统一样式便行。为此打开 res/values 目录下的 styles.xml，在 resources 节点内部补充如下所示的风格配置定义：

```
<style name="CommonButton">
    <item name="android:textAllCaps">false</item>
    <item name="android:textColor">#000000</item>
    <item name="android:textSize">20sp</item>
</style>
```

接着回到 XML 布局文件中，给 Button 节点添加形如 "style="@style/样式名称"" 的引用说明，表示当前控件将覆盖指定的属性样式，添加样式引用后的 Button 节点如下所示：

（完整代码见 chapter10\src\main\res\layout\activity_custom_button.xml）

```
<Button
    android:layout_width="match_parent"
    android:layout_height="wrap_content"
    android:text="这是来自 style 的 Button"
    style="@style/CommonButton"/>
```

运行测试 App，打开按钮界面如图 10-1 所示，对比默认的按钮控件，可见通过 style 引用的按钮果然变了个模样。以后若要统一更换所有按钮的样式，只需修改 styles.xml 中的样式配置即可。

图 10-1　通过 style 属性设置样式的按钮界面

然而样式引用仍有不足之处，因为只有 Button 节点添加了 style 属性才奏效，要是忘了添加 style 属性就不管用了，而且样式引用只能修改已有的属性，不能添加新属性，也不能添加新方法。若想更灵活地定制控件外观，就要通过自定义控件实现了。

自定义控件听起来很复杂的样子，其实并不高深，不管控件还是布局，它们本质上都是一个 Java 类，也拥有自身的构造方法。以视图基类 View 为例，它有 4 个构造方法，分别是：

（1）带一个参数的构造方法 public View(Context context)，在 Java 代码中通过 new 关键字创建视图对象时，会调用这个构造方法。

（2）带两个参数的构造方法 public View(Context context, AttributeSet attrs)，在 XML 文件中添加视图节点时，会调用这个构造方法。

（3）带 3 个参数的构造方法 public View(Context context, AttributeSet attrs, int defStyleAttr)，采取默认的样式属性时，会调用这个构造方法。如果 defStyleAttr 填 0，则表示没有默认的样式。

（4）带 4 个参数的构造方法 public View(Context context, AttributeSet attrs, int defStyleAttr, int defStyleRes)，采取默认的样式资源时，会调用这个构造方法。如果 defStyleRes 填 0，则表示无样

式资源。

以上的 4 种构造方法中，前两种必须实现，否则要么不能在代码中创建视图对象，要么不能在 XML 文件中添加视图节点；至于后两种构造方法，则与 styles.xml 中的样式配置有关。先看带 3 个参数的构造方法，第 3 个参数 defStyleAttr 的意思是指定默认的样式属性，这个样式属性在 res/values 下面的 attrs.xml 中配置，如果 values 目录下没有 attrs.xml 就创建该文件，并填入以下的样式属性配置：

```
<resources>
    <declare-styleable name="CustomButton">
        <attr name="customButtonStyle" format="reference" />
    </declare-styleable>
</resources>
```

以上的配置内容表明了属性名称为 customButtonStyle，属性格式为引用类型 reference，也就是实际样式在别的地方定义，这个地方便是 styles.xml 中定义的样式配置。可是 customButtonStyle 怎样与 styles.xml 里的 CommonButton 样式关联起来呢？每当开发者创建新项目时，AndroidManifest.xml 的 application 节点都设置了主题属性，通常为 android:theme="@style/AppTheme"，这个默认主题来自于 styles.xml 的 AppTheme，打开 styles.xml 发现文件开头的 AppTheme 配置定义如下所示：

```
<style name="AppTheme" parent="Theme.AppCompat.Light.DarkActionBar">
    <item name="colorPrimary">@color/colorPrimary</item>
    <item name="colorPrimaryDark">@color/colorPrimaryDark</item>
    <item name="colorAccent">@color/colorAccent</item>
    <item name="customButtonStyle">@style/CommonButton</item>
</style>
```

原来 App 的默认主题源自 Theme.AppCompat.Light.DarkActionBar，其中的 Light 表示这是亮色主题，DarkActionBar 表示顶部标题栏是暗色的，内部的 3 个 color 项指定了该主题采用的部分颜色。现在给 AppTheme 添加一项 customButtonStyle，并指定该项的样式为@style/CommonButton，修改后的 AppTheme 配置示例如下：

```
<style name="AppTheme" parent="Theme.AppCompat.Light.DarkActionBar">
    <item name="colorPrimary">@color/colorPrimary</item>
    <item name="colorPrimaryDark">@color/colorPrimaryDark</item>
    <item name="colorAccent">@color/colorAccent</item>
    <item name="customButtonStyle">@style/CommonButton</item>
</style>
```

接着到 Java 代码包中编写自定义的按钮控件，控件代码如下所示，注意在 defStyleAttr 处填上默认的样式属性 R.attr.customButtonStyle。

（完整代码见 chapter10\src\main\java\com\example\chapter10\widget\CustomButton.java）

```java
public class CustomButton extends Button {
    public CustomButton(Context context) {
        super(context);
    }
    public CustomButton(Context context, AttributeSet attrs) {
```

```
        this(context, attrs, R.attr.customButtonStyle);  // 设置默认的样式属性
    }
    public CustomButton(Context context, AttributeSet attrs, int defStyleAttr) {
        super(context, attrs, defStyleAttr);
    }
}
```

然后打开测试界面的 XML 布局文件 activity_custom_button.xml，添加如下所示的自定义控件节点 CustomButton：

（完整代码见 chapter10\src\main\res\layout\activity_custom_button.xml）

```
<!-- 注意自定义控件需要指定该控件的完整路径 -->
<com.example.chapter10.widget.CustomButton
    android:layout_width="match_parent"
    android:layout_height="wrap_content"
    android:text="这是自定义的 Button"
    android:background="#ffff00"/>
```

运行测试 App，此时按钮界面如图 10-2 所示，可见第三个按钮也就是自定义的按钮控件字号变大、文字变黑，同时按钮的默认背景不见了，文字也不居中对齐了。

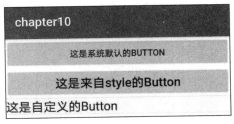

图 10-2　通过自定义控件的按钮界面

查看系统自带的按钮 Button 源码，发现它的构造方法是下面这样的：

```
public Button(Context context, AttributeSet attrs) {
    this(context, attrs, com.android.internal.R.attr.buttonStyle);
}
```

可见按钮控件的默认样式都写在系统内核的 com.android.internal.R.attr.buttonStyle 之中了，难怪 Button 与 TextView 的外观有所差异，原来是默认的样式属性造成的。

不过 defStyleAttr 的实现过程稍显繁琐，既要在 styles.xml 中配置好样式，又要在 attrs.xml 中添加样式属性定义，末了还得在 App 的当前主题中关联样式属性与样式配置。为简化操作，视图对象带 4 个参数的构造方法便派上用场了，第 4 个参数 defStyleRes 允许直接传入样式配置的资源名称，例如 R.style.CommonButton 就能直接指定当前视图的样式风格，于是 defStyleAttr 的 3 个步骤简化为 defStyleRes 的一个步骤，也就是只需在 styles.xml 中配置样式风格。此时自定义控件的代码就要将后两个构造方法改成下面这样：

```
public CustomButton(Context context, AttributeSet attrs, int defStyleAttr) {
    // 下面不使用 defStyleAttr，直接使用 R.style.CommonButton 定义的样式
    this(context, attrs, 0, R.style.CommonButton);
}
```

```
@SuppressLint("NewApi")
public CustomButton(Context context, AttributeSet attrs, int defStyleAttr, int
defStyleRes) {
    super(context, attrs, defStyleAttr, defStyleRes);
}
```

由于 styles.xml 定义的样式风格允许用在多个地方，包括：XML 文件中的 style 属性、构造方法中的 defStyleAttr（对应当前主题）、构造方法中的 defStyleRes，如果这三处地方分别引用了不同的样式，控件又该呈现什么样的风格呢？对于不同来源的样式配置，Android 给每个来源都分配了优先级，优先级越大的来源，其样式会优先展示。至于上述的三处来源，它们之间的优先级顺序为：style 属性>defStyleAttr>defStyleRes，也就是说，XML 文件的 style 属性所引用的样式资源优先级最高，而 defStyleRes 所引用的样式资源优先级最低。

10.1.2　视图的测量方法

构造方法只是自定义控件的第一步，自定义控件的第二步是测量尺寸，也就是重写 onMeasure 方法。要想把自定义的控件画到界面上，首先得先知道这个控件的宽高尺寸，而控件的宽高在 XML 文件中由 layout_width 属性和 layout_height 属性规定，它们有 3 种赋值方式，具体说明见表 10-1。

表 10-1　宽高尺寸的 3 种赋值方式

XML 中的尺寸类型	LayoutParams 类的尺寸类型	说明
match_parent	MATCH_PARENT	与上级视图大小一样
wrap_content	WRAP_CONTENT	按照自身尺寸进行适配
**dp	整型数	具体的尺寸数值

方式 1 和方式 3 都较简单，要么取上级视图的数值，要么取具体数值。难办的是方式 2，这个尺寸究竟要如何度量，总不可能让开发者拿着尺子在屏幕上比划吧。当然，Android 提供了相关度量方法，支持在不同情况下测量尺寸。需要测量的实体主要有 3 种，分别是文本尺寸、图形尺寸和布局尺寸，依次说明如下。

1. 文本尺寸测量

文本尺寸分为文本的宽度和高度，需根据文本大小分别计算。其中，文本宽度使用 Paint 类的 measureText 方法测量，具体代码如下所示：

（完整代码见 chapter10\src\main\java\com\example\chapter10\util\MeasureUtil.java）

```
// 获取指定文本的宽度（其实就是长度）
public static float getTextWidth(String text, float textSize) {
    if (TextUtils.isEmpty(text)) {
        return 0;
    }
    Paint paint = new Paint();  // 创建一个画笔对象
    paint.setTextSize(textSize);  // 设置画笔的文本大小
    return paint.measureText(text);  // 利用画笔丈量指定文本的宽度
}
```

至于文本高度的计算用到了 FontMetrics 类，该类提供了 5 个与高度相关的属性，详细说明见表 10-2。

表 10-2　FontMetrics 类的距离属性说明

FontMetrics 类的距离属性	说明
top	行的顶部与基线的距离
ascent	字符的顶部与基线的距离
descent	字符的底部与基线的距离
bottom	行的底部与基线的距离
leading	行间距

之所以区分这些属性，是为了计算不同规格的高度。如果要得到文本自身的高度，则高度值=descent-ascent；如果要得到文本所在行的行高，则高度值=bottom-top+leading。以计算文本高度为例，具体的计算代码如下所示：

```
// 获取指定文本的高度
public static float getTextHeight(String text, float textSize) {
    Paint paint = new Paint();  // 创建一个画笔对象
    paint.setTextSize(textSize);  // 设置画笔的文本大小
    FontMetrics fm = paint.getFontMetrics();  // 获取画笔默认字体的度量衡
    return fm.descent - fm.ascent;  // 返回文本自身的高度
    //return fm.bottom - fm.top + fm.leading;  // 返回文本所在行的行高
}
```

下面观察文本尺寸的度量结果，当字体大小为 17sp 时，示例文本的宽度为 119、高度为 19，如图 10-3 所示；当字体大小为 25sp 时，示例文本的宽度为 175、高度为 29，如图 10-4 所示。

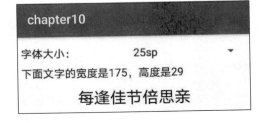

图 10-3　字体大小为 17sp 时的尺寸　　　　图 10-4　字体大小为 25sp 时的尺寸

2. 图形尺寸测量

相对于文本尺寸，图形尺寸的计算反而简单些，因为 Android 提供了现成的宽、高获取方法。如果图形是 Bitmap 格式，就通过 getWidth 方法获取位图对象的宽度，通过 getHeight 方法获取位图对象的高度；如果图形是 Drawable 格式，就通过 getIntrinsicWidth 方法获取图形对象的宽度，通过 getIntrinsicHeight 方法获取图形对象的高度。

3. 布局尺寸测量

文本尺寸测量主要用于 TextView、Button 等文本控件，图形尺寸测量主要用于 ImageView、ImageButton 等图像控件。在实际开发中，有更多场合需要测量布局视图的尺寸。由于布局视图内部可能有文本控件、图像控件，还可能有 padding 和 margin，因此，逐个测量布局的内部控件是不现实的。幸而 View 类提供了一种测量整体布局的思路，对应 layout_width 和 layout_height 的 3 种赋值方式，Android 的视图基类同样提供了 3 种测量模式，具体取值说明见表 10-3。

表 10-3 测量模式的取值说明

MeasureSpec 类的测量模式	视图宽、高的赋值方式	说明
AT_MOST	MATCH_PARENT	达到最大
UNSPECIFIED	WRAP_CONTENT	未指定（实际就是自适应）
EXACTLY	具体 dp 值	精确尺寸

围绕这 3 种测量模式衍生了相关度量方法，如 ViewGroup 类的 getChildMeasureSpec 方法（获取下级视图的测量规格）、MeasureSpec 类的 makeMeasureSpec 方法（根据指定参数制定测量规格）、View 类的 measure 方法（按照测量规格进行测量操作）等。以线性布局为例，详细的布局高度测量代码如下所示：

```
// 计算指定线性布局的实际高度
public static float getRealHeight(View child) {
    LinearLayout llayout = (LinearLayout) child;
    // 获得线性布局的布局参数
    ViewGroup.LayoutParams params = llayout.getLayoutParams();
    if (params == null) {
        params = new ViewGroup.LayoutParams(
                LayoutParams.MATCH_PARENT, LayoutParams.WRAP_CONTENT);
    }
    // 获得布局参数里面的宽度规格
    int wdSpec = ViewGroup.getChildMeasureSpec(0, 0, params.width);
    int htSpec;
    if (params.height > 0) {  // 高度大于 0，说明这是明确的 dp 数值
        // 按照精确数值的情况计算高度规格
        htSpec = View.MeasureSpec.makeMeasureSpec(params.height,
MeasureSpec.EXACTLY);
    } else {  // MATCH_PARENT=-1, WRAP_CONTENT=-2, 所以二者都进入该分支
        // 按照不确定的情况计算高度规则
        htSpec = View.MeasureSpec.makeMeasureSpec(0,
MeasureSpec.UNSPECIFIED);
    }
    llayout.measure(wdSpec, htSpec);  // 重新丈量线性布局的宽高
    // 获得并返回线性布局丈量之后的高度。调用 getMeasuredWidth 方法可获得宽度
    return llayout.getMeasuredHeight();
}
```

现在很多 App 页面都提供了下拉刷新功能，这需要计算下拉刷新的头部高度，以便在下拉时判断整个页面要拉动多少距离。比如图 10-5 所示的下拉刷新头部，对应的 XML 源码路径为 chapter10\src\main\res\layout\drag_drop_header.xml，其中包含图像、文字和间隔，调用 getRealHeight 方法计算得到的布局高度为 342。

图 10-5　布局视图的高度测量结果

以上的几种尺寸测量办法看似复杂,其实相关的测量逻辑早已封装在 View 和 ViewGroup 之中,开发者自定义的视图一般无须重写 onMeasure 方法;就算重写了 onMeasure 方法,也可调用 getMeasuredWidth 方法获得测量完成的宽度,调用 getMeasuredHeight 方法获得测量完成的高度。

10.1.3　视图的绘制方法

测量完控件的宽高,接下来就要绘制控件图案了,此时可以重写两个视图绘制方法,分别是 onDraw 和 dispatchDraw,它们的区别主要有下列两点:

(1) onDraw 既可用于普通控件,也可用于布局类视图;而 dispatchDraw 专门用于布局类视图,像线性布局 LinearLayout、相对布局 RelativeLayout 都属于布局类视图。

(2) onDraw 方法先执行,dispatchDraw 方法后执行,这两个方法中间再执行下级视图的绘制方法。比如 App 界面有个线性布局 A,且线性布局内部有个相对布局 B,同时相对布局 B 内部又有个文本视图 C,则它们的绘制方法执行顺序为:线性布局 A 的 onDraw 方法→相对布局 B 的 onDraw 方法→文本视图 C 的 onDraw 方法→相对布局 B 的 dispatchDraw 方法→线性布局 A 的 dispatchDraw 方法,更直观的绘图顺序参见图 10-6。

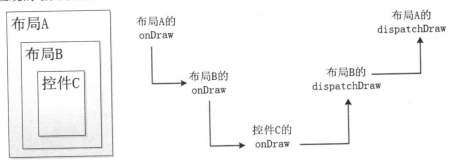

图 10-6　多个视图嵌套时候的绘图次序

不管是 onDraw 方法还是 dispatchDraw 方法,它们的入参都是 Canvas 画布对象,在画布上绘图相当于在屏幕上绘图。绘图本身是个很大的课题,画布的用法也多种多样,单单 Canvas 便提供了 3 类方法:划定可绘制的区域、在区域内部绘制图形、画布的控制操作,分别说明如下。

1. 划定可绘制的区域

虽然视图内部的所有区域都允许绘制,但是有时候开发者只想在某个矩形区域内部画画,这时就得事先指定允许绘图的区域界限,相关方法说明如下:

- clipPath：裁剪不规则曲线区域。
- clipRect：裁剪矩形区域。
- clipRegion：裁剪一块组合区域。

2. 在区域内部绘制图形

该类方法用来绘制各种基本的几何图形，相关方法说明如下：

- drawArc：绘制扇形或弧形。第 4 个参数为 true 时画扇形、为 false 时画弧形。
- drawBitmap：绘制位图。
- drawCircle：绘制圆形。
- drawLine：绘制直线。
- drawOval：绘制椭圆。
- drawPath：绘制路径，即不规则曲线。
- drawPoint：绘制点。
- drawRect：绘制矩形。
- drawRoundRect：绘制圆角矩形。
- drawText：绘制文本。

3. 画布的控制操作

控制操作包括画布的旋转、缩放、平移以及存取画布状态的操作，相关方法说明如下：

- rotate：旋转画布。
- scale：缩放画布。
- translate：平移画布。
- save：保存画布状态。
- restore：恢复画布状态。

上述第二大点提到的 draw*** 方法只是准备绘制某种几何图形，真正的细节描绘还要靠画笔工具 Paint 实现。Paint 类定义了画笔的颜色、样式、粗细、阴影等，常用方法说明如下：

- setAntiAlias：设置是否使用抗锯齿功能。主要用于画圆圈等曲线。
- setDither：设置是否使用防抖动功能。
- setColor：设置画笔的颜色。
- setShadowLayer：设置画笔的阴影区域与颜色。
- setStyle：设置画笔的样式。Style.STROKE 表示线条，Style.FILL 表示填充。
- setStrokeWidth：设置画笔线条的宽度。

接下来演示如何通过画布和画笔描绘不同的几何图形，以绘制圆角矩形与绘制椭圆为例，重写后的 onDraw 方法示例如下：

（完整代码见 chapter10\src\main\java\com\example\chapter10\widget\DrawRelativeLayout.java）

```
@Override
```

```
protected void onDraw(Canvas canvas) {
    super.onDraw(canvas);
    int width = getMeasuredWidth();   // 获得布局的实际宽度
    int height = getMeasuredHeight();  // 获得布局的实际高度
    if (width > 0 && height > 0) {
        if (mDrawType == 2) {  // 绘制圆角矩形
            RectF rectF = new RectF(0, 0, width, height);
            canvas.drawRoundRect(rectF, 30, 30, mPaint);  // 在画布上绘制圆角矩形
        } else if (mDrawType == 4) {  // 绘制椭圆
            RectF oval = new RectF(0, 0, width, height);
            canvas.drawOval(oval, mPaint);  // 在画布上绘制椭圆
        }
    }
}
```

运行测试 App，即可观察实际的绘图效果，其中调用 drawRoundRect 方法绘制圆角矩形的界面如图 10-7 所示，调用 drawOval 方法绘制椭圆的界面如图 10-8 所示。

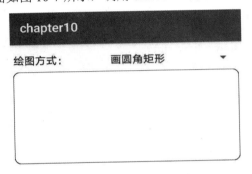

图 10-7　绘制圆角矩形

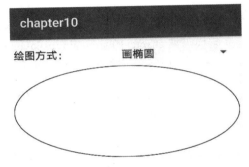

图 10-8　绘制椭圆

由于 onDraw 方法的调用在绘制下级视图之前，而 dispatchDraw 方法的调用在绘制下级视图之后，因此如果希望当前视图不被下级视图覆盖，就只能在 dispatchDraw 方法中绘图。下面是分别在 onDraw 和 dispatchDraw 两个方法中绘制矩形及其对角线的代码例子：

```
@Override
protected void onDraw(Canvas canvas) {
    super.onDraw(canvas);
    int width = getMeasuredWidth();   // 获得布局的实际宽度
    int height = getMeasuredHeight();  // 获得布局的实际高度
    if (width > 0 && height > 0) {
        if (mDrawType == 5) {  // 绘制矩形及其对角线
            Rect rect = new Rect(0, 0, width, height);
            canvas.drawRect(rect, mPaint);  // 绘制矩形
            canvas.drawLine(0, 0, width, height, mPaint);  // 绘制左上角到右下角
的线段
            canvas.drawLine(0, height, width, 0, mPaint);  // 绘制左下角到右上角
的线段
        }
    }
}
```

```
@Override
protected void dispatchDraw(Canvas canvas) {
    super.dispatchDraw(canvas);
    int width = getMeasuredWidth();  // 获得布局的实际宽度
    int height = getMeasuredHeight();  // 获得布局的实际高度
    if (width > 0 && height > 0) {
        if (mDrawType == 6) {  // 绘制矩形及其对角线
            Rect rect = new Rect(0, 0, width, height);
            canvas.drawRect(rect, mPaint);  // 绘制矩形
            canvas.drawLine(0, 0, width, height, mPaint);  // 绘制左上角到右下角
的线段
            canvas.drawLine(0, height, width, 0, mPaint);  // 绘制左下角到右上角
的线段
        }
    }
}
```

实验用的界面布局片段示例如下，主要观察对角线是否遮住内部的按钮控件：

（完整代码见 chapter10\src\main\res\layout\activity_show_draw.xml）

```
<!-- 自定义的绘画视图，需要使用全路径 -->
<com.example.chapter10.widget.DrawRelativeLayout
    android:id="@+id/drl_content"
    android:layout_width="match_parent"
    android:layout_height="150dp" >
    <Button
        android:layout_width="wrap_content"
        android:layout_height="wrap_content"
        android:layout_centerInParent="true"
        android:text="我在中间" />
</com.example.chapter10.widget.DrawRelativeLayout>
```

运行测试 App，发现使用 onDraw 绘图的界面如图 10-9 所示，使用 dispatchDraw 绘图的界面如图 10-10 所示。

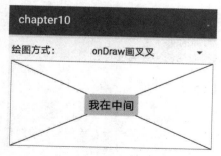

图 10-9 重写 onDraw 方法

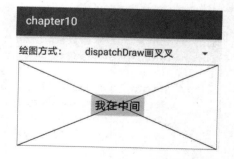

图 10-10 重写 dispatchDraw 方法

对比可见，调用 onDraw 方法绘制对角线时，中间的按钮遮住了对角线；调用 dispatchDraw 方法绘制对角线时，对角线没被按钮遮住，依然显示在视图中央。

10.2　改造已有的控件

本节介绍如何对现有控件加以改造，使之变成具备不同功能的新控件，包括：如何基于日期选择器实现月份选择器，如何给翻页标签栏添加文字样式属性，如何在滚动视图中展示完整的列表视图。

10.2.1　自定义月份选择器

虽然 Android 提供了许多控件，但是仍然不够用，比如系统自带日期选择器 DatePicker 和时间选择器 TimePicker，却没有月份选择器 MonthPicker，倘若希望选择某个月份，一时之间叫人不知如何是好。不过为什么支付宝的账单查询支持选择月份呢？就像图 10-11 所示的支付宝查询账单页面，分明可以单独选择年月。

图 10-11　支付宝的账单月份选择界面

看上去，支付宝的年月控件仿佛系统自带的日期选择器，区别在于去掉了右侧的日子列表。二者之间如此相似，这可不是偶然撞衫，而是它们本来系出一源。只要把日期选择器稍加修改，想办法隐藏右边多余的日子列，即可实现移花接木的效果。下面是将日期选择器篡改之后变成月份选择器的代码例子：

（完整代码见 chapter10\src\main\java\com\example\chapter10\widget\MonthPicker.java）

```java
// 由日期选择器派生出月份选择器
public class MonthPicker extends DatePicker {
    public MonthPicker(Context context, AttributeSet attrs) {
        super(context, attrs);
        // 获取年月日的下拉列表项
        ViewGroup vg = ((ViewGroup) ((ViewGroup) getChildAt(0)).getChildAt(0));
        if (vg.getChildCount() == 3) {  // 拥有 3 个下级视图
            // 有的机型显示格式为"年月日"，此时隐藏第 3 个控件
```

```
          vg.getChildAt(2).setVisibility(View.GONE);
      } else if (vg.getChildCount() == 5) {  // 拥有 5 个下级视图
          // 有的机型显示格式为"年|月|日",此时隐藏第 4 个和第 5 个控件(即"|日")
          vg.getChildAt(3).setVisibility(View.GONE);
          vg.getChildAt(4).setVisibility(View.GONE);
      }
   }
}
```

由于日期选择器有日历和下拉框两种展示形式,以上的月份选择器代码只对下拉框生效,因此布局文件添加月份选择器之时,要特别注意添加属性"android:datePickerMode="spinner"",表示该控件采取下拉列表显示;并添加属性"android:calendarViewShown="false"",表示不显示日历视图。月份选择器在布局文件中的定义例子如下所示:

(完整代码见 chapter10\src\main\res\layout\activity_month_picker.xml)

```
<!-- 自定义的月份选择器,需要使用全路径 -->
<com.example.chapter10.widget.MonthPicker
    android:id="@+id/mp_month"
    android:layout_width="match_parent"
    android:layout_height="wrap_content"
    android:calendarViewShown="false"
    android:datePickerMode="spinner" />
```

这下大功告成,重新包装后的月份选择器俨然又是日期时间控件家族的一员,不但继承了日期选择器的所有方法,而且控件界面与支付宝的几乎一样。月份选择器的界面效果如图 10-12 所示,果然只展示年份和月份了。

图 10-12　月份选择器的界面效果

10.2.2　给翻页标签栏添加新属性

前面介绍的月份选择器,是以日期选择器为基础,只保留年月两项同时屏蔽日子而成,这属于在现有控件上做减法。反过来,也允许在现有控件上做加法,也就是给控件增加新的属性或者新的方法。例如第 8 章的 "8.3.2　翻页标签栏 PagerTabStrip"，提到 PagerTabStrip 无法在 XML 文件中设置文本大小和文本颜色，只能在 Java 代码中调用 setTextSize 和 setTextColor 方法。这让人很不习惯，最好能够在 XML 文件中直接指定 textSize 和 textColor 属性。接下来通过自定义属性来扩展 PagerTabStrip，以便在布局文件指定文字大小和文字颜色的属性。具体步骤说明如下：

步骤 01　在 res\values 目录下创建 attrs.xml。其中，declare-styleable 的 name 属性值表示新控件名为 CustomPagerTab，两个 attr 节点表示新增的两个属性分别是 textColor 和 textSize。文件内容如下所示：

```
<resources>
    <declare-styleable name="CustomPagerTab">
        <attr name="textColor" format="color" />
        <attr name="textSize" format="dimension" />
    </declare-styleable>
</resources>
```

步骤 02　在 Java 代码的 widget 目录下创建 CustomPagerTab.java，填入以下代码：

（完整代码见 chapter10\src\main\java\com\example\chapter10\widget\CustomPagerTab.java）

```java
public class CustomPagerTab extends PagerTabStrip {
    private int textColor = Color.BLACK; // 文本颜色
    private int textSize = 15; // 文本大小

    public CustomPagerTab(Context context) {
        super(context);
    }

    public CustomPagerTab(Context context, AttributeSet attrs) {
        super(context, attrs);
        if (attrs != null) {
            // 根据 CustomPagerTab 的属性定义，从 XML 文件中获取属性数组描述
            TypedArray attrArray = context.obtainStyledAttributes(attrs,
R.styleable.CustomPagerTab);
            // 根据属性描述定义，获取 XML 文件中的文本颜色
            textColor =
attrArray.getColor(R.styleable.CustomPagerTab_textColor, textColor);
            // 根据属性描述定义，获取 XML 文件中的文本大小
            // getDimension 得到的是 px 值，需要转换为 sp 值
            textSize = Utils.px2sp(context, attrArray.getDimension(
                    R.styleable.CustomPagerTab_textSize, textSize));
            attrArray.recycle(); // 回收属性数组描述
        }
    }

    @Override
    protected void onDraw(Canvas canvas) { // 绘制方法
        setTextColor(textColor); // 设置标题文字的文本颜色
        setTextSize(TypedValue.COMPLEX_UNIT_SP, textSize); // 设置标题文字的文
本大小
```

```
        super.onDraw(canvas);
    }
}
```

步骤 03　给演示页面的 XML 文件根节点增加命名空间声明 xmlns:app="http://schemas.android.com/ apk/res-auto"，再把 PagerTabStrip 的节点名称改为自定义控件的全路径名称（如 com.example.chapter10.widget.CustomPagerTab），同时在该节点下添加两个新属性——app:textColor 与 app:textSize，也就是在 XML 文件中指定标签文本的颜色与大小。修改后的 XML 文件如下所示：

（完整代码见 chapter10\src\main\res\layout\activity_custom_tab.xml）

```xml
<LinearLayout xmlns:android="http://schemas.android.com/apk/res/android"
    xmlns:app="http://schemas.android.com/apk/res-auto"
    android:layout_width="match_parent"
    android:layout_height="match_parent"
    android:orientation="vertical" >
    <androidx.viewpager.widget.ViewPager
        android:id="@+id/vp_content"
        android:layout_width="match_parent"
        android:layout_height="360dp" >
        <!-- 这里使用自定义控件的全路径名称，其中 textColor 和 textSize 为自定义的属性 -->
        <com.example.chapter10.widget.CustomPagerTab
            android:id="@+id/pts_tab"
            android:layout_width="wrap_content"
            android:layout_height="wrap_content"
            app:textColor="#ff0000"
            app:textSize="17sp" />
    </androidx.viewpager.widget.ViewPager>
</LinearLayout>
```

完成以上 3 个步骤的修改之后，运行测试 App，打开翻页界面如图 10-13 所示，可见此时翻页标签栏的标题文字变为红色，字体也变大了。

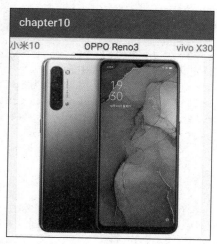

图 10-13　使用自定义属性的翻页标签栏

注意上述自定义控件的第一个步骤，attrs.xml 里面 attr 节点的 name 表示新属性的名称，format 表示新属性的数据格式；而在第 2 步骤中，调用 getColor 方法获取颜色值，调用 getDimensionPixelSize 方法获取文字大小，不同的数据格式需要调用不同的获取方法。有关属性格式及其获取方法的对应说明见表 10-4。

表 10-4　属性格式的取值说明

属性格式的名称	Java 代码的获取方法	XML 布局文件中的属性值说明
boolean	getBoolean	布尔值。取值为 true 或 false
integer	getInt	整型值
float	getFloat	浮点值
string	getString	字符串
color	getColor	颜色值。取值为开头带#的 6 位或 8 位十六进制数
dimension	getDimensionPixelSize	尺寸值。单位为 px
reference	getResourceId	参考某一资源。取值如@drawable/ic_launcher
enum	getInt	枚举值
flag	getInt	标志位

10.2.3　不滚动的列表视图

一个视图的宽和高，其实在页面布局的时候就决定了，视图节点的 android:layout_width 属性指定了该视图的宽度，而 android:layout_height 属性指定了该视图的高度。这两个属性又有 3 种取值方式，分别是：取值 match_parent 表示与上级视图一样尺寸，取值 wrap_content 表示按照自身内容的实际尺寸，最后一种则直接指定了具体的 dp 数值。在多数情况之下，系统按照这 3 种取值方式，完全能够自动计算正确的视图宽度和视图高度。

当然也有例外，像列表视图 ListView 就是个另类，尽管 ListView 在多数场合的高度计算不会出错，但是把它放到 ScrollView 之中便出现问题了。ScrollView 本身叫作滚动视图，而列表视图 ListView 也是允许滚动的，于是一个滚动视图嵌套另一个也能滚动的视图，那么在双方的重叠区域，上下滑动的手势究竟表示要滚动哪个视图？这个滚动冲突的问题，不仅令开发者糊里糊涂，便是 Android 系统也得神经错乱。所以 Android 目前的处理对策是：如果 ListView 的高度被设置为 wrap_content，则此时列表视图只显示一行的高度，然后整个界面只支持滚动 ScrollView。

如此虽然滚动冲突的问题暂时解决，但是又带来一个新问题，好好的列表视图仅仅显示一行内容，这让出不了头的剩余列表情何以堪？按照用户正常的思维逻辑，列表视图应该显示所有行，并且列表内容要跟着整个页面一齐向上或者向下滚动。显然此时系统对 ListView 的默认处理方式并不符合用户习惯，只能对其改造使之满足用户的使用习惯。改造列表视图的一个可行方案，便是重写它的测量方法 onMeasure，不管布局文件中设定的视图高度为何，都把列表视图的高度改为最大高度，即所有列表项高度加起来的总高度。

根据以上思路，编写一个扩展自 ListView 的不滚动列表视图 NoScrollListView，它的实现代码如下所示：

（完整代码见 chapter10\src\main\java\com\example\chapter10\widget\NoScrollListView.java）

```java
public class NoScrollListView extends ListView {
    public NoScrollListView(Context context) {
        super(context);
    }
    public NoScrollListView(Context context, AttributeSet attrs) {
        super(context, attrs);
    }
    public NoScrollListView(Context context, AttributeSet attrs, int defStyle) {
        super(context, attrs, defStyle);
    }

    // 重写 onMeasure 方法，以便自行设定视图的高度
    @Override
    public void onMeasure(int widthMeasureSpec, int heightMeasureSpec) {
        // 将高度设为最大值，即所有项加起来的总高度
        int expandSpec = MeasureSpec.makeMeasureSpec(
                Integer.MAX_VALUE >> 2, MeasureSpec.AT_MOST);
        super.onMeasure(widthMeasureSpec, expandSpec);  // 按照新的高度规格重新
测量视图尺寸
    }
}
```

接下来演示改造前后的列表视图界面效果，先在测试页面的 XML 文件中添加 ScrollView 节点，再给该节点下挂 ListView 节点，以及自定义的 NoScrollListView 节点。修改后的 XML 文件如下所示：

（完整代码见 chapter10\src\main\res\layout\activity_noscroll_list.xml）

```xml
<ScrollView xmlns:android="http://schemas.android.com/apk/res/android"
    android:layout_width="match_parent"
    android:layout_height="wrap_content">
    <LinearLayout
        android:layout_width="match_parent"
        android:layout_height="wrap_content"
        android:orientation="vertical">
        <TextView
            android:layout_width="match_parent"
            android:layout_height="wrap_content"
            android:text="下面是系统自带的列表视图" />
        <ListView
            android:id="@+id/lv_planet"
            android:layout_width="match_parent"
            android:layout_height="wrap_content" />
        <TextView
            android:layout_width="match_parent"
            android:layout_height="wrap_content"
            android:text="下面是自定义的列表视图" />
        <!-- 自定义的不滚动列表视图，需要使用全路径 -->
        <com.example.chapter10.widget.NoScrollListView
            android:id="@+id/nslv_planet"
```

```
            android:layout_width="match_parent"
            android:layout_height="wrap_content" />
    </LinearLayout>
</ScrollView>
```

回到该页面的活动代码，给 ListView 和 NoScrollListView 两个控件设置一模一样的行星列表，具体的 Java 代码如下所示：

（完整代码见 chapter10\src\main\java\com\example\chapter10\NoscrollListActivity.java）

```
public class NoscrollListActivity extends AppCompatActivity {
    @Override
    protected void onCreate(Bundle savedInstanceState) {
        super.onCreate(savedInstanceState);
        setContentView(R.layout.activity_noscroll_list);
        PlanetListAdapter adapter1 = new PlanetListAdapter(this,
Planet.getDefaultList());
        // 从布局文件中获取名为 lv_planet 的列表视图
        // lv_planet 是系统自带的 ListView，被 ScrollView 嵌套只能显示一行
        ListView lv_planet = findViewById(R.id.lv_planet);
        lv_planet.setAdapter(adapter1);  // 设置列表视图的行星适配器
        PlanetListAdapter adapter2 = new PlanetListAdapter(this,
Planet.getDefaultList());
        // 从布局文件中获取名为 nslv_planet 的不滚动列表视图
        // nslv_planet 是自定义控件 NoScrollListView，会显示所有行
        NoScrollListView nslv_planet = findViewById(R.id.nslv_planet);
        nslv_planet.setAdapter(adapter2);  // 设置不滚动列表视图的行星适配器
    }
}
```

重新运行测试 App，打开行星列表界面如图 10-14 所示，可见系统自带的列表视图仅仅显示一条行星记录，而自定义的不滚动列表视图把所有行星记录都展示出来了。

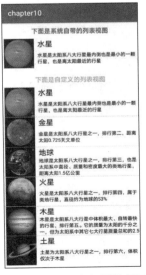

图 10-14　不滚动列表视图的界面效果

10.3　通过持续绘制实现简单动画

本节介绍如何通过持续绘制实现动画效果，首先阐述了 Handler 的延迟机制以及简单计时器的实现，接着描述刷新视图的两种方式以及它们之间的区别，然后叙述如何结合 Handler 的延迟机制与视图刷新办法实现饼图动画。

10.3.1　Handler 的延迟机制

活动页面的 Java 代码通常是串行工作的，而且 App 界面很快就加载完成容不得半点迟延，不过偶尔也需要某些控件时不时地动一下，好让界面呈现动画效果更加活泼。这种简单动画基于视图的延迟处理机制，即间隔若干时间后刷新视图界面。早在第 2 章的"2.4.3　跳到另一个页面"，当时为了演示 3 秒后自动跳到另一个活动页面，便用到了 Handler+Runnable 组合，调用 Handler 对象的 postDelayed 方法，延迟若干时间再执行指定的 Runnable 任务。

Runnable 接口用于声明某项任务，它定义了接下来要做的事情。简单地说，Runnable 接口就是一个代码片段。编写任务代码需要实现 Runnable 接口，此时必须重写接口的 run 方法，在该方法内部存放待运行的代码逻辑。run 方法无须显式调用，因为在启动 Runnable 实例时就会调用任务对象的 run 方法。

尽管视图基类 View 同样提供了 post 与 postDelayed 方法，但实际开发中一般利用处理器 Handler 启动任务实例。下面是 Handler 操作任务的常见方法说明：

- post：立即启动指定的任务。参数为 Runnable 对象。
- postDelayed：延迟若干时间后启动指定的任务。第一个参数为 Runnable 对象；第二个参数为延迟的时间间隔，单位为毫秒。
- postAtTime：在设定的时间点启动指定的任务。第一个参数为 Runnable 对象；第二个参数为任务的启动时间点，单位为毫秒。
- removeCallbacks：移除指定的任务。参数为 Runnable 对象。

计时器是 Handler+Runnable 组合的简单应用，每隔若干时间就刷新当前的计数值，使得界面上的数字持续跳跃。下面是一个简单计时器的活动代码例子：

（完整代码见 chapter10\src\main\java\com\example\chapter10\HandlerPostActivity.java）

```java
public class HandlerPostActivity extends AppCompatActivity implements View.OnClickListener {
    private Button btn_count; // 声明一个按钮对象
    private TextView tv_result; // 声明一个文本视图对象

    @Override
    protected void onCreate(Bundle savedInstanceState) {
        super.onCreate(savedInstanceState);
        setContentView(R.layout.activity_handler_post);
```

```
            btn_count = findViewById(R.id.btn_count);
            tv_result = findViewById(R.id.tv_result);
            btn_count.setOnClickListener(this);  // 设置按钮的点击监听器
        }

        @Override
        public void onClick(View v) {
            if (v.getId() == R.id.btn_count) {
                if (!isStarted) {  // 不在计数，则开始计数
                    btn_count.setText("停止计数");
                    mHandler.post(mCounter);  // 立即启动计数任务
                } else {  // 已在计数，则停止计数
                    btn_count.setText("开始计数");
                    mHandler.removeCallbacks(mCounter);  // 立即取消计数任务
                }
                isStarted = !isStarted;
            }
        }

        private boolean isStarted = false;  // 是否开始计数
        private Handler mHandler = new Handler();  // 声明一个处理器对象
        private int mCount = 0;  // 计数值
        // 定义一个计数任务
        private Runnable mCounter = new Runnable() {
            @Override
            public void run() {
                mCount++;
                tv_result.setText("当前计数值为：" + mCount);
                mHandler.postDelayed(this, 1000);  // 延迟一秒后重复计数任务
            }
        };
    }
```

运行测试 App，观察到计时器的计数效果如图 10-15 和图 10-16 所示。其中，图 10-15 表示当前正在计数；图 10-16 表示当前停止计数，终止的计数值为 15。

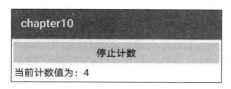

图 10-15　计时器开始计数

图 10-16　计时器结束计数

10.3.2　重新绘制视图界面

控件的内容一旦发生变化，就得通知界面刷新它的外观，例如文本视图修改了文字，图像视图更换了图片等。然而，之前只听说 TextView 提供了 setText 方法，ImageView 提供了 setImageBitmap 方法，这两个方法调用之后便能直接呈现最新的控件界面，好像并不需要刷新动作呀。虽然表面上

看不出刷新操作，但仔细分析 setText 与 setImageBitmap 的源码，会发现它们内部都调用了 invalidate 方法，该方法便用来刷新控件界面。只要调用了 invalidate 方法，系统就会重新执行该控件的 onDraw 方法和 dispatchDraw 方法，从而实现了重新绘制界面，也就是界面刷新的功能。

除了 invalidate 方法，另一种 postInvalidate 方法也能刷新界面，它们之间的区别主要有下列两点：

（1）invalidate 不是线程安全的，它只保证在主线程（UI 线程）中能够正常刷新视图；而 postInvalidate 是线程安全的，即使在分线程中调用也能正常刷新视图。

（2）invalidate 只能立即刷新视图，而 post 方式还提供了 postInvalidateDelayed 方法，允许延迟一段时间后再刷新视图。

为了演示 invalidate、postInvalidate、postInvalidateDelayed 这 3 种用法，并验证分线程内部的视图刷新情况，下面先定义一个椭圆视图 OvalView，每次刷新该视图都将绘制更大角度的扇形。椭圆视图的定义代码示例如下：

（完整代码见 chapter10\src\main\java\com\example\chapter10\widget\OvalView.java）

```java
public class OvalView extends View {
    private Paint mPaint = new Paint();  // 创建一个画笔对象
    private int mDrawingAngle = 0;  // 当前绘制的角度

    public OvalView(Context context) {
        this(context, null);
    }

    public OvalView(Context context, AttributeSet attrs) {
        super(context, attrs);
        mPaint.setColor(Color.RED);  // 设置画笔的颜色
    }

    @Override
    protected void onDraw(Canvas canvas) {
        super.onDraw(canvas);
        mDrawingAngle += 30;  // 绘制角度增加 30 度
        int width = getMeasuredWidth();  // 获得布局的实际宽度
        int height = getMeasuredHeight();  // 获得布局的实际高度
        RectF rectf = new RectF(0, 0, width, height);  // 创建扇形的矩形边界
        // 在画布上绘制指定角度的扇形。第 4 个参数为 true 表示绘制扇形，为 false 表示绘制圆弧
        canvas.drawArc(rectf, 0, mDrawingAngle, true, mPaint);
    }
}
```

接着在演示用的布局文件中加入自定义的椭圆视图节点，具体的 OvalView 标签代码如下所示：

（完整代码见 chapter10\src\main\res\layout\activity_view_invalidate.xml）

```xml
<!-- 自定义的椭圆视图，需要使用全路径 -->
<com.example.chapter10.widget.OvalView
    android:id="@+id/ov_validate"
    android:layout_width="match_parent"
```

```
                    android:layout_height="150dp" />
```

然后在对应的活动代码中依据不同的选项，分别调用 invalidate、postInvalidate、postInvalidateDelayed 3 种方法之一，加上分线程内部的两种方法调用，总共 5 种刷新选项。下面是这 5 种选项的方法调用代码片段：

（完整代码见 chapter10\src\main\java\com\example\chapter10\ViewInvalidateActivity.java）

```
public void onItemSelected(AdapterView<?> arg0, View arg1, int arg2, long arg3) {
    if (arg2 == 0) {  // 主线程调用 invalidate
        ov_validate.invalidate();  // 刷新视图（用于主线程）
    } else if (arg2 == 1) {  // 主线程调用 postInvalidate
        ov_validate.postInvalidate();  // 刷新视图（主线程和分线程均可使用）
    } else if (arg2 == 2) {  // 延迟 3 秒后刷新
        ov_validate.postInvalidateDelayed(3000);  // 延迟若干时间后再刷新视图
    } else if (arg2 == 3) {  // 分线程调用 invalidate
        // invalidate 不是线程安全的，分线程中调用 invalidate 在复杂场合可能出错
        new Thread(new Runnable() {
            @Override
            public void run() {
                ov_validate.invalidate();  // 刷新视图（用于主线程）
            }
        }).start();
    } else if (arg2 == 4) {  // 分线程调用 postInvalidate
        // postInvalidate 是线程安全的，分线程中建议调用 postInvalidate 方法来刷新视图
        new Thread(new Runnable() {
            @Override
            public void run() {
                ov_validate.postInvalidate();  // 刷新视图（主线程和分线程均可使用）
            }
        }).start();
    }
}
```

运行测试 App，分别选择上述选项中的 4 种，视图刷新后的界面效果如图 10-17 到图 10-20 所示。其中图 10-17 为主线程调用 invalidate 的刷新结果，图 10-18 为分线程调用 invalidate 的刷新结果，图 10-19 为主线程调用 postInvalidate 的刷新结果，图 10-20 为分线程调用 postInvalidate 的刷新结果。

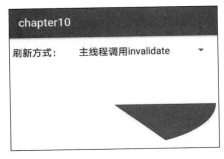

图 10-17　主线程调用 invalidate 的刷新结果

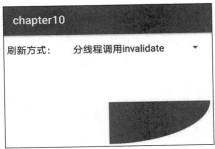

图 10-18　分线程调用 invalidate 的刷新结果

图 10-19　主线程调用 postInvalidate 的刷新结果　　图 10-20　分线程调用 postInvalidate 的刷新结果

观察发现，不管是在主线程中调用刷新方法，还是在分线程中调用刷新方法，界面都能正常显示角度渐增的椭圆视图。从实验结果可知，尽管 invalidate 不是线程安全的方法，但它仍然能够在简单的分线程中刷新视图。不过考虑到实际的业务场景较复杂，建议还是遵循安卓的开发规范，在主线程中使用 invalidate 方法刷新视图，在分线程中使用 postInvalidate 方法刷新视图。

10.3.3　自定义饼图动画

掌握了 Handler 的延迟机制，加上视图对象的刷新方法，就能间隔固定时间不断渲染控件界面，从而实现简单的动画效果。接下来通过饼图动画的实现过程，进一步加深对自定义控件技术的熟练运用。自定义饼图动画的具体实现步骤说明如下：

步骤01 在 Java 代码的 widget 目录下创建 PieAnimation.java，该类继承了视图基类 View，并重写 onDraw 方法，在 onDraw 方法中使用画笔对象绘制指定角度的扇形。

步骤02 在 PieAnimation 内部定义一个视图刷新任务，每次刷新操作都增大一点绘图角度，然后调用 invalidate 方法刷新视图界面。如果动画尚未播放完毕，就调用处理器对象的 postDelayed 方法，间隔几十毫秒后重新执行刷新任务。

步骤03 给 PieAnimation 补充一个 start 方法，用于控制饼图动画的播放操作。start 方法内部先初始化绘图角度，再调用处理器对象的 post 方法立即启动刷新任务。

按照上述 3 个步骤，编写自定义的饼图动画控件代码示例如下：

（完整代码见 chapter10\src\main\java\com\example\chapter10\widget\PieAnimation.java）

```java
public class PieAnimation extends View {
    private Paint mPaint = new Paint();  // 创建一个画笔对象
    private int mDrawingAngle = 0;  // 当前绘制的角度
    private Handler mHandler = new Handler();  // 声明一个处理器对象
    private boolean isRunning = false;  // 是否正在播放动画

    public PieAnimation(Context context) {
        this(context, null);
    }

    public PieAnimation(Context context, AttributeSet attrs) {
        super(context, attrs);
```

```
        mPaint.setColor(Color.GREEN);  // 设置画笔的颜色
    }

    // 开始播放动画
    public void start() {
        mDrawingAngle = 0;  // 绘制角度清零
        isRunning = true;
        mHandler.post(mRefresh);  // 立即启动绘图刷新任务
    }

    // 定义一个绘图刷新任务
    private Runnable mRefresh = new Runnable() {
        @Override
        public void run() {
            mDrawingAngle += 3;  // 每次绘制时角度增加 3 度
            if (mDrawingAngle <= 270) {  // 未绘制完成，最大绘制到 270 度
                invalidate();  // 立即刷新视图
                mHandler.postDelayed(this, 70);  // 延迟若干时间后再次启动刷新任务
            } else {  // 已绘制完成
                isRunning = false;
            }
        }
    };

    @Override
    protected void onDraw(Canvas canvas) {
        super.onDraw(canvas);
        if (isRunning) {  // 正在播放饼图动画
            int width = getMeasuredWidth();  // 获得已测量的宽度
            int height = getMeasuredHeight();  // 获得已测量的高度
            int diameter = Math.min(width, height);  // 视图的宽高取较小的那个作为
扇形的直径
            // 创建扇形的矩形边界
            RectF rectf = new RectF((width - diameter)/2,(height - diameter)/2,
                    (width + diameter) / 2, (height + diameter) / 2);
            // 在画布上绘制指定角度的图形。第 4 个参数为 true 绘制扇形，为 false 绘制圆弧
            canvas.drawArc(rectf, 0, mDrawingAngle, true, mPaint);
        }
    }
}
```

接着创建演示用的活动页面，在该页面的 XML 文件中放置新控件 PieAnimation，完整的 XML 文件内容示例如下：

（完整代码见 chapter10\src\main\res\layout\activity_pie_animation.xml）

```
<LinearLayout xmlns:android="http://schemas.android.com/apk/res/android"
    android:layout_width="match_parent"
    android:layout_height="match_parent"
    android:orientation="vertical">
    <!-- 自定义的饼图动画，需要使用全路径 -->
```

```
    <com.example.chapter10.widget.PieAnimation
        android:id="@+id/pa_circle"
        android:layout_width="match_parent"
        android:layout_height="350dp" />
</LinearLayout>
```

然后在该页面的 Java 代码中获取饼图控件，并调用饼图对象的 start 方法开始播放动画，相应的活动代码如下所示：

（完整代码见 chapter10\src\main\java\com\example\chapter10\PieAnimationActivity.java）

```
public class PieAnimationActivity extends AppCompatActivity {
    @Override
    protected void onCreate(Bundle savedInstanceState) {
        super.onCreate(savedInstanceState);
        setContentView(R.layout.activity_pie_animation);
        // 从布局文件中获取名为 pa_circle 的饼图动画
        PieAnimation pa_circle = findViewById(R.id.pa_circle);
        pa_circle.start();  // 开始播放饼图动画
    }
}
```

最后运行测试 App。观察到饼图动画的播放效果如图 10-21 和图 10-22 所示。其中，图 10-21 为饼图动画开始播放不久的画面，图 10-22 为饼图动画播放结束时的画面。

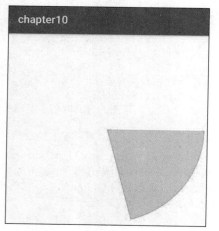

图 10-21 饼图动画开始播放

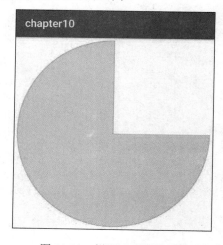

图 10-22 饼图动画播放结束

10.4 实战项目：广告轮播

电商 App 的首页上方，都在明显位置放了一栏广告条，并且广告条会自动轮播，着实吸引眼球。这种广告轮播的功能，为推广热门事物出力甚大，早已成为电商 App、视频 App、新闻 App 的标配。本节就来探讨如何实现类似的广告轮播效果。

10.4.1　需求描述

　　作为 App 首页的常客，广告轮播特效早就为人所熟知，它的界面也司空见惯，比如图 10-23 到图 10-26 便是一组简单的轮播广告。其中图 10-23 为展示第一幅广告的效果，图 10-24 为轮播第二幅广告的效果，图 10-25 为轮播第四幅广告的效果，图 10-26 为轮播第五幅广告的效果。

　　由图 10-23 到图 10-26 可知，广告条除了广告图片之外，底部还有一排圆点，这些圆点被称作指示器，每当轮播到第几副广告，指示器就高亮显示第几个圆点，其余圆点显示白色，如此一来，用户便知晓当前播放到了第几个广告。

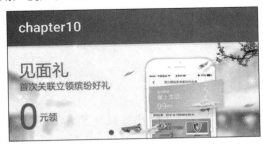

图 10-23　展示第一幅广告

图 10-24　轮播第二幅广告

图 10-25　轮播第四幅广告

图 10-26　轮播第五幅广告

　　正常情况下，间隔固定时间（2 到 3 秒），广告条从左往右依次轮播，一直轮播到最后一幅广告，其右边再无别的广告，此时广告条自动切回左边第一幅广告，从头开始新一轮的广告播放，这样才具备了广告轮播条的基础功能。

10.4.2　界面设计

　　依据广告轮播条的界面效果，轮播功能应当引入下列几个控件：

- 相对视图 RelativeLayout：指示器圆点位于广告条的底部中央，这种靠下且居中的相对位置用到了相对布局。
- 单选组 RadioGroup：指示器同一时刻只有一个圆点高亮显示，符合单选组内部只能选择唯一单选按钮的规则。
- 翻页视图 ViewPager：广告轮播采取翻页方式，自然用到了翻页视图。

- 翻页适配器 PagerAdapter：翻页视图需要搭配翻页适配器，对于广告来说，就是基于 PagerAdapter 实现一个展示图像的翻页适配器。

此外，广告条每隔两三秒就轮播下一幅广告，这种自动轮播可采用 Handler+Runnable 的延迟机制，即先定义一个广告滚动任务，再由 Handler 间隔固定时间启动广告滚动任务。

考虑到广告条并非只在 App 首页出现，App 的其他页面也有可能使用广告轮播功能，因此有必要将广告条封装为单独的控件，以便随时随地在各页面中添加，这就需要运用自定义控件的相关技术，把广告条做成通用的自定义控件。

10.4.3 关键代码

自定义广告条感觉不那么容易实现，接下来详细阐述广告轮播的具体实现步骤，方便读者更好地理解和运用自定义控件技术。具体步骤说明如下：

1. 定义广告条的 XML 布局文件

首先通过 XML 文件描述广告条的界面布局，其外层采用相对布局，内部嵌套容纳广告图片的翻页视图，以及用作指示器的单选组，其中单选组的位置相对上级布局靠下且居中。详细的广告条布局示例如下：

（完整代码见 chapter10\src\main\res\layout\banner_pager.xml）

```xml
<RelativeLayout xmlns:android="http://schemas.android.com/apk/res/android"
    android:layout_width="match_parent"
    android:layout_height="match_parent">
    <androidx.viewpager.widget.ViewPager
        android:id="@+id/vp_banner"
        android:layout_width="match_parent"
        android:layout_height="match_parent" />
    <RadioGroup
        android:id="@+id/rg_indicator"
        android:layout_width="wrap_content"
        android:layout_height="wrap_content"
        android:paddingBottom="2dp"
        android:orientation="horizontal"
        android:layout_alignParentBottom="true"
        android:layout_centerHorizontal="true" />
</RelativeLayout>
```

2. 编写广告条的 Java 定义代码

接着编写广告条的自定义控件代码，该控件由 RelativeLayout 派生而来，通过 LayoutInflater 工具从第一步定义的布局文件 banner_pager.xml 获取视图对象，并调用 addView 方法将视图对象添加至当前控件。简要的自定义控件代码示例如下：

（完整代码见 chapter10\src\main\java\com\example\chapter10\widget\BannerPager.java）

```java
public class BannerPager extends RelativeLayout {
```

```
private Context mContext; // 声明一个上下文对象
private ViewPager vp_banner; // 声明一个翻页视图对象
private RadioGroup rg_indicator; // 声明一个单选组对象

public BannerPager(Context context) {
    this(context, null);
}

public BannerPager(Context context, AttributeSet attrs) {
    super(context, attrs);
    mContext = context;
    initView(); // 初始化视图
}

// 初始化视图
private void initView() {
    // 根据布局文件 banner_pager.xml 生成视图对象
    View view =
LayoutInflater.from(mContext).inflate(R.layout.banner_pager, null);
    // 从布局文件中获取名为 vp_banner 的翻页视图
    vp_banner = view.findViewById(R.id.vp_banner);
    // 从布局文件中获取名为 rg_indicator 的单选组
    rg_indicator = view.findViewById(R.id.rg_indicator);
    addView(view); // 将该布局视图添加到广告轮播条
    }
}
```

3. 为广告条添加图片清单

第二步的自定义控件代码，仅仅获得广告条的布局框架，尚未指定广告图片的来源及数量。为此需要给 BannerPager 类添加 setImage 方法，通过该方法传入准备轮播的图片清单。同时，根据轮播图片的数量，也给单选组添加同等数量的单选按钮，以便指示器标记当前轮播的图片序号。setImage 方法的实现代码示例如下：

```
private List<ImageView> mViewList = new ArrayList<ImageView>(); // 声明一个
图像视图列表
    // 设置广告图片列表
    public void setImage(List<Integer> imageList) {
        int dip_15 = Utils.dip2px(mContext, 15);
        // 根据图片列表生成图像视图列表
        for (int i = 0; i < imageList.size(); i++) {
            Integer imageResId = imageList.get(i); // 获取图片的资源编号
            ImageView iv = new ImageView(mContext); // 创建一个图像视图对象
            iv.setLayoutParams(new LayoutParams(
                    LayoutParams.MATCH_PARENT, LayoutParams.MATCH_PARENT));
            iv.setScaleType(ImageView.ScaleType.FIT_XY);
            iv.setImageResource(imageResId); // 设置图像视图的资源图片
            mViewList.add(iv); // 往视图列表添加新的图像视图
        }
        // 设置翻页视图的图像适配器
```

```
        vp_banner.setAdapter(new ImageAdapter());
        // 给翻页视图添加简单的页面变更监听器，此时只需重写 onPageSelected 方法
        vp_banner.addOnPageChangeListener(new SimpleOnPageChangeListener() {
            @Override
            public void onPageSelected(int position) {
                setSelectedButton(position); // 高亮显示该位置的指示按钮
            }
        });
        // 根据图片列表生成指示按钮列表
        for (int i = 0; i < imageList.size(); i++) {
            RadioButton radio = new RadioButton(mContext);// 创建一个单选按钮对象
            radio.setLayoutParams(new RadioGroup.LayoutParams(dip_15, dip_15));
            radio.setButtonDrawable(R.drawable.indicator_selector); // 设置单选按
钮的资源图片
            rg_indicator.addView(radio); // 往单选组添加新的单选按钮
        }
        vp_banner.setCurrentItem(0); // 设置翻页视图显示第一页
        setSelectedButton(0); // 默认高亮显示第一个指示按钮
}

    // 设置选中单选组内部的哪个单选按钮
    private void setSelectedButton(int position) {
        ((RadioButton) rg_indicator.getChildAt(position)).setChecked(true);
    }
```

4. 实现广告条的自动轮播功能

给广告条添加图片清单之后，还得设置具体的轮播规则，比如轮播的方向、轮播的间隔、是否重复轮播等，这些轮播规则都在广告滚动任务中制定。另外，再给 BannerPager 类提供一个 start 方法，外部调用该方法即可启动滚动任务。下面是广告滚动任务以及启动方法的代码例子：

```
private int mInterval = 2000; // 轮播的时间间隔，单位为毫秒
// 开始广告轮播
public void start() {
    mHandler.postDelayed(mScroll, mInterval); // 延迟若干秒后启动滚动任务
}

private Handler mHandler = new Handler(); // 声明一个处理器对象
// 定义一个广告滚动任务
private Runnable mScroll = new Runnable() {
    @Override
    public void run() {
        int index = vp_banner.getCurrentItem() + 1; // 获得下一张广告图的位置
        if (index >= mViewList.size()) { // 已经到末尾了，准备重头开始
            index = 0;
        }
        vp_banner.setCurrentItem(index); // 设置翻页视图显示第几页
        mHandler.postDelayed(this, mInterval); // 延迟若干秒后继续启动滚动任务
    }
};
```

5. 在活动页面中使用广告条控件

前面 4 步总算定义好了新控件——广告条 BannerPager，打开活动页面的 XML 文件，添加新节点 BannerPager，注意自定义控件需要使用全路径。XML 文件内容如下所示：

（完整代码见 chapter10\src\main\res\layout\activity_banner_pager.xml）

```xml
<LinearLayout xmlns:android="http://schemas.android.com/apk/res/android"
    android:layout_width="match_parent"
    android:layout_height="match_parent"
    android:orientation="vertical">
    <!-- 自定义的广告轮播条，需要使用全路径 -->
    <com.example.chapter10.widget.BannerPager
        android:id="@+id/banner_pager"
        android:layout_width="match_parent"
        android:layout_height="wrap_content" />
</LinearLayout>
```

回到活动页面的 Java 代码，取出 XML 文件声明的广告条对象，先调用该对象的 setImage 方法添加图片清单，再调用 start 方法启动轮播操作。下面便是包含广告条的活动代码例子：

（完整代码见 chapter10\src\main\java\com\example\chapter10\NoscrollListActivity.java）

```java
public class BannerPagerActivity extends AppCompatActivity {
    private List<Integer> getImageList() {
        ArrayList<Integer> imageList = new ArrayList<Integer>();
        imageList.add(R.drawable.banner_1);
        imageList.add(R.drawable.banner_2);
        imageList.add(R.drawable.banner_3);
        imageList.add(R.drawable.banner_4);
        imageList.add(R.drawable.banner_5);
        return imageList;  // 返回默认的广告图片列表
    }

    @Override
    protected void onCreate(Bundle savedInstanceState) {
        super.onCreate(savedInstanceState);
        setContentView(R.layout.activity_banner_pager);
        tv_pager = findViewById(R.id.tv_pager);
        // 从布局文件中获取名为 banner_pager 的广告轮播条
        BannerPager banner = findViewById(R.id.banner_pager);
        // 获取广告轮播条的布局参数
        LayoutParams params = (LayoutParams) banner.getLayoutParams();
        params.height = (int) (Utils.getScreenWidth(this) * 250f / 640f);
        banner.setLayoutParams(params);  // 设置广告轮播条的布局参数
        banner.setImage(getImageList());  // 设置广告轮播条的广告图片列表
        banner.start();  // 开始广告图片的轮播滚动
    }
}
```

10.5　小　　结

本章主要介绍了 App 开发的自定义控件相关知识，包括：视图的构建过程（视图的构造方法、视图的测量方法、视图的绘制方法）、改造已有的控件（自定义月份选择器、给翻页标签栏添加新属性、不滚动的列表视图）、通过持续绘制实现简单动画（Handler 的延迟机制、重新绘制视图界面、自定义饼图动画）。最后设计了一个实战项目"广告轮播"，在该项目的 App 编码中采用了本章介绍的大部分自定义控件技术，从而加深了对所学知识的理解。

通过本章的学习，读者应该能够掌握以下 3 种开发技能。

（1）学会实现视图的构造、测量和绘图方法。
（2）学会通过重写某个方法改造已有的控件。
（3）学会结合 Handler 的延迟机制与视图刷新办法实现简单动画。

10.6　课后练习题

一、填空题

1．在 XML 文件中，layout_width 设置为_____时，表示当前视图的宽度与上级视图保持一致。

2．Canvas 画布对象的_____方法可以绘制圆形。

3．实现不滚动列表视图的时候，需要重写_____方法。

4．Handler+_____组合能够实现延迟执行的功能。

5．调用 Handler 对象的_____方法，能够延迟若干时间后启动指定的任务。

二、判断题（正确打 √，错误打 ×）

1．dispatchDraw 方法专门用于布局类视图，不能用于普通控件。（　）

2．在布局类视图当中，onDraw 方法在 dispatchDraw 方法后面执行。（　）

3．Android 自带的控件没有月份选择器。（　）

4．PagerTabStrip 无法在 XML 文件中设置文本大小和文本颜色。（　）

5．把 ListView 放到 ScrollView 之中，ListView 默认只会显示一行数据。（　）

三、选择题

1．在 Java 代码中通过 new 关键字创建视图对象时，会调用（　）。
　　A．带一个参数的构造方法　　　　B．带两个参数的构造方法
　　C．带 3 个参数的构造方法　　　　D．带 4 个参数的构造方法

2．（　）方法能够平移画布。
　　A．rotate　　　　B．scale　　　　C．translate　　　　D．save

3．使用画笔 Paint 绘制扇形时，需要调用 setStyle 方法将画笔样式设为（　　）。

    A．Style.FILL　　　　　　B．Style.ARC　　　　C．Style.FAN　　　　D．Style.STROKE

4．FontMetrics 类的距离属性值（　　）表示行的底部与基线的距离。

    A．top　　　　　　　　　B．ascent　　　　　　C．descent　　　　　D．bottom

5．刷新界面的（　　）方法不是线程安全的。

    A．invalidate　　　　　　　　　　　　　B．postInvalidate

    C．postInvalidateDelayed　　　　　　　D．以上全是

四、简答题

请简要描述自定义饼图动画的实现步骤。

五、动手练习

请上机实验本章的广告轮播项目，注意运用自定义控件技术并实现简单动画。

第11章

通知与服务

本章介绍了 Android 在后台运行的几种工具组件用法。主要包括 App 如何将消息主动推送到通知栏、如何通过 4 大组件之一的服务来运行后台事务、如何有效运用 Android 的 3 种线程处理机制。

11.1　消息通知

本节介绍了消息通知的推送过程及其具体用法，包括通知由哪几个部分组成、如何构建并推送通知，如何区分各种通知渠道及其重要性，如何在推送通知后给桌面应用添加消息角标等。

11.1.1　通知推送 Notification

在 App 的运行过程中，用户想购买哪件商品，想浏览哪条新闻，通常都由自己主动寻找并打开对应的页面。当然用户不可避免地会漏掉部分有用的信息，例如购物车里的某件商品降价了，又如刚刚报道了某条突发新闻，这些很可能正是用户关注的信息。为了让用户及时收到此类信息，有必要由 App 主动向用户推送消息通知，以免错过有价值的信息。

在手机屏幕的顶端下拉会弹出通知栏，里面存放的便是 App 主动推给用户的提醒消息，消息通知的组成内容由 Notification 类所描述。每条消息通知都有消息图标、消息标题、消息内容等基本元素，偶尔还有附加文本、进度条、计时器等额外元素,这些元素由通知建造器 Notification.Builder 所设定。下面是通知建造器的常用方法说明。

- setSmallIcon：设置应用名称左边的小图标。这是必要方法，否则不会显示通知消息。
- setLargeIcon：设置通知栏右边的大图标。
- setContentTitle：设置通知栏的标题文本。

- setContentText：设置通知栏的内容文本。
- setSubText：设置通知栏的附加文本，它位于应用名称右边。
- setProgress：设置进度条并显示当前进度。进度条位于标题文本与内容文本下方。
- setUsesChronometer：设置是否显示计时器，计时器位于应用名称右边，它会动态显示从通知被推送到当前的时间间隔，计时器格式为"分钟：秒钟"。
- setContentIntent：设置通知内容的延迟意图 PendingIntent，点击通知时触发该意图。调用 PendingIntent 的 getActivity 方法获得延迟意图对象，触发该意图等同于跳转到 getActivity 设定的活动页面。
- setDeleteIntent：设置删除通知的延迟意图 PendingIntent，滑掉通知时触发该意图。
- setAutoCancel：设置是否自动清除通知。若为 true，则点击通知后，通知会自动消失；若为 false，则点击通知后，通知不会消失。
- build：构建通知。以上参数都设置完毕后，调用该方法返回 Notification 对象。

注意 Notification 仅仅描述了消息通知的组成内容，实际推送动作还需由通知管理器 NotificationManager 执行。NotificationManager 是系统通知服务的管理工具，要调用 getSystemService 方法，先从系统服务 NOTIFICATION_SERVICE 获取通知管理器，再调用管理器对象的消息操作方法。通知管理器的常用方法说明如下。

- notify：把指定消息推送到通知栏。
- cancel：取消指定的消息通知。调用该方法后，通知栏中的指定消息将消失。
- cancelAll：取消所有的消息通知。
- createNotificationChannel：创建指定的通知渠道。
- getNotificationChannel：获取指定编号的通知渠道。

以发送简单消息为例，它包括消息标题、消息内容、小图标、大图标等基本信息，则对应的通知推送代码示例如下：

（完整代码见 chapter11\src\main\java\com\example\chapter11\NotifySimpleActivity.java）

```java
// 发送简单的通知消息（包括消息标题和消息内容）
private void sendSimpleNotify(String title, String message) {
    // 发送消息之前要先创建通知渠道，创建代码见 MainApplication.java
    // 创建一个跳转到活动页面的意图
    Intent clickIntent = new Intent(this, MainActivity.class);
    // 创建一个用于页面跳转的延迟意图
    PendingIntent contentIntent = PendingIntent.getActivity(this,
            R.string.app_name, clickIntent,
            PendingIntent.FLAG_UPDATE_CURRENT);
    // 创建一个通知消息的建造器
    Notification.Builder builder = new Notification.Builder(this);
    if (Build.VERSION.SDK_INT >= Build.VERSION_CODES.O) {
        // Android 8.0 开始必须给每个通知分配对应的渠道
        builder = new Notification.Builder(this,
                getString(R.string.app_name));
    }
```

```
        builder.setContentIntent(contentIntent)  // 设置内容的点击意图
                .setAutoCancel(true)  // 点击通知栏后是否自动清除该通知
                .setSmallIcon(R.mipmap.ic_launcher)  // 设置应用名称左边的小图标
                .setSubText("这里是副本")  // 设置通知栏里面的附加文本
                // 设置通知栏右边的大图标
                .setLargeIcon(BitmapFactory.decodeResource(getResources(),
                        R.drawable.ic_app))
                .setContentTitle(title)  // 设置通知栏里面的标题文本
                .setContentText(message);  // 设置通知栏里面的内容文本
        Notification notify = builder.build();  // 根据通知建造器构建一个通知对象
        // 从系统服务中获取通知管理器
        NotificationManager notifyMgr = (NotificationManager)
                getSystemService(Context.NOTIFICATION_SERVICE);
        // 使用通知管理器推送通知，然后在手机的通知栏就会看到该消息
        notifyMgr.notify(R.string.app_name, notify);
    }
```

运行测试 App，在点击发送按钮时触发 **sendSimpleNotify** 方法，手机的通知栏马上收到推送的简单消息，如图 11-1 所示。根据图示的文字标记，即可得知每种消息元素的位置。

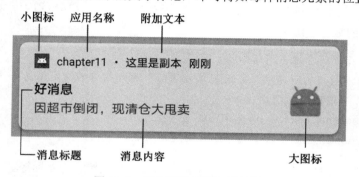

图 11-1　简单消息的通知栏效果

如果消息通知包含计时器与进度条，则需调用消息建造器的 **setUsesChronometer** 与 **setProgress** 方法，计时消息的通知推送代码示例如下：

（完整代码见 chapter11\src\main\java\com\example\chapter11\NotifyCounterActivity.java）

```
// 发送计时的通知消息
private void sendCounterNotify(String title, String message) {
    // 发送消息之前要先创建通知渠道，创建代码见 MainApplication.java
    // 创建一个跳转到活动页面的意图
    Intent cancelIntent = new Intent(this, MainActivity.class);
    // 创建一个用于页面跳转的延迟意图
    PendingIntent deleteIntent = PendingIntent.getActivity(this,
            R.string.app_name, cancelIntent,
            PendingIntent.FLAG_UPDATE_CURRENT);
    // 创建一个通知消息的建造器
    Notification.Builder builder = new Notification.Builder(this);
    if (Build.VERSION.SDK_INT >= Build.VERSION_CODES.O) {
        // Android 8.0 开始必须给每个通知分配对应的渠道
```

```
        builder = new Notification.Builder(this,
                getString(R.string.app_name));
    }
    builder.setDeleteIntent(deleteIntent)  // 设置内容的清除意图
            .setSmallIcon(R.mipmap.ic_launcher)  // 设置应用名称左边的小图标
            // 设置通知栏右边的大图标
            .setLargeIcon(BitmapFactory.decodeResource(getResources(),
                    R.drawable.ic_app))
            .setProgress(100, 60, false)  // 设置进度条及其具体进度
            .setUsesChronometer(true)  // 设置是否显示计时器
            .setContentTitle(title)  // 设置通知栏里面的标题文本
            .setContentText(message);  // 设置通知栏里面的内容文本
    Notification notify = builder.build();  // 根据通知建造器构建一个通知对象
    // 从系统服务中获取通知管理器
    NotificationManager notifyMgr = (NotificationManager)
            getSystemService(Context.NOTIFICATION_SERVICE);
    // 使用通知管理器推送通知，然后在手机的通知栏就会看到该消息
    notifyMgr.notify(R.string.app_name, notify);
}
```

运行测试 App，在点击发送按钮时触发 sendCounterNotify 方法，手机通知栏马上收到推送的计时消息，如图 11-2 所示。根据图示的文字标记，即可得知计时器和进度条的位置。

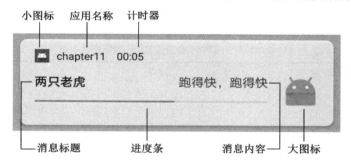

图 11-2　计时消息的通知栏效果

11.1.2　通知渠道 NotificationChannel

为了分清消息通知的轻重缓急，从 Android 8.0 开始新增了通知渠道，并且必须指定通知渠道才能正常推送消息。一个应用允许拥有多个通知渠道，每个渠道的重要性各不相同，有的渠道消息在通知栏被折叠成小行，有的渠道消息在通知栏展示完整的大行，有的渠道消息甚至会短暂悬浮于屏幕顶部，有的渠道消息在推送时会震动手机，有的渠道消息在推送时会发出铃声，有的渠道消息则完全静默推送，这些提示差别都有赖于通知渠道的特征设置。如果不考虑定制渠道特性，仅仅弄个默认渠道就去推送消息，那么只需以下 3 行代码即可创建默认的通知渠道：

```
// 从系统服务中获取通知管理器
NotificationManager notifyMgr = (NotificationManager)
        ctx.getSystemService(Context.NOTIFICATION_SERVICE);
// 创建指定编号、指定名称、指定级别的通知渠道
```

```
NotificationChannel channel = new NotificationChannel(channelId,
        channelName, NotificationManager.IMPORTANCE_DEFAULT);
notifyMgr.createNotificationChannel(channel);  // 创建指定的通知渠道
```

有了通知渠道之后，在推送消息之前使用该渠道创建对应的通知建造器，接着就能按照原方式推送消息了。使用通知渠道创建通知建造器的代码示例如下：

```
// 创建一个通知消息的建造器
Notification.Builder builder = new Notification.Builder(this);
if (Build.VERSION.SDK_INT >= Build.VERSION_CODES.O) {
    // Android 8.0 开始必须给每个通知分配对应的渠道
    builder = new Notification.Builder(this, channelId);
}
```

当然以上代码没有指定通知渠道的具体特征，消息通知的展示情况与提示方式完全按照系统默认的。若要个性化定制不同渠道的详细特征，就得单独设置渠道对象的各种特征属性。下面便是 NotificationChannel 提供的属性设置方法说明：

- setSound：设置推送通知之时的铃声，若设为 null 表示静音推送。
- enableLights：推送消息时是否让呼吸灯闪烁。
- enableVibration：推送消息时是否让手机震动。
- setShowBadge：是否在应用图标的右上角展示小红点。
- setLockscreenVisibility：设置锁屏时候的可见性，可见性的取值说明见表 11-1。

表 11-1　锁屏时候的通知可见性说明

Notification 类的通知可见性	说明
VISIBILITY_PUBLIC	显示所有通知信息
VISIBILITY_PRIVATE	只显示通知标题不显示通知内容
VISIBILITY_SECRET	不显示任何通知信息

- setImportance：设置通知渠道的重要性，其实 NotificationChannel 的构造方法已经传入了重要性，所以该方法只在变更重要性时调用。重要性的取值说明见表 11-2。

表 11-2　通知重要性的取值说明

NotificationManagerr 类的通知重要性	说明
IMPORTANCE_NONE	不重要。此时不显示通知
IMPORTANCE_MIN	最小级别。此时通知栏折叠，无提示声音，无锁屏通知
IMPORTANCE_LOW	有点重要。此时通知栏展开，无提示声音，有锁屏通知
IMPORTANCE_DEFAULT	一般重要。此时通知栏展开，有提示声音，有锁屏通知
IMPORTANCE_HIGH	非常重要。此时通知栏展开，有提示声音，有锁屏通知，在屏幕顶部短暂悬浮（有的手机需要在设置页面开启横幅）
IMPORTANCE_MAX	最高级别。具体行为同 IMPORTANCE_HIGH

特别注意，每个通知渠道一经创建，就不可重复创建，即使创建也是做无用功。因此在创建渠道之前，最好先调用通知管理器的 getNotificationChannel 方法，判断是否存在该编号的通知渠道，只有不存在的情况才要创建通知渠道。下面是通知渠道的创建代码例子：

（完整代码见 chapter11\src\main\java\com\example\chapter11\util\NotifyUtil.java）

```
// 创建通知渠道。Android 8.0 开始必须给每个通知分配对应的渠道
public static void createNotifyChannel(Context ctx, String channelId, String
channelName, int importance) {
    // 从系统服务中获取通知管理器
    NotificationManager notifyMgr = (NotificationManager)
            ctx.getSystemService(Context.NOTIFICATION_SERVICE);
    if (notifyMgr.getNotificationChannel(channelId) == null) {  // 已经存在指
定编号的通知渠道
        // 创建指定编号、指定名称、指定级别的通知渠道
        NotificationChannel channel = new NotificationChannel(channelId,
channelName, importance);
        channel.setSound(null, null);  // 设置推送通知之时的铃声。null 表示静音推送
        channel.enableLights(true);  // 通知渠道是否让呼吸灯闪烁
        channel.enableVibration(true);  // 通知渠道是否让手机震动
        channel.setShowBadge(true);  // 通知渠道是否在应用图标的右上角展示小红点
        // 设置锁屏时候的可见性，VISIBILITY_PRIVATE 表明只显示通知标题不显示通知内容
        channel.setLockscreenVisibility(Notification.VISIBILITY_PRIVATE);
        channel.setImportance(importance);  // 设置通知渠道的重要性级别
        notifyMgr.createNotificationChannel(channel);  // 创建指定的通知渠道
    }
}
```

尽管通知渠道提供了多种属性设置方法，但真正常用的莫过于重要性这个特征，它的演示代码参见 chapter11\src\main\java\com\example\chapter11\NotifyChannelActivity.java。在测试页面推送各重要性的消息外观分别如图 11-3 到图 11-5 所示，其中图 11-3 为 IMPORTANCE_MIN 最小级别时候的通知栏，可见该通知被折叠了，只显示消息标题不显示消息内容；图 11-4 为 IMPORTANCE_DEFAULT 默认重要性时候的通知栏，可见该通知正常显示消息标题和消息内容；图 11-5 为 IMPORTANCE_HIGH 高重要性时候的顶部悬浮通知。

图 11-3　最小级别时候的通知栏

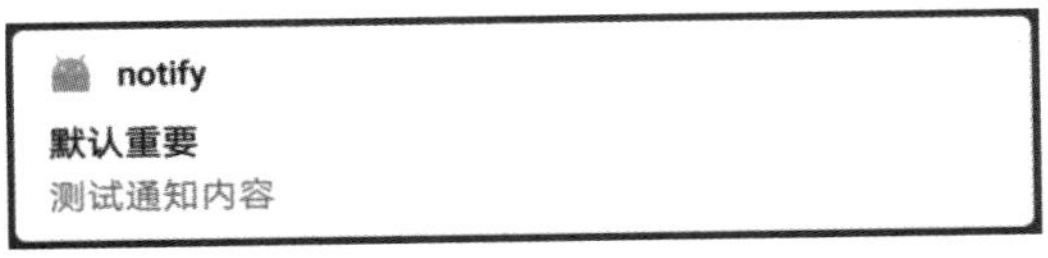

图 11-4　默认重要性时候的通知栏

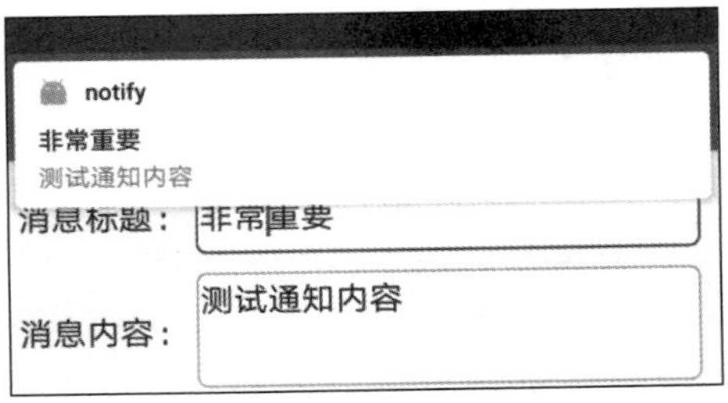

图 11-5　高重要性时候的顶部悬浮通知

11.1.3 给桌面应用添加消息角标

自从有了通知渠道，许多应用纷纷申请了多个渠道，每个渠道又有好几条消息，加起来便是许多消息。这么多的未读消息，空间有限的通知栏已然不够容纳，于是各应用又希望向用户提示未读消息的数量，好让用户知晓有没有未读消息，还有几条未读消息。

原本通知渠道提供了 setShowBadge 方法，用来设置是否在 App 图标的右上角展示小红点（此红点又称消息角标），调用该方法设置 true 之后，有未读消息时就显示红点，无未读消息则不显示红点。然而 setShowBadge 方法在国产手机上并不奏效，原因有二：其一，该方法只显示红点未显示数量；其二，该方法迟至 Android 8.0 之后才跟着通知渠道一起推出，众多国内厂商等来不及故而早早推出了自己的红点方案。

时至今日，国产手机的 4 大厂商包括华为、小米、OPPO、vivo 均推出了自己的消息角标方案，完全把 Android 官方的 setShowBadge 方法晾在一旁。国产手机的红点方案参考了苹果手机的红点样式，同样把消息红点放在桌面应用的右上角，并且红点内部显示当前未读消息的数量，如图 11-6 所示；而安卓官方的红点内部不展示数字，如图 11-7 所示。

图 11-6　苹果手机的红点样式

图 11-7　安卓官方的红点样式

由于各厂商对消息角标的实现方案不尽相同，因此只能给他们的手机分别适配处理了。下面就以华为和小米两家的红点方案为例，依次介绍华为系手机（含华为与荣耀品牌）和小米系手机（含小米和红米品牌）的适配编码。

华为的消息角标不依赖通知推送，允许单独设置红点的展示情况，主要通过内容解析器调用华为内核的消息角标服务，详细的角标显示代码示例如下：

（完整代码见 chapter11\src\main\java\com\example\chapter11\util\NotifyUtil.java）

```java
// 华为的消息角标需要事先声明两个权限: INTERNET 和 CHANGE_BADGE
private static void showBadgeOfEMUI(Context ctx, int count) {
    try {
        Bundle extra = new Bundle();  // 创建一个包裹对象
        extra.putString("package", BuildConfig.APPLICATION_ID);  // 应用的包名
        // 应用的首屏页面路径
        extra.putString("class",
BuildConfig.APPLICATION_ID+".MainActivity");
        extra.putInt("badgenumber", count);  // 应用的消息数量
        Uri uri =
Uri.parse("content://com.huawei.android.launcher.settings/badge/");
        // 通过内容解析器调用华为内核的消息角标服务
        ctx.getContentResolver().call(uri, "change_badge", null, extra);
    } catch (Exception e) {
```

```
        e.printStackTrace();
    }
}
```

为了合理使用修改后的消息角标服务，华为规定要在 AndroidManifest.xml 中声明两个权限配置，包括互联网权限 INTERNET，以及徽章修改权限 CHANGE_BADGE，具体的权限配置代码如下所示：

```
<!-- 允许访问互联网 -->
<uses-permission android:name="android.permission.INTERNET" />
<!-- 允许修改徽章（角标数字） -->
<uses-permission
android:name="com.huawei.android.launcher.permission.CHANGE_BADGE" />
```

至于小米的消息角标方案，则依赖于通知推送，必须在发送通知之时一起传送消息数量参数。为此小米给 Notification 类添加了一个新字段 extra，还添加了新方法 setMessageCount，前者用于管理桌面上的消息角标，而后者能够设置角标红点的消息数量。下面是在小米手机上显示消息角标的代码例子：

```
// 小米的消息角标需要在发送通知的时候一块调用
private static void showBadgeOfMIUI(int count, Notification notify) {
    try {
        // 利用反射技术获得额外的新增字段 extra
        Field field = notify.getClass().getDeclaredField("extra");
        // 该字段为 Notification 类型，下面获取它的实例对象
        Object extra = field.get(notify);
        // 利用反射技术获得额外的新增方法 setMessageCount
        Method method = extra.getClass().getDeclaredMethod("setMessageCount",
int.class); // 利用反射技术调用实例对象的 setMessageCount 方法，设置角标红点的消息数量
        method.invoke(extra, count);
    } catch (Exception e) {
        e.printStackTrace();
    }
}
```

综合上述的两种角标实现方案，形成以下的角标显示代码，可同时兼容华为系手机和小米系手机：

```
// 在桌面上的应用图标右上角显示数字角标
public static void showMarkerCount(Context ctx, int count, Notification notify)
{
    showBadgeOfEMUI(ctx, count);  // 华为手机 EMUI 系统的消息角标
    // 小米手机还要进入设置里面的应用管理，开启当前 App 的"显示桌面图标角标"
    showBadgeOfMIUI(count, notify);  // 小米手机 MIUI 系统的消息角标
}
```

不管是华为方案还是小米方案，若想清除桌面上的应用红点，只要将消息数量设为 0 即可，具体代码参见 chapter11\src\main\java\com\example\chapter11\NotifyMarkerActivity.java。华为与小米手机的消息角标效果分别如图 11-8 和图 11-9 所示，其中图 11-8 为华为手机上的消息角标，图 11-9

为小米手机上的消息角标。

图 11-8　华为手机上的消息角标　　　　　　图 11-9　小米手机上的消息角标

11.2　服务 Service

本节介绍 Android 4 大组件之一 Service 的基本概念和常见用法。包括服务的生命周期及其两种启停方式：普通方式和绑定方式（含立即绑定和延迟绑定），还介绍了如何让服务呈现在前台运行，也就是利用通知管理器把服务推送到系统通知栏。

11.2.1　服务的启动和停止

服务 Service 是 Android 的 4 大组件之一，它常用于看不见页面的高级场合，例如"9.1.3　收发静态广播"提到了系统的震动服务、"9.2.3　定时器 AlarmManager"提到了系统的闹钟服务、"11.1.1　通知推送 Notification"提到了系统的通知服务，等等。这些系统服务平时几乎感觉不到它们的存在，却是系统不可或缺的重要组成部分。

既然 Android 自带了系统服务， App 也可以拥有自己的服务。服务 Service 与活动 Activity 相比，不同之处在于没有对应的页面，相同之处在于都有生命周期。要想用好服务，就要弄清楚它的生命周期。

下面是 Service 与生命周期有关的方法说明。

- onCreate：创建服务。
- onStart：开始服务，Android 2.0 以下版本使用，现已废弃。
- onStartCommand：开始服务，Android 2.0 及以上版本使用。该方法的返回值说明见表 11-3。

表 11-3　服务启动的返回值说明

返回值类型	返回值说明
START_STICKY	黏性的服务。如果服务进程被杀掉，就保留服务的状态为开始状态，但不保留传送的 Intent 对象。随后系统尝试重新创建服务，由于服务状态为开始状态，因此创建服务后一定会调用 onStartCommand 方法。如果在此期间没有任何启动命令传送给服务，参数 Intent 就为空值

（续表）

返回值类型	返回值说明
START_NOT_STICKY	非黏性的服务。使用这个返回值时，如果服务被异常杀掉，系统就不会自动重启该服务
START_REDELIVER_INTENT	重传 Intent 的服务。使用这个返回值时，如果服务被异常杀掉，系统就会自动重启该服务，并传入 Intent 的原值
START_STICKY_COMPATIBILITY	START_STICKY 的兼容版本，但不保证服务被杀掉后一定能重启

- onDestroy：销毁服务。
- onBind：绑定服务。
- onUnbind：解除绑定。返回值为 true 表示允许再次绑定，之后再绑定服务时，不会调用 onBind 方法而是调用 onRebind 方法；返回值为 false 表示只能绑定一次，不能再次绑定。
- onRebind：重新绑定。只有上次的 onUnbind 方法返回 true 时，再次绑定服务才会调用 onRebind 方法。

看来服务的生命周期也存在好几个环节，除了必须的 onCreate 方法和 onDestroy 方法，还有其他几种生命周期方法。接下来以普通服务的启停为例，讲解服务的生命周期过程。

首先在 Java 代码包下面创建名为 service 的新包，右击该包并在右键菜单中依次选择 New→Service→Service，弹出如图 11-10 所示的服务创建对话框。

图 11-10　服务创建对话框

在服务创建对话框的 Class Name 一栏填写服务名称，比如 NormalService，再单击对话框右下角的 Finish 按钮，Android Studio 便自动在 service 包下生成 NormalService.java，同时在 AndroidManifest. xml 的 application 节点内部添加如下的服务注册配置：

```
<service android:name=".service.NormalService"
    android:enabled="true" android:exported="true"></service>
```

打开 NormalService.java 发现里面只有几行代码，为了方便观察服务的生命周期过程，需要重写该服务的所有周期方法，给每个方法都打印相应的运行日志，修改之后的服务代码如下所示：

（完整代码见 chapter11\src\main\java\com\example\chapter11\service\NormalService.java）

```java
public class NormalService extends Service {
    private void refresh(String text) {
        ServiceNormalActivity.showText(text);
    }

    @Override
    public void onCreate() {  // 创建服务
        super.onCreate();
        refresh("onCreate");
    }

    @Override
    public int onStartCommand(Intent intent, int flags, int startid) {  // 启
动服务
        refresh("onStartCommand. flags=" + flags);
        return START_STICKY;
    }

    @Override
    public void onDestroy() {  // 销毁服务
        super.onDestroy();
        refresh("onDestroy");
    }

    @Override
    public IBinder onBind(Intent intent) {  // 绑定服务。普通服务不存在绑定和解绑
流程
        refresh("onBind");
        return null;
    }

    @Override
    public void onRebind(Intent intent) {  // 重新绑定服务
        super.onRebind(intent);
        refresh("onRebind");
    }

    @Override
    public boolean onUnbind(Intent intent) {  // 解绑服务
        refresh("onUnbind");
        return true;  // 返回 false 表示只能绑定一次，返回 true 表示允许多次绑定
    }
}
```

启停普通服务很简单，只要创建一个指向服务的意图，然后调用 startService 方法即可启动服务，若要停止服务，调用 stopService 方法即可停止指定意图的服务。具体的服务启停代码示例如下：

（完整代码见 chapter11\src\main\java\com\example\chapter11\ServiceNormalActivity.java）

```java
// 创建一个通往普通服务的意图
Intent intent = new Intent(this, NormalService.class);
startService(intent);  // 启动指定意图的服务
//stopService(mIntent);  // 停止指定意图的服务
```

运行测试 App，点击"启动服务"按钮，监听器调用了 startService 方法，此时测试界面如图 11-11 所示，可见服务的启动操作依次触发了 onCreate 和 onStartCommand 方法。接着点击"停止服务"按钮，监听器调用了 stopService 方法，此时测试界面如图 11-12 所示，可见服务的停止操作触发了 onDestroy 方法。

图 11-11　启动服务的界面日志

图 11-12　停止服务的界面日志

11.2.2　服务的绑定与解绑

服务启停除了上一小节介绍的普通方式，Android 还提供了另一种启停方式，也就是绑定服务和解绑服务。因为服务可能由组件甲创建，却被组件乙所使用；也可能服务由进程 A 创建，却由进程 B 使用；好比一块土地被它的主人租给其他人使用那样，所有者与使用者并非同一个人。既然所有者与使用者不是同一个人，就需要两人之间订立租约，规定土地的租赁关系。

对于服务来说，便要求提供黏合剂 Binder 指定服务的绑定关系，同时黏合剂还负责在两个组件或者在两个进程之间交流通信。此时增加了黏合剂的服务代码示例如下：

（完整代码见 chapter11\src\main\java\com\example\chapter11\service\BindImmediateService.java）

```java
public class BindImmediateService extends Service {
    private final IBinder mBinder = new LocalBinder();  // 创建一个黏合剂对象
    // 定义一个当前服务的黏合剂，用于将该服务黏到活动页面的进程中
    public class LocalBinder extends Binder {
        public BindImmediateService getService() {
            return BindImmediateService.this;
        }
    }

    private void refresh(String text) {
        BindImmediateActivity.showText(text);
    }

    @Override
    public void onCreate() {  // 创建服务
        super.onCreate();
        refresh("onCreate");
```

```
    }

    @Override
    public void onDestroy() {  // 销毁服务
        super.onDestroy();
        refresh("onDestroy");
    }

    @Override
    public IBinder onBind(Intent intent) {  // 绑定服务。返回该服务的黏合剂对象
        refresh("onBind");
        return mBinder;
    }

    @Override
    public void onRebind(Intent intent) {  // 重新绑定服务
        super.onRebind(intent);
        refresh("onRebind");
    }

    @Override
    public boolean onUnbind(Intent intent) {  // 解绑服务
        refresh("onUnbind");
        return true;  // 返回 false 表示只能绑定一次，返回 true 表示允许多次绑定
    }
}
```

对于绑定了黏合剂的服务，它的绑定和解绑操作与普通方式不同，首先要定义一个
ServiceConnection 的服务连接对象，然后调用 bindService 方法绑定服务，绑定之后再择机调用
unbindService 方法解绑服务，具体的活动代码示例如下：

（完整代码见 chapter11\src\main\java\com\example\chapter11\BindImmediateActivity.java）

```
    public class BindImmediateActivity extends AppCompatActivity implements
View.OnClickListener {
        private static TextView tv_immediate;  // 声明一个文本视图对象
        private Intent mIntent;  // 声明一个意图对象
        private static String mDesc;  // 日志描述

        @Override
        protected void onCreate(Bundle savedInstanceState) {
            super.onCreate(savedInstanceState);
            setContentView(R.layout.activity_bind_immediate);
            tv_immediate = findViewById(R.id.tv_immediate);
            findViewById(R.id.btn_start_bind).setOnClickListener(this);
            findViewById(R.id.btn_unbind).setOnClickListener(this);
            mDesc = "";
            // 创建一个通往立即绑定服务的意图
            mIntent = new Intent(this, BindImmediateService.class);
        }
```

```
        @Override
        public void onClick(View v) {
            if (v.getId() == R.id.btn_start_bind) {  // 点击了绑定服务按钮
                // 绑定服务。如果服务未启动，则系统先启动该服务再进行绑定
                boolean bindFlag = bindService(mIntent, mFirstConn,
Context.BIND_AUTO_CREATE);
            } else if (v.getId() == R.id.btn_unbind) {  // 点击了解绑服务按钮
                if (mBindService != null) {
                    // 解绑服务。如果先前服务立即绑定，则此时解绑之后自动停止服务
                    unbindService(mFirstConn);
                    mBindService = null;
                }
            }
        }

        public static void showText(String desc) {
            if (tv_immediate != null) {
                mDesc = String.format("%s%s %s\n", mDesc,
DateUtil.getNowDateTime("HH:mm:ss"), desc);
                tv_immediate.setText(mDesc);
            }
        }

        private BindImmediateService mBindService;  // 声明一个服务对象
        private ServiceConnection mFirstConn = new ServiceConnection() {
            // 获取服务对象时的操作
            public void onServiceConnected(ComponentName name, IBinder service) {
                // 如果服务运行于另外一个进程，则不能直接强制转换类型，否则会报错
                mBindService = ((BindImmediateService.LocalBinder)
service).getService();
            }
            // 无法获取到服务对象时的操作
            public void onServiceDisconnected(ComponentName name) {
                mBindService = null;
            }
        };
    }
```

运行测试 App，点击"启动并绑定服务"按钮之后，观察到日志界面如图 11-13 所示，可见此时依次调用了 onCreate 和 onBind 方法。然后点击"停止并解绑服务"按钮，观察到日志界面如图 11-14 所示，可见此时依次调用了 onUnbind 和 onDestroy 方法。

上述的服务绑定与解绑操作，其实并不纯粹，因为调用 bindService 方法时先后触发了 onCreate 和 onBind，也就是创建服务后紧接着绑定服务；调用 unbindService 方法时先后触发了 onUnbind 和 onDestroy，也就是解绑服务后紧接着销毁服务。既然服务的创建操作紧跟着绑定操作，它的时空关系近似于普通启停，又何必另外设计绑定流程呢？

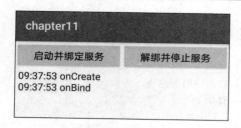

图 11-13　立即绑定的日志界面

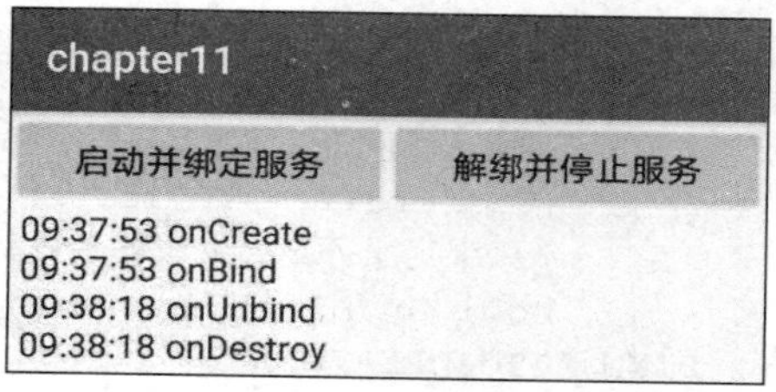

图 11-14　立即解绑的日志界面

诚然这种立即绑定体现不了差异化情况，为了更好地说明绑定方式的优势，Android 还提供了另一种延迟绑定。延迟绑定与立即绑定的区别在于：延迟绑定要先通过 startService 方法启动服务，再通过 bindService 方法绑定已存在的服务；同理，延迟解绑要先通过 unbindService 方法解绑服务，再通过 stopService 方法停止服务。这样一来，因为启动操作在先、绑定操作在后，所以解绑操作只能撤销绑定操作，而不能撤销启动操作。由于解绑操作不能销毁服务，因此存在再次绑定服务的可能。

接下来做个实验观察一下延迟绑定是否允许重新绑定操作，演示代码路径为 chapter11\src\main\java\com\example\chapter11\BindDelayActivity.java，测试页面上提供了 4 个按钮："启动服务""绑定服务""解绑服务""停止服务"，分别对应 startService、bindService、unbindService、stopService 4 个方法。第一个实验依次点击按钮"启动服务"→"绑定服务"→"解绑服务"→"停止服务"，此时日志界面如图 11-15 所示。第二个实验依次点击按钮"启动服务"→"绑定服务"→"解绑服务"→"绑定服务"，此时日志界面如图 11-16 所示。

图 11-15　延迟绑定的日志界面

图 11-16　再次绑定的日志界面

从上面两个日志界面可知，延迟绑定与立即绑定两种方式的生命周期区别在于：

（1）延迟绑定的首次绑定操作只触发 onBind 方法，再次绑定操作只触发 onRebind 方法（是否允许再次绑定要看上次 onUnbind 方法的返回值）。

（2）延迟绑定的解绑操作只触发 onUnbind 方法。

11.2.3　推送服务到前台

服务没有自己的布局文件，意味着无法直接在页面上展示服务信息，要想了解服务的运行情况，要么通过打印日志观察，要么通过某个页面的静态控件显示运行结果。然而活动页面有自身的生命周期，极有可能发生服务尚在运行但页面早已退出的情况，所以该方式不可靠。为此 Android 设计了一个让服务在前台运行的机制，也就是在手机的通知栏展示服务的画像，同时允许服务控制自己是否需要在通知栏显示，这类控制操作包括下列两个启停方法：

- startForeground：把当前服务切换到前台运行，即展示到通知栏。第一个参数表示通知的编号，第二个参数表示 Notification 对象。
- stopForeground：停止前台运行，即取消通知栏上的展示。参数为 true 时表示清除通知，参数为 false 时表示不清除通知。

注意，从 Android 9.0 开始，要想在服务中正常调用 startForeground 方法，还需修改 AndroidManifest.xml，添加如下所示的前台服务权限配置：

```
<!-- 允许前台服务（Android 9.0 之后需要）-->
<uses-permission android:name="android.permission.FOREGROUND_SERVICE" />
```

音乐播放器是前台服务的一个常见应用，即使用户离开了播放器页面，手机仍然在后台继续播放音乐，同时还能在通知栏查看播放进度。接下来模拟音乐播放器的前台服务功能，首先创建名为 MusicService 的音乐服务，该服务的通知推送代码示例如下：

（完整代码见 chapter11\src\main\java\com\example\chapter11\service\MusicService.java）

```
// 发送前台通知
private void sendNotify(Context ctx, String song, boolean isPlaying, int progress) {
    String message = String.format("歌曲%s", isPlaying?"正在播放":"暂停播放");
    // 创建一个跳转到活动页面的意图
    Intent intent = new Intent(ctx, MainActivity.class);
    // 创建一个用于页面跳转的延迟意图
    PendingIntent clickIntent = PendingIntent.getActivity(ctx,
            R.string.app_name, intent, PendingIntent.FLAG_UPDATE_CURRENT);
    // 创建一个通知消息的建造器
    Notification.Builder builder = new Notification.Builder(ctx);
    if (Build.VERSION.SDK_INT >= Build.VERSION_CODES.O) {
        // Android 8.0 开始必须给每个通知分配对应的渠道
        builder = new Notification.Builder(ctx, getString(R.string.app_name));
    }
    builder.setContentIntent(clickIntent)   // 设置内容的点击意图
            .setSmallIcon(R.drawable.tt_s)   // 设置应用名称左边的小图标
            // 设置通知栏右边的大图标
            .setLargeIcon(BitmapFactory.decodeResource(getResources(),
R.drawable.tt))
            .setProgress(100, progress, false)   // 设置进度条与当前进度
            .setContentTitle(song)   // 设置通知栏里面的标题文本
            .setContentText(message);   // 设置通知栏里面的内容文本
    Notification notify = builder.build();   // 根据通知建造器构建一个通知对象
    startForeground(2, notify);   // 把服务推送到前台的通知栏
}
```

接着通过活动页面的播放按钮控制音乐服务，不管是开始播放还是暂停播放都调用 startService 方法，区别在于传给服务的 isPlaying 参数不同（开始播放传 true，暂停播放传 false），再由音乐服务根据 isPlaying 来刷新消息通知。活动页面的播放控制代码如下：

（完整代码见 chapter11\src\main\java\com\example\chapter11\ForegroundServiceActivity.java）

```
// 创建一个通往音乐服务的意图
Intent intent = new Intent(this, MusicService.class);
intent.putExtra("is_play", isPlaying);  // 是否正在播放音乐
intent.putExtra("song", et_song.getText().toString());
btn_send_service.setText(isPlaying?"暂停播放音乐":"开始播放音乐");
startService(intent);  // 启动音乐播放服务
```

运行测试 App，先输入歌曲名称，活动页面如图 11-17 所示，点击开始播放按钮，启动音乐服务务并推送到前台，此时通知栏如图 11-18 所示。

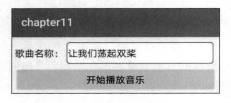

图 11-17　准备播放音乐

图 11-18　正在播放的通知栏

回到活动页面如图 11-19 所示，点击暂停播放按钮，音乐服务根据收到的 isPlaying 更新通知栏，此时通知栏如图 11-20 所示。

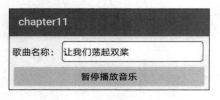

图 11-19　准备暂停音乐

图 11-20　暂停播放的通知栏

11.3　多　线　程

本节介绍多线程技术在 App 开发中的具体运用，首先说明如何利用 Message 配合 Handler 完成主线程与分线程之间的简单通信；接着阐述了异步任务 AsyncTask 的具体用法，以及如何通过进度条和进度对话框展示加载进度；然后分析异步服务 IntentService 的实现过程及其详细用法。

11.3.1　分线程通过 Handler 操作界面

为了使 App 运行得更流畅，多线程技术被广泛应用于 App 开发。由于 Android 规定只有主线程（UI 线程）才能直接操作界面，因此分线程若想修改界面就得另想办法，这要求有一种在线程之间相互通信的机制。如果是主线程向分线程传递消息，可以在分线程的构造方法中传递参数，然而分线程向主线程传递消息并无捷径，为此 Android 设计了一个 Message 消息工具，通过结合 Handler 与 Message 能够实现线程间通信。

由分线程向主线程传递消息的过程主要有 4 个步骤，说明如下：

1. 在主线程中构造一个处理器对象，并启动分线程

处理器 Handler 的基本用法参见第 10 章的"10.3.1　Handler 的延迟机制"，当时提到利用 Handler+Runnable 组合可以实现简单动画。正巧 Thread 类是 Runnable 接口的一个具体实现，故而 Handler 的各种 post 方法同样适用于 Thread 对象。

于是在 Android 中启动分线程有两种方式，一种是直接调用线程实例的 start 方法，另一种是通过处理器对象的 post 方法启动线程实例。

2. 在分线程中构造一个 Message 类型的消息包

Message 是线程间通信存放消息的包裹，其作用类似于 Intent 机制的 Bundle 工具。消息实例可通过 Message 的 obtain 方法获得，比如下面这行代码。

```
Message message = Message.obtain();  // 获得默认的消息对象
```

也可通过处理器对象的 obtainMessage 方法获得，比如下面这行代码。

```
Message message = mHandler.obtainMessage();  // 获得处理器的消息对象
```

获得消息实例之后，再给它补充详细的包裹信息，下面是 Message 工具的属性说明。

- what：整型数，可存放本次消息的唯一标识。
- arg1：整型数，可存放消息的处理结果。
- arg2：整型数，可存放消息的处理代码。
- obj：Object 类型，可存放返回消息的数据结构。
- replyTo：Messenger（回应信使）类型，在跨进程通信中使用，线程间通信用不着。

3. 在分线程中通过处理器对象将 Message 消息发出去

处理器的消息操作主要包括各种 send***方法和 remove***方法，下面是这些消息操作方法的使用说明。

- obtainMessage：获取当前的消息对象。
- sendMessage：立即发送指定消息。
- sendMessageDelayed：延迟一段时间后发送指定消息。
- sendMessageAtTime：在设置的时间点发送指定消息。
- sendEmptyMessage：立即发送空消息。
- sendEmptyMessageDelayed：延迟一段时间后发送空消息。
- sendEmptyMessageAtTime：在设置的时间点发送空消息。
- removeMessages：从消息队列移除指定标识的消息。
- hasMessages：判断消息队列是否存在指定标识的消息。

4. 主线程的 Handler 对象处理接收到的消息

主线程收到分线程发出的消息之后，需要实现处理器对象的 handleMessage 方法，在该方法中

根据消息内容分别进行相应处理。因为 handleMessage 方法在主线程（UI 线程）中调用，所以方法内部可以直接操作界面元素。

综合上面的 4 个线程通信步骤，接下来通过一个实验观察线程间通信的效果。下面便是利用多线程技术实现新闻滚动的活动代码例子，其中结合了 Handler 与 Message。

（完整代码见 chapter11\src\main\java\com\example\chapter11\HandlerMessageActivity.java）

```java
public class HandlerMessageActivity extends AppCompatActivity implements
View.OnClickListener {
    private TextView tv_message; // 声明一个文本视图对象
    private boolean isPlaying = false; // 是否正在播放新闻
    private int BEGIN = 0, SCROLL = 1, END = 2; // 0 为开始，1 为滚动，2 为结束
    private String[] mNewsArray = { "北斗导航系统正式开通，定位精度媲美 GPS",
        "黑人之死引发美国各地反种族主义运动", "印度运营商禁止华为中兴反遭诺基亚催债",
        "贝鲁特发生大爆炸全球紧急救援黎巴嫩", "日本货轮触礁毛里求斯造成严重漏油污染" };

    @Override
    protected void onCreate(Bundle savedInstanceState) {
        super.onCreate(savedInstanceState);
        setContentView(R.layout.activity_handler_message);
        tv_message = findViewById(R.id.tv_message);
        findViewById(R.id.btn_start).setOnClickListener(this);
        findViewById(R.id.btn_stop).setOnClickListener(this);
    }

    @Override
    public void onClick(View v) {
        if (v.getId() == R.id.btn_start) { // 点击了开始播放新闻的按钮
            if (!isPlaying) { // 如果不在播放就开始播放
                isPlaying = true;
                new PlayThread().start(); // 创建并启动新闻播放线程
            }
        } else if (v.getId() == R.id.btn_stop) { // 点击了结束播放新闻的按钮
            isPlaying = false;
        }
    }

    // 定义一个新闻播放线程
    private class PlayThread extends Thread {
        public void run() {
            mHandler.sendEmptyMessage(BEGIN); // 向处理器发送播放开始的空消息
            while (isPlaying) { // 正在播放新闻
                try {
                    sleep(2000); // 睡眠两秒（2000 毫秒）
                } catch (InterruptedException e) {
                    e.printStackTrace();
                }
                Message message = Message.obtain(); // 获得默认的消息对象
                message.what = SCROLL; // 消息类型
                message.obj = mNewsArray[new Random().nextInt(5)]; // 消息描述
```

```
                    mHandler.sendMessage(message);  // 向处理器发送消息
                }
                mHandler.sendEmptyMessage(END);  // 向处理器发送播放结束的空消息
                isPlaying = false;
            }
        }

        // 创建一个处理器对象
        private Handler mHandler = new Handler() {
            // 在收到消息时触发
            public void handleMessage(Message msg) {
                String desc = tv_message.getText().toString();
                if (msg.what == BEGIN) {  // 开始播放
                    desc = String.format("%s\n%s %s", desc, DateUtil.getNowTime(),
"开始播放新闻");
                } else if (msg.what == SCROLL) {  // 滚动播放
                    desc = String.format("%s\n%s %s", desc, DateUtil.getNowTime(),
msg.obj);
                } else if (msg.what == END) {  // 结束播放
                    desc = String.format("%s\n%s %s", desc, DateUtil.getNowTime(),
"新闻播放结束");
                }
                tv_message.setText(desc);
            }
        };
    }
```

运行测试 App，先点击开始播放按钮，此时分线程每隔两秒添加一条新闻，正在播放新闻的界面如图 11-21 所示。稍等片刻再点击停止播放按钮，此时主线程收到分线程的 END 消息，在界面上提示用户"新闻播放结束"，如图 11-22 所示。

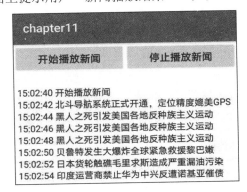

图 11-21　正在播放新闻的界面

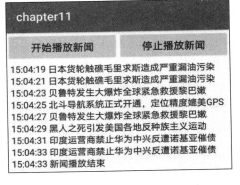

图 11-22　停止播放新闻的界面

根据以上的新闻播放效果，可知分线程的播放开始和播放结束指令都成功送到了主线程。

11.3.2 异步任务 AsyncTask

Thread+Handler 方式虽然能够实现线程间通信,但是代码编写颇为麻烦,不但调用流程很烦琐,而且线程代码与页面代码混在一起,非常不宜维护。为了解决以上问题,Android 提供了 AsyncTask 这个轻量级的异步任务工具,其内部已经封装好 Thread+Handler 的通信机制,开发者只需按部就班地编写业务代码,无须关心线程间通信的复杂流程。

AsyncTask 是一个模板类(AsyncTask<Params, Progress, Result>),从它派生而来的任务类需要指定模板的参数类型。下面是它的模板参数说明。

- Params:创建任务时的输入参数。可设置为 String 类型或自定义的数据结构。
- Progress:执行任务的处理进度。可设置为 Integer 类型,表示当前的进度百分比。
- Result:完成任务时的结果参数。可设置为 String 类型或自定义的数据结构。

开发者自定义的任务类需要实现以下方法。

- onPreExecute:准备执行任务时触发。该方法在 doInBackground 方法执行之前调用。
- doInBackground:在后台执行的业务处理。像网络请求等异步操作都放在该方法中,方法的输入参数对应 execute 方法的输入参数,输出参数对应 onPostExecute 方法的输入参数。注意,该方法运行于分线程,不能操作界面,其他方法都能操作界面。
- onProgressUpdate:在 doInBackground 中调用 publishProgress 时触发该方法,通常用于在处理过程中刷新进度条。
- onPostExecute:任务执行完毕时触发。该方法在 doInBackground 执行完毕后触发,输入参数对应 doInBackground 的输出参数,通常用于在页面上显示处理结果。
- onCancelled:调用任务对象的 cancel 方法时触发,也就是任务取消的回调操作。

另外,AsyncTask 实例提供了下列可由外部直接调用的启停方法。

- execute:把异步任务加入到处理队列中,具体的执行时刻由系统调度。
- cancel:取消任务。
- isCancelled:判断该任务是否已被取消。true 表示已取消,false 表示未取消。
- getStatus:获取任务的执行状态。任务状态的取值说明见表 11-4。

表 11-4 任务状态的取值说明

AsyncTask.Status 类的任务状态	说明	所处时刻
PENDING	还未执行	onPreExecute 处理之前(正在等待)
RUNNING	正在执行	onPreExecute、doInBackground、onPostExecute 运行期间
FINISHED	执行完毕	onPostExecute 处理结束

举个电子书加载的例子,电子书来自网络,要等它加载完毕后,用户才能浏览电子书内容。于是编写电子书的异步加载任务,在界面上动态显示当前的加载进度,全部完成后再提示用户已经加载完毕。下面是电子书加载的异步任务代码例子:

（完整代码见 chapter11\src\main\java\com\example\chapter11\task\BookLoadTask.java）

```java
public class BookLoadTask extends AsyncTask<String, Integer, String> {
    private String mBook;  // 图书名称
    public ProgressAsyncTask(String title) {
        super();
        mBook = title;
    }

    // 线程正在后台处理
    protected String doInBackground(String... params) {
        int ratio = 0;  // 下载比例
        for (; ratio <= 100; ratio += 5) {
            try {
                Thread.sleep(200);  // 睡眠 200 毫秒模拟网络文件下载耗时
            } catch (InterruptedException e) {
                e.printStackTrace();
            }
            publishProgress(ratio);  // 通报处理进展。调用该方法会触发
onProgressUpdate 方法
        }
        return params[0];  // 返回参数是图书的名称
    }

    // 准备启动线程
    protected void onPreExecute() {
        mListener.onBegin(mBook);  // 触发监听器的开始事件
    }

    // 线程在通报处理进展
    protected void onProgressUpdate(Integer... values) {
        mListener.onUpdate(mBook, values[0]);  // 触发监听器的进度更新事件
    }

    // 线程已经完成处理
    protected void onPostExecute(String result) {
        mListener.onFinish(result);  // 触发监听器的结束事件
    }

    // 线程已经取消
    protected void onCancelled(String result) {
        mListener.onCancel(result);  // 触发监听器的取消事件
    }

    private OnProgressListener mListener;  // 声明一个进度更新的监听器对象
    // 设置进度更新的监听器
    public void setOnProgressListener(OnProgressListener listener) {
        mListener = listener;
    }
```

```
    // 定义一个进度更新的监听器接口
    public interface OnProgressListener {
        void onBegin(String book);  // 在线程处理开始时触发
        void onUpdate(String book, int progress);//在线程处理过程中更新进度时触发
        void onFinish(String book);  // 在线程处理结束时触发
        void onCancel(String book);  // 在线程处理取消时触发
    }
}
```

然后在活动页面中调用以下代码，即可启动电子书的加载任务：

（完整代码见 chapter11\src\main\java\com\example\chapter11\AsyncTaskActivity.java）

```
BookLoadTask task = new BookLoadTask(book);  // 创建一个图书加载线程
task.setOnProgressListener(this);  // 设置图书加载监听器
task.execute(book);  // 把图书加载线程添加到处理队列
```

以上代码调用了加载任务的 setOnProgressListener 方法，通过给任务注册自定义的进度监听器，以便及时接收加载任务的消息回调。比如，加载开始时通过 onBegin 方法在界面上提示开始加载，加载过程中通过 onUpdate 方法在界面上提示加载进度，加载完毕时通过 onFinish 方法在界面上提示完成加载。以刷新加载进度为例，活动代码需重写进度监听器的 onUpdate 方法，在方法内部展示当前的加载进度。这里用到了进度条控件 ProgressBar，可在活动页面的 XML 文件中添加下面的控件节点：

（完整代码见 chapter10\src\main\res\layout\activity_async_task.xml）

```
<ProgressBar
    android:id="@+id/pb_async"
    style="?android:attr/progressBarStyleHorizontal"
    android:layout_width="match_parent"
    android:layout_height="30dp" />
<TextView
    android:id="@+id/tv_async"
    android:layout_width="match_parent"
    android:layout_height="wrap_content"
    android:text="这里查看加载进度" />
```

接着在活动页面的 onUpdate 方法内部添加如下代码，用来显示当前的加载进度：

```
TextView tv_async = findViewById(R.id.tv_async);
// 从布局文件中获取名为 pb_async 的进度条
ProgressBar pb_async = findViewById(R.id.pb_async);
String desc = String.format("%s 当前加载进度为%d%%", book, progress);
tv_async.setText(desc);  // 设置加载进度的文本内容
pb_async.setProgress(progress);  // 设置水平进度条的当前进度
```

运行测试 App，打开加载页面后自动启动电子书加载任务，如图 11-23 所示。

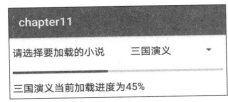

图 11-23　异步任务结合进度条的演示界面

虽然上述代码能够在界面上实时提示加载进度，但是仅仅一个进度条控件很容易被用户忽略，更常见的做法是弹出加载窗口，同时窗口以外的区域都盖上灰色阴影，表示加载任务正在运行，请用户耐心等待。此时要用到进度窗口 ProgressDialog，简单处理的话只需以下一行 show 代码就能弹出加载窗口，想关闭窗口的话再调用 dismiss 方法即可。

```
// 弹出带有提示文字的圆圈进度窗口
ProgressDialog dialog = ProgressDialog.show(this, "稍等", book + "页面加载中……");
// dialog.dismiss(); // 关闭窗口
```

上面的 show 方法固然能够显示进度窗口的标题和内容，却无法显示具体的进度百分比，只能显示一个兀自转圈的进度圈。若想在进度窗口上显示水平进度条，则需调用包括 setProgressStyle 方法在内的各种窗口属性设置方法，以便指定更详细的窗口风格样式。下面是定制水平进度窗口的代码例子：

```
ProgressDialog dialog = new ProgressDialog(this); // 创建一个进度窗口
dialog.setTitle("稍等"); // 设置进度窗口的标题文本
dialog.setMessage(book + "页面加载中……"); // 设置进度窗口的内容文本
dialog.setIcon(R.drawable.ic_search); // 设置进度窗口的图标
dialog.setProgressStyle(ProgressDialog.STYLE_HORIZONTAL); // 设置进度样式
dialog.show(); // 显示进度窗口
```

重新运行测试 App，观察两种进度窗口的展示情况，其中默认转圈样式的进度窗口如图 11-24 所示，水平进度样式的进度窗口如图 11-25 所示。

图 11-24　默认转圈样式的进度窗口

图 11-25　水平进度样式的进度窗口

11.3.3　异步服务 IntentService

服务虽然在后台运行，但它跟活动一样都在主线程中，如果后台运行着的服务堵塞，用户界面就会卡着不动，俗称死机。后台服务经常要做一些耗时操作，比如批量处理、文件导入、网络访

问等，此时不应该影响用户操作界面，而应该开启分线程执行耗时操作。此时既可通过
Thread+Handler 机制实现异步处理，也可利用 Android 封装好的异步服务 IntentService。

使用 IntentService 有两个好处，一个是免去复杂的消息通信流程；另一个是处理完成后无须手
工停止服务，开发者可集中精力编写业务逻辑。那么 IntentService 又是如何实现的呢？前面提到，
由于处理器对象位于主线程中，因此分线程通过处理器对象通知主线程，然后主线程执行处理器对
象的 handleMessage 方法刷新界面。反过来也是允许的，即处理器对象位于分线程中，主线程通过
处理器对象通知分线程，然后分线程执行处理器对象的 handleMessage 方法进行耗时处理。

查看 IntentService 的实现源码，发现它主要有下列 3 个步骤。

步骤 01 创建异步服务时，初始化分线程的处理器对象：

```
public void onCreate() {
    super.onCreate();
    HandlerThread thread = new HandlerThread("IntentService[" + mName + "]");
    thread.start();
    mServiceLooper = thread.getLooper();
    mServiceHandler = new ServiceHandler(mServiceLooper);
}
```

步骤 02 异步服务开始运行时，通过处理器对象将请求数据送给分线程，源码如下：

```
public void onStart(Intent intent, int startId) {
    Message msg = mServiceHandler.obtainMessage();
    msg.arg1 = startId;
    msg.obj = intent;
    mServiceHandler.sendMessage(msg);
}
```

步骤 03 分线程在处理器对象的 handleMessage 方法中，先通过 onHandleIntent 方法执行具体
的事务处理，再调用 stopSelf 结束指定标识的服务。源码如下：

```
private final class ServiceHandler extends Handler {
    public ServiceHandler(Looper looper) {
        super(looper);
    }
    @Override
    public void handleMessage(Message msg) {
        onHandleIntent((Intent)msg.obj);
        stopSelf(msg.arg1);
    }
}
```

了解 IntentService 的实现思想后，开发者在定制异步服务时需要注意以下 4 点：

（1）增加一个构造方法，并分配内部线程的唯一名称。

（2）onStartCommand 方法内部要调用父类的 onStartCommand，因为父类方法会向分线程传
递消息。

（3）耗时处理的业务代码要写在 onHandleIntent 方法中，不可写在 onStartCommand 方法中。
因为 onHandleIntent 方法位于分线程，而 onStartCommand 方法位于主线程。

（4）IntentService 实现了 onStartCommand 方法，却未实现 onBind 方法，意味着异步服务只能通过普通方式启停，不能通过绑定方式启停。

下面是个自定义的异步服务代码例子：

（完整代码见 chapter11\src\main\java\com\example\chapter11\service\AsyncService.java）

```
public class AsyncService extends IntentService {
    public AsyncService() {
        super("com.example.chapter11.service.AsyncService");
    }

    // onStartCommand 运行于主线程
    public int onStartCommand(Intent intent, int flags, int startid) {
        // 试试在 onStartCommand 里面沉睡，页面按钮是不是无法点击了？
        return super.onStartCommand(intent, flags, startid);
    }

    // onHandleIntent 运行于分线程
    protected void onHandleIntent(Intent intent) {
        try {  // 在 onHandleIntent 这里执行耗时任务，不会影响页面的处理
            Thread.sleep(30 * 1000);
        } catch (InterruptedException e) {
            e.printStackTrace();
        }
    }
}
```

接着在活动代码中调用 startService 方法启动上面的异步服务，完整代码见 chapter11\src\main\java\com\example\chapter11\IntentServiceActivity.java。运行测试 App，点击按钮后的界面效果如图 11-26 所示，可见即使异步服务在 onHandleIntent 方法中睡眠 30 秒，也丝毫不影响用户在页面上的点击操作。

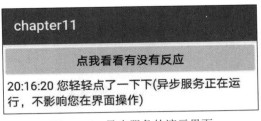

图 11-26　异步服务的演示界面

然而若是在 onStartCommand 方法中睡眠 30 秒，那页面上的按钮就无法正常点击了，对比可知 IntentService 在异步处理方面的优势。

11.4 小 结

本章主要介绍 Android 几种后台工具的常见用法，包括：正确推送消息通知（通知推送 Notification、通知渠道 NotificationChannel、给桌面应用添加消息角标）、正确使用服务组件（服务的启动和停止、服务的绑定与解绑、推送服务到前台）、正确运用多线程技术（分线程通过 Handler 操作界面、异步任务 AsyncTask、异步服务 IntentService）。

通过本章的学习，读者应该能掌握以下 3 种开发技能：

（1）了解通知的应用场景，并学会正确推送消息通知。

（2）了解服务的生命周期，并学会服务的两种启停方式（普通方式、绑定方式）。

（3）了解三种多线程技术的特点，并学会在合适的场合引入线程处理。

11.5 课后练习题

一、填空题

1. 在手机屏幕的顶端＿＿＿＿＿＿＿＿会弹出通知栏。

2. 系统通知服务的名称是＿＿＿＿＿＿＿。

3. 在 AndroidManifest.xml 中注册服务采用的标签名称是＿＿＿＿＿＿＿。

4. 调用＿＿＿＿＿＿＿方法之后，可将当前服务切换到前台运行，即展示到通知栏。

5. 异步服务的 onHandleIntent 方法运行于＿＿＿＿＿＿＿中。

二、判断题（正确打 √，错误打 ×）

1. 调用通知渠道的 setShowBadge 方法，会在国产手机的 App 图标右上角展示小红点。（ ）

2. 对于服务绑定来说，只有上次的 onUnbind 方法返回 true 时，再次绑定服务才会调用 onRebind 方法。（ ）

3. Android 允许分线程直接操作界面。（ ）

4. 处理器对象的 handleMessage 方法内部可以直接操作界面。（ ）

5. 普通服务虽然在后台运行，但它跟活动一样都在主线程中。（ ）

三、选择题

1. 设置通知栏内容文本的方法是（ ）。

　　A．setContentTitle　　　　B．setContentText　　　　C．setSubText　　　　D．setContentIntent

2. 通知重要性为（ ）时，消息推送到通知栏会被折叠。

　　A．IMPORTANCE_MIN　　　　　　　　　　　B．IMPORTANCE_LOW

　　C．IMPORTANCE_DEFAULT　　　　　　　　　D．IMPORTANCE_HIGH

3. 首次绑定服务时会触发（ ）方法。

A．onStartCommand　　　B．onBind　　　　C．onUnbind　　　D．onRebind

4．调用（　　）方法可从消息队列移除指定标识的消息。

A．obtainMessage　　　B．sendMessage　　C．removeMessages　D．hasMessages

5．访问网络等耗时操作应当放在异步任务的（　　）方法。

A．onPreExecute　　B．doInBackground　　C．onProgressUpdate　D．onPostExecute

四、简答题

请简要描述分线程向主线程传递消息的过程。

五、动手练习

请上机实验下列 3 项练习：

1．使用通知管理器将三条消息（含消息标题和消息内容）推送到通知栏的不同渠道。

2．启动后台服务，并将该服务推送到前台（能在通知栏看到服务信息）。

3．编写一个异步任务，每隔一秒就刷新一次界面（往界面输出当前时间），10 秒之后任务结束。

第 12 章

组合控件

本章介绍了 App 开发常用的一些组合控件用法，主要包括：如何实现底部标签栏、如何运用顶部导航栏、如何利用循环视图实现 3 种增强型列表、如何使用二代翻页视图实现更炫的翻页效果。然后结合本章所学的知识，演示了一个实战项目"电商首页"的设计与实现。

12.1　底部标签栏

本节介绍底部标签栏的两种实现方式，首先说明如何通过 Android Studio 菜单自动创建基于 BottomNavigationView 的导航活动，接着描述了如何利用状态图形与风格样式实现自定义的标签按钮，然后阐述了怎样结合 RadioGroup 和 ViewPager 制作自定义的底部标签栏。

12.1.1　利用 BottomNavigationView 实现底部标签栏

不管是微信还是 QQ，淘宝抑或京东，它们的首屏都在底部展开一排标签，每个标签对应着一个频道，从而方便用户迅速切换到对应频道。这种底部标签栏原本是苹果手机的标配，原生安卓最开始并不提供屏幕底部的快捷方式，倒是众多国产 App 纷纷山寨苹果的风格，八仙过海各显神通整出了底部标签栏。后来谷歌一看这种风格还颇受用户欢迎，于是顺势在 Android Studio 中集成了该风格的快捷标签。

如今在 Android Studio 上创建官方默认的首屏标签页面已经很方便了，首先右击需要添加标签栏的模块，在弹出的右键菜单中依次选择 New→Activity→Bottom Navigation Activity，弹出如图 12-1 所示的活动创建对话框。

在创建对话框的"Activity Name"一栏填写新活动的名称，再单击对话框右下角的 Finish 按钮，Android Studio 就会自动创建该活动的 Java 代码及其 XML 文件。

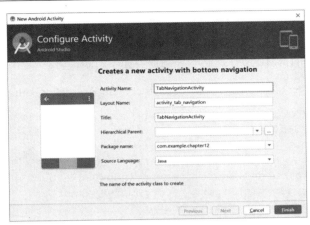

图 12-1　导航活动的创建对话框

　　然后编译运行 App，进入刚创建的活动页面，其界面效果如图 12-2 所示。可见测试页面的底部默认提供了 3 个导航标签，分别是 Home、Dashboard 和 Notifications。

　　注意到初始页面的 Home 标签从文字到图片均为高亮显示，说明当前处于 Home 频道。接着点击 Dashboard 标签，此时界面如图 12-3 所示，可见切换到了 Dashboard 频道。继续点击 Notifications，此时界面如图 12-4 所示，可见切换到了 Notifications 频道。至此不费丝毫功夫，Android Studio 已然实现了简单的标签导航功能。

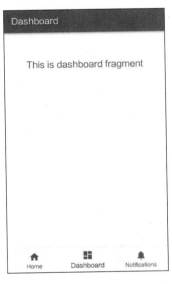

图 12-2　导航活动的默认界面　　　图 12-3　点击了 Dashboard 标签　　　图 12-4　点击了 Notifications 标签

　　不过为了定制页面的详细内容，开发者仍需修改相关代码，譬如将标签文字从英文改成中文，将频道上方的描述说明从英文改成中文，给频道页面添加图像视图等其他控件等，故而还得梳理标签栏框架的实现方式。

　　首先打开模块的 build.gradle，在 dependencies 节点内部发现多了下面两行依赖库配置，表示引用了标签导航的 navigation 库：

```
implementation 'androidx.navigation:navigation-fragment:2.3.0'
implementation 'androidx.navigation:navigation-ui:2.3.0'
```

再来查看标签页面的 XML 文件，它的关键内容如下所示：

（完整代码见 chapter12\src\main\res\layout\activity_tab_navigation.xml）

```
<com.google.android.material.bottomnavigation.BottomNavigationView
    android:id="@+id/nav_view"
    android:layout_width="0dp"
    android:layout_height="wrap_content"
    android:background="?android:attr/windowBackground"
    app:layout_constraintBottom_toBottomOf="parent"
    app:menu="@menu/bottom_nav_menu" />
<fragment
    android:id="@+id/nav_host_fragment"
    android:name="androidx.navigation.fragment.NavHostFragment"
    android:layout_width="match_parent"
    android:layout_height="match_parent"
    app:defaultNavHost="true"
    app:layout_constraintTop_toTopOf="parent"
    app:navGraph="@navigation/mobile_navigation" />
```

从上面的布局内容可知，标签页面主要包含两个组成部分，一个是位于底部的 BottomNavigationView（底部导航视图），另一个是位于其上占据剩余屏幕的碎片 fragment。底部导航视图又由一排标签菜单组成，具体菜单在@menu/bottom_nav_menu 中定义；而碎片为各频道的主体部分，具体内容在 app:navGraph="@navigation/mobile_navigation 中定义。哟，原来奥妙就在这两个文件当中，赶紧打开 menu 目录之下的 bottom_nav_menu.xml 看看：

（完整代码见 chapter12\src\main\res\menu\bottom_nav_menu.xml）

```
<menu xmlns:android="http://schemas.android.com/apk/res/android">
    <item
        android:id="@+id/navigation_home"
        android:icon="@drawable/ic_home_black_24dp"
        android:title="@string/title_home" />
    <item
        android:id="@+id/navigation_dashboard"
        android:icon="@drawable/ic_dashboard_black_24dp"
        android:title="@string/title_dashboard" />
    <item
        android:id="@+id/navigation_notifications"
        android:icon="@drawable/ic_notifications_black_24dp"
        android:title="@string/title_notifications" />
</menu>
```

上面的菜单定义文件以 menu 为根节点，内部容纳 3 个 item 节点，分别对应屏幕底部的 3 个标签。每个 item 节点都拥有 id、icon、title 3 个属性，其中 id 指定该菜单项的编号，icon 指定该菜单项的图标，title 指定该菜单项的文本。顺藤摸瓜查看 values 目录之下的 strings.xml，果然找到了下面的 3 个标签文本定义：

```xml
<string name="title_home">Home</string>
<string name="title_dashboard">Dashboard</string>
<string name="title_notifications">Notifications</string>
```

搞清楚了底部标签栏的资源情况，接着打开 navigation 目录之下的 mobile_navigation.xml，究竟里面是怎么定义各个频道的呢？

（完整代码见 chapter12\src\main\res\navigation\mobile_navigation.xml）

```xml
<navigation xmlns:android="http://schemas.android.com/apk/res/android"
    xmlns:app="http://schemas.android.com/apk/res-auto"
    xmlns:tools="http://schemas.android.com/tools"
    android:id="@+id/mobile_navigation"
    app:startDestination="@+id/navigation_home">
    <fragment
        android:id="@+id/navigation_home"
        android:name="com.example.chapter12.ui.home.HomeFragment"
        android:label="@string/title_home"
        tools:layout="@layout/fragment_home" />
    <fragment
        android:id="@+id/navigation_dashboard"
        android:name="com.example.chapter12.ui.dashboard.DashboardFragment"
        android:label="@string/title_dashboard"
        tools:layout="@layout/fragment_dashboard" />
    <fragment
        android:id="@+id/navigation_notifications"
android:name="com.example.chapter12.ui.notifications.NotificationsFragment"
        android:label="@string/title_notifications"
        tools:layout="@layout/fragment_notifications" />
</navigation>
```

上述的导航定义文件以 navigation 为根节点，内部依旧分布着 3 个 fragment 节点，显然正好对应 3 个频道。每个 fragment 节点拥有 id、name、label、layout 4 个属性，各属性的用途说明如下：

- id：指定当前碎片的编号。
- name：指定当前碎片的完整类名路径。
- label：指定当前碎片的标题文本。
- layout：指定当前碎片的布局文件。

这些默认的碎片代码到底有何不同，打开其中一个 HomeFragment.java 研究研究，它的关键代码如下所示：

（完整代码见 chapter12\src\main\java\com\example\chapter12\ui\home\HomeFragment.java）

```java
public View onCreateView(@NonNull LayoutInflater inflater,
                    ViewGroup container, Bundle savedInstanceState) {
    homeViewModel = ViewModelProviders.of(this).get(HomeViewModel.class);
    View root = inflater.inflate(R.layout.fragment_home, container, false);
    final TextView textView = root.findViewById(R.id.text_home);
    homeViewModel.getText().observe(this, new Observer<String>() {
        @Override
```

```
        public void onChanged(@Nullable String s) {
            textView.setText(s);
        }
    });
    return root;
}
```

看来频道用到的碎片代码仍然在 onCreateView 方法中根据 XML 布局文件生成页面元素，这样频道界面的修改操作就交给碎片编码了。总算理清了这种底部导航的实现方式，接下来准备修理修理默认的标签及其频道。先打开 values 目录之下的 strings.xml，把 3 个标签的文字从英文改成中文，修改内容示例如下：

```
<string name="title_home">首页</string>
<string name="title_dashboard">仪表盘</string>
<string name="title_notifications">消息</string>
```

再打开 3 个频道的碎片代码，给文本视图填上中文描述，首页频道 HomeFragment.java 修改之后的代码示例如下：

```
public View onCreateView(@NonNull LayoutInflater inflater,
                    ViewGroup container, Bundle savedInstanceState) {
    View root = inflater.inflate(R.layout.fragment_home, container, false);
    final TextView textView = root.findViewById(R.id.text_home);
    textView.setText("这是首页页面");
    return root;
}
```

重新编译运行 App，改过的各频道界面如图 12-5 到图 12-7 所示，其中图 12-5 为首页频道的页面效果，图 12-6 为仪表盘频道的页面效果，图 12-7 为消息频道的页面效果，可见 3 个频道从标签文本和说明描述都改成了汉字。

图 12-5　首页频道界面

图 12-6　仪表盘频道界面

图 12-7　消息频道界面

12.1.2　自定义标签按钮

按钮控件种类繁多，有文本按钮 Button、图像按钮 ImageButton、单选按钮 RadioButton、复选框 CheckBox、开关按钮 Switch 等，支持展现的形式有文本、图像、文本+图标，如此丰富的展现形式，已经能够满足大部分需求。但总有少数场合比较特殊，一般的按钮样式满足不了，比如图 12-8 所示的微信底部标签栏，一排有 4 个标签按钮，每个按钮的图标和文字都会随着选中而高亮显示。

图 12-8　微信的底部标签栏

这样的标签栏是各大主流 App 的标配，无论是淘宝、京东，还是微信、手机 QQ，首屏底部是清一色的标签栏，而且在选中标签按钮时经常文字、图标、背景一起高亮显示。虽然上一小节使用 Android Studio 自动生成了底部标签栏，但是整个标签栏都封装进了 BottomNavigationView，看不到标签按钮的具体实现，令人不知其所以然。像这种标签按钮，Android 似乎没有对应的专门控件，如果要自定义控件，就得设计一个布局容器，里面放入一个文本控件和图像控件，然后注册选中事件的监听器，一旦监听到选中事件，就高亮显示它的文字、图标与布局背景。

自定义控件固然是一个不错的思路，不过无须如此大动干戈。早在第 5 章的"5.2.2　开关按钮 Switch"中，介绍了结合状态图形与复选框实现仿 iOS 开关按钮的例子，通过状态图形自动展示选中与未选中两种状态的图像，使得复选框在外观上就像一个新控件。标签控件也是如此，要想高亮显示背景，可以给 background 属性设置状态图形；要想高亮显示图标，可以给 drawableTop 属性设置状态图形；要想高亮显示文本，可以给 textColor 属性设置状态图形。既然背景、图标、文字都能通过状态图形控制是否高亮显示，接下来的事情就好办了，具体的实现步骤如下：

步骤01 定义一个状态图形的 XML 描述文件，当状态为选中时展示高亮图标，其余情况展示普通图标，于是状态图形的 XML 内容示例如下：

（完整代码见 chapter12\src\main\res\drawable\tab_bg_selector.xml）

```
<selector xmlns:android="http://schemas.android.com/apk/res/android">
    <item android:state_checked="true"
android:drawable="@drawable/tab_bg_selected" />
    <item android:drawable="@drawable/tab_bg_normal" />
</selector>
```

上面定义的 tab_bg_selector.xml 用于控制标签背景的状态显示，控制文本状态的 tab_text_selector.xml 和控制图标状态的 tab_first_selector.xml 可如法炮制。

步骤02 在活动页面的 XML 文件中添加 CheckBox 节点，并给该节点的 background、

drawableTop、textColor 3 个属性分别设置对应的状态图形，修改后的 XML 文件如下所示：

（完整代码见 chapter12\src\main\res\layout\activity_tab_button.xml）

```xml
<LinearLayout xmlns:android="http://schemas.android.com/apk/res/android"
    android:layout_width="match_parent"
    android:layout_height="match_parent"
    android:orientation="vertical">
    <!-- 复选框的背景、文字颜色和顶部图标都采用了状态图形，看起来像个崭新的标签控件 -->
    <CheckBox
        android:id="@+id/ck_tab"
        android:layout_width="100dp"
        android:layout_height="60dp"
        android:padding="5dp"
        android:gravity="center"
        android:button="@null"
        android:background="@drawable/tab_bg_selector"
        android:text="点我"
        android:textSize="12sp"
        android:textColor="@drawable/tab_text_selector"
        android:drawableTop="@drawable/tab_first_selector" />
    <TextView
        android:id="@+id/tv_select"
        android:layout_width="match_parent"
        android:layout_height="wrap_content"
        android:text="这里查看标签选择结果" />
</LinearLayout>
```

步骤 03 活动页面的 Java 代码给复选框 ck_tab 设置勾选监听器，用来监听复选框的选中事件和取消选中事件，活动代码如下所示：

（完整代码见 chapter12\src\main\java\com\example\chapter12\TabButtonActivity.java）

```java
public class TabButtonActivity extends AppCompatActivity {
    @Override
    protected void onCreate(Bundle savedInstanceState) {
        super.onCreate(savedInstanceState);
        setContentView(R.layout.activity_tab_button);
        final TextView tv_select = findViewById(R.id.tv_select);
        CheckBox ck_tab = findViewById(R.id.ck_tab);
        // 给复选框设置勾选监听器
        ck_tab.setOnCheckedChangeListener(new
CompoundButton.OnCheckedChangeListener() {
            @Override
            public void onCheckedChanged(CompoundButton buttonView, boolean
isChecked) {
                if (buttonView.getId() == R.id.ck_tab) {
                    String desc = String.format("标签按钮被%s 了", isChecked?"选中
":"取消");
                    tv_select.setText(desc);
                }
```

```
            }
        });
    }
}
```

运行测试 App，一开始的标签按钮界面如图 12-9 所示。首次点击标签控件，复选框变为选中状态，它的文字、图标、背景同时高亮显示，如图 12-10 所示；再次点击标签控件，复选框变为取消选中状态，它的文字、图标、背景同时恢复原状，如图 12-11 所示。

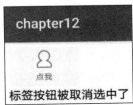

图 12-9　初始的标签按钮界面　　　图 12-10　首次点击的标签按钮　　图 12-11　再次点击的标签按钮

是不是很神奇？接下来不妨把该控件的共同属性挑出来，因为底部标签栏通常有 4、5 个标签按钮，如果每个按钮节点都添加重复的属性，就太啰嗦了，所以把它们之间通用的属性挑出来，然后在 values/styles.xml 中定义名为 TabButton 的新风格，具体的风格内容如下：

（完整代码见 chapter12\src\main\res\values\styles.xml）

```
<style name="TabButton">
    <item name="android:layout_width">0dp</item>
    <item name="android:layout_height">match_parent</item>
    <item name="android:layout_weight">1</item>
    <item name="android:padding">5dp</item>
    <item name="android:gravity">center</item>
    <item name="android:background">@drawable/tab_bg_selector</item>
    <item name="android:textSize">12sp</item>
    <item name="android:textColor">@drawable/tab_text_selector</item>
    <item name="android:button">@null</item>
</style>
```

然后，XML 文件只要给 CheckBox 节点添加一行 style="@style/TabButton"，即可将其变为标签按钮。直接在 styles.xml 中定义风格，无须另外编写自定义控件的代码，这是自定义控件的另一种途径。

回到前述活动页面的 XML 文件，补充以下的布局内容，表示添加一行 3 个标签控件，也就是 3 个 CheckBox 节点都声明了 style="@style/TabButton"，同时每个 CheckBox 另外指定自己的标签文字和标签图标。

```
<LinearLayout
    android:layout_width="match_parent"
    android:layout_height="60dp"
    android:orientation="horizontal">
    <CheckBox
        style="@style/TabButton"
        android:checked="true"
```

```
            android:drawableTop="@drawable/tab_first_selector"
            android:text="首页" />
        <CheckBox
            style="@style/TabButton"
            android:drawableTop="@drawable/tab_second_selector"
            android:text="分类" />
        <CheckBox
            style="@style/TabButton"
            android:drawableTop="@drawable/tab_third_selector"
            android:text="购物车" />
    </LinearLayout>
```

重新运行测试 App，发现标签控件界面多了一排标签按钮，分别是"首页""分类""购物车"，如图 12-12 所示。

图 12-12 整合了 3 个标签按钮的标签栏

多次点击 3 个按钮，它们的外观都遵循一种样式状态，可见统一的风格定义果然奏效了。

12.1.3 结合 RadioGroup 和 ViewPager 自定义底部标签栏

尽管使用 Android Studio 很容易生成自带底部标签栏的活动页面，可是该标签栏基于 BottomNavigationView，标签的样式风格不方便另行调整，况且它也不支持通过左右滑动切换标签。因此，开发者若想实现拥有更多花样的标签栏，就得自己定义专门的底部标签栏了。

话说翻页视图 ViewPager 搭配翻页标签栏 PagerTabStrip，本来已经实现了带标签的翻页功能，不过这个标签位于翻页视图上方而非下方，而且只有标签文字没有标签图标，比起 BottomNavigationView 更不友好，所以用不了 PagerTabStrip。鉴于标签栏每次只能选中一项标签，这种排他性与单选按钮类似，理论上采用一排单选按钮也能实现标签栏的单选功能。只是单选按钮的外观不满足要求，中用却不中看，这点小瑕疵倒也无妨，把它的样式改成上一小节介绍的标签按钮就行，也就是给 RadioButton 标签添加样式属性 style="@style/TabButton"。然后弄来单选组 RadioGroup 容纳这几个单选按钮，再把单选组放在页面底部，把翻页视图放在单选组上方，于是整个页面的 XML 文件变成下面这样：

（完整代码见 chapter12\src\main\res\layout\activity_tab_pager.xml）

```
<LinearLayout xmlns:android="http://schemas.android.com/apk/res/android"
    android:layout_width="match_parent"
    android:layout_height="match_parent"
    android:orientation="vertical">
    <androidx.viewpager.widget.ViewPager
        android:id="@+id/vp_content"
        android:layout_width="match_parent"
        android:layout_height="0dp"
```

```
            android:layout_weight="1" />
        <RadioGroup
            android:id="@+id/rg_tabbar"
            android:layout_width="match_parent"
            android:layout_height="60dp"
            android:orientation="horizontal">
            <RadioButton
                android:id="@+id/rb_home"
                style="@style/TabButton"
                android:checked="true"
                android:text="首页"
                android:drawableTop="@drawable/tab_first_selector" />
            <RadioButton
                android:id="@+id/rb_class"
                style="@style/TabButton"
                android:text="分类"
                android:drawableTop="@drawable/tab_second_selector" />
            <RadioButton
                android:id="@+id/rb_cart"
                style="@style/TabButton"
                android:text="购物车"
                android:drawableTop="@drawable/tab_third_selector" />
        </RadioGroup>
    </LinearLayout>
```

该页面对应的 Java 代码主要实现以下两个切换逻辑：

（1）左右滑动翻页视图的时候，每当页面滚动结束，就自动选择对应位置的单选按钮。

（2）点击某个单选按钮的时候，先判断当前选择的是第几个按钮，再将翻页视图翻到第几个页面。

具体到编码实现，则要给翻页视图添加页面变更监听器，并补充翻页完成的处理操作；还要给单选组注册选择监听器，并补充选中之后的处理操作。详细的活动代码如下所示：

（完整代码见 chapter12\src\main\java\com\example\chapter12\TabPagerActivity.java）

```
public class TabPagerActivity extends AppCompatActivity {
    private ViewPager vp_content;  // 声明一个翻页视图对象
    private RadioGroup rg_tabbar;  // 声明一个单选组对象
    @Override
    protected void onCreate(Bundle savedInstanceState) {
        super.onCreate(savedInstanceState);
        setContentView(R.layout.activity_tab_pager);
        vp_content = findViewById(R.id.vp_content);  // 从布局文件获取翻页视图
        // 构建一个翻页适配器
        TabPagerAdapter adapter = new
TabPagerAdapter(getSupportFragmentManager());
        vp_content.setAdapter(adapter);  // 设置翻页视图的适配器
        // 给翻页视图添加页面变更监听器
        vp_content.addOnPageChangeListener(new
ViewPager.SimpleOnPageChangeListener() {
```

```
            @Override
            public void onPageSelected(int position) {
                // 选中指定位置的单选按钮
                rg_tabbar.check(rg_tabbar.getChildAt(position).getId());
            }
        });
        rg_tabbar = findViewById(R.id.rg_tabbar);  // 从布局文件获取单选组
        // 设置单选组的选中监听器
        rg_tabbar.setOnCheckedChangeListener(new
RadioGroup.OnCheckedChangeListener() {
            @Override
            public void onCheckedChanged(RadioGroup group, int checkedId) {
                for (int pos=0; pos<rg_tabbar.getChildCount(); pos++) {
                    // 获得指定位置的单选按钮
                    RadioButton tab = (RadioButton) rg_tabbar.getChildAt(pos);
                    if (tab.getId() == checkedId) {  // 正是当前选中的按钮
                        vp_content.setCurrentItem(pos);  // 设置翻页视图显示第几页
                    }
                }
            }
        });
    }
}
```

由于翻页视图需要搭配翻页适配器，因此以上代码给出了一个适配器 TabPagerAdapter，该适配器的代码很简单，仅仅返回 3 个碎片而已，下面是翻页适配器的代码例子：

（完整代码见 chapter12\src\main\java\com\example\chapter12\adapter\TabPagerAdapter.java）

```
public class TabPagerAdapter extends FragmentPagerAdapter {
    // 碎片页适配器的构造方法，传入碎片管理器
    public TabPagerAdapter(FragmentManager fm) {
        super(fm, BEHAVIOR_RESUME_ONLY_CURRENT_FRAGMENT);
    }
    // 获取指定位置的碎片 Fragment
    @Override
    public Fragment getItem(int position) {
        if (position == 0) {
            return new TabFirstFragment();  // 返回第一个碎片
        } else if (position == 1) {
            return new TabSecondFragment();  // 返回第二个碎片
        } else if (position == 2) {
            return new TabThirdFragment();  // 返回第三个碎片
        } else {
            return null;
        }
    }
    // 获取碎片 Fragment 的个数
    @Override
    public int getCount() {
        return 3;
```

```
        }
    }
```

　　若要说 3 个碎片 TabFirstFragment、TabSecondFragment、TabThirdFragment 分别干啥,其实他
们内部都只放了一个文本视图,嫌麻烦的话可以参考前面"12.1.1　利用 BottomNavigationView 实
现底部标签栏"修改之后的碎片代码。

　　至此从活动页面到适配器再到碎片全部重写了一遍,运行测试 App,打开该活动的初始界面
如图 12-13 所示,可见此时显示第一个碎片内容,下方的标签栏默认选择第一项的"首页"按钮;
点击第二项的"分类"按钮,发现上方切到了第二个碎片,如图 12-14 所示;在空白处从右向左滑
动,拉出第三个碎片内容,此时标签栏自动选择了第三项的"购物车"按钮,如图 12-15 所示。

图 12-13　默认的首页界面

图 12-14　点击了分类标签

图 12-15　点击了购物车标签

　　根据上述的点击标签和滑动翻页结果,可知结合 RadioGroup 和 ViewPager 完美实现了自定义
的底部标签栏。

12.2　顶部导航栏

　　本节介绍顶部导航栏的组成控件,首先描述了工具栏 Toolbar 的基本用法,接着叙述了溢出菜
单 OverflowMenu 的格式及其用法,然后讲解了标签布局 TabLayout 的相关属性和方法用途。

12.2.1　工具栏 Toolbar

　　主流 App 除了底部有一排标签栏外,通常顶部还有一排导航栏。在 Android 5.0 之前,这个顶
部导航栏用的是 ActionBar 控件,但 ActionBar 存在不灵活、难以扩展等毛病,所以 Android 5.0 之
后推出了 Toolbar 工具栏,意在取代 ActionBar。

　　不过为了兼容之前的系统版本,ActionBar 仍然保留。当然,由于 Toolbar 与 ActionBar 都占着
顶部导航栏的位置,二者肯定不能共存,因此要想引入 Toolbar 就得先关闭 ActionBar。具体的操
作步骤如下:

　　步骤01 在 styles.xml 中定义一个不包含 ActionBar 的风格样式,代码如下:

```
<style name="AppCompatTheme" parent="Theme.AppCompat.Light.NoActionBar" />
```

　　步骤02 修改 AndroidManifest.xml,给 activity 节点添加 android:theme 属性,并将属性值设为
第一步定义的风格,如 android:theme="@style/AppCompatTheme"。

　　步骤03 将活动页面的 XML 文件根节点改成 LinearLayout,且为 vertical 垂直方向;然后增加
一个 Toolbar 节点,因为 Toolbar 本质是一个 ViewGroup,所以允许在内部添加其他控件。下面是

Toolbar 节点的 XML 例子：

```
<androidx.appcompat.widget.Toolbar
    android:id="@+id/tl_head"
    android:layout_width="match_parent"
    android:layout_height="wrap_content" />
```

步骤 04 打开活动页面的 Java 代码，在 onCreate 方法中获取布局文件中的 Toolbar 对象，并调用 setSupportActionBar 方法设置当前的 Toolbar 对象。对应代码如下所示：

```
Toolbar tl_head = findViewById(R.id.tl_head);  // 从布局文件中获取名为 tl_head
的工具栏
setSupportActionBar(tl_head);  // 使用 tl_head 替换系统自带的 ActionBar
```

Toolbar 之所以比 ActionBar 灵活，原因之一是 Toolbar 提供了多个属性，方便定制各种控件风格。它的常用属性及其设置方法见表 12-1。

表 12-1　Toolbar 的常用属性及设置方法说明

XML 中的属性	Toolbar 类的设置方法	说明
logo	setLogo	设置工具栏图标
title	setTitle	设置标题文字
titleTextColor	setTitleTextColor	设置标题的文字颜色
subtitle	setSubtitle	设置副标题文字。副标题在标题下方
subtitleTextColor	setSubtitleTextColor	设置副标题的文字颜色
navigationIcon	setNavigationIcon	设置左侧的箭头导航图标
无	setNavigationOnClickListener	设置导航图标的点击监听器

结合表 12-1 提到的设置方法，下面是给 Toolbar 设置风格的代码例子：

（完整代码见 chapter12\src\main\java\com\example\chapter12\ToolbarActivity.java）

```
Toolbar tl_head = findViewById(R.id.tl_head);  // 从布局文件中获取名为 tl_head
的工具栏
tl_head.setTitle("工具栏页面");  // 设置工具栏的标题文本
setSupportActionBar(tl_head);  // 使用 tl_head 替换系统自带的 ActionBar
tl_head.setTitleTextColor(Color.RED);  // 设置工具栏的标题文字颜色
tl_head.setLogo(R.drawable.ic_app);  // 设置工具栏的标志图片
tl_head.setSubtitle("Toolbar");  // 设置工具栏的副标题文本
tl_head.setSubtitleTextColor(Color.YELLOW);// 设置工具栏的副标题文字颜色
tl_head.setBackgroundResource(R.color.blue_light);  // 设置工具栏的背景
tl_head.setNavigationIcon(R.drawable.ic_back);//设置工具栏左边的导航图标
// 给 tl_head 设置导航图标的点击监听器
// setNavigationOnClickListener 必须放到 setSupportActionBar 之后，不然不起作用
tl_head.setNavigationOnClickListener(new View.OnClickListener() {
    @Override
    public void onClick(View view) {
        finish();  // 结束当前页面
    }
});
```

运行测试 App，观察到工具栏效果如图 12-16 所示，可见该工具栏包括导航箭头图标、工具栏图标、标题、副标题。

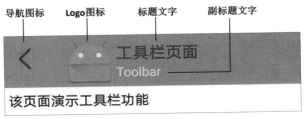

图 12-16　简单设置后的工具栏界面

12.2.2　溢出菜单 OverflowMenu

导航栏右边往往有个 3 点图标，点击后会在界面右上角弹出菜单。这个菜单名为溢出菜单 OverflowMenu，意思是导航栏不够放、溢出来了。溢出菜单的格式同"12.1.1　利用 BottomNavigationView 实现底部标签栏"介绍的导航菜单，它们都在 res\menu 下面的 XML 文件中定义，不过溢出菜单多了个 app:showAsAction 属性，该属性用来控制菜单项在导航栏上的展示位置，位置类型的取值说明见表 12-2。

表 12-2　菜单项展示位置类型的取值说明

展示位置类型	说明
always	总是在导航栏上显示菜单图标
ifRoom	如果导航栏右侧有空间，该项就直接显示在导航栏上，不再放入溢出菜单
never	从不在导航栏上直接显示，总是放在溢出菜单列表里面
withText	如果能在导航栏上显示，除了显示图标，还要显示该菜单项的文字说明

注意，因为 showAsAction 是菜单的自定义属性，所以要先在菜单 XML 的 menu 根节点增加命名空间声明 xmlns:app="http://schemas.android.com/apk/res-auto"，这样 showAsAction 指定的位置类型才会生效。下面是一个包含 3 个菜单项的溢出菜单 XML 例子：

（完整代码见 chapter12\src\main\res\menu\menu_overflow.xml）

```
<menu xmlns:android="http://schemas.android.com/apk/res/android"
    xmlns:app="http://schemas.android.com/apk/res-auto" >
    <item
        android:id="@+id/menu_refresh"
        android:icon="@drawable/ic_refresh"
        app:showAsAction="ifRoom"
        android:title="刷新"/>
    <item
        android:id="@+id/menu_about"
        android:icon="@drawable/ic_about"
        app:showAsAction="never"
        android:title="关于"/>
    <item
```

```
        android:id="@+id/menu_quit"
        android:icon="@drawable/ic_quit"
        app:showAsAction="never"
        android:title="退出"/>
</menu>
```

有了上面的菜单文件 menu_overflow.xml，还得在活动代码中增加对菜单的处理逻辑。下面是在活动页面中操作溢出菜单的代码片段：

（完整代码见 chapter12\src\main\java\com\example\chapter12\OverflowMenuActivity.java）

```
@Override
public boolean onCreateOptionsMenu(Menu menu) {
    // 从 menu_overflow.xml 中构建菜单界面布局
    getMenuInflater().inflate(R.menu.menu_overflow, menu);
    return true;
}

@Override
public boolean onOptionsItemSelected(MenuItem item) {
    int id = item.getItemId();  // 获取菜单项的编号
    if (id == android.R.id.home) {  // 点击了工具栏左边的返回箭头
        finish();  // 结束当前页面
    } else if (id == R.id.menu_refresh) {  // 点击了刷新图标
        tv_desc.setText("当前刷新时间: " + DateUtil. getNowTime());
    } else if (id == R.id.menu_about) {  // 点击了关于菜单项
        Toast.makeText(this, "这个是工具栏的演示demo",
Toast.LENGTH_LONG).show();
    } else if (id == R.id.menu_quit) {  // 点击了退出菜单项
        finish();  // 结束当前页面
    }
    return super.onOptionsItemSelected(item);
}
```

运行测试 App，打开添加了溢出菜单的导航栏页面，可见初始界面如图 12-17 所示，此时导航栏右侧有刷新按钮和 3 点图标；点击 3 点图标，弹出剩余的菜单项列表，如图 12-18 所示，点击某个菜单项即可触发对应的菜单事件。

图 12-17　溢出菜单初始界面

图 12-18　点击按钮弹出菜单列表

12.2.3　标签布局 TabLayout

Toolbar 作为 ActionBar 的升级版，它不仅允许设置内部控件的样式，还允许添加其他外部控件。例如京东 App 的商品页面，既有图 12-19 所示的商品页，又有图 12-20 所示的详情页。可见这个导航栏拥有一排文字标签，类似于翻页视图附属的翻页标题栏 PagerTabStrip，商品页和详情页之间通过点击标签切换。

图 12-19　京东的商品页面

图 12-20　京东的详情页面

通过导航栏集成文字切换标签，有效提高了页面空间的利用效率，该功能用到了 design 库中的标签布局 TabLayout。使用该控件前要先修改 build.gradle，在 dependencies 节点中加入以下配置表示导入 design 库：

```
implementation 'com.google.android.material:material:1.2.1'
```

TabLayout 的展现形式类似于 PagerTabStrip，同样是文字标签带下划线，不同的是 TabLayout 允许定制更丰富的样式，它新增的样式属性主要有下列 6 种。

- tabBackground：指定标签的背景。
- tabIndicatorColor：指定下划线的颜色。
- tabIndicatorHeight：指定下划线的高度。
- tabTextColor：指定标签文字的颜色。
- tabTextAppearance：指定标签文字的风格。样式风格来自 styles.xml 中的定义。
- tabSelectedTextColor：指定选中文字的颜色。

下面是在 XML 文件中通过 Toolbar 集成 TabLayout 的内容片段：

（完整代码见 chapter12\src\main\res\layout\activity_tab_layout.xml）

```
<androidx.appcompat.widget.Toolbar
    android:id="@+id/tl_head"
    android:layout_width="match_parent"
    android:layout_height="50dp"
    app:navigationIcon="@drawable/ic_back">
    <!-- 注意 TabLayout 节点需要使用完整路径 -->
    <com.google.android.material.tabs.TabLayout
        android:id="@+id/tab_title"
        android:layout_width="wrap_content"
        android:layout_height="match_parent"
        android:layout_centerInParent="true"
        app:tabIndicatorColor="@color/red"
        app:tabIndicatorHeight="2dp"
```

```
            app:tabSelectedTextColor="@color/red"
            app:tabTextColor="@color/grey"
            app:tabTextAppearance="@style/TabText" />
</androidx.appcompat.widget.Toolbar>
```

在 Java 代码中，TabLayout 通过以下 4 种方法操作文字标签。

- newTab：创建新标签。
- addTab：添加一个标签。
- getTabAt：获取指定位置的标签。
- setOnTabSelectedListener ： 设 置 标 签 的 选 中 监 听 器 。 该 监 听 器 需 要 实 现 OnTabSelectedListener 接口的 3 种方法。
  - ➤ onTabSelected：标签被选中时触发。
  - ➤ onTabUnselected：标签被取消选中时触发。
  - ➤ onTabReselected：标签被重新选中时触发。

把 TabLayout 与 ViewPager 结合起来就是一个固定的套路，二者各自通过选中监听器或者翻页监听器控制页面切换，使用时直接套框架就行。下面是两者联合使用的代码例子：

（完整代码见 chapter12\src\main\java\com\example\chapter12\TabLayoutActivity.java）

```java
    public class TabLayoutActivity extends AppCompatActivity implements
OnTabSelectedListener {
        private ViewPager vp_content;  // 声明一个翻页视图对象
        private TabLayout tab_title;  // 声明一个标签布局对象
        private String[] mTitleArray = {"商品", "详情"};  // 标题文字数组

        @Override
        protected void onCreate(Bundle savedInstanceState) {
            super.onCreate(savedInstanceState);
            setContentView(R.layout.activity_tab_layout);
            Toolbar tl_head = findViewById(R.id.tl_head);  // 从布局文件中获取名为
tl_head 的工具栏
            tl_head.setTitle("");  // 设置工具栏的标题文本
            setSupportActionBar(tl_head);  // 使用 tl_head 替换系统自带的 ActionBar
            initTabLayout();  // 初始化标签布局
            initTabViewPager();  // 初始化标签翻页
        }

        // 初始化标签布局
        private void initTabLayout() {
            tab_title = findViewById(R.id.tab_title);  // 从布局文件中获取名为
tab_title 的标签布局
            // 给标签布局添加一个文字标签
            tab_title.addTab(tab_title.newTab().setText(mTitleArray[0]));
            // 给标签布局添加一个文字标签
            tab_title.addTab(tab_title.newTab().setText(mTitleArray[1]));
            tab_title.addOnTabSelectedListener(this);// 给标签布局添加标签选中监听器
        }
```

```
// 初始化标签翻页
private void initTabViewPager() {
    // 从布局文件中获取名为 vp_content 的翻页视图
    vp_content = findViewById(R.id.vp_content);
    // 构建一个商品信息的翻页适配器
    GoodsPagerAdapter adapter = new GoodsPagerAdapter(
            getSupportFragmentManager(), mTitleArray);
    vp_content.setAdapter(adapter);  // 设置翻页视图的适配器
    // 给 vp_content 添加页面变更监听器
    vp_content.addOnPageChangeListener(new SimpleOnPageChangeListener() {
        public void onPageSelected(int position) {
            tab_title.getTabAt(position).select();  // 选中指定位置的标签
        }
    });
}

// 在标签被重复选中时触发
public void onTabReselected(Tab tab) {}

// 在标签选中时触发
public void onTabSelected(Tab tab) {
    vp_content.setCurrentItem(tab.getPosition());  // 设置翻页视图显示第几页
}

// 在标签取消选中时触发
public void onTabUnselected(Tab tab) {}
}
```

运行测试 App，准备观察标签布局的界面效果。先点击"商品"标签，此时页面显示商品的图片概览，如图 12-21 所示；再点击"详情"标签，切换到商品的详情页面，如图 12-22 所示。感觉不错吧，赶快动手实践一下，你也可以实现京东 App 的标签导航栏。

图 12-21　点击了"商品"标签

图 12-22　点击了"详情"标签

12.3 增强型列表

本节介绍如何利用循环视图 RecyclerView 实现 3 种增强型列表，包括线性列表布局、普通网格布局、瀑布流网格布局等，以及如何动态更新循环视图内部的列表项数据。

12.3.1 循环视图 RecyclerView

尽管 ListView 和 GridView 分别实现了多行单列和多行多列的列表，使用也很简单，可是它们缺少变化，风格也比较呆板。为此 Android 推出了更灵活多变的循环视图 RecyclerView，它的功能非常强大，不但足以囊括列表视图和网格视图，还能实现高度错开的瀑布流网格效果。总之，只要学会了 RecyclerView，相当于同时掌握了 ListView、GridView，再加上瀑布流一共 3 种列表界面。

由于 RecyclerView 来自 recyclerview 库，因此在使用 RecyclerView 前要修改 build.gradle，在 dependencies 节点中加入以下配置表示导入 recyclerview 库：

```
implementation 'androidx.recyclerview:recyclerview:1.1.0'
```

下面是 RecyclerView 的常用方法说明。

- setAdapter：设置列表项的循环适配器。适配器采用 RecyclerView.Adapter。
- setLayoutManager：设置列表项的布局管理器。管理器一共 3 种，包括线性布局管理器 LinearLayoutManager、网格布局管理器 GridLayoutManager、瀑布流网格布局管理器 StaggeredGridLayoutManager。
- addItemDecoration：添加列表项的分割线。
- setItemAnimator：设置列表项的变更动画。默认动画为 DefaultItemAnimator。
- scrollToPosition：滚动到指定位置。

循环视图有专门的循环适配器 RecyclerView.Adapter，在 setAdapter 方法之前，得先实现一个从 RecyclerView.Adapter 派生而来的适配器，用来定义列表项的界面布局及其控件操作。下面是实现循环适配器时有待重写的方法说明。

- getItemCount：获得列表项的数目。
- onCreateViewHolder：创建整个布局的视图持有者，可在该方法中指定列表项的布局文件。第二个输入参数为视图类型 viewType，根据视图类型加载不同的布局，从而实现带头部的列表布局。
- onBindViewHolder：绑定列表项的视图持有者。可在该方法中操纵列表项的控件。

以上 3 种方法是必需的，每个自定义的循环适配器都要重写这 3 种方法。

- getItemViewType：返回每项的视图类型。这里的类型与 onCreateViewHolder 方法的 viewType 参数保持一致。
- getItemId：获得每个列表项的编号。

以上两种方法不是必需的，可以重写也可以不重写。

举个公众号消息列表的例子，通过循环适配器实现的话，需要让自定义的适配器完成下列步骤：

步骤 01　在构造方法中传入消息列表。

步骤 02　重写 getItemCount 方法，返回列表项的个数。

步骤 03　定义一个由 RecyclerView.ViewHolder 派生而来的内部类，用作列表项的视图持有者。

步骤 04　重写 onCreateViewHolder 方法，根据指定的布局文件生成视图对象，并返回该视图对象对应的视图持有者。

步骤 05　重写 onBindViewHolder 方法，从输入参数中的视图持有者获取各个控件实例，再操纵这些控件（设置文字、设置图片、设置点击监听器等）。

依据上述步骤编写而成的循环适配器代码示例如下：

（完整代码见 chapter12\src\main\java\com\example\chapter12\adapter\RecyclerLinearAdapter.java）

```java
public class RecyclerLinearAdapter extends RecyclerView.Adapter<ViewHolder> {
    private Context mContext;  // 声明一个上下文对象
    private List<NewsInfo> mPublicList;  // 公众号列表
    public RecyclerLinearAdapter(Context context, List<NewsInfo> publicList) {
        mContext = context;
        mPublicList = publicList;
    }

    // 获取列表项的个数
    public int getItemCount() {
        return mPublicList.size();
    }

    // 创建列表项的视图持有者
    public ViewHolder onCreateViewHolder(ViewGroup vg, int viewType) {
        // 根据布局文件 item_linear.xml 生成视图对象
        View v = LayoutInflater.from(mContext).inflate(R.layout.item_linear,
vg, false);
        return new ItemHolder(v);
    }

    // 绑定列表项的视图持有者
    public void onBindViewHolder(ViewHolder vh, final int position) {
        ItemHolder holder = (ItemHolder) vh;
        holder.iv_pic.setImageResource(mPublicList.get(position).pic_id);
        holder.tv_title.setText(mPublicList.get(position).title);
        holder.tv_desc.setText(mPublicList.get(position).desc);
    }

    // 定义列表项的视图持有者
    public class ItemHolder extends RecyclerView.ViewHolder {
        public ImageView iv_pic;  // 声明列表项图标的图像视图
        public TextView tv_title;  // 声明列表项标题的文本视图
```

```
        public TextView tv_desc;  // 声明列表项描述的文本视图
        public ItemHolder(View v) {
            super(v);
            iv_pic = v.findViewById(R.id.iv_pic);
            tv_title = v.findViewById(R.id.tv_title);
            tv_desc = v.findViewById(R.id.tv_desc);
        }
    }
}
```

回到活动页面，由循环视图对象调用 setAdapter 方法设置适配器，具体的调用代码如下所示：

（完整代码见 chapter12\src\main\java\com\example\chapter12\RecyclerLinearActivity.java）

```
// 初始化线性布局的循环视图
private void initRecyclerLinear() {
    // 从布局文件中获取名为 rv_linear 的循环视图
    RecyclerView rv_linear = findViewById(R.id.rv_linear);
    // 创建一个垂直方向的线性布局管理器
    LinearLayoutManager manager = new LinearLayoutManager(this,
RecyclerView.VERTICAL, false);
    rv_linear.setLayoutManager(manager);  // 设置循环视图的布局管理器
    // 构建一个公众号列表的线性适配器
    RecyclerLinearAdapter adapter = new RecyclerLinearAdapter(this,
NewsInfo.getDefaultList());
    rv_linear.setAdapter(adapter);  // 设置循环视图的线性适配器
}
```

运行测试 App，观察到公众号消息界面如图 12-23 所示。可见该效果仿照微信公众号的消息列表，看起来像是用 ListView 实现的。

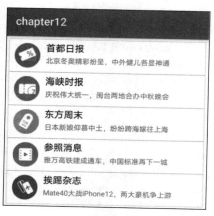

图 12-23　循环视图的简单实现

注意循环视图并未提供点击监听器和长按监听器，若想让列表项能够响应点击事件，则需在适配器的 onBindViewHolder 方法中给列表项的根布局注册点击监听器，代码示例如下：

```
// 列表项的点击事件需要自己实现。ll_item 为列表项的根布局
holder.ll_item.setOnClickListener(new OnClickListener() {
```

```
@Override
public void onClick(View v) {
    // 这里补充点击事件的处理代码
}
});
```

12.3.2　布局管理器 LayoutManager

循环视图之所以能够变身为 3 种列表，是因为它允许指定不同的列表布局，这正是布局管理器 LayoutManager 的拿手好戏。LayoutManager 不但提供了 3 类布局管理，分别实现类似列表视图、网格视图、瀑布流网格的效果，而且可由循环视图对象随时调用 setLayoutManager 方法设置新布局。一旦调用了 setLayoutManager 方法，界面就会根据新布局刷新列表项。此特性特别适用于手机在竖屏与横屏之间的显示切换（如竖屏时展示列表，横屏时展示网格），也适用于在不同屏幕尺寸（如手机与平板）之间的显示切换（如在手机上展示列表，在平板上展示网格）。接下来分别介绍循环视图的 3 类布局管理器。

1. 线性布局管理器 LinearLayoutManager

LinearLayoutManager 可看作是线性布局 LinearLayout，它在垂直方向布局时，展示效果类似于列表视图 ListView；在水平方向布局时，展示效果类似于水平方向的列表视图。

下面是 LinearLayoutManager 的常用方法。

- 构造方法：第二个参数指定了布局方向，RecyclerView.HORIZONTAL 表示水平，RecyclerView.VERTICAL 表示垂直；第三个参数指定了是否从相反方向开始布局。
- setOrientation：设置布局的方向，RecyclerView.HORIZONTAL 表示水平方向，RecyclerView.VERTICAL 表示垂直方向。
- setReverseLayout：设置是否从相反方向开始布局，默认 false。如果设置为 true，那么垂直方向将从下往上开始布局，水平方向将从右往左开始布局。

前面在介绍循环视图时，采用了最简单的线性布局管理器，虽然调用 addItemDecoration 方法能够添加列表项的分隔线，但是 RecyclerView 并未提供默认的分隔线，需要先由开发者自定义分隔线的样式，再调用 addItemDecoration 方法设置分隔线样式。下面是个允许设置线宽的分隔线实现代码：

（完整代码见 chapter12\src\main\java\com\example\chapter12\widget\SpacesDecoration.java）

```
public class SpacesDecoration extends RecyclerView.ItemDecoration {
    private int space; // 空白间隔
    public SpacesDecoration(int space) {
        this.space = space;
    }
    @Override
    public void getItemOffsets(Rect outRect, View v, RecyclerView parent,
RecyclerView.State state) {
        outRect.left = space; // 左边空白间隔
```

```
        outRect.right = space;  // 右边空白间隔
        outRect.bottom = space;  // 上方空白间隔
        outRect.top = space;  // 下方空白间隔
    }
}
```

2. 网格布局管理器 GridLayoutManager

GridLayoutManager 可看作是网格布局 GridLayout，从展示效果来看，GridLayoutManager 类似于网格视图 GridView。不管是 GridLayout 还是 GridView，抑或 GridLayoutManager，都呈现多行多列的网格界面。

下面是 GridLayoutManager 的常用方法。

● 构造方法：第二个参数指定了网格的列数。
● setSpanCount：设置网格的列数。
● setSpanSizeLookup：设置网格项的占位规则。默认一个网格项项占一列，若想某个网格项占多列，就可在此设置占位规则。

下面是在活动页面中给循环视图设置网格布局管理器的代码例子：

（完整代码见 chapter12\src\main\java\com\example\chapter12\RecyclerGridActivity.java）

```
// 初始化网格布局的循环视图
private void initRecyclerGrid() {
    // 从布局文件中获取名为 rv_grid 的循环视图
    RecyclerView rv_grid = findViewById(R.id.rv_grid);
    // 创建一个网格布局管理器（每行 5 列）
    GridLayoutManager manager = new GridLayoutManager(this, 5);
    rv_grid.setLayoutManager(manager);  // 设置循环视图的布局管理器
    // 构建一个市场列表的网格适配器
    RecyclerGridAdapter adapter = new RecyclerGridAdapter(this,
NewsInfo.getDefaultGrid());
    rv_grid.setAdapter(adapter);  // 设置循环视图的网格适配器
}
```

运行测试 App，观察到网格布局管理器的循环视图界面如图 12-24 所示，看起来跟 GridView 的展示效果没什么区别。

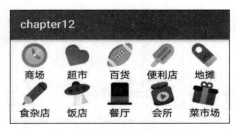

图 12-24　循环视图的网格布局

但 GridLayoutManager 绝非 GridView 可比，因为它还提供了 setSpanSizeLookup 方法，该方法允许一个网格占据多列，展示更加灵活。下面是使用占位规则的网格管理器代码：

（完整代码见 chapter12\src\main\java\com\example\chapter12\RecyclerCombineActivity.java）

```java
private void initRecyclerCombine() {
    // 从布局文件中获取名为 rv_combine 的循环视图
    RecyclerView rv_combine = findViewById(R.id.rv_combine);
    // 创建一个 4 列的网格布局管理器
    GridLayoutManager manager = new GridLayoutManager(this, 4);
    // 设置网格布局管理器的占位规则。以下规则为：第一项和第二项占两列；
    // 如果网格的列数为 4，那么第一项和第二项平分第一行，第二行开始每行有 4 项
    manager.setSpanSizeLookup(new GridLayoutManager.SpanSizeLookup() {
        public int getSpanSize(int position) {
            if (position == 0 || position == 1) {  // 为第一项或者第二项
                return 2;  // 占据两列
            } else {  // 为其他项
                return 1;  // 占据一列
            }
        }
    });
    rv_combine.setLayoutManager(manager);  // 设置循环视图的布局管理器
    // 构建一个猜你喜欢的网格适配器
    RecyclerCombineAdapter adapter = new RecyclerCombineAdapter(
            this, NewsInfo.getDefaultCombine());
    rv_combine.setAdapter(adapter);  // 设置循环视图的网格适配器
}
```

运行测试 App，观察到占位规则的界面效果如图 12-25 所示。可见第一行只有两个网格，而第二行有 4 个网格，这意味着第一行的每个网格都占据了两列位置。

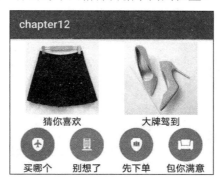

图 12-25　循环视图的合并网格布局效果

3. 瀑布流网格布局管理器 StaggeredGridLayoutManager

电商 App 在展示众多商品信息时，往往通过高矮不一的格子展示。因为不同商品的外观尺寸不一样，比如冰箱在纵向比较长，空调在横向比较长，所以若用一样规格的网格展示，必然有的商品图片会被压缩得很小。像这种根据不同的商品形状展示不同高度的图片，就是瀑布流网格的应用场合。自从有了瀑布流网格布局管理器 StaggeredGridLayoutManager，瀑布流效果的开发过程便大大简化了，只要在循环适配器中动态设置每个网格的高度，系统就会在界面上自动排列瀑布流网格。

下面是 StaggeredGridLayoutManager 的常用方法。

- 构造方法：第一个参数指定了瀑布流网格每行的列数；第二个参数指定了瀑布流布局的方向，取值说明同 LinearLayoutManager。
- setSpanCount：设置瀑布流网格每行的列数。
- setOrientation：设置瀑布流布局的方向。取值说明同 LinearLayoutManager。
- setReverseLayout：设置是否从相反方向开始布局，默认 false。如果设置为 true，那么垂直方向将从下往上开始布局，水平方向将从右往左开始布局。

下面是在活动页面中操作瀑布流网格布局管理器的代码例子：

（完整代码见 chapter12\src\main\java\com\example\chapter12\RecyclerStaggeredActivity.java）

```java
// 初始化瀑布流布局的循环视图
private void initRecyclerStaggered() {
    // 从布局文件中获取名为 rv_staggered 的循环视图
    RecyclerView rv_staggered = findViewById(R.id.rv_staggered);
    // 创建一个垂直方向的瀑布流布局管理器（每行 3 列）
    StaggeredGridLayoutManager manager = new StaggeredGridLayoutManager(
            3, RecyclerView.VERTICAL);
    rv_staggered.setLayoutManager(manager);  // 设置循环视图的布局管理器
    // 构建一个服装列表的瀑布流适配器
    RecyclerStagAdapter adapter = new RecyclerStagAdapter(this,
NewsInfo.getDefaultStag());
    rv_staggered.setAdapter(adapter);  // 设置循环视图的瀑布流适配器
}
```

运行测试 App，观察到瀑布流网格布局的效果如图 12-26 和图 12-27 所示，每个网格的高度依照具体图片的高度变化而变化，使得整个页面更加生动活泼。读者可以打开淘宝 App，在顶部导航栏搜索"连衣裙"，看看搜索结果页面是不是如瀑布流网格这般交错显示。

图 12-26　循环视图的瀑布流效果 1

图 12-27　循环视图的瀑布流效果 2

12.3.3 动态更新循环视图

循环视图不但支持多种布局，而且更新内部数据也很方便。原先列表视图或者网格视图若想更新列表项，只能调用 setAdapter 方法重新设置适配器，或者由适配器对象调用 notifyDataSetChanged 刷新整个列表界面，可是两种更新方式都得重新加载全部列表项，非常低效。相比之下，循环视图允许动态更新局部记录，既能对一条列表项单独添加/修改/删除，也能更新全部列表项。这种动态更新功能用到了循环适配器对象的下列方法：

- notifyItemInserted：通知适配器在指定位置插入了新项。
- notifyItemRemoved：通知适配器在指定位置删除了原有项。
- notifyItemChanged：通知适配器在指定位置发生了数据变化。此时循环视图会刷新指定位置的列表项。
- notifyDataSetChanged：通知适配器整个列表的数据发生了变化。此时循环视图会刷新整个列表。

动态更新列表项只是在功能上的增强，在更新之时还能展示变更动画，这是循环视图在用户体验上的优化。自从有了变更动画，列表项的增删动作看起来更加柔和，不再像列表视图或者网格视图那么呆板了。总之，只要用上了循环视图，你一定对它爱不释手。

以公众号消息列表的更新操作为例，往循环视图顶部添加一条消息的步骤如下：

步骤 01 在适配器的数据列表头部添加新的消息数据。

步骤 02 调用适配器对象的 notifyItemInserted 方法，通知适配器在指定位置插入了新项。

步骤 03 调用循环视图的 scrollToPosition 方法，让它滚动到指定的列表项。

下面是在活动页面中动态添加公众号消息的代码例子：

（完整代码见 chapter12\src\main\java\com\example\chapter12\RecyclerDynamicActivity.java）

```
public class RecyclerDynamicActivity extends AppCompatActivity implements
View.OnClickListener{
    private RecyclerView rv_dynamic;  // 声明一个循环视图对象
    private LinearDynamicAdapter mAdapter;  // 声明一个线性适配器对象
    private List<NewsInfo> mPublicList = NewsInfo.getDefaultList();  // 当前
的公众号信息列表
    private List<NewsInfo> mOriginList = NewsInfo.getDefaultList();  // 原始
的公众号信息列表

    @Override
    protected void onCreate(Bundle savedInstanceState) {
        super.onCreate(savedInstanceState);
        setContentView(R.layout.activity_recycler_dynamic);
        findViewById(R.id.btn_recycler_add).setOnClickListener(this);
        initRecyclerDynamic();  // 初始化动态线性布局的循环视图
    }

    // 初始化动态线性布局的循环视图
```

```
private void initRecyclerDynamic() {
    // 从布局文件中获取名为 rv_dynamic 的循环视图
    rv_dynamic = findViewById(R.id.rv_dynamic);
    // 创建一个垂直方向的线性布局管理器
    LinearLayoutManager manager = new LinearLayoutManager(
            this, RecyclerView.VERTICAL, false);
    rv_dynamic.setLayoutManager(manager);  // 设置循环视图的布局管理器
    // 构建一个公众号列表的线性适配器
    mAdapter = new LinearDynamicAdapter(this, mPublicList);
    rv_dynamic.setAdapter(mAdapter);  // 设置循环视图的线性适配器
}

@Override
public void onClick(View v) {
    if (v.getId() == R.id.btn_recycler_add) {
        int position = new Random().nextInt(mOriginList.size()-1);  // 获
取一个随机位置
        NewsInfo old_item = mOriginList.get(position);
        NewsInfo new_item = new NewsInfo(old_item.pic_id, old_item.title,
old_item.desc);
        mPublicList.add(0, new_item);  // 在顶部添加一条公众号消息
        mAdapter.notifyItemInserted(0);  // 通知适配器列表在第一项插入数据
        rv_dynamic.scrollToPosition(0);  // 让循环视图滚动到第一项所在的位置
    }
}
}
```

运行测试 App，观察到动态添加消息的界面效果如图 12-28 和图 12-29 所示。其中，图 12-28 为公众号消息列表的初始界面；点击聊天按钮，在列表顶部新增一条公众号消息，注意添加消息的时候会显示变更动画，图 12-29 为动画结束之后的公众号界面。

图 12-28　消息的初始页面　　　　　　　　　图 12-29　新增了一条消息

12.4　升级版翻页

本节介绍如何使用循环视图的扩展功能，首先引入了下拉刷新布局 SwipeRefreshLayout，并说明如何通过下拉刷新动态更新循环视图；接着描述了第二代翻页视图 ViewPager2 的基本用法，以及如何给 ViewPager2 搭档循环适配器；然后阐述了如何给 ViewPager2 搭档专门的翻页适配器，以及如何集成标签布局。

12.4.1　下拉刷新布局 SwipeRefreshLayout

电商 App 在商品列表页面往往提供了下拉刷新功能，在屏幕顶端向下滑动即可触发页面的刷新操作，该功能用到了下拉刷新布局 SwipeRefreshLayout。在使用 SwipeRefreshLayout 前要修改 build.gradle，在 dependencies 节点中加入以下配置表示导入 swiperefreshlayout 库：

```
implementation 'androidx.swiperefreshlayout:swiperefreshlayout:1.1.0'
```

下面是 SwipeRefreshLayout 的常用方法说明。

- setOnRefreshListener：设置刷新监听器。需要重写监听器 OnRefreshListener 的 onRefresh 方法，该方法在下拉松开时触发。
- setRefreshing：设置刷新的状态。true 表示正在刷新，false 表示结束刷新。
- isRefreshing：判断是否正在刷新。
- setColorSchemeColors：设置进度圆圈的圆环颜色。

在 XML 文件中，SwipeRefreshLayout 节点内部有且仅有一个直接子视图。如果存在多个直接子视图，那么只会展示第一个子视图，后面的子视图将不予展示。并且直接子视图必须允许滚动，包括滚动视图 ScrollView、列表视图 ListView、网格视图 GridView、循环视图 RecyclerView 等。如果不是这些视图，当前界面就不支持滚动，更不支持下拉刷新。以循环视图为例，通过下拉刷新动态添加列表记录，从而省去一个控制按钮，避免按钮太多显得界面凌乱。

下面是结合 SwipeRefreshLayout 与 RecyclerView 的 XML 文件例子：

（完整代码见 chapter12\src\main\res\layout\activity_swipe_recycler.xml）

```
<LinearLayout xmlns:android="http://schemas.android.com/apk/res/android"
    android:layout_width="match_parent"
    android:layout_height="match_parent"
    android:orientation="vertical">
    <!-- 注意 SwipeRefreshLayout 要使用全路径 -->
    <androidx.swiperefreshlayout.widget.SwipeRefreshLayout
        android:id="@+id/srl_dynamic"
        android:layout_width="match_parent"
        android:layout_height="wrap_content">
        <!-- 注意 RecyclerView 要使用全路径 -->
        <androidx.recyclerview.widget.RecyclerView
```

```
            android:id="@+id/rv_dynamic"
            android:layout_width="match_parent"
            android:layout_height="wrap_content"/>
    </androidx.swiperefreshlayout.widget.SwipeRefreshLayout>
</LinearLayout>
```

与上面的 XML 文件对应的活动页面代码示例如下：

（完整代码见 chapter12\src\main\java\com\example\chapter12\SwipeRecyclerActivity.java）

```java
public class SwipeRecyclerActivity extends AppCompatActivity implements
OnRefreshListener {
    private SwipeRefreshLayout srl_dynamic; // 声明一个下拉刷新布局对象
    private RecyclerView rv_dynamic; // 声明一个循环视图对象
    private LinearDynamicAdapter mAdapter; // 声明一个线性适配器对象
    private List<NewsInfo> mPublicList = NewsInfo.getDefaultList(); // 当前
的公众号信息列表
    private List<NewsInfo> mOriginList = NewsInfo.getDefaultList(); // 原始
的公众号信息列表

    @Override
    protected void onCreate(Bundle savedInstanceState) {
        super.onCreate(savedInstanceState);
        setContentView(R.layout.activity_swipe_recycler);
        // 从布局文件中获取名为 srl_dynamic 的下拉刷新布局
        srl_dynamic = findViewById(R.id.srl_dynamic);
        srl_dynamic.setOnRefreshListener(this); // 设置下拉布局的下拉刷新监听器
        // 设置下拉刷新布局的进度圆圈颜色
        srl_dynamic.setColorSchemeResources(
                R.color.red, R.color.orange, R.color.green, R.color.blue);
        initRecyclerDynamic(); // 初始化动态线性布局的循环视图
    }

    // 初始化动态线性布局的循环视图
    private void initRecyclerDynamic() {
        // 从布局文件中获取名为 rv_dynamic 的循环视图
        rv_dynamic = findViewById(R.id.rv_dynamic);
        // 创建一个垂直方向的线性布局管理器
        LinearLayoutManager manager = new LinearLayoutManager(
                this, RecyclerView.VERTICAL, false);
        rv_dynamic.setLayoutManager(manager); // 设置循环视图的布局管理器
        // 构建一个公众号列表的线性适配器
        mAdapter = new LinearDynamicAdapter(this, mPublicList);
        rv_dynamic.setAdapter(mAdapter); // 设置循环视图的线性适配器
    }

    // 一旦在下拉刷新布局内部往下拉动页面，就触发下拉监听器的 onRefresh 方法
    public void onRefresh() {
        mHandler.postDelayed(mRefresh, 2000);// 模拟网络耗时，延迟若干秒后启动刷新任务
    }
```

```
        private Handler mHandler = new Handler();  // 声明一个处理器对象
        // 定义一个刷新任务
        private Runnable mRefresh = new Runnable() {
            public void run() {
                srl_dynamic.setRefreshing(false);  // 结束下拉刷新布局的刷新动作
                int position = new Random().nextInt(mOriginList.size()-1);  // 获
取一个随机位置
                NewsInfo old_item = mOriginList.get(position);
                NewsInfo new_item = new NewsInfo(old_item.pic_id, old_item.title,
old_item.desc);
                mPublicList.add(0, new_item);  // 在顶部添加一条公众号消息
                mAdapter.notifyItemInserted(0);  // 通知适配器列表在第一项插入数据
                rv_dynamic.scrollToPosition(0);  // 让循环视图滚动到第一项所在的位置
            }
        };
    }
```

　　运行测试 App，打开公众号列表界面，在屏幕顶端下拉再松手，此时页面上方弹出转圈提示正在刷新如图 12-30 所示；稍等片刻结束刷新，此时列表顶端增加了一条新消息，如图 12-31 所示。

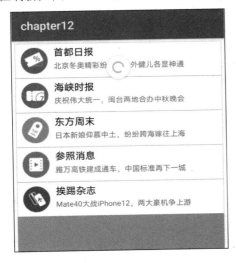

图 12-30　刷新中的消息列表

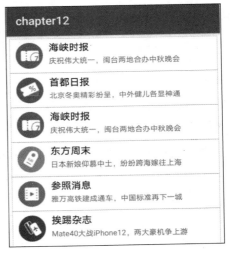

图 12-31　刷新完成的消息列表

12.4.2　第二代翻页视图 ViewPager2

　　正如 RecyclerView 横空出世取代 ListView 和 GridView 那样，Android 也推出了二代翻页视图 ViewPager2，打算替换原来的翻页视图 ViewPager。与 ViewPager 相比，ViewPager2 支持更丰富的界面特效，包括但不限于下列几点：

　　（1）不但支持水平方向翻页，还支持垂直方向翻页。

　　（2）支持 RecyclerView.Adapter，也允许调用适配器对象的 notifyItem***方法，从而动态刷新某个页面项。

　　（3）除了展示当前页，也支持展示左右两页的部分区域。

（4）支持在翻页过程中展示自定义的切换动画。

虽然 ViewPager2 增加了这么棒的功能，但它用起来很简单，掌握下面几个方法就够了：

- setAdapter：设置二代翻页视图的页面适配器。
- setOrientation：设置二代翻页视图的翻页方向。其中 ORIENTATION_HORIZONTAL 表示水平方向，ORIENTATION_VERTICAL 表示垂直方向。
- setPageTransformer：设置二代翻页视图的页面转换器，以便展示切换动画。

接下来利用循环适配器搭档二代翻页视图，演示看看 ViewPager2 的界面效果。注意，因为 RecyclerView 与 ViewPager2 拥有各自的依赖库，所以需要修改模块的 build.gradle，在 dependencies 节点内部补充以下两行依赖配置：

```
implementation 'androidx.recyclerview:recyclerview:1.1.0'
implementation 'androidx.viewpager2:viewpager2:1.0.0'
```

接着新建一个活动页面，往该页面的 XML 文件添加如下所示的 ViewPager2 标签：

（完整代码见 chapter12\src\main\res\layout\activity_view_pager2_recycler.xml）

```
<androidx.viewpager2.widget.ViewPager2
    android:id="@+id/vp2_content"
    android:layout_width="match_parent"
    android:layout_height="0dp"
    android:layout_weight="1" />
```

由于 ViewPager2 仍然需要适配器，因此首先编写每个页面项的布局文件，下面便是一个页面项的 XML 例子，页面上方是图像视图，下方是文本视图。

（完整代码见 chapter12\src\main\res\layout\item_mobile.xml）

```
<!-- ViewPager2 要求每页的宽高都必须是 match_parent -->
<LinearLayout xmlns:android="http://schemas.android.com/apk/res/android"
    android:layout_width="match_parent"
    android:layout_height="match_parent"
    android:orientation="vertical">
    <ImageView
        android:id="@+id/iv_pic"
        android:layout_width="match_parent"
        android:layout_height="360dp"
        android:scaleType="fitCenter" />
    <TextView
        android:id="@+id/tv_desc"
        android:layout_width="match_parent"
        android:layout_height="wrap_content" />
</LinearLayout>
```

然后给上面的页面项补充对应的循环适配器代码，在适配器的构造方法中传入一个商品列表，再展示每个商品的图片与文字描述。循环适配器的代码示例如下：

（完整代码见 chapter12\src\main\java\com\example\chapter12\adapter\MobileRecyclerAdapter.java）

```java
    public class MobileRecyclerAdapter extends
RecyclerView.Adapter<RecyclerView.ViewHolder> {
        private Context mContext; // 声明一个上下文对象
        private List<GoodsInfo> mGoodsList = new ArrayList<GoodsInfo>(); // 声明
一个商品列表
        public MobileRecyclerAdapter(Context context, List<GoodsInfo> goodsList) {
            mContext = context;
            mGoodsList = goodsList;
        }

        // 创建列表项的视图持有者
        public RecyclerView.ViewHolder onCreateViewHolder(ViewGroup vg, int
viewType) {
            // 根据布局文件 item_mobile.xml 生成视图对象
            View v = LayoutInflater.from(mContext).inflate(R.layout.item_mobile,
vg, false);
            return new ItemHolder(v);
        }

        // 绑定列表项的视图持有者
        public void onBindViewHolder(RecyclerView.ViewHolder vh, final int
position) {
            ItemHolder holder = (ItemHolder) vh;
            holder.iv_pic.setImageResource(mGoodsList.get(position).pic);
            holder.tv_desc.setText(mGoodsList.get(position).desc);
        }

        // 定义列表项的视图持有者
        public class ItemHolder extends RecyclerView.ViewHolder {
            public ImageView iv_pic; // 声明列表项图标的图像视图
            public TextView tv_desc; // 声明列表项描述的文本视图
            public ItemHolder(View v) {
                super(v);
                iv_pic = v.findViewById(R.id.iv_pic);
                tv_desc = v.findViewById(R.id.tv_desc);
            }
        }
    }
```

回到测试页面的 Java 代码，把二代翻页视图的排列方向设为水平方向，并将它的适配器设置为上述的循环适配器。只要以下几行代码就搞定了：

（完整代码见 chapter12\src\main\java\com\example\chapter12\ViewPager2RecyclerActivity.java）

```java
// 从布局文件中获取名为 vp2_content 的二代翻页视图
ViewPager2 vp2_content = findViewById(R.id.vp2_content);
// 设置二代翻页视图的排列方向为水平方向
vp2_content.setOrientation(ViewPager2.ORIENTATION_HORIZONTAL);
// 构建一个商品信息列表的循环适配器
```

```
   MobileRecyclerAdapter adapter = new MobileRecyclerAdapter(this,
GoodsInfo.getDefaultList());
   vp2_content.setAdapter(adapter);   // 设置二代翻页视图的适配器
```

运行测试 App，观察二代翻页视图的展示效果，其中水平方向的翻页过程如图 12-32 所示；如果把翻页方向改为垂直方向，那么翻页之时的界面如图 12-33 所示。

图 12-32　水平方向的二代翻页视图

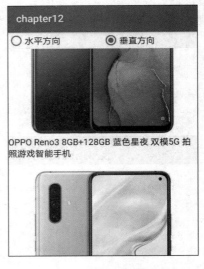

图 12-33　垂直方向的二代翻页视图

以上的效果图看起来仅仅多了垂直翻页，稍等片刻给它加上其他特效。先在测试页面的活动代码中补充下面几行代码：

```
// ViewPager2 支持展示左右两页的部分区域
RecyclerView cv_content = (RecyclerView) vp2_content.getChildAt(0);
cv_content.setPadding(Utils.dip2px(this, 60), 0, Utils.dip2px(this, 60), 0);
cv_content.setClipToPadding(false);   // false 表示不裁剪下级视图
```

重新运行测试 App，此时页面效果如图 12-34 所示，可见除了显示当前商品之外，左右两页也呈现了边缘区域。

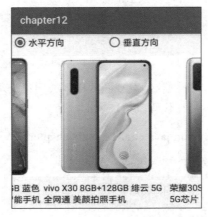

图 12-34　左右两边呈现边缘的二代翻页视图

撤销刚加的边缘特效代码，再给测试页面的活动代码中补充下面几行代码：

```
// ViewPager2 支持在翻页时展示切换动画，通过页面转换器计算切换动画的各项参数
ViewPager2.PageTransformer animator = new ViewPager2.PageTransformer() {
    @Override
    public void transformPage(@NonNull View page, float position) {
        page.setRotation(position * 360);  // 设置页面的旋转角度
    }
};
vp2_content.setPageTransformer(animator);// 设置二代翻页视图的页面转换器
```

重新运行测试 App，此时翻页过程如图 12-35 和图 12-36 所示，其中图 12-35 为开始翻页不久的界面效果，图 12-36 为翻页即将结束的界面效果，从中可见翻页时展示了旋转动画。

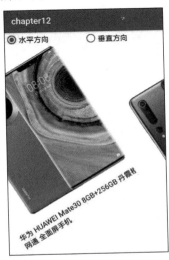

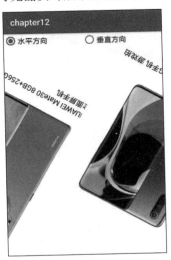

图 12-35　开始翻页不久的二代翻页视图　　　　图 12-36　翻页即将结束的二代翻页视图

12.4.3　给 ViewPager2 集成标签布局

ViewPager2 不仅支持循环适配器，同样支持翻页适配器，还是新的哦。原先 ViewPager 采用的翻页适配器叫作 FragmentPagerAdapter，而 ViewPager2 采用了 FragmentStateAdapter，看起来仅仅差了个 "Pager"，实际上差得远了，因为新适配器 FragmentStateAdapter 继承了循环适配器 RecyclerView.Adapter。尽管它们都支持碎片 Fragment，但具体的方法就不一样了。新旧适配器的实现方法对比见表 12-3。

表 12-3　新旧翻页适配器的方法对比

旧翻页适配器的方法来自 FragmentPagerAdapter	新翻页适配器的方法来自 FragmentStateAdapter	说明
FragmentPagerAdapter(FragmentManager fm)	FragmentStateAdapter(FragmentActivity fa)	构造方法
getCount	getItemCount	获取碎片个数

（续表）

旧翻页适配器的方法来自 FragmentPagerAdapter	新翻页适配器的方法来自 FragmentStateAdapter	说明
getItem	createFragment	创建指定位置的碎片
getPageTitle	无	获得指定位置的标题

比如下面是采用 FragmentStateAdapter 的翻页适配器代码例子：

（完整代码见 chapter12\src\main\java\com\example\chapter12\adapter\MobilePagerAdapter.java）

```java
public class MobilePagerAdapter extends FragmentStateAdapter {
    private List<GoodsInfo> mGoodsList = new ArrayList<GoodsInfo>(); // 声明
一个商品列表
    // 碎片页适配器的构造方法，传入碎片管理器与商品信息列表
    public MobilePagerAdapter(FragmentActivity fa, List<GoodsInfo> goodsList) {
        super(fa);
        mGoodsList = goodsList;
    }
    // 创建指定位置的碎片 Fragment
    @Override
    public Fragment createFragment(int position) {
        return MobileFragment.newInstance(position,
                mGoodsList.get(position).pic, mGoodsList.get(position).desc);
    }
    // 获取碎片 Fragment 的个数
    @Override
    public int getItemCount() {
        return mGoodsList.size();
    }
}
```

新适配器集成的碎片 MobileFragment 代码参见 chapter12\fragment\MobileFragment.java，该碎片的功能同上一小节，依旧传入商品列表，然后展示每个商品的图片与文字描述。运行测试 App 观察到的界面效果跟循环适配器差不多，因为展示商品信息的场景比较简单，所以循环适配器和翻页适配器看不出区别。就实际开发而言，简单的业务场景适合采用循环适配器，复杂的业务场景适合采用翻页适配器。

ViewPager 有个标签栏搭档 PagerTabStrip，然而 ViewPager2 抛弃了 PagerTabStrip，直接跟 TabLayout 搭配了。可是在"12.2.3　标签布局 TabLayout"中，为了让 ViewPager 联动 TabLayout，着实费了不少功夫。先给 ViewPager 添加页面变更监听器，一旦监听到翻页事件就切换对应的标签；再给 TabLayout 注册标签选中监听器，一旦监听到标签事件就翻到对应的页面。现在有了 ViewPager2，搭配 TabLayout 便轻松多了，只要一行代码即可绑定 ViewPager2 与 TabLayout。下面是将二者联结起来的操作步骤。

步骤 01 创建测试页面，并往页面的 XML 文件先后加入 TabLayout 标签和 ViewPager2 标签，具体如下所示：

（完整代码见 chapter12\src\main\res\layout\activity_view_pager2_fragment.xml）

```xml
<LinearLayout xmlns:android="http://schemas.android.com/apk/res/android"
    android:layout_width="match_parent"
    android:layout_height="match_parent"
    android:orientation="vertical">
    <!-- 标签布局 TabLayout 节点需要使用完整路径 -->
    <com.google.android.material.tabs.TabLayout
        android:id="@+id/tab_title"
        android:layout_width="match_parent"
        android:layout_height="wrap_content" />
    <!-- 二代翻页视图 ViewPager2 节点也需要使用完整路径 -->
    <androidx.viewpager2.widget.ViewPager2
        android:id="@+id/vp2_content"
        android:layout_width="match_parent"
        android:layout_height="0dp"
        android:layout_weight="1" />
</LinearLayout>
```

步骤 02 打开该页面的 Java 代码，分别获取 TabLayout 和 ViewPager2 的视图对象，再利用 TabLayoutMediator 把标签布局跟翻页视图连为一体，完整代码示例如下：

（完整代码见 chapter12\src\main\java\com\example\chapter12\ViewPager2FragmentActivity.java）

```java
public class ViewPager2FragmentActivity extends AppCompatActivity {
    private List<GoodsInfo> mGoodsList = GoodsInfo.getDefaultList(); // 商品
信息列表
    @Override
    protected void onCreate(Bundle savedInstanceState) {
        super.onCreate(savedInstanceState);
        setContentView(R.layout.activity_view_pager2_fragment);
        // 从布局文件中获取名为 tab_title 的标签布局
        TabLayout tab_title = findViewById(R.id.tab_title);
        // 从布局文件中获取名为 vp2_content 的二代翻页视图
        ViewPager2 vp2_content = findViewById(R.id.vp2_content);
        // 构建一个商品信息的翻页适配器
        MobilePagerAdapter adapter = new MobilePagerAdapter(this, mGoodsList);
        vp2_content.setAdapter(adapter);  // 设置二代翻页视图的适配器
        // 把标签布局跟翻页视图通过指定策略连为一体，二者在页面切换时一起联动
        new TabLayoutMediator(tab_title, vp2_content, new
TabConfigurationStrategy() {
            @Override
            public void onConfigureTab(TabLayout.Tab tab, int position) {
                tab.setText(mGoodsList.get(position).name);//设置每页的标签文字
            }
        }).attach();
    }
}
```

重新运行测试 App，初始的演示页面如图 12-37 所示；接着点击上方标签栏的第二个标签，此时页面下方翻到了第二页商品，如图 12-38 所示。

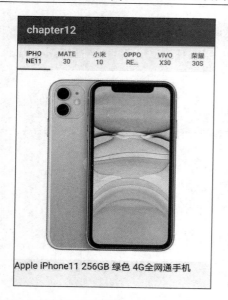

图 12-37 集成标签布局的二代翻页视图

图 12-38 点击标签切换的二代翻页视图

然后手指在商品处向左滑动，此时翻到了第三页商品，同时标签栏也切到了第三个标签，如图 12-39 所示。通过点击标签与滑动翻页的结果对比，从而验证了标签布局与翻页视图的确绑定到一块。

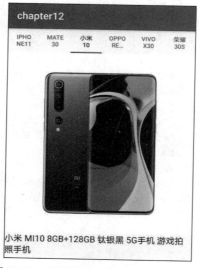

图 12-39 通过滑动切换的二代翻页视图

12.5 实战项目：电商首页

各家电商 App 的首页都是动感十足，页面元素丰富，令人眼花缭乱，其中运用了 Android 的多种组合控件，可谓 App 界面开发的集大成之作。到目前为止，本章的知识点已经涵盖了电商首页的大部分技术，所以仿照做个山寨的 App 首页也不是什么难事，接下来好好分析一下如何实现电商首页。

12.5.1 需求描述

首先看看大家熟悉的手机淘宝首页长什么模样，如图 12-40 所示。是不是很眼熟呢？其实该界面几乎是各电商 App 首页的通用模板。除了淘宝之外，还有京东、拼多多、当当、苏宁易购、美团等，这些电商 App 的首页大同小异，所以只要吃透了淘宝首页采用的 App 技术，其他电商 App 也能依葫芦画瓢。

图 12-40　手机淘宝的 App 首页

因为本节的实战项目只是模仿淘宝首页，不是完全一模一样，所以页面只要大致相似就行。下面是两张山寨后的页面效果，图 12-41 为首页页面的效果图，图 12-42 为分类页面的效果图。两个页面均通过底部的标签栏切换，顶部又各有标题栏，其中首页上方拥有轮播着的广告条，以及布局多样的栏目列表和商品列表，至于分类页面的商品列表，则高低不一呈现瀑布流效果。

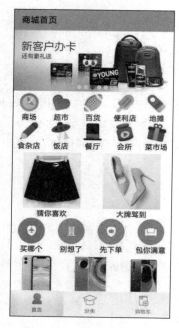

图 12-41 仿电商 App 的首页页面

图 12-42 仿电商 App 的分类页面

12.5.2 界面设计

认真观察上一小节的两张效果图，找找看它们分别运用了本章的哪些知识点？仔细琢磨首页与分类页面，基本由本章介绍的各种组合控件拼接而成，分解起来也不难。

- 底部标签栏：界面底部的一排标签按钮，用于控制切换到哪个页面，标签栏既可基于 BottomNavigationView 实现，也可结合 RadioGroup 与 ViewPager 自定义实现。
- 广告条：页面上方的广告条有轮播功能，图片底部还有指示器，这个广告轮播控件参见第 10 章的实战项目。
- 循环视图 RecyclerView 的网格布局：广告条下方的两排市场图标是标准的网格布局，再下面的推荐商品是合并单元后的网格布局。
- 工具栏 Toolbar：页面顶部的标题栏采用了工具栏 Toolbar。
- 标签布局 TabLayout：分类页面顶部的"服装"和"电器"标签用到了标签布局。
- 第二代翻页视图 ViewPager2："服装"和"电器"标签对应的两个碎片通过二代翻页视图组装起来。
- 循环视图 RecyclerView 的瀑布流布局：电器商品的交错展示运用了瀑布流网格布局。
- 下拉刷新布局 SwipeRefreshLayout：在电器商品页，下拉手势会触发商品列表的刷新动作。

另外，这个电商首页项目还使用了前几章学过的控件，包括翻页视图 ViewPager、碎片 Fragment 等，正好一起复习。除了首页和分类页，购物车页面的具体实现参见第 6 章的实战项目，有兴趣的读者可以将其整合进来，形成一个电商 App 的演示程序。

12.5.3　关键代码

尽管电商首页的控件技术在之前章节已经提到，可是多种控件组合起来仍需十分小心，因为复杂的界面布局时常产生意想不到的结果，下面列举了几处需要额外注意的关键代码。

1. 在 ScrollView 内部添加 RecyclerView

由于电商首页往往很长，手机屏幕无法显示首页的全部内容，必须经常上拉页面，才能看到首页下方的商品界面，因此首页 XML 通常在外层加个 ScrollView，在 ScrollView 内部再添加各种栏目布局。这些栏目布局采用的控件种类各不相同，既有自定义的广告条，又有样式丰富的循环视图，然而循环视图以列表形式展现，如果它的列表项越过了屏幕底部，那么循环视图将只显示第一行，后面部分要向上滑动才会出现。此时只有 RecyclerView 的列表项在滑动，而非整个 ScrollView 在滑动。若要解决 RecyclerView 与 ScrollView 的滑动冲突问题，得在 RecyclerView 外面嵌套一层 RelativeLayout，举例如下：

（完整代码见 chapter12\src\main\res\layout\fragment_department_home.xml）

```
<RelativeLayout
    android:layout_width="match_parent"
    android:layout_height="wrap_content"
    android:descendantFocusability="blocksDescendants">
    <androidx.recyclerview.widget.RecyclerView
      android:id="@+id/rv_combine"
      android:layout_width="match_parent"
      android:layout_height="wrap_content" />
</RelativeLayout>
```

2. 关于 ViewPager+Fragment 的多重嵌套

通过翻页适配器组装各碎片时，翻页适配器的构造方法需要传入 FragmentManager 实例，此时外部创建适配器对象一般会传 getSupportFragmentManager()，比如下面的代码：

（完整代码见 chapter12\src\main\java\com\example\chapter12\DepartmentStoreActivity.java）

```
ViewPager vp_content = findViewById(R.id.vp_content);
// 构建一个翻页适配器
DepartmentPagerAdapter adapter = new
DepartmentPagerAdapter(getSupportFragmentManager());
vp_content.setAdapter(adapter);  // 设置翻页视图的适配器
```

可是一旦出现 ViewPager+Fragment 嵌套的情况，构造参数就不能这么传了。譬如电商首页采取 RadioGroup 与 ViewPager 组合的话，每个页面都是一个 Fragment，如果其中一个页面还想引入 ViewPager+Fragment，假设分类页面的 TabLayout 搭配 ViewPager，那么下级适配器就不能再传 getSupportFragmentManager() 了，而要传 getChildFragmentManager()，否则编译会报错，因为 getSupportFragmentManager 方法来自 Activity，而 getChildFragmentManager 方法来自 Fragment。下面是在 Fragment 内部使用翻页适配器的代码例子：

```
    // 构建一个分类信息的翻页适配器。注意 ViewPager+Fragment 嵌套时要传
getChildFragmentManager
    ClassPagerAdapter adapter = new ClassPagerAdapter(getChildFragmentManager(),
mTitleList);
    vp_content.setAdapter(adapter);   // 设置翻页视图的适配器
```

为了避免 ViewPager+Fragment 嵌套导致的适配器构造问题，ViewPager2 御用的 FragmentStateAdapter 在构造方法中使用 FragmentActivity 实例，因为它是个活动实例，不会依赖于碎片，所以无所谓是否嵌套，只要给 FragmentStateAdapter 传入当前页面的活动实例即可。

3. 电商首页项目的源码之间关系

接下来简单介绍一下本章模块源码中，与电商 App 有关的主要代码之间的关系。

（1）DepartmentStoreActivity.java：这是电商 App 首页的入口代码，采用 RadioGroup+ViewPager 方式的底部标签栏，挂载了"首页"、"分类"和"购物车" 3 个标签及其对应的 3 个碎片。

（2）DepartmentPagerAdapter.java：这是电商首页集成 3 个碎片页的翻页适配器代码。

（3）DepartmentHomeFragment.java：这是"首页"标签对应的碎片代码，从上到下依次分布着工具栏、广告条、市场网格列表、猜你喜欢的合并网格列表、手机网格列表，主要运用了 Toolbar、BannerPager、RecyclerView 等组合控件。

（4）DepartmentClassFragment.java：这是"分类"标签对应的碎片代码，该页面顶端的工具栏通过集成标签布局 TabLayout，加载了服装与电器两个瀑布流列表碎片，从而形成 Fragment 再次嵌套 Fragment 的页面结构。

（5）DepartmentCartFragment.java：这是"购物车"标签对应的碎片代码，具体实现可参考第 6 章的实战项目"购物车"。

12.6　小　结

本章主要介绍了 App 开发的组合控件相关知识，包括：底部标签栏（利用 BottomNavigationView 实现底部标签栏、自定义标签按钮、结合 RadioGroup 和 ViewPager 自定义底部标签栏）、顶部导航栏（工具栏 Toolbar、溢出菜单 OverflowMenu、标签布局 TabLayout）、增强型列表（循环视图 RecyclerView、布局管理器 LayoutManager、动态更新循环视图）、升级版翻页（下拉刷新布局 SwipeRefreshLayout、第二代翻页视图 ViewPager2、给 ViewPager2 集成标签栏）。最后设计了一个实战项目"电商首页"，在该项目的 App 编码中用到了前面介绍的大部分控件，从而加深了对所学知识的理解。

通过本章的学习，读者应该能够掌握以下 4 种开发技能：

（1）学会使用底部标签栏及其切换操作。

（2）学会使用顶部导航栏及其导航操作。

（3）学会使用循环视图实现 3 种界面布局（线性布局、网格布局、瀑布流网格布局）。

（4）学会使用第二代翻页视图及其常见搭配。

12.7　课后练习题

一、填空题

1. 在 XML 文件中，通过节点的_____属性能够引用 styles.xml 中定义的风格样式。
2. 结合 RadioGroup 和_____可以实现自定义的底部标签栏。
3. TabLayout 的展现形式类似于____，同样是文字标签带下划线，都能搭配 ViewPager 使用。
4. 下拉刷新结束之后，要调用下拉刷新布局的_____方法结束刷新动作。
5. 搭配 ViewPager2 的标签栏不是 PagerTabStrip，而是_____。

二、判断题（正确打√，错误打×）

1. 使用 BottomNavigationView 生成的标签栏默认位于页面顶部。（　　）
2. Android 5.0 之后推出的 Toolbar 工具栏，是用来取代 ActionBar 的。（　　）
3. 线性布局管理器只支持垂直排列，不支持水平排列。（　　）
4. 瀑布流网格布局管理器只能指定列数，不能指定行数。（　　）
5. ViewPager2 与 ViewPager 一样采用 FragmentPagerAdapter。（　　）

三、选择题

1. CheckBox 的（　　）属性允许设置为状态图形。
   A．background   B．button   C．drawableTop   D．textColor
2. 工具栏左侧的返回箭头图标应当由（　　）方法设置。
   A．setLogo   B．setTitle   C．setSubtitle   D．setNavigationIcon
3. 如果导航栏右侧有空间，就将菜单项直接显示在导航栏上，不再放入溢出菜单；只有导航栏控件不足时，才放入溢出菜单。此时 app:showAsAction 属性应当设置为（　　）。
   A．always   B．ifRoom   C．never   D．withText
4. 循环视图 RecyclerView 支持（　　）排列。
   A．线性布局   B．网格布局   C．三角布局   D．瀑布流网格布局
5. 如果只给循环视图添加了一个列表项，则应当调用（　　）方法刷新视图。
   A．notifyItemInserted   B．notifyItemRemoved
   C．notifyItemChanged   D．notifyDataSetChanged

四、简答题

1. 请简要描述循环适配器几个必需的方法及其用途。
2. 请简要描述第二代翻页视图 ViewPager2 的优点。

五、动手练习

请上机实验本章的电商首页项目，要求实现底部标签栏、顶部导航栏、瀑布流布局的商品列表等界面效果，并支持通过第二代翻页视图切换标签布局。

第 13 章

多媒体

本章介绍 App 开发常用的几种多媒体操作，主要包括：如何处理图片（拍摄、选取、加工）、如何处理音频（录音、播音，以及通过 MediaPlayer 播音、通过 MediaRecorder 录音）、如何处理视频（录制视频、播放视频、选取视频，以及联合视频视图与媒体控制条播放视频）。此外，结合本章所学的知识，演示一个实战项目"评价晒单"的设计与实现。

13.1　图　　片

本节介绍 Android 对图片的几种处理操作，包括：如何使用系统相机拍摄照片（含缩略图和原始图两种方式）、如何从系统相册中选择图片（含直接选取和混合选取两种方式）、如何对图片进行简单的加工（含缩放和旋转两种方式），以及如何使用图像解码器查看各类图片。

13.1.1　使用相机拍摄照片

俗话说"眼睛是心灵的窗户"，那么摄像头便是手机的窗户了，一部手机美不美，很大程度上要看它的摄像头，因为好的摄像头才能拍摄出美丽的照片。对于手机拍照的 App 开发而言，则有两种实现方式，一种是通过 Camera 工具联合表面视图 SurfaceView 自行规划编码细节；另一种是借助系统相机自动拍照。考虑到多数场景对图片并无特殊要求，因而使用系统相机更加方便快捷。

不过调用系统相机也有初级与高级之分，倘若仅仅想看个大概，那么一张缩略图便已足够。下面便是打开系统相机的代码例子：

（完整代码见 chapter13\src\main\java\com\example\chapter13\PhotoTakeActivity.java）

```
// 下面通过系统相机拍照只能获得缩略图
Intent photoIntent = new Intent(MediaStore.ACTION_IMAGE_CAPTURE);
startActivityForResult(photoIntent, THUMBNAIL_CODE);  // 打开系统相机
```

注意上面的 THUMBNAIL_CODE 是自己定义的一个常量值，表示缩略图来源，目的是在 onActivityResult 方法中区分唯一的请求代码。接着重写活动页面的 onActivityResult 方法，添加以下的回调代码获取缩略图对象：

```
@Override
protected void onActivityResult(int requestCode, int resultCode, Intent intent)
{
    super.onActivityResult(requestCode, resultCode, intent);
    if (resultCode==RESULT_OK && requestCode==THUMBNAIL_CODE){  // 获得缩略图
        // 缩略图放在返回意图中的 data 字段，将其取出转成位图对象即可
        Bundle extras = intent.getExtras();
        Bitmap bitmap = (Bitmap) extras.get("data");
        iv_photo.setImageBitmap(bitmap);  // 设置图像视图的位图对象
    }
}
```

运行测试 App，打开系统相机后拍照，此时定格的画面如图 13-1 所示。点击屏幕右上角的打勾图案，返回 App 界面如图 13-2 所示，果然成功显示刚才拍照的缩略图。

图 13-1　打开系统相机拍照

图 13-2　返回拍照后的缩略图

原来通过系统相机拍照获得缩略图就是这么简单，只是缩略图想必不够清晰，马马虎虎浏览一下尚可，但没法看得细致入微。若想得到高清大图，势必采取系统相机的高级用法，为此事先声明一个图片的 Uri 路径对象，声明代码如下所示：

```
private Uri mImageUri;  // 图片的路径对象
```

接着在打开系统相机之前，传入图片的路径对象，表示拍好的图片保存在这个路径，具体的操作代码如下所示（注意 Android 10 的适配处理代码）：

```
// Android 10 开始必须由系统自动分配路径，同时该方式也能自动刷新相册
```

```
ContentValues values = new ContentValues();
// 指定图片文件的名称
values.put(MediaStore.Video.Media.DISPLAY_NAME,
"photo_"+DateUtil.getNowDateTime());
values.put(MediaStore.Video.Media.MIME_TYPE, "image/jpeg"); // 类型为图像
// 通过内容解析器插入一条外部内容的路径信息
mImageUri = getContentResolver().insert(
        MediaStore.Images.Media.EXTERNAL_CONTENT_URI, values);
// 下面通过系统相机拍照可以获得原始图
photoIntent.putExtra(MediaStore.EXTRA_OUTPUT, mImageUri);
startActivityForResult(photoIntent, ORIGINAL_CODE); // 打开系统相机
```

以上的 ORIGINAL_CODE 依然是自定义的请求代码，表示原始图来源，然后重写活动页面的 onActivityResult 方法，补充下述的分支处理代码：

```
if (resultCode==RESULT_OK && requestCode==ORIGINAL_CODE) { // 获得原始图
    // 根据指定图片的 uri，获得自动缩小后的位图对象
    Bitmap bitmap = BitmapUtil.getAutoZoomImage(this, mImageUri);
    iv_photo.setImageBitmap(bitmap); // 设置图像视图的位图对象
}
```

因为之前已经把图片的路径对象传给系统相机了，所以这里可以直接设置图像视图的路径对象，无须再去解析什么包裹信息。

重新运行测试 App，打开系统相机后拍照，此时定格的画面如图 13-3 所示。仍旧点击屏幕右上角的打勾图案，返回 App 界面如图 13-4 所示，可见同样展示了拍摄的高清大图。

图 13-3　打开系统相机拍照

图 13-4　返回拍照后的原始图

13.1.2　从相册中选取图片

打开相机拍照固然能够得到现场图片，但手机自带的相册保存了以前拍摄的各类照片，理应有效利用起来。正如跳到系统相机的拍界面那样，App 也能跳到系统相册界面，在相册的缩略图界面即可选择图片。系统相册既支持只选择一张图片，也支持同时选择多张图片，若想启用多选功能，只需给跳转意图传送值为 true 的 Intent.EXTRA_ALLOW_MULTIPLE 配对，表示允许多选；倘若传 false，或者干脆不传该配对，都表示只能单选。下面便是跳到系统相册的代码例子：

（完整代码见 chapter13\src\main\java\com\example\chapter13\PhotoChooseActivity.java）

```
// 创建一个内容获取动作的意图（准备跳到系统相册）
Intent albumIntent = new Intent(Intent.ACTION_GET_CONTENT);
albumIntent.putExtra(Intent.EXTRA_ALLOW_MULTIPLE, true); // 是否允许多选
albumIntent.setType("image/*"); // 类型为图像
startActivityForResult(albumIntent, CHOOSE_CODE); // 打开系统相册
```

注意上面的 CHOOSE_CODE 是自己定义的一个常量值，表示选择图片来源，目的是在 onActivityResult 方法中区分唯一的请求代码。接着重写活动页面的 onActivityResult 方法，添加以下的回调代码显示选中的一张图片：

```
@Override
protected void onActivityResult(int requestCode, int resultCode, Intent intent)
{
    super.onActivityResult(requestCode, resultCode, intent);
    if (resultCode == RESULT_OK && requestCode == CHOOSE_CODE) { //从相册返回
        if (intent.getData() != null) { // 从相册中选择一张照片
            Uri uri = intent.getData(); // 获得已选择照片的路径对象
            // 根据指定图片的 uri，获得自动缩小后的位图对象
            Bitmap bitmap = BitmapUtil.getAutoZoomImage(this, uri);
            iv_photo.setImageBitmap(bitmap); // 设置图像视图的位图对象
        } else if (intent.getClipData() != null) { // 从相册中选择多张照片
            ClipData images = intent.getClipData(); // 获取剪切板数据
            if (images.getItemCount() > 0) { // 至少选择了一个文件
                Uri uri = images.getItemAt(0).getUri(); // 取第一张照片
                // 根据指定图片的 uri，获得自动缩小后的位图对象
                Bitmap bitmap = BitmapUtil.getAutoZoomImage(this, uri);
                iv_photo.setImageBitmap(bitmap); // 设置图像视图的位图对象
            }
        }
    }
}
```

从上述代码可见，只选择一张图片与同时选择多张图片的回调处理是不同的，只选择一张图片的话，通过意图对象的 getData 方法即可获得该图片的路径；倘若同时选择多张图片，则需调用意图对象的 getClipData 获取剪切板数据，再从剪切板中依次取出每张图片的路径。

运行测试 App，打开系统相册后长按选择一张图片，此时选中的相册界面如图 13-5 所示。接着点击界面右上角的打开或者选择按钮，返回 App 界面如图 13-6 所示，发现成功显示刚刚选中的

那张图片。

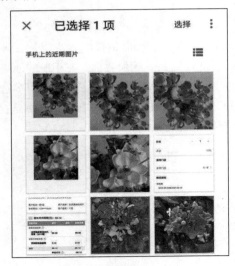

图 13-5　从系统相册选择照片

图 13-6　返回选中的照片

　　然而 App 不能未卜先知，比如用户想上传一张图片，这张图片究竟来自相册还是现场拍照，只有用户自己才知道。既然无法预料用户的行为，就需提供各种选项，由用户自行判断选择。对于多种选项的选择功能，固然可以通过堆砌各类按钮来实现，不过 Android 也提供了专门的跳转方案，方便开发者迅速实现统一风格的选项框。

　　无论是跳到系统相机，还是跳到系统相册，都得调用 startActivityForResult 方法，所以可考虑把多个跳转意图集成到一个组合意图当中。为此 Android 定义了单独的选择器动作 Intent.ACTION_CHOOSER，该动作允许传入意图数组供用户选择某个意图，但系统相机和系统相册分属两类不同的意图，前者采用动作 MediaStore.ACTION_IMAGE_CAPTURE，而后者采用动作 Intent.ACTION_GET_CONTENT，显然它俩不能构成一个意图数组。对于意图动作不匹配的情况，Intent 提供了另外的解决办法：先给配对 Intent.EXTRA_INITIAL_INTENTS 传入初始的意图数组，再给配对 Intent.EXTRA_INTENT 传入另一种动作意图。于是包含组合选择的完整跳转代码示例如下：

```java
// 打开选择对话框（要拍照还是去相册）
private void openSelectDialog() {
    // 声明相机的拍照行为
    Intent photoIntent = new Intent(MediaStore.ACTION_IMAGE_CAPTURE);
    Intent[] intentArray = new Intent[] { photoIntent };
    // 声明相册的打开行为
    Intent albumIntent = new Intent(Intent.ACTION_GET_CONTENT);
    albumIntent.putExtra(Intent.EXTRA_ALLOW_MULTIPLE, false);  // 是否允许多选
    albumIntent.setType("image/*");  // 类型为图像
    // 容纳相机和相册在内的选择意图
    Intent chooserIntent = new Intent(Intent.ACTION_CHOOSER);
    chooserIntent.putExtra(Intent.EXTRA_TITLE, "请拍照或选择图片");
    chooserIntent.putExtra(Intent.EXTRA_INITIAL_INTENTS, intentArray);
    chooserIntent.putExtra(Intent.EXTRA_INTENT, albumIntent);
```

```
    // 创建封装好标题的选择器意图
    Intent chooser = Intent.createChooser(chooserIntent, "选择图片");
    // 在页面底部弹出多种选择方式的列表对话框
    startActivityForResult(chooser, COMBINE_CODE);
}
```

注意上面的 COMBINE_CODE 也是自己定义的一个常量值，表示组合选择来源，目的是在 onActivityResult 方法中区分唯一的请求代码。然后在活动的 onActivityResult 方法中补充回调代码，分别处理从系统相机返回与从系统相册返回两种情况，简单起见相册不支持多选只支持单选。下面便是待补充的回调代码例子：

```
if (resultCode == RESULT_OK && requestCode == COMBINE_CODE) {//从组合选择返回
    if (intent.getData() != null) {  // 从相册中选择一张图片
        Uri uri = intent.getData();  // 获得已选择图片的路径对象
        // 根据指定图片的 uri，获得自动缩小后的位图对象
        Bitmap bitmap = BitmapUtil.getAutoZoomImage(this, uri);
        iv_photo.setImageBitmap(bitmap);  // 设置图像视图的位图对象
    } else if (intent.getExtras() != null) {  // 拍照的缩略图
        Object obj = intent.getExtras().get("data");
        if (obj instanceof Bitmap) {  // 属于位图类型
            Bitmap bitmap = (Bitmap) obj;  // 强制转成位图对象
            iv_photo.setImageBitmap(bitmap);  // 设置图像视图的位图对象
        }
    }
}
```

重新运行测试 App，点击"拍照或从相册选取"按钮之后，在屏幕底部弹出选择对话框如图 13-7 所示。

图 13-7 弹出"请拍照或选择图片"窗口

从图 13-7 看到，该选择框列出了两个按钮，分别是相机按钮和文件按钮。点击相机按钮即可前往系统相机界面，拍完照片再返回原活动页面；点击文件按钮即可前往系统相册界面，选好图片再返回原活动页面。

13.1.3 对图片进行简单加工

前面利用系统相机获得拍摄后的高清大图，分明已经知晓图片的路径对象，却没调用图像视图的 setImageURI 方法显示高清大图，所为何故？这是因为：当图像视图的缩放类型为 fitCenter

时，系统会努力地按比例缩放图片，使之刚好塞入图像视图；可是如果图片的尺寸超过 4096×4096，App 不但不能正常显示图像，反而运行崩溃了，报错信息为 "Bitmap too large to be uploaded into a texture"，意思是 "位图太大，无法上载到纹理中"。原来 Android 限制了大图加载，避免加载超大图导致系统卡顿，但直接报错也太简单粗暴了，若想解决加载超大图片的问题，可行的方案有下列 3 种：

（1）在显示图片之前调用 setLayerType 方法，将图层类型设置为软件加速，此时系统会对该视图关闭硬件加速。设置代码示例如下：

```
iv_photo.setLayerType(View.LAYER_TYPE_SOFTWARE, null);  // 设置图层类型为软件加速
iv_photo.setImageURI(mImageUri);  // 设置图像视图的路径对象
```

（2）把图像视图的缩放类型改为 center，表示保持图片的原尺寸并居中显示。由于该类型不必缩放图片，也就无须加载图片的所有像素点，因此不会报错。

（3）缩放类型保持 fitCenter，同时事先缩小位图的尺寸，直至新位图的宽高均不超过 4096，才在图像视图上显示新位图。

上述的 3 种方式均可避免应用闪退，但第一种方式关闭了硬件加速，在低端手机上容易引起系统卡顿；第二种方式往往只显示大图的局部图像，无法展示大图的全貌；唯有第三种方式兼顾了功能与性能上的要求。

然而通过系统相机拍照之后，只能得到高清大图的路径对象，并非位图对象，得从大图路径获取它的位图对象才行。从路径对象读取位图数据的过程分成以下两步：

（1）调用内容解析器的 openInputStream 方法，打开指定的路径对象，获得输入流对象。

（2）调用位图工厂 BitmapFactory 的 decodeStream 方法，从输入流解码得到原始的位图。

整合以上两个步骤，形成下面的位图转换代码：

（完整代码见 chapter13\src\main\java\com\example\chapter13\ImageChangeActivity.java）

```
// 打开指定 uri 获得输入流对象
try (InputStream is = getContentResolver().openInputStream(mImageUri)) {
    // 从输入流解码得到原始的位图对象
    Bitmap bitmap = BitmapFactory.decodeStream(is);
    iv_photo.setImageBitmap(bitmap);  // 设置图像视图的位图对象
} catch (Exception e) {
    e.printStackTrace();
}
```

注意上面代码仅仅将路径对象转成位图对象，而活动代码中的 iv_photo 仍旧采取 center 这个缩放类型，依然只能管中窥豹，接下来还要进一步压缩位图大小，才能在方寸之间一览无余。

压缩位图其实等同缩放它的宽高，Bitmap 早已提供了 createScaledBitmap 方法，可根据指定宽高创建缩放后的位图。具体的位图缩放代码示例如下：

（完整代码见 chapter13\src\main\java\com\example\chapter13\util\BitmapUtil.java）

```
// 获得比例缩放之后的位图对象
```

```
public static Bitmap getScaleBitmap(Bitmap bitmap, double scaleRatio) {
    int new_width = (int) (bitmap.getWidth() * scaleRatio);
    int new_height = (int) (bitmap.getHeight() * scaleRatio);
    // 创建并返回缩放后的位图对象
    return Bitmap.createScaledBitmap(bitmap, new_width, new_height, false);
}
```

除了缩放功能之外，旋转也是一项常见的加工操作，同样通过 Bitmap 的 createBitmap 方法，并借助矩阵工具 Matrix，即可方便快捷地旋转位图。详细的位图旋转代码如下所示：

```
// 获得旋转角度之后的位图对象
public static Bitmap getRotateBitmap(Bitmap bitmap, float rotateDegree) {
    Matrix matrix = new Matrix();  // 创建操作图片用的矩阵对象
    matrix.postRotate(rotateDegree);  // 执行图片的旋转动作
    // 创建并返回旋转后的位图对象
    return Bitmap.createBitmap(bitmap, 0, 0, bitmap.getWidth(),
            bitmap.getHeight(), matrix, false);
}
```

然后把位图的缩放与旋转集成到演示页面，首先到相册中挑选一张高清照片，此时未缩放也未旋转的图像界面如图 13-8 所示。

图 13-8　打开待加工的照片

接着将缩放比率调整到 0.5，缩小之后的图像界面如图 13-9 所示；再把旋转角度改为 90°，旋转之后的图像界面如图 13-10 所示。可见位图的缩放和旋转功能都成功实现了。

图 13-9　缩小之后的照片

图 13-10　旋转之后的照片

13.1.4 图像解码器 ImageDecoder

早期的 Android 只支持 3 种图像格式，分别是 JPEG、PNG 和 GIF，虽然这 3 类图片都能在 ImageView 上显示，但对于 GIF 格式来说，图像视图仅能显示动图的初始画面，无法直接播放动画效果。此外，由于 JPEG、PNG 和 GIF 三兄弟历史悠久，当时的图像压缩算法不尽完美，并且手机摄像头的分辨率越来越高，导致一张高清照片动辄几 M 乃至十几 M 大小，使得手机的存储空间越发吃紧，这也要求更高效的压缩算法。

目前智能手机行业仅剩安卓和 iOS 两大阵营，为了争夺移动互联网时代的技术高地，两大阵营的盟主纷纷推出新的图像压缩算法，安卓阵营的谷歌推出了 WebP 格式，而 iOS 阵营的苹果推出了 HEIF 格式。尽管 WebP 与 HEIF 出自不同的厂商，但它俩都具备了下列优异特性：

（1）支持透明背景：JPEG 不支持透明背景。

（2）支持动画效果：JPEG 和 PNG 不支持动画效果。

（3）支持有损压缩：PNG 和 GIF 不支持有损压缩，因此它们的图片体积较大。

正因为 WebP 与 HEIF 如此优秀，所以它们在手机上愈加流行，从 Android 9.0 开始便支持浏览这两种格式的图片，从 Android 10 开始更允许将拍摄的照片保存为 HEIF 格式（同时需要硬件支持）。ImageDecoder 正是 Android 9.0 推出的新型图像解码器，它不但兼容常规的 JPEG 和 PNG 图片，还适配 GIF、WebP、HEIF 的动图效果，可谓新老图片类型一网打尽。利用图像解码器加载并显示图片的步骤分为以下 3 步：

步骤01 调用 ImageDecoder 的 createSource 方法，从指定地方获得数据源。

步骤02 调用 ImageDecoder 的 decodeDrawable 方法，从数据源解码得到 Drawable 类型的图形信息。

步骤03 调用图像视图的 setImageDrawable 方法，设置图像视图的图形对象。

其中第一步的 createSource 方法允许从多种来源读取图像信息，包括但不限于下列来源：

（1）来自存储卡的 File 对象。

（2）来自系统相册的 Uri 对象。

（3）来自资源图片的图形编号。

（4）从输入流获取的字节数组。

举个例子，现在准备通过 ImageDecoder 加载相册中的某张图片，此时从系统媒体库得到 Uri 类型的图片路径，则详细的图像加载代码示例如下：

（完整代码见 chapter13\src\main\java\com\example\chapter13\ImageDecoderActivity.java）

```java
// 利用 Android 9.0 新增的 ImageDecoder 读取图片
ImageDecoder.Source source = ImageDecoder.createSource(
                getContentResolver(), imageUri);
// 从数据源解码得到图形信息
Drawable drawable = ImageDecoder.decodeDrawable(source);
iv_photo.setImageDrawable(drawable);  // 设置图像视图的图形对象
```

单看上述的加载代码,似乎 ImageDecoder 并无什么优势,因为若是 JPEG 或者 PNG 图片,直接调用图像视图的 setImageURI 方法即可。当然,ImageDecoder 的存在意义是为了处理新的图片格式,而不是在老格式上一争高下。它主要在如下两个方面做了增强:

(1)调用带两个参数的 decodeDrawable 方法,此时输入第二个监听器参数,在监听器中可以获得图像的媒体类型,以及该图像是否为动图。

(2)判断解码得到的图形对象是否为 Animatable 类型,如果是的话,就调用 start 方法播放动画。

根据上述两个增强手段,补齐后的动图播放代码如下所示:

(完整代码见 chapter13\src\main\java\com\example\chapter13\ImageSpecialActivity.java)

```java
// 显示指定来源的图像
private void showImageSource(ImageDecoder.Source source) throws
IOException {
    // 从数据源解码得到图形信息
    Drawable drawable = ImageDecoder.decodeDrawable(source, new
OnHeaderDecodedListener() {
        @Override
        public void onHeaderDecoded(ImageDecoder decoder,
ImageDecoder.ImageInfo info, ImageDecoder.Source source) {
            // 获取图像信息的媒体类型与是否动图
            String desc = String.format("该图片类型为%s,它%s 动图",
                    info.getMimeType(), info.isAnimated()?"是":"不是");
            tv_info.setText(desc);
        }
    });
    iv_pic.setImageDrawable(drawable);  // 设置图像视图的图形对象
    if (drawable instanceof Animatable) {  // 如果是动画图形,则开始播放动画
        ((Animatable) iv_pic.getDrawable()).start();
    }
}
```

接着给出一张 GIF 图片,运行包含以上代码的测试 App,观察到动图播放效果如图 13-11 和图 13-12 所示,其中图 13-11 为开始播放时的动画界面,图 13-12 为结束播放时的动画界面。

图 13-11　开始播放时的动画界面

图 13-12　结束播放时的动画界面

再分别给出 WebP 图片与 HEIF 图片，重新运行测试 App，观察到图像浏览界面如图 13-13 和图 13-14 所示，其中图 13-13 为 WebP 图片的查看界面，图 13-14 为 HEIF 图片的查看界面。

图 13-13　WebP 图片的查看界面

图 13-14　HEIF 图片的查看界面

至此充分展示了图像解码器的强大功能，它不仅支持 WebP 与 HEIF 这两种新兴图片格式，还能直接播放动图的动画特效。

13.2　音　　频

本节介绍 Android 对音频的几种处理操作，包括：如何使用系统录音机录制音频、如何使用系统收音机播放音频、如何利用 MediaPlayer 播放音频，如何利用 MediaRecorder 录制音频。

13.2.1　使用录音机录制音频

手机有自带的系统相机，也有自带的系统录音机，录音机对应的意图动作为 MediaStore.Audio.Media.RECORD_SOUND_ACTION，只要在调用 startActivityForResult 之前指定该动作，就会自动跳转到系统的录音机界面。下面便是前往系统录音机的跳转代码例子：

（完整代码见 chapter13\src\main\java\com\example\chapter13\AudioRecordActivity.java）

```
// 下面打开系统自带的录音机
Intent intent = new Intent(MediaStore.Audio.Media.RECORD_SOUND_ACTION);
startActivityForResult(intent, RECORDER_CODE);  // 跳转到录音机页面
```

注意上面的 RECORDER_CODE 是自己定义的一个常量值，表示录音来源，目的是在 onActivityResult 方法中区分唯一的请求代码。接着重写活动页面的 onActivityResult 方法，添加以下的回调代码获取录制好的音频：

```
@Override
protected void onActivityResult(int requestCode, int resultCode, Intent intent) {
    super.onActivityResult(requestCode, resultCode, intent);
```

```
if (resultCode==RESULT_OK && requestCode==RECORDER_CODE){
    mAudioUri = intent.getData();  // 获得录制好的音频 uri
    tv_audio.setText("录制完成的音频地址为: "+mAudioUri.toString());
    iv_audio.setVisibility(View.VISIBLE);
}
}
```

从以上代码可知，录完的音频路径就在返回意图的 **getData** 当中，那么怎样验证这个路径保存的是音频呢？当然听听该音频能否正常播放就对了。所谓好事成双，既有录音机，便有收音机，音频自然由系统自带的收音机播放了。若想自动跳到收音机界面，关键是把数据类型设置为音频，系统才知晓原来要打开音频，这活还是交给收音机吧。打开系统收音机的跳转代码如下所示：

```
// 下面打开系统自带的收音机
Intent intent = new Intent(Intent.ACTION_VIEW);
intent.setDataAndType(mAudioUri, "audio/*");  // 类型为音频
startActivity(intent);  // 跳到收音机页面
```

接下来通过演示来看录音与播音的完整过程，点击"打开录音机"按钮之后，跳到如图 13-15 所示的录音机界面。点击录音机底部的圆形按钮开始录音，稍等几秒再次点击该按钮结束录音，此时屏幕底部弹出如图 13-16 所示的选择对话框。

点击选择框的"使用此录音"选项，回到测试 App 的界面，如图 13-17 所示，可见回调代码成功获得刚录制的音频路径。

点击页面上的三角播放按钮，跳到如图 13-18 所示的收音机界面，同时收音机自动开始播放音频，播放完毕又自动返回原来的 App 页面。

图 13-15 系统录音机准备录音

图 13-16 系统录音机结束录音

图 13-17　返回录制的音频地址　　　　图 13-18　系统收音机正在播音

13.2.2　利用 MediaPlayer 播放音频

　　尽管让 App 跳到收音机界面就能播放音频，但是通常 App 都不希望用户离开自身页面，何况播音本来仅是一个小功能，完全可以一边播放音频一边操作界面。若要在 App 内部自己播音，便用到了媒体播放器 MediaPlayer，不过在播放音频之前，得先想办法找到音频文件才行。早在第 7 章的"7.3.2　借助 FileProvider 发送彩信"中，提到通过内容解析器能够从媒体库查找图片文件，同样也能从媒体库查找音频文件，只要把相关条件换成音频种类就成，例如把媒体库的 Uri 路径从相册换作音频库，把媒体库的查找结果从相册字段换作音频字段等。为此另外定义并声明音频类型的实体对象，声明代码如下所示：

　　（完整代码见 chapter13\src\main\java\com\example\chapter13\AudioPlayActivity.java）

```
private List<MediaInfo> mAudioList = new ArrayList<MediaInfo>(); // 音频列表
private Uri mAudioUri = MediaStore.Audio.Media.EXTERNAL_CONTENT_URI; // 音
频库 Uri
private String[] mAudioColumn = new String[]{ // 媒体库的字段名称数组
    MediaStore.Audio.Media._ID, // 编号
    MediaStore.Audio.Media.TITLE, // 标题
    MediaStore.Audio.Media.DURATION, // 播放时长
    MediaStore.Audio.Media.SIZE, // 文件大小
    MediaStore.Audio.Media.DATA}; // 文件路径
```

```
private MediaPlayer mMediaPlayer = new MediaPlayer(); // 媒体播放器
```

接着通过内容解析器查询系统的音频库，把符合条件的音频记录依次添加到音频列表，下面便是从媒体库加载音频文件列表的代码例子：

（完整代码见 chapter13\src\main\java\com\example\chapter13\AudioPlayActivity.java）

```
// 加载音频列表
private void loadAudioList() {
    mAudioList.clear();  // 清空音频列表
    // 通过内容解析器查询音频库，并返回结果集的游标。记录结果按照修改时间降序返回
    Cursor cursor = getContentResolver().query(mAudioUri, mAudioColumn,
            null, null, "date_modified desc");
    if (cursor != null) {
        // 下面遍历结果集，并逐个添加到音频列表。简单起见只挑选前十个音频
        for (int i=0; i<10 && cursor.moveToNext(); i++) {
            MediaInfo audio = new MediaInfo();  // 创建一个音频信息对象
            audio.setId(cursor.getLong(0));  // 设置音频编号
            audio.setTitle(cursor.getString(1));  // 设置音频标题
            audio.setDuration(cursor.getInt(2));  // 设置音频时长
            audio.setSize(cursor.getLong(3));  // 设置音频大小
            audio.setPath(cursor.getString(4));  // 设置音频路径
            mAudioList.add(audio);  // 添加至音频列表
        }
        cursor.close();  // 关闭数据库游标
    }
}
```

找到若干音频文件之后，还要设法利用 MediaPlayer 来播音。MediaPlayer 顾名思义叫媒体播放器，它既能播放音频也能播放视频，其常用方法说明如下：

- reset：重置播放器。
- prepare：准备播放。
- start：开始播放。
- pause：暂停播放。
- stop：停止播放。
- create：创建指定 Uri 的播放器。
- setDataSource：设置播放数据来源的文件路径。create 与 setDataSource 两个方法只需调用一个。
- setVolume：设置音量。两个参数分别是左声道和右声道的音量，取值为 0～1。
- setAudioStreamType：设置音频流的类型。音频流类型的取值说明见表 13-1。

表 13-1　音频流类型的取值说明

AudioManager 类的铃音类型	铃音名称	说明
STREAM_VOICE_CALL	通话音	
STREAM_SYSTEM	系统音	
STREAM_RING	铃音	来电与收短信的铃声

AudioManager 类的铃音类型	铃音名称	说明
STREAM_MUSIC	媒体音	音乐、视频、游戏等的声音
STREAM_ALARM	闹钟音	
STREAM_NOTIFICATION	通知音	

- setLooping：设置是否循环播放。true 表示循环播放，false 表示只播放一次。
- isPlaying：判断是否正在播放。
- getCurrentPosition：获取当前播放进度所在的位置。
- getDuration：获取播放时长，单位为毫秒。

MediaPlayer 提供的方法虽多，基本的应用场景只有两个，一个是播放指定音频文件，另一个是退出页面时释放媒体资源。其中播放音频的场景需要历经下列步骤：重置播放器→设置媒体文件的路径→准备播放→开始播放，对应的播放代码示例如下：

```
mMediaPlayer.reset(); // 重置媒体播放器
// mMediaPlayer.setVolume(0.5f, 0.5f); // 设置音量，可选
mMediaPlayer.setAudioStreamType(AudioManager.STREAM_MUSIC); // 设置音频类型
为音乐
try {
    mMediaPlayer.setDataSource(audio.getPath()); // 设置媒体数据的文件路径
    mMediaPlayer.prepare(); // 媒体播放器准备就绪
    mMediaPlayer.start(); // 媒体播放器开始播放
} catch (Exception e) {
    e.printStackTrace();
}
```

如果没把音频放入后台服务中播放，那么在退出活动页面之时应当主动释放媒体资源，以便提高系统运行效率。此时可以重写活动的 onDestroy 方法，在该方法内部补充下面的操作代码：

```
if (mMediaPlayer.isPlaying()) { // 是否正在播放
    mMediaPlayer.stop(); // 结束播放
}
mMediaPlayer.release(); // 释放媒体播放器
```

当然，上述的两个场景只是两种最基础的运用，除此以外，还存在其他业务场合，包括但不限于：实时刷新当前的播放进度、将音频拖动到指定位置再播放、播放完毕之时提醒用户等，详细的演示代码参见 AudioPlayActivity.java。下面的图 13-19 和图 13-20 则为使用 MediaPlayer 播放音频的界面效果，其中图 13-19 展示了刚打开的初始界面，此时 App 自动查找并罗列最新的 10 个音频文件；然后点击其中一项音频，App 便开始播放该音频，同时在下方实时显示播放进度，正如图 13-20 所示。

图 13-19 初始的音频列表　　　　　　图 13-20 开始播放某段音频

13.2.3 利用 MediaRecorder 录制音频

与媒体播放器相对应，Android 提供了媒体录制器 MediaRecorder，它既能录制音频也能录制视频。使用 MediaRecorder 可以在当前页面直接录音，而不必跳到系统自带的录音机界面。MediaRecorder 的常用方法说明如下：

- reset：重置录制器。
- prepare：准备录制。
- start：开始录制。
- stop：结束录制。
- release：释放录制器。
- setMaxDuration：设置可录制的最大时长，单位为毫秒（ms）。
- setMaxFileSize：设置可录制的最大文件大小，单位为字节（B）。setMaxFileSize 与 setMaxDuration 设置其一即可。
- setOutputFile：设置输出文件的保存路径。
- setAudioSource：设置音频来源。一般使用麦克风 AudioSource.MIC。
- setOutputFormat：设置媒体输出格式。媒体输出格式的取值说明见表 13-2。

表 13-2　媒体输出格式的取值说明

OutputFormat 类的输出格式	格式分类	扩展名	格式说明
AMR_NB	音频	.amr	窄带格式
AMR_WB	音频	.amr	宽带格式
AAC_ADTS	音频	.aac	高级的音频传输流格式
MPEG_4	视频	.mp4	MPEG4 格式
THREE_GPP	视频	.3gp	3GP 格式

- setAudioEncoder：设置音频编码器。音频编码器的取值说明见表 13-3。注意，该方法应在 setOutputFormat 方法之后执行，否则会扔出异常。

表 13-3 音频编码器的取值说明

AudioEncoder 类的音频编码器	说明
AMR_NB	窄带编码
AMR_WB	宽带编码
AAC	低复杂度的高级编码
HE_AAC	高效率的高级编码
AAC_ELD	高效率的高级编码

- setAudioSamplingRate：设置音频的采样率，单位为千赫兹（kHz）。AMR_NB 格式默认为 8kHz，AMR_WB 格式默认为 16kHz。
- setAudioChannels：设置音频的声道数。1 表示单声道，2 表示双声道。
- setAudioEncodingBitRate：设置音频每秒录制的字节数。数值越大音频越清晰。

MediaRecorder 提供的方法虽多，基本的应用场景只有两个，一个是开始录制媒体文件，另一个是停止录制媒体文件。其中录制音频的场景需要历经下列步骤：重置录制器→设置媒体文件的路径→准备录制→开始录制，对应的录制代码示例如下：

（完整代码见 chapter13\src\main\java\com\example\chapter13\MediaRecorderActivity.java）

```java
// 获取本次录制的媒体文件路径
mRecordFilePath = MediaUtil.getRecordFilePath(this, "RecordAudio", ".amr");
// 下面是媒体录制器的处理代码
mMediaRecorder.reset();  // 重置媒体录制器
mMediaRecorder.setAudioSource(MediaRecorder.AudioSource.MIC);  // 设置音频源
为麦克风
mMediaRecorder.setOutputFormat(mOutputFormat);  // 设置媒体的输出格式
mMediaRecorder.setAudioEncoder(mAudioEncoder);  // 设置媒体的音频编码器
mMediaRecorder.setMaxDuration(mDuration * 1000);  // 设置媒体的最大录制时长
mMediaRecorder.setOutputFile(mRecordFilePath);  // 设置媒体文件的保存路径
try {
    mMediaRecorder.prepare();  // 媒体录制器准备就绪
    mMediaRecorder.start();  // 媒体录制器开始录制
} catch (Exception e) {
    e.printStackTrace();
}
```

至于停止录制操作，直接调用 stop 方法即可。当然，在退出活动页面之时，还需调用 release 方法释放录制资源。注意到上述的录制代码引用了若干变量，包括输出格式 mOutputFormat、音频编码器 mAudioEncoder、最大录制时长 mDuration 等，这些参数决定了音频文件的音效质量和文件大小，详细的演示例子参见代码 MediaRecorderActivity.java。

运行测试 App，保持默认的录制参数，点击"开始录制"按钮，正在录音的界面如图 13-21 所示；稍等片刻录音完成的界面如图 13-22 所示，此时成功保存录好的音频文件，点击下方的三角播放按钮，就能通过 MediaPlayer 播音了。

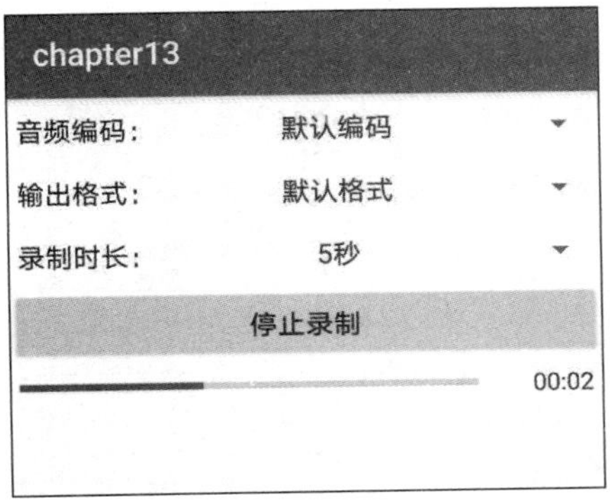

图 13-21 正在录制音频

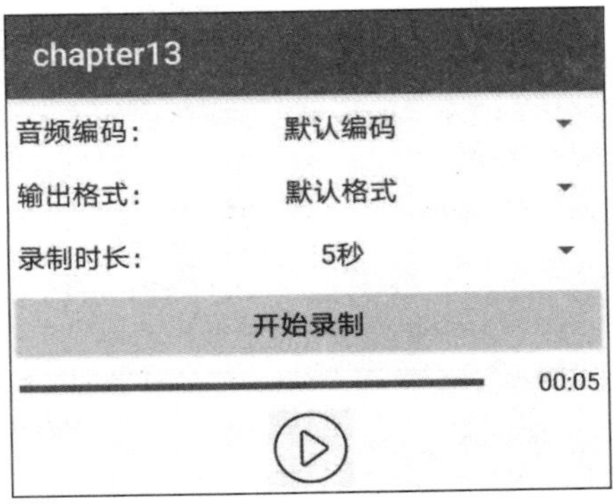

图 13-22 音频录制结束

13.3 视 频

本节介绍 Android 对视频的几种处理操作，包括：如何使用系统摄像机录制视频、如何使用系统播放器播放视频、如何从视频库中选取视频（含直接选取和混合选取两种方式）、如何利用视频视图与媒体控制条播放视频。

13.3.1 使用摄像机录制视频

与音频类似，通过系统摄像机可以很方便地录制视频，只要指定摄像动作为 MediaStore.ACTION_VIDEO_CAPTURE 即可。当然，也能事先设定下列的摄像参数：

- MediaStore.EXTRA_VIDEO_QUALITY：用于设定视频质量。
- MediaStore.EXTRA_SIZE_LIMIT：用于设定文件大小的上限。
- MediaStore.EXTRA_DURATION_LIMIT：用于设定视频时长的上限。

下面是跳转到系统摄像机的代码例子：

（完整代码见 chapter13\src\main\java\com\example\chapter13\VideoRecordActivity.java）

```
// 下面准备跳到系统的摄像机，并获得录制完的视频文件
Intent intent = new Intent(MediaStore.ACTION_VIDEO_CAPTURE);
intent.putExtra(MediaStore.EXTRA_VIDEO_QUALITY, 0);  // 视频质量。0 为低质量；1
为高质量
intent.putExtra(MediaStore.EXTRA_SIZE_LIMIT, 10485760L);  // 大小限制，单位为字
节
intent.putExtra(MediaStore.EXTRA_DURATION_LIMIT, 10);  // 时长限制，单位为秒
startActivityForResult(intent, RECORDER_CODE);  // 打开系统摄像机
```

注意上面的 RECORDER_CODE 是自己定义的一个常量值，表示摄像机来源，目的是在 onActivityResult 方法中区分唯一的请求代码。接着重写活动页面的 onActivityResult 方法，添加以下的回调代码获取已录制视频的路径对象：

```
@Override
protected void onActivityResult(int requestCode, int resultCode, Intent intent) {
    super.onActivityResult(requestCode, resultCode, intent);
    if (resultCode==RESULT_OK && requestCode==RECORDER_CODE){  // 从摄像机返回
        mVideoUri = intent.getData();  // 获得已录制视频的路径对象
        tv_video.setText("录制完成的视频地址为: "+mVideoUri.toString());
        rl_video.setVisibility(View.VISIBLE);
        // 获取视频文件的某帧图片
        Bitmap bitmap = MediaUtil.getOneFrame(this, mVideoUri);
        iv_video.setImageBitmap(bitmap);  // 设置图像视图的位图对象
    }
}
```

视频录制完成，最好能够预览视频的摄制画面，所以上面代码调用了 getOneFrame 方法获取视频文件的某帧图片，查看该帧图像即可大致了解视频内容。抽取视频帧图的 getOneFrame 方法代码如下所示：

（完整代码见 chapter13\src\main\java\com\example\chapter13\util\MediaUtil.java）

```
// 获取视频文件中的某帧图片
public static Bitmap getOneFrame(Context ctx, Uri uri) {
    MediaMetadataRetriever retriever = new MediaMetadataRetriever();
    retriever.setDataSource(ctx, uri);
    // 获得视频的播放时长，大于 1s 的取第 1s 处的帧图，不足 1s 的取第 0s 处的帧图
    String duration =
retriever.extractMetadata(MediaMetadataRetriever.METADATA_KEY_DURATION);
    int pos = (Integer.parseInt(duration)/1000)>1 ? 1 : 0;
    // 获取并返回指定时间的帧图
    return retriever.getFrameAtTime(pos * 1000,
MediaMetadataRetriever.OPTION_CLOSEST);
}
```

有了视频文件的 Uri 之后，就能利用系统自带的播放器观看视频了。同样设置意图动作 Intent.ACTION_VIEW，并指定数据类型为视频，以下几行代码即可打开视频播放器：

```
// 创建一个内容获取动作的意图（准备跳到系统播放器）
Intent intent = new Intent(Intent.ACTION_VIEW);
intent.setDataAndType(mVideoUri, "video/*");  // 类型为视频
startActivity(intent);  // 打开系统的视频播放器
```

运行测试 App，点击"打开摄像机"按钮之后，跳到如图 13-23 所示的系统摄像界面，点击界面下方中央的圆形按钮开始录像，稍等几秒再次按下该按钮，或者等待 EXTRA_DURATION_LIMIT 设定的时长到达，此时摄像结束的界面如图 13-24 所示。

图 13-23　摄像机准备录像

图 13-24　摄像机结束录像

　　点击录像界面右上角的打勾按钮，回到 App 的演示界面如图 13-25 所示，发现原页面展示了已录制视频的快照图像。单击该快照图片表示期望播放视频，界面底部马上弹出如图 13-26 所示的选择窗口，选中其中一种打开方式，再点击下方的"仅此一次"按钮，就会打开指定 App 播放视频了。

图 13-25　返回录制好的视频

图 13-26　弹出视频播放器的选择窗口

13.3.2 从视频库中选取视频

系统自带的相册通常既保存图片又保存视频，这意味着用户能够从中选择已有的视频，此时相册相当于系统视频库。正如 App 可以跳到系统相册选择图片那样，App 也能跳到系统视频库选择视频，不同之处在于，打开视频库之前需要指定数据类型为视频，这样系统便晓得该去浏览视频库了。打开系统视频库的代码示例如下：

（完整代码见 chapter13\src\main\java\com\example\chapter13\VideoChooseActivity.java）

```
// 创建一个内容获取动作的意图（准备跳到系统视频库）
Intent intent = new Intent(Intent.ACTION_GET_CONTENT);
intent.putExtra(Intent.EXTRA_ALLOW_MULTIPLE, true);  // 是否允许多选
intent.setType("video/*");  // 类型为视频
startActivityForResult(intent, CHOOSE_CODE);  // 打开系统视频库
```

注意上面的 CHOOSE_CODE 是自己定义的一个常量值，表示视频库来源，目的是在 onActivityResult 方法中区分唯一的请求代码。接着重写活动页面的 onActivityResult 方法，添加以下的回调代码获取并显示已选中的视频信息：

```
@Override
protected void onActivityResult(int requestCode, int resultCode, Intent intent)
{
    super.onActivityResult(requestCode, resultCode, intent);
    if (resultCode==RESULT_OK && requestCode==CHOOSE_CODE) {  // 从视频库回来
        if (intent.getData() != null) {  // 选择一个视频
            Uri uri = intent.getData();  // 获得已选择视频的路径对象
            showVideoFrame(uri);  // 显示视频的某帧图片
        } else if (intent.getClipData() != null) {  // 选择多个视频
            ClipData videos = intent.getClipData();  // 获取剪切板数据
            if (videos.getItemCount() > 0) {
                Uri uri = videos.getItemAt(0).getUri();  // 选取第一个视频
                showVideoFrame(uri);  // 显示视频的某帧图片
            }
        }
    }
}
```

从以上代码可知，选择单个视频与选择多个视频的回调是不同的，选择单个视频时，调用意图对象的 getData 方法即可获得该视频的路径；而选择多个视频时，必须先调用意图对象的 getClipData 方法获取剪切板数据，再从剪切板依次得到每个视频的路径。为了简化代码，无论是选择单个视频还是选择多个视频，都通过 showVideoFrame 方法展示视频快照，该方法的定义代码如下所示：

```
// 显示视频的某帧图片
private void showVideoFrame(Uri uri) {
    mVideoUri = uri;
    tv_video.setText("你选中的视频地址为："+uri.toString());
    rl_video.setVisibility(View.VISIBLE);
```

```
// 获取视频文件的某帧图片
Bitmap bitmap = MediaUtil.getOneFrame(this, uri);
iv_video.setImageBitmap(bitmap);  // 设置图像视图的位图对象
}
```

运行测试 App，打开系统视频库后长按选择一个视频，此时选中的视频库界面如图 13-27 所示。接着点击界面右上角的打开或者选择按钮，返回 App 界面如图 13-28 所示，发现成功显示刚刚选中的视频快照。

图 13-27　从视频库中选择视频

图 13-28　返回选中的视频

当然，视频文件既能由摄像机实时录像而来，也能直接到视频库挑选而来，把这两种视频来源整合到一个跳转意图当中，即可组成下面的选择框操作代码：

```
// 打开选择对话框（要录像还是去视频库）
private void openSelectDialog() {
    // 声明摄像机的录像行为
    Intent recordIntent = new Intent(MediaStore.ACTION_VIDEO_CAPTURE);
    Intent[] intentArray = new Intent[] { recordIntent };
    // 声明视频库的打开行为
    Intent videoIntent = new Intent(Intent.ACTION_GET_CONTENT);
    videoIntent.putExtra(Intent.EXTRA_ALLOW_MULTIPLE, false);  // 是否允许多选
    videoIntent.setType("video/*");  // 类型为视频
    // 弹出含摄像机和视频库在内的列表对话框
    Intent chooserIntent = new Intent(Intent.ACTION_CHOOSER);
    chooserIntent.putExtra(Intent.EXTRA_TITLE, "请录像或选择视频");
    chooserIntent.putExtra(Intent.EXTRA_INITIAL_INTENTS, intentArray);
    chooserIntent.putExtra(Intent.EXTRA_INTENT, videoIntent);
    // 在页面底部弹出多种选择方式的列表对话框
    startActivityForResult(Intent.createChooser(chooserIntent, "选择视频"),
COMBINE_CODE);
    }
```

注意上面的 COMBINE_CODE 也是自己定义的一个常量值，表示组合选择来源，目的是在 onActivityResult 方法中区分唯一的请求代码。然后在活动的 onActivityResult 方法中补充回调代码，由于从摄像机回来与从视频库选择单个视频都得到视频文件的路径对象，因此可以统一调用意图对象的 getData 方法获取视频文件路径。下面便是组合选择视频的回调代码例子：

```
if (resultCode==RESULT_OK && requestCode==COMBINE_CODE) { // 从混选对话框回来
    if (intent.getData() != null) { // 录像或者从视频库选择一个视频
        Uri uri = intent.getData(); // 获得已选择视频的路径对象
        showVideoFrame(uri); // 显示视频的某帧图片
    }
}
```

重新运行测试 App，点击"录像或从视频库选取"按钮之后，在屏幕底部弹出选择对话框如图 13-29 所示。

图 13-29　弹出"请录像或选择视频"窗口

从图 13-29 看到，该选择框列出了两个按钮，分别是摄像机按钮和文件按钮。点击摄像机按钮即可前往系统摄像机界面，录像完成再返回原活动页面；点击文件按钮即可前往系统视频库界面，选好视频再返回原活动页面。

13.3.3　利用视频视图（VideoView）播放视频

通过专门的播放器固然能够播放视频，但要离开当前 App 跳到播放器界面才行，因为视频播放不算很复杂的功能，人们更希望将视频内嵌在当前 App 界面，所以 Android 提供了名为视频视图 VideoView 的播放控件，该控件允许像图像视图那样划出一块界面展示视频，同时还支持对视频进行播放控制，为开发者定制视频操作提供了便利。

下面是 VideoView 的常用方法说明。

- setVideoURI：设置视频文件的 URI 路径。
- setVideoPath：设置视频文件的字符串路径。
- setMediaController：设置媒体控制条的对象。
- start：开始播放视频。
- pause：暂停播放视频。
- resume：恢复播放视频。
- suspend：结束播放并释放资源。

- getDuration：获得视频的总时长，单位为毫秒。
- getCurrentPosition：获得当前的播放位置。返回值若等于总时长，表示播放到了末尾。
- isPlaying：判断是否视频正在播放。

由于 VideoView 只显示播放界面，没显示控制按钮和进度条，因此实际开发中需要给它配备媒体控制条 MediaController，该控制条支持基本的播放控制操作，包括：显示当前的播放进度、拖动到指定位置播放、暂停播放与恢复播放、查看视频的总时长和已播放时长、对视频做快进或快退操作等。

下面是 MediaController 的常用方法说明。

- setMediaPlayer：设置媒体播放器的对象，也就是指定某个 VideoView。
- show：显示媒体控制条。
- hide：隐藏媒体控制条。
- isShowing：判断媒体控制条是否正在显示。

将媒体控制条与视频视图集成起来的话，一般让媒体控制条固定放在视频视图的底部。此时无须在 XML 文件中添加 MediaController 节点，只需添加 VideoView 节点，然后在 Java 代码中将媒体控制条附着于视频视图即可。具体的集成步骤分为下列 4 步：

（1）由视频视图对象调用 setVideoURI 方法指定视频文件。
（2）创建一个媒体控制条，并由视频视图对象调用 setMediaController 方法关联该控制条。
（3）由控制条对象调用 setMediaPlayer 方法，将媒体播放器设置为该视频视图。
（4）调用视频视图对象的 start 方法，开始播放视频。

接下来演示看看如何通过视频视图播放视频，首先创建测试活动页面，在该页面的 XML 文件中添加 VideoView 节点，完整的 XML 内容如下所示：

（完整代码见 chapter13\src\main\res\layout\activity_video_play.xml）

```xml
<LinearLayout xmlns:android="http://schemas.android.com/apk/res/android"
    android:layout_width="match_parent"
    android:layout_height="match_parent"
    android:orientation="vertical">
    <Button
        android:id="@+id/btn_choose"
        android:layout_width="match_parent"
        android:layout_height="wrap_content"
        android:text="打开相册播放视频" />
    <VideoView
        android:id="@+id/vv_content"
        android:layout_width="match_parent"
        android:layout_height="wrap_content" />
</LinearLayout>
```

然后往该页面的活动代码补充选择视频库之后的回调逻辑，也就是重写回调方法 onActivityResult，在该方法内部设置视频视图的视频路径，接着关联媒体控制条，再调用视频视图的 start 方法播放视频。详细的活动页面代码示例如下：

（完整代码见 chapter13\src\main\java\com\example\chapter13\VideoPlayActivity.java）

```java
    public class VideoPlayActivity extends AppCompatActivity implements
View.OnClickListener {
        private VideoView vv_content;  // 声明一个视频视图对象
        private int CHOOSE_CODE = 3;  // 只在视频库挑选图片的请求码

        @Override
        protected void onCreate(Bundle savedInstanceState) {
            super.onCreate(savedInstanceState);
            setContentView(R.layout.activity_video_play);
            // 从布局文件中获取名为 vv_content 的视频视图
            vv_content = findViewById(R.id.vv_content);
            findViewById(R.id.btn_choose).setOnClickListener(this);
        }

        @Override
        public void onClick(View v) {
            if (v.getId() == R.id.btn_choose) {
                // 创建一个内容获取动作的意图（准备跳到系统视频库）
                Intent intent = new Intent(Intent.ACTION_GET_CONTENT);
                intent.setType("video/*");  // 类型为视频
                startActivityForResult(intent, CHOOSE_CODE);  // 打开系统视频库
            }
        }

        @Override
        protected void onActivityResult(int requestCode, int resultCode, Intent
intent) {
            super.onActivityResult(requestCode, resultCode, intent);
            if (resultCode == RESULT_OK && requestCode == CHOOSE_CODE) {
                if (intent.getData() != null) {  // 从视频库回来
                    vv_content.setVideoURI(intent.getData());  // 设置视频视图的视频
路径
                    MediaController mc = new MediaController(this);  // 创建一个媒体
控制条
                    vv_content.setMediaController(mc);  // 给视频视图设置相关联的媒体
控制条
                    mc.setMediaPlayer(vv_content);  // 给媒体控制条设置相关联的视频视图
                    vv_content.start();  // 视频视图开始播放
                }
            }
        }
    }
```

运行测试 App，打开初始的视频界面如图 13-30 所示，此时按钮下方黑漆漆的一片都是视频视图区域；点击打开按钮从视频库选择视频回来，该界面立即开始播放选中的视频，如图 13-31 所示；在视频区域轻轻点击，此时视频下方弹出一排媒体控制条，如图 13-32 所示，可见媒体控制条上半部有快退、暂停、快进 3 个按钮，下半部展示了当前播放时长、播放进度条、视频总时长。

图 13-30 初始的视频界面  图 13-31 正在播放的视频界面  图 13-32 弹出媒体控制条

13.4 实战项目：评价晒单

电商 App 会经常同用户互动，虚心听取用户的宝贵意见，比如允许用户在已完成订单里评价商品等。评价内容可以是纯文字评价，也可以是带图片的评价，还可以是带视频的评价。后来的用户根据前人的评价，从而得知商品的质量好坏，接下来就来实现电商 App 的评价晒单功能。

13.4.1 需求描述

用户打开已完成的订单列表，一开始商品尚未评价如图 13-33 所示，接着用户点击某个订单进入该订单的评价页面如图 13-34 所示，在评价页面选择评分等级、输入文字评价，还能点击加号按钮上传图片或者视频。

图 13-33　评价之前的订单列表

图 13-34　待填写的评价页面

填好详细的评价文字，再点击加号按钮通过拍照或者从相册选取图片，加号按钮便自动换成准备提交的图片，如图 13-35 所示。点击提交按钮发布评价晒单，回到如图 13-36 所示的订单列表界面，此时评价过的订单状态变成了"已评价"。

图 13-35　准备提交的评价页面

图 13-36　评价之后的订单列表

点击已评价的订单，打开该订单的评价详情页面如图 13-37 所示。可见评价详情不但展示了文字内容，还罗列了几张晒单缩略图。点击某个缩略图打开它的大图页面如图 13-38 所示，用户可在此浏览图片的细节，点击大图的任何部位回到评价详情页。

图 13-37　评价详情页面　　　　　图 13-38　晒单大图页面

经过以上的评价填写与评价浏览过程，才算实现了完整的评价晒单功能。

13.4.2　界面设计

商品评价不单单是文字内容，还包括图片晒单与视频晒单，多种格式的评价内容便运用了多媒体技术，举例说明如下：

- 拍照：晒图片可能会打开摄像头现场拍照。
- 查找相册：晒图片还可能从相册挑选已有的图片。
- 查看图片：评价提交之后，其他用户来查看买家秀的图片，要支持打开大图浏览页面，大图可放在 ImageView 中展示。
- 录制视频：晒视频可能会打开摄像头录像。
- 查找视频库：晒视频还可能从相册挑选已有的视频。
- 播放视频：评价提交之后，其他用户来查看买家秀的视频，要支持在线播放视频，既可打开系统自带的视频播放器，也可使用 VideoView 播放视频。

此外，用户要晒的图片可能很大，为了减少不必要的系统消耗，也为了避免大尺寸图片造成的崩溃问题，App 需要采取图片压缩技术，适当缩小用户的大图，以便提升 App 的运行性能。

13.4.3　关键代码

为了方便读者完成评价晒单项目的开发，下面列出几点需要注意的地方。

1. 如何使用评分条控件 RatingBar

评价商品时的星级选择用到了评分条 RatingBar，它由若干个五角星组成，五角星的总数表示评价总分，高亮显示的五角星数量表示当前评分，通过选择高亮星星的个数，即可表达商品的评分等级。RatingBar 常用的 XML 属性与设置方法见表 13-4。

表13-4　RatingBar的新增方法与属性说明

XML 的新增属性	RatingBar 的新增方法	说明
isIndicator	setIsIndicator	是否作为指示器。若是指示器，就不可改变评级
numStars	setNumStars	设置星星的总数，也就是总分
rating	setRating	设置初始的评分等级
stepSize	setStepSize	设置每次增减的大小。默认为总数的十分之一，比如星星总数为 5，默认值就为 0.5。此时若想选择整颗星星，得把 stepSize 设置为 1

RatingBar 有两种用法，一种允许改变星级，此时评分条用于给用户选择评星；另一种不允许改变星级，此时评分条用于展示商品的评分等级。

以总分五颗星为例，允许改变星级的 RatingBar 节点内容如下所示：

（完整代码见 chapter13\src\main\res\layout\activity_evaluate_goods.xml）

```
<RatingBar
    android:id="@+id/rb_score"
    android:layout_width="wrap_content"
    android:layout_height="wrap_content"
    android:numStars="5"
    android:rating="3"
    android:stepSize="1" />
```

上面 RatingBar 节点之所以没指定 isIndicator 属性，是因为它默认允许修改星级。如果不允许修改星级，则 RatingBar 节点必须将 isIndicator 属性设置为 true，就像下面这样：

（完整代码见 chapter13\src\main\res\layout\activity_evaluate_detail.xml）

```
<RatingBar
    android:id="@+id/rb_score"
    android:layout_width="wrap_content"
    android:layout_height="wrap_content"
    android:numStars="5"
    android:stepSize="1"
    android:isIndicator="true"/>
```

2. 如何在活动页面之间传递图像数据

在活动之间传递数据，通常可在意图包裹中保存数据，下一个活动收到包裹后再从中获取对应数据。然而传递图像数据不建议这么做，因为意图包裹可容纳的数据大小是有限制的，这个上限一般只有 1MB 左右，要是意图携带的数据超出 1MB，那么 App 在活动跳转时会崩溃退出。由于图片大小很可能突破 1MB，因此把位图数据放在意图包裹中极易产生问题。正确做法是先将图片保存到存储卡的某个路径，再将路径字符串传给下一个活动，由下个活动从指定路径读取图片数据。

比如从评价详情页面跳到浏览大图页面，跳转代码应当传递图片路径，示例如下：

（完整代码见 chapter13\src\main\java\com\example\chapter13\EvaluateDetailActivity.java）

```java
// 打开整张图片
private void openWholePhoto(int pos) {
    String image_path = mPhotoList.get(pos).image_path;
    // 下面跳到指定图片的浏览页面
    Intent intent = new Intent(this, EvaluatePhotoActivity.class);
    intent.putExtra("image_path", image_path); // 往意图中保存图片路径
    startActivity(intent);  // 打开评价大图的页面
}
```

浏览大图页面获得图片路径之后，再展示该路径对应的评价图片，如下所示：

（完整代码见 chapter13\src\main\java\com\example\chapter13\EvaluatePhotoActivity.java）

```java
String image_path = getIntent().getStringExtra("image_path");  // 获取意图中的
图片路径
ImageView iv_photo = findViewById(R.id.iv_photo);
iv_photo.setImageURI(Uri.parse(image_path));  // 设置图像视图的图片路径
```

3. 评价晒单项目的源码之间关系

接下来简单介绍一下本章模块源码中与评价晒单有关的主要代码之间的关系。

（1）GoodsOrderActivity.java：这是订单列表的活动代码，列出了每个商品订单的订单时间、商品名称、商品价格、评价状态（未评价还是已评价）等信息。

（2）EvaluateGoodsActivity.java：这是填写评价的活动代码，支持选择评分等级、输入评价文字，还支持上传评价图片（现场拍照或者从相册选取）。

（3）EvaluateDetailActivity.java：这是评价详情的活动代码，列出了已评价的商品名称、评分等级、评价内容，以及晒单图片等。

（4）EvaluatePhotoActivity.java：这是浏览晒图的活动代码，整个页面为黑色背景，中央显示评价大图。

另外，示例程序只实现了图片晒单功能，暂未实现视频晒单功能，有兴趣的读者可以自己动手实践。

13.5 小 结

本章主要介绍了 App 开发的多媒体技术相关知识，包括：图片操作（使用相机拍摄照片、从相册中选取图片、对图片进行简单加工、图像解码器 ImageDecoder）、音频操作（使用录音机录制音频、利用 MediaPlayer 播放音频、利用 MediaRecorder 录制音频）、视频操作（使用摄像机录制视频、从视频库中选取视频、利用视频视图 VideoView 播放视频）。最后设计了一个实战项目"评价晒单"，在该项目的 App 编码中用到了前面介绍的多媒体技术，从而加深了对所学知识的理解。

通过本章的学习，读者应该能够掌握以下 3 种开发技能：

（1）学会简单的拍摄、选取和加工图片。
（2）学会简单的录音和播放音频操作。
（3）学会简单的录制、选取和播放视频。

13.6 课后练习题

一、填空题

1. Android 提供的摄像头工具类名为_____。
2. 已知图片文件的存储路径，可调用图像视图的_____方法设置图片路径。
3. MediaPlayer 的 getDuration 方法能够得到媒体文件的播放时长，单位是_____。
4. Android 提供的媒体录制器名为_____。
5. 视频视图的_____方法表示结束播放并释放资源。

二、判断题（正确打 √，错误打 ×）

1. App 跳到系统相册界面之后，只能选择一张图片，不能选择多张图片。（ ）
2. 当缩放类型为 fitCenter 时，图像视图能够显示任意尺寸的图片。（ ）
3. 媒体播放器 MediaPlayer 既能播放音频，也能播放视频。（ ）
4. 调用系统摄像机录制视频，通过参数 MediaStore.EXTRA_DURATION_LIMIT 设定视频时长的上限，单位为毫秒。（ ）
5. 把 VideoView 与 MediaController 集成在一起后，播放视频的时候会始终显示媒体控制条。（ ）

三、选择题

1. 位图工具 Bitmap 的 createScaledBitmap 方法用于创建（ ）之后的图像。
   A. 变色   B. 平移   C. 缩放   D. 旋转
2. 使用媒体播放器播放音乐时，应当将音频流的类型设置为（ ）。

A．STREAM_SYSTEM　　　　　　B．STREAM_RING
C．STREAM_MUSIC　　　　　　　D．STREAM_ALARM

3．把意图类型设置为（　　）时，表示打开系统相册只显示视频不显示图片。
A．video/*　　　　B．image/*　　　　C．media/*　　　　D．audio/*

4．使用媒体录制器录制 3GP 格式的媒体文件时，应当将输出格式设置为（　　）。
A．AMR_NB　　　　B．AMR_WB　　　　C．MPEG_4　　　　D．THREE_GPP

5．已知视频文件的存储路径，可调用视频视图的（　　）方法设置视频路径。
A．setVideoURI　　B．setVideoPath　　C．setVideoFile　　D．以上 3 个都是

四、简答题

请简要描述加载超大图片的几种解决办法。

五、动手练习

请上机实验本章的评价晒单项目，要求支持晒出商品的评分、文字、图片、视频等评价信息。

第14章

网络通信

本章介绍 App 开发常用的几种网络通信技术，主要包括：如何有效地访问 HTTP 接口、如何利用下载管理器下载网络文件，如何向网络服务器上传本地文件、如何使用 Glide 框架加载网络图片。此外，结合本章所学的知识，演示一个实战项目"猜你喜欢"的设计与实现。

14.1　HTTP 接口访问

本节介绍 App 访问 HTTP 接口的相关技术，首先阐述如何利用移动数据格式 JSON 封装结构信息，以及如何从 JSON 串解析获得结构对象；接着描述如何通过 HttpURLConnection 的 GET 方式获取网络接口数据，以及如何利用定位管理器得到的经纬度获取详细地址；然后叙述如何通过 HttpURLConnection 的 POST 方式向网络接口提交数据，以及如何在笔记本电脑上搭建 HTTP 服务器。

14.1.1　移动数据格式 JSON

网络通信的交互数据格式有两大类，分别是 JSON 和 XML，前者短小精悍，后者表现力丰富。对于 App 来说，基本采用 JSON 格式与服务器通信。原因很多，一个是手机流量很贵，表达同样的信息，JSON 串比 XML 串短很多，在节省流量方面占了上风；另一个是 JSON 串解析得更快，也更省电，XML 不但慢而且耗电。于是，JSON 格式成了移动端事实上的网络数据格式标准。

先来看个购物订单的 JSON 串例子：

```
{
    "user_info":{
        "name":"思无邪",
        "address":"桃花岛水帘洞 123 号",
```

```
            "phone":"19912345678"
        },
        "goods_list":[
            {
                "goods_name":"Mate30",
                "goods_number":1,
                "goods_price":8888
            },
            {
                "goods_name":"格力中央空调",
                "goods_number":1,
                "goods_price":58000
            },
            {

                "goods_name":"红蜻蜓皮鞋",
                "goods_number":3,
                "goods_price":999
            }
        ]
}
```

从以上 JSON 串的内容可以梳理出它的基本格式定义，详细说明如下：

（1）整个 JSON 串由一对花括号包裹，并且内部的每个结构都以花括号包起来。

（2）参数格式类似键值对，其中键名与键值之间以冒号分隔，形如"键名:键值"。

（3）两个键值对之间以逗号分隔。

（4）键名需要用双引号括起来，键值为数字的话则无需双引号，为字符串的话仍需双引号。

（5）JSON 数组通过方括号表达，方括号内部依次罗列各个元素，具体格式形如"数组的键名:[元素 1,元素 2,元素 3]"。

针对 JSON 字符串，Android 提供了 JSON 解析工具，支持对 JSONObject（JSON 对象）和 JSONArray（JSON 数组）的解析处理。

1. JSONObject

下面是 JSONObject 的常用方法。

- JSONObject 构造函数：从指定字符串构造一个 JSONObject 对象。
- getJSONObject：获取指定名称的 JSONObject 对象。
- getString：获取指定名称的字符串。
- getInt：获取指定名称的整型数。
- getDouble：获取指定名称的双精度数。
- getBoolean：获取指定名称的布尔数。
- getJSONArray：获取指定名称的 JSONArray 数组对象。
- put：添加一个 JSONObject 对象。
- toString：把当前的 JSONObject 对象输出为一个 JSON 字符串。

2. JSONArray

下面是 JSONArray 的常用方法。

- length：获取 JSONArray 数组的长度。
- getJSONObject：获取 JSONArray 数组在指定位置的 JSONObject 对象。
- put：往 JSONArray 数组中添加一个 JSONObject 对象。

虽然 Android 自带的 JSONObject 和 JSONArray 能够解析 JSON 串，但是这种手工解析实在麻烦，费时费力还容易犯错，故而谷歌公司推出了专门的 Gson 支持库，方便开发者快速处理 JSON 串。

由于 Gson 是第三方库，因此首先要修改模块的 build.gradle 文件，往 dependencies 节点添加下面一行配置，表示导入指定版本的 Gson 库：

```
implementation "com.google.code.gson:gson:2.8.6"
```

接着在 Java 代码文件的头部添加如下一行导入语句，表示后面会用到 Gson 工具：

```
import com.google.gson.Gson;
```

完成了以上两个步骤，就能在代码中调用 Gson 的各种处理方法了。Gson 常见的应用场合主要有下列两个：

（1）将数据对象转换为 JSON 字符串。此时可调用 Gson 工具的 toJson 方法，把指定的数据对象转为 JSON 串。

（2）从 JSON 字符串解析出数据对象。此时可调用 Gson 工具的 fromJson 方法，从 JSON 串解析得到指定类型的数据对象。

下面是通过 Gson 库封装与解析 JSON 串的活动代码例子：

（完整代码见 chapter14\src\main\java\com\example\chapter14\JsonConvertActivity.java）

```java
public class JsonConvertActivity extends AppCompatActivity implements
View.OnClickListener {
    private TextView tv_json;  // 声明一个文本视图对象
    private UserInfo mUser;  // 声明一个用户信息对象
    private String mJsonStr;  // JSON 格式的字符串

    @Override
    protected void onCreate(Bundle savedInstanceState) {
        super.onCreate(savedInstanceState);
        setContentView(R.layout.activity_json_convert);
        mUser = new UserInfo("阿四", 25, 165L, 50.0f);  // 创建用户实例
        mJsonStr = new Gson().toJson(mUser);  // 把用户实例转换为 JSON 串
        tv_json = findViewById(R.id.tv_json);
        findViewById(R.id.btn_origin_json).setOnClickListener(this);
        findViewById(R.id.btn_convert_json).setOnClickListener(this);
    }

    @Override
```

```
public void onClick(View v) {
    if (v.getId() == R.id.btn_origin_json) {
        mJsonStr = new Gson().toJson(mUser);  // 把用户实例转换为 JSON 字符串
        tv_json.setText("JSON 串内容如下: \n" + mJsonStr);
    } else if (v.getId() == R.id.btn_convert_json) {
        // 把 JSON 串转换为 UserInfo 类型的对象
        UserInfo newUser = new Gson().fromJson(mJsonStr, UserInfo.class);
        String desc = String.format("\n\t 姓名=%s\n\t 年龄=%d\n\t 身高=%d\n\t
体重=%f",
                newUser.name, newUser.age, newUser.height, newUser.weight);
        tv_json.setText("从 JSON 串解析而来的用户信息如下: " + desc);
    }
}
```

　　运行测试 App，先点击原始按钮，把用户对象转换为 JSON 串，此时 JSON 界面如图 14-1 所示，可见包含用户信息的 JSON 字符串；接着点击转换按钮，将 JSON 串转换为用户对象，此时 JSON 界面如图 14-2 所示，可见用户对象的各字段值。

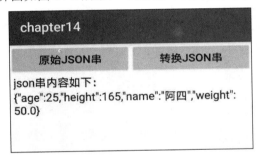

图 14-1　自动解析前的 JSON 字符串

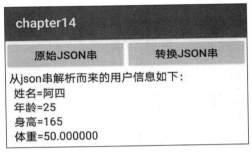

图 14-2　自动解析后的用户对象各字段

14.1.2　GET 方式调用 HTTP 接口

　　Android 开发采用 Java 作为编程语言，也就沿用了 Java 的 HTTP 连接工具 HttpURLConnection，不管是访问 HTTP 接口，还是上传抑或下载文件，均可使用 HttpURLConnection 实现。由于 HttpURLConnection 的用法属于 Java 基础知识，因此这里不再过多介绍它的每个方法，仅就实际开发中常见的几个要点着重说明如下：

　　（1）HttpURLConnection 默认采取国际通行的 UTF-8 编码，但中文世界有自己独立的一套 GBK 编码，尤其注意两套标准的字符编码处理。例如使用 GBK 编码的中文字符，倘若反过来使用 UTF-8 来解码，因为二者的编码标准不一致，解码之后就会变成乱码，所以在获取对方发送的网络数据之前，得先检查包头的字符集格式，即调用 getContentType 方法检查内容类型的 charset 字段（内容类型格式形如 "application/javascript; charset=GBK"），再根据设定的 charset 字符集对报文数据解码。

　　（2）多数时候服务器返回的报文采用明文传输，但有时为了提高传输效率，服务器会先压缩应答报文，再把压缩后的数据送给调用方，如此同样的信息只耗费较小的空间，从而降低了网络流量的占用。然而一旦把压缩数据当作明文来解析，无疑也会产生不知所云的乱码，正确的做法是：调用方先获取应答报文的压缩方式，如果发现服务器采用了 gzip 方式压缩数据，则调用方要对应答数据按照 gzip 解压；如果服务器未指定具体的压缩方式，则表示应答数据使用了默认的明文，调用方无须进行解压操作。

（3）特别小心返回报文超长的情况，缘由在于：如果利用输入流打开本地文件，那么输入流的 available 方法可返回该文件的大小；但是在网络中传输数据的时候，超长的报文很可能会分段分次传送，造成网络输入流的 available 方法只返回本次传输的数据大小，而非整个应答报文的大小。因此，在读取 HTTP 应答报文之时，不要企图一次性把返回数据读到某个字节数组，而要循环读取输入流中的字节数据，直到确定读完了全部的应答数据，才算完成本次的 HTTP 调用操作。

除了上述的 3 点特殊处理，HttpURLConnection 的其余操作便中规中矩了，以 GET 方式为例，HTTP 接口访问的代码模板如下所示（其中的 getUnzipString 方法已经涵盖了以上的 3 点处理逻辑）：

（完整代码见 chapter14\src\main\java\com\example\chapter14\util\HttpUtil.java）

```java
// 对指定接口地址发起 GET 调用
public static String get(String callUrl, Map<String, String> headers) {
    String resp = "";  // 应答内容
    try {
        URL url = new URL(callUrl);  // 根据网址字符串构建 URL 对象
        // 打开 URL 对象的网络连接，并返回 HttpURLConnection 连接对象
        HttpURLConnection conn = (HttpURLConnection) url.openConnection();
        conn.setRequestMethod("GET");  // 设置请求方式
        setConnHeader(conn, headers);// 设置 HTTP 连接的头部信息
        conn.connect();  // 开始连接
        // 对输入流中的数据解压和字符编码，得到原始的应答字符串
        resp = getUnzipString(conn);
        conn.disconnect();  // 断开连接
    } catch (Exception e) {
        e.printStackTrace();
    }
    return resp;
}

// 从 HTTP 连接中获取已解压且重新编码后的应答报文
private static String getUnzipString(HttpURLConnection conn) throws
IOException {
    String contentType = conn.getContentType();  // 获取应答报文的内容类型（包括
字符编码）
    String charset = "UTF-8";  // 默认的字符编码为 UTF-8
    if (contentType != null) {
        if (contentType.toLowerCase().contains("charset=gbk")) {  // 应答报文采
用 GBK 编码
            charset = "GBK";  // 字符编码改为 GBK
        } else if (contentType.toLowerCase().contains("charset=gb2312")) {  //
采用 GB2312 编码
            charset = "GB2312";  // 字符编码改为 GB2312
        }
```

```
    }
    String contentEncoding = conn.getContentEncoding();// 获取应答报文的压缩方式
    InputStream is = conn.getInputStream();  // 获取 HTTP 连接的输入流对象
    String result = "";
    if (contentEncoding != null && contentEncoding.contains("gzip")) {  // 应
答报文使用 gzip 压缩
        // 根据输入流对象构建压缩输入流
        try (GZIPInputStream gis = new GZIPInputStream(is)) {
            // 把压缩输入流中的数据按照指定字符编码转换为字符串
            result = isToString(gis, charset);
        } catch (Exception e) {
            e.printStackTrace();
        }
    } else {
        // 把输入流中的数据按照指定字符编码转换为字符串
        result = isToString(is, charset);
    }
    return result;  // 返回处理后的应答报文
}

// 把输入流中的数据按照指定字符编码转换为字符串。处理大量数据需要使用本方法
private static String isToString(InputStream is, String charset) {
    String result = "";
    // 创建一个字节数组的输出流对象
    try (ByteArrayOutputStream baos = new ByteArrayOutputStream()) {
        int i = -1;
        while ((i = is.read()) != -1) {  // 循环读取输入流中的字节数据
            baos.write(i);  // 把字节数据写入字节数组输出流
        }
        byte[] data = baos.toByteArray();  // 把字节数组输出流转换为字节数组
        result = new String(data, charset);  // 将字节数组按照指定的字符编码生成字
符串
    } catch (Exception e) {
        e.printStackTrace();
    }
    return result;  // 返回转换后的字符串
}
```

访问 HTTP 接口要求 App 事先申请网络权限，也就是在 AndroidManifest.xml 内部添加以下的网络权限配置：

```
<!-- 互联网 -->
<uses-permission android:name="android.permission.INTERNET" />
```

除此之外，从 Android 9.0 开始默认只能访问以 https 打头的安全地址，不能直接访问 http 打头的网络地址。若是访问 https 开头的安全地址，则 HttpURLConnection 需要兼容 SSL/TLS 协议，详见 HttpUtil.java 的 compatibleSSL 方法。如果应用仍想访问以 http 开头的普通地址，就得修改 AndroidManifest.xml，给 application 节点添加如下属性，表示继续使用 HTTP 明文地址：

```
android:usesCleartextTraffic="true"
```

接下来通过一个实战案例，演示如何在 App 开发中访问网络接口。实战案例用到了手机的定位功能，故先在 AndroidManifest.xml 添加以下的定位权限配置：

```
<!-- 定位 -->
<uses-permission android:name="android.permission.ACCESS_FINE_LOCATION" />
<uses-permission android:name="android.permission.ACCESS_COARSE_LOCATION"
/>
```

同时参考第 7 章的"7.2.1　运行时动态申请权限"，在 App 代码中补充定位权限的动态授权操作。完成权限配置和动态授权之后，即可在活动页面中获取定位管理器，并通过定位管理器获得最后一次成功定位的位置信息。具体的位置获取代码示例如下：

```
// 从系统服务中获取定位管理器
LocationManager mgr = (LocationManager)
getSystemService(Context.LOCATION_SERVICE);
// 获取最后一次成功定位的位置信息（network 表示网络定位，GPS 表示卫星定位）
Location location = mgr.getLastKnownLocation("network");
```

定位工具 Location 包含了丰富的位置信息，它提供下列的获取方法：

- getProvider：获取定位类型，主要有 network（网络定位）和 GPS（卫星定位）两种。其中 GPS 是卫星导航系统的统称，主要包括 4 大卫星系统：中国的北斗、美国的 GPS、俄罗斯的格洛纳斯、欧洲的伽利略。
- getTime：获取定位时间。
- getLongitude：获取当前位置的经度。
- getLatitude：获取当前位置的纬度。
- getAltitude：获取当前位置的海拔高度，单位为米。
- getAccuracy：获取定位的精度，单位为米。

虽然 Location 提供的位置信息足够专业，可是对普通人来说不易理解，缘于经纬度的数值太抽象，人们更希望得到"**路**大厦"这样形象的地址描述。若想把经纬度换算为详细地址的文字描述，就要调用地图服务商的地址查询接口了，本案例选用天地图的查询服务，根据经纬度通过 GET 方式获取对应的详细地址。

因为网络访问请求属于耗时操作，为了避免阻塞主线程，Android 规定必须在分线程中访问网络，所以可将地址查询操作放到异步任务 AsyncTask 中。下面便是根据经纬度获取详细地址的异步任务代码例子：

（完整代码见 chapter14\src\main\java\com\example\chapter14\task\GetAddressTask.java）

```
// 根据经纬度获取详细地址的异步任务
public class GetAddressTask extends AsyncTask<Location, Void, String> {

    // 线程正在后台处理
    protected String doInBackground(Location... params) {
        Location location = params[0];
        // 把经度和纬度代入 URL 地址。天地图的地址查询 URL 在 UrlConstant.java 中定义
        String url = String.format(UrlConstant.GET_ADDRESS_URL,
                location.getLongitude(), location.getLatitude());
```

```
        String resp = HttpUtil.get(url, null);  // 发送 HTTP 请求信息，并获得 HTTP
应答内容

        String address = "未知";
        // 下面从 JSON 串中解析 formatted_address 字段获得详细地址描述
        if (!TextUtils.isEmpty(resp)) {
            try {
                JSONObject obj = new JSONObject(resp);
                JSONObject result = obj.getJSONObject("result");
                address = result.getString("formatted_address");
            } catch (JSONException e) {
                e.printStackTrace();
            }
        }
        return address;  // 返回 HTTP 应答内容中的详细地址
    }

    // 线程已经完成处理
    protected void onPostExecute(String address) {
        mListener.onFindAddress(address);// HTTP 调用完毕，触发监听器的找到地址事件
    }

    private OnAddressListener mListener;  // 声明一个查询详细地址的监听器对象
    // 设置查询详细地址的监听器
    public void setOnAddressListener(OnAddressListener listener) {
        mListener = listener;
    }

    // 定义一个查询详细地址的监听器接口
    public interface OnAddressListener {
        void onFindAddress(String address);
    }
}
```

上面的任务代码有 3 点需要注意：

（1）详细地址位于返回报文的 result 节点之下的 formatted_address 节点，所以解析 JSON 串时先取出 result 节点对象，再从中取出名为 formatted_address 的地址字符串。

（2）得到详细地址之后，要回到活动页面展示地址信息，为此事先定义回调监听器 OnAddressListener，由活动页面在启动异步任务时传入监听器对象，任务处理完毕要回调监听器的 onFindAddress 方法。

（3）活动页面记得实现监听器 OnAddressListener，并重写 onFindAddress 方法补充获取地址的后续处理。

写完获取地址的任务代码，回到活动页面添加以下代码，创建并启动地址查询任务：

（完整代码见 chapter14\src\main\java\com\example\chapter14\HttpGetActivity.java）

```
GetAddressTask task = new GetAddressTask();  // 创建一个详细地址查询的异步任务
task.setOnAddressListener(this);  // 设置详细地址查询的监听器
task.execute(location);  // 把详细地址查询任务加入到处理队列
```

　　然后活动页面实现监听器 OnAddressListener 并重写 onFindAddress 方法，重写后的处理代码如下所示：

```
// 在找到详细地址后触发
public void onFindAddress(String address) {
    refreshLocationInfo(address);  // 刷新定位信息
}

// 刷新定位信息
private void refreshLocationInfo(String address) {
    String desc = String.format("定位类型=%s\n 定位对象信息如下："  +
                "\n\t 其中时间：%s" + "\n\t 其中经度：%f，纬度：%f" +
                "\n\t 其中高度：%d 米，精度：%d 米" + "\n\t 其中地址：%s",
        mLocation.getProvider(), DateUtil.formatDate(mLocation.getTime()),
        mLocation.getLongitude(), mLocation.getLatitude(),
        Math.round(mLocation.getAltitude()),
        Math.round(mLocation.getAccuracy()), address);
    tv_location.setText(desc);
}
```

　　最后运行测试 App，注意开启手机的定位功能，再进入演示页面，可见如图 14-3 所示的定位结果，说明通过天地图的经纬度查询接口成功获得了详细地址。

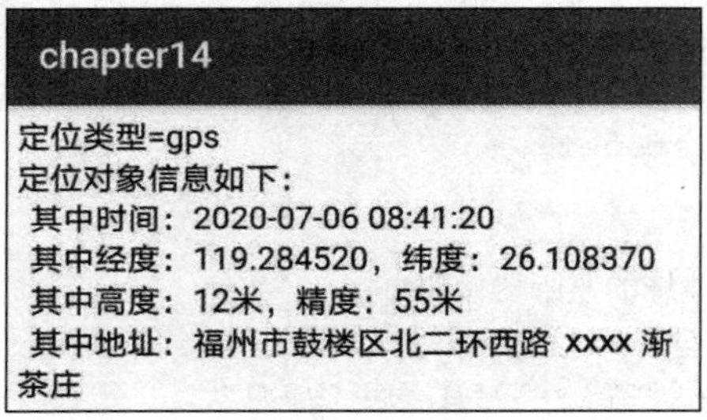

图 14-3　根据经纬度查询获得详细地址

14.1.3　POST 方式调用 HTTP 接口

　　除了 GET 方式之外，POST 也是一种常见的 HTTP 请求方式，GET 方式的问题在于：请求参数只能以"参数名=参数值&参数名=参数值"这样的格式添加到接口地址末尾，使得它无法传送复杂结构的请求报文；而 POST 方式把接口地址与请求报文分开，允许使用自定义的报文格式（如 JSON），由此扩大了该方式的应用场景。利用 HttpURLConnection 发送 POST 请求的过程与 GET 方式大同小异，其访问网络的代码模板如下所示：

　　（完整代码见 chapter14\src\main\java\com\example\chapter14\util\HttpUtil.java）

```
// 对指定接口地址发起 POST 调用
public static String post(String callUrl, String req, Map<String, String> headers) {
    String resp = "";  // 应答内容
    try {
        URL url = new URL(callUrl);  // 根据网址字符串构建 URL 对象
```

```
        // 打开 URL 对象的网络连接，并返回 HttpURLConnection 连接对象
        HttpURLConnection conn = (HttpURLConnection) url.openConnection();
        conn.setRequestMethod("POST");  // 设置请求方式
        setConnHeader(conn, headers);// 设置 HTTP 连接的头部信息
        conn.setDoOutput(true);  // 准备让连接执行输出操作。POST 方式需要设置为 true
        conn.connect();  // 开始连接
        OutputStream os = conn.getOutputStream();  // 从连接对象中获取输出流
        os.write(req.getBytes());  // 往输出流写入请求报文
        // 对输入流中的数据解压和字符编码，得到原始的应答字符串
        resp = getUnzipString(conn);
        conn.disconnect();  // 断开连接
    } catch (Exception e) {
        e.printStackTrace();
    }
    return resp;
}
```

由上述代码可知，POST 请求与 GET 请求主要有 3 处编码差异，列举如下：

（1）在调用 setRequestMethod 方法时，请求方式填 POST 而非 GET。

（2）POST 方式务必调用 setDoOutput 方法并设置 true，表示准备让连接执行输出操作。

（3）连接成功之后，要向连接对象的输出流写入请求报文的字节数据。

接下来依然通过一个实战案例，演示如何在 App 开发中发送 POST 请求。在 App 编码之前，需要事先搭建 HTTP 服务器，以便根据 POST 发来的请求报文返回对应的应答报文。HTTP 服务器的搭建涉及到 J2EE 服务端开发，如果有掌握 J2EE 的朋友帮忙最好，倘若一时找不到帮手也没关系，只要读者的笔记本电脑自带无线网卡，就能自己动手搭建服务器。HTTP 服务器的具体搭建步骤如下：

步骤01 在笔记本电脑上下载并安装 "猎豹免费 WiFi" 或者 "360 免费 WiFi"，运行该工具给电脑开启 WiFi 热点，在工具界面上设置 WiFi 名称、用户名、密码等信息。如果是 Windows 10 系统，也可依次选择 "开始菜单→设置（齿轮图标）→网络和 Internet→移动热点"，在移动热点界面开启电脑 WiFi。

步骤02 关闭 Windows 系统服务的防火墙。无论是系统自带的 Windows Firewall，还是其他杀毒软件的防火墙，统统关掉；否则手机连不上电脑的 WiFi。

步骤03 打开手机的 WLAN 功能，连接电脑刚开的 WiFi，要求手机能够上网才算连接成功。

步骤04 在笔记本电脑上打开 IDEA，导入本书源码的服务端工程 NetServer 工程，并在 Tomcat 上启动该工程。

步骤05 在命令窗口运行 ipconfig /all，在结果中找到 Microsoft Virtual WiFi Miniport Adapter，框选部分为手机观察到的电脑 IP（见图 14-4），也就是 App 认可的服务器 IP。

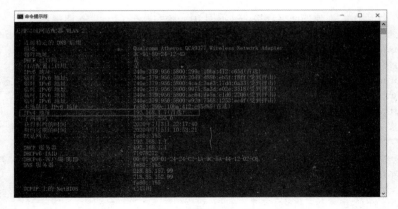

图 14-4 在命令行下面找到电脑的无线网址

完成以上 5 个步骤之后，通过电脑浏览器访问 Web 服务的默认首页（比如 http://192.168.1.7:8080/NetServer），如果能够正常打开网页，就表示在笔记本电脑上搭建好了 HTTP 服务器。

搭建好了 HTTP 服务器之后，再来书写客户端的 App 代码。这里的案例场景选取了应用更新检查，POST 的请求报文中携带准备检查的应用包名，期待返回的应答报文包括应用名称、最新版本号、最新版本的下载地址等信息。下面是请求报文的 JSON 串例子：

```
{"package_list":[{"package_name":"com.mt.mtxx.mtxx"}]}
```

与上面请求报文对应的应答报文 JSON 串示例如下：

```
{
    "package_list":[
        {
            "app_name":"美图秀秀",
            "package_name":"com.mt.mtxx.mtxx",
"download_url":"https://3g.lenovomm.com/w3g/yydownload/com.mt.mtxx.mtxx/60020"
,
            "new_version":"8.4.3.0"
        }
    ]
}
```

可见无论是请求报文还是应答报文，都运用了 JSON 数组结构，也就能够容纳更加复杂的数据形式。接着编写检查应用更新的异步任务代码，简单起见统一采用字符串表达请求报文与应答报文，而字符串与 JSON 对象之间的转换操作则由活动页面的业务代码处理。据此编写的检查更新任务代码如下所示：

（完整代码见 chapter14\src\main\java\com\example\chapter14\task\CheckUpdateTask.java）

```
// 检查应用更新的异步任务
public class CheckUpdateTask extends AsyncTask<String, Void, String> {

    // 线程正在后台处理
    protected String doInBackground(String... params) {
```

```
        String req = params[0];  // HTTP 请求内容
        // 发送 HTTP 请求信息，并获得应答内容。检查更新的接口地址见 UrlConstant.java
        String resp = HttpUtil.post(UrlConstant.CHECK_UPDATE_URL, req, null);
        return resp;  // 返回 HTTP 应答内容
    }

    // 线程已经完成处理
    protected void onPostExecute(String resp) {
        mListener.finishCheckUpdate(resp);  // HTTP 调用完毕，触发监听器的结束检查事件
    }

    private OnCheckUpdateListener mListener;  // 声明一个结束更新检查的监听器对象
    // 设置结束更新检查的监听器
    public void setCheckUpdateListener(OnCheckUpdateListener listener) {
        mListener = listener;
    }

    // 定义一个结束更新检查的监听器接口
    public interface OnCheckUpdateListener {
        void finishCheckUpdate(String resp);
    }
}
```

以上的任务代码有 3 点需要注意：

（1）请求报文在执行任务时传入，任务内部从 doInBackground 方法的第一个参数获取请求报文。

（2）POST 方式得到返回报文之后，要回到活动页面展示应用版本信息，为此事先定义回调监听器 OnCheckUpdateListener，由活动页面在启动异步任务时传入监听器对象，任务处理完毕要回调监听器的 finishCheckUpdate 方法。

（3）活动页面记得实现监听器 OnCheckUpdateListener，并重写 finishCheckUpdate 方法补充检查应用更新的后续处理。

写好检查更新的任务代码，回到活动页面添加以下代码，创建并启动检查更新任务：

（完整代码见 chapter14\src\main\java\com\example\chapter14\HttpPostActivity.java）

```
CheckUpdateReq req = new CheckUpdateReq();  // 创建检查更新的请求对象
req.package_list.add(new PackageInfo(PackageConstant.PACKAGE_ARRAY[pos]));
String content = new Gson().toJson(req);// 把检查更新的请求对象转换为 JSON 字符串
CheckUpdateTask task = new CheckUpdateTask();  // 创建一个检查应用更新的异步任务
task.setCheckUpdateListener(this);  // 设置应用更新检查的监听器
task.execute(content);  // 把应用更新检查任务加入处理队列
```

然后活动页面实现监听器 OnCheckUpdateListener 并重写 finishCheckUpdate 方法，重写后的处理代码如下所示：

```
// 在结束应用更新检查时触发
public void finishCheckUpdate(String resp) {
    // 把 JSON 串转换为对应结构的实体对象
```

```
    CheckUpdateResp checkResp = new Gson().fromJson(resp,
CheckUpdateResp.class);
    // 下面省略检查应用更新的结果展示代码
}
```

最后运行测试 App，注意要先启动 HTTP 服务器，再进入演示页面，选中某个待检查的应用，App 便启动检查更新的异步任务，而检查任务的 POST 结果由 finishCheckUpdate 方法处理，最终呈现在界面上的更新信息如图 14-5 所示。

图 14-5　POST 方式调用 HTTP 接口返回结果

14.2　下载管理器 DownloadManager

本节介绍 App 对网络文件的下载与上传操作，首先描述如何利用下载管理器从指定网址下载文件，包括文件下载的两个步骤与两种下载事件；接着阐述下载进度的两种查看方式，包括通知栏查看和游标轮询，以及如何基于游标轮询实时展示网络图片的下载进度；然后叙述如何通过 HttpURLConnection 的 POST 方式实现文件上传。

14.2.1　在通知栏显示下载进度

根据"14.1.2　GET 方式调用 HTTP 接口"介绍的 GET 方式，能够从指定网址读取数据，既包括文本格式的报文数据，也包括二进制格式的文件数据。如果待访问的网址是某个网络文件，那么从 HTTP 连接的输入流对象就能读出二进制数据并保存为本地文件。然而通过该方式下载文件有不少缺点，包括但不限于：

（1）无法断点续传，一旦中途失败，只能从头开始获取。

（2）不是真正意义上的下载操作，没法设置下载参数。

（3）下载过程中无法在界面上展示下载状态。

因为下载功能比较常用且业务功能相对统一，所以 Android 提供了专门的下载管理器 DownloadManager，方便开发者统一管理下载操作。在使用 DownloadManager 之前，要先调用 getSystemService 方法从系统服务 Context.DOWNLOAD_SERVICE 获得下载管理器实例，然后才能进行下载操作。每次下载操作又可分为两步：构建下载请求、管理下载队列。详细说明如下。

1. 构建下载请求

要想使用下载功能，首先得构建一个下载请求，说明从哪里下载、下载参数是什么、下载的文件保存到哪里等。这个下载请求就是 DownloadManager 的内部类 Request，下面是该类的常用方法说明。

- 构造函数：指定从哪个网络地址下载文件。
- setAllowedNetworkTypes：指定允许下载的网络类型。允许网络类型的取值说明见表 14-1。若同时允许多种网络类型，则可使用竖线"|"把多种网络类型拼接起来。

表 14-1　允许网络类型的取值说明

DownloadManager.Request 类的允许网络类型	说明
NETWORK_WIFI	WiFi 网络
NETWORK_MOBILE	移动网络（手机的数据连接）
NETWORK_BLUETOOTH	蓝牙网络

- setDestinationInExternalFilesDir：设置下载文件在本地的保存路径。第二个参数为目录类型，第三个参数为不带斜杠的文件名。如果指定目录已存在同名文件，系统就会重命名新下载的文件，即在文件名末尾添加"-1""-2"之类的序号。
- addRequestHeader：给 HTTP 请求添加头部参数。
- setTitle：设置通知栏上的消息标题。如果不设置，默认标题就是下载的文件名。
- setDescription：设置通知栏上的消息描述。如果不设置，就默认显示系统估算的下载剩余时间。
- setVisibleInDownloadsUi：设置是否显示在系统的下载页面上。
- setNotificationVisibility：设置通知栏的下载任务可见类型。可见类型的取值说明见表 14-2。

表 14-2　通知可见类型的取值说明

DownloadManager.Request 类的通知可见类型	说明
VISIBILITY_HIDDEN	隐藏
VISIBILITY_VISIBLE	下载时可见（下载完成后消失）
VISIBILITY_VISIBLE_NOTIFY_COMPLETED	下载进行时与完成后都可见
VISIBILITY_VISIBLE_NOTIFY_ONLY_COMPLETION	只有下载完成后可见

2. 管理下载队列

构建完下载请求，还要把请求实例加入到下载队列中，由系统调度具体的下载任务。围绕着下载队列又衍生出各种管理操作，包括：把某个任务添加进队列、从队列中移除指定任务、重新开始指定编号的任务、查询指定编号的任务等。下面便是 DownloadManager 与下载队列有关的管理方法说明。

- enqueue：将下载请求加入任务队列，排队等待下载。返回本次下载任务的编号。
- remove：取消指定编号的下载任务。
- restartDownload：重新开始指定编号的下载任务。
- openDownloadedFile：打开下载完成的文件。

- query：根据查询请求获取符合条件的结果集游标。

另外，系统的下载服务还提供两种下载事件，开发者可通过监听对应的广播消息进行相应的处理。两种下载事件说明如下：

1. 正在下载之时的通知栏点击事件

在下载过程中，只要点击通知栏上的下载任务，就会发出名称是 DownloadManager.ACTION_NOTIFICATION_CLICKED 的系统广播。此时可注册该广播的接收器进行相关处理，比如跳转到该任务的下载进度页面等。

2. 下载完成事件

在下载完成时，会发出名为 DownloadManager.ACTION_DOWNLOAD_COMPLETE 的系统广播。此时可注册该广播的接收器，判断当前任务是否下载完毕，并进行后续处理。

下面是利用 DownloadManager 下载 APK 文件的代码片段，下载进度显示在通知栏上：

（完整代码见 chapter14\src\main\java\com\example\chapter14\DownloadApkActivity.java）

```
private DownloadManager mDownloadManager;  // 声明一个下载管理器对象
private long mDownloadId = 0;  // 下载编号

// 开始下载指定序号的 APK 文件
private void startDownload(int pos) {
    // 从系统服务中获取下载管理器
    mDownloadManager = (DownloadManager)
getSystemService(Context.DOWNLOAD_SERVICE);
    tv_apk_result.setText("正在下载" + ApkConstant.NAME_ARRAY[pos] +
            "的安装包，请到通知栏查看下载进度");
    Uri uri = Uri.parse(ApkConstant.URL_ARRAY[pos]);  // 根据下载地址构建一个 Uri
对象
    Request down = new Request(uri);  // 创建一个下载请求对象，指定从哪里下载文件
    down.setTitle(ApkConstant.NAME_ARRAY[pos] + "下载信息");  // 设置任务标题
    down.setDescription(ApkConstant.NAME_ARRAY[pos] + "安装包正在下载");  // 设
置任务描述
    // 设置允许下载的网络类型
    down.setAllowedNetworkTypes(Request.NETWORK_MOBILE |
Request.NETWORK_WIFI);
    // 设置通知栏在下载进行时与完成后都可见

down.setNotificationVisibility(Request.VISIBILITY_VISIBLE_NOTIFY_COMPLETED);
    // 设置下载文件在私有目录的保存路径
    down.setDestinationInExternalFilesDir(this,
Environment.DIRECTORY_DOWNLOADS, pos + ".apk");
    mDownloadId = mDownloadManager.enqueue(down);// 把下载请求对象加入到下载队列
}
```

利用下载管理器下载 APK 文件的通知栏效果如图 14-6 和图 14-7 所示。其中，图 14-6 为下载进行中的通知栏界面，图 14-7 为下载完成后的通知栏界面。

图 14-6　下载进行中的通知栏

图 14-7　下载完成后的通知栏

14.2.2　主动轮询当前的下载进度

通过下载管理器下载文件的话，虽然下载进度可在通知栏上查看，但是如果 App 自己也想了解当前的下载进度，就要调用下载管理器的 query 方法。该方法的输入参数是一个 Query 对象，返回值是结果集的 Cursor 游标，这里的 Cursor 用法与 SQLite 里的 Cursor 一样，具体可参考第 6 章的"6.2.3　数据库帮助器 SQLiteOpenHelper"。至于 Query 则为下载管理器专用的任务状态查询工具。

下面是 Query 类的常用方法说明。

- setFilterById：根据编号过滤下载任务。
- setFilterByStatus：根据状态过滤下载任务。
- orderBy：结果集按照指定字段排序。

一旦把下载任务加入到下载队列中，就能调用下载管理器对象的 query 方法，获得任务信息结果集的游标对象。结果集中包含下载任务的完整字段信息，主要下载字段的取值说明见表 14-3。

表 14-3　下载字段的取值说明

DownloadManager 类的下载字段	说明
COLUMN_LOCAL_FILENAME	下载文件的本地保存路径
COLUMN_MEDIA_TYPE	下载文件的媒体类型
COLUMN_TOTAL_SIZE_BYTES	下载文件的总大小
COLUMN_BYTES_DOWNLOADED_SO_FAR	已下载的文件大小
COLUMN_STATUS	下载状态。下载状态的取值说明见表 14-4

表 14-4　下载状态的取值说明

DownloadManager 类的下载状态	说明
STATUS_PENDING	挂起，即正在等待
STATUS_RUNNING	运行中
STATUS_PAUSED	暂停
STATUS_SUCCESSFUL	成功
STATUS_FAILED	失败

接下来演示完整的下载进度查询流程，首先把下载任务添加至下载队列，注意设置不在通知栏显示下载进度。具体的下载请求代码示例如下：

（完整代码见 chapter14\src\main\java\com\example\chapter14\DownloadImageActivity.java）

```
// 从系统服务中获取下载管理器
```

```
    mDownloadManager = (DownloadManager)
getSystemService(Context.DOWNLOAD_SERVICE);
    Uri uri = Uri.parse(imageUrlArray[pos]);  // 根据图片的下载地址构建一个路径对象
    Request down = new Request(uri);  // 创建一个下载请求对象，指定从哪里下载文件
    // 设置允许下载的网络类型
    down.setAllowedNetworkTypes(Request.NETWORK_MOBILE | Request.NETWORK_WIFI);
    down.setNotificationVisibility(Request.VISIBILITY_HIDDEN);//设置不在通知栏显示
    // 设置下载文件在私有目录的保存路径
    down.setDestinationInExternalFilesDir(this, Environment.DIRECTORY_DCIM, pos
+ ".jpg");
    mDownloadId = mDownloadManager.enqueue(down);  // 把下载请求对象加入到下载队列
    mHandler.post(mRefresh);  // 启动下载进度的刷新任务
```

上述代码将通知可见类型设置为 VISIBILITY_HIDDEN，意味着不在通知栏显示下载进度，此时需要在 AndroidManifest.xml 中加入对应权限，具体的权限配置如下：

```
    <!-- 下载时不提示通知栏 -->
    <uses-permission
android:name="android.permission.DOWNLOAD_WITHOUT_NOTIFICATION" />
```

然后定义一个下载进度的刷新任务，在刷新任务中轮询指定编号的下载任务，获取当前的下载进度及下载状态，并将下载任务的详细信息显示到界面上。轮询下载任务的代码例子如下所示：

```
    private Handler mHandler = new Handler();  // 声明一个处理器对象
    // 定义一个下载进度的刷新任务
    private Runnable mRefresh = new Runnable() {
        @Override
        public void run() {
            boolean isFinish = false;
            Query down_query = new Query();  // 创建一个下载查询对象，按照下载编号过滤
            down_query.setFilterById(mDownloadId);  // 设置下载查询对象的编号过滤器
            // 向下载管理器查询下载任务，并返回查询结果集的游标
            Cursor cursor = mDownloadManager.query(down_query);
            while (cursor.moveToNext()) {
                int uriIdx = cursor.getColumnIndex(DownloadManager.
COLUMN_LOCAL_URI);
                int mediaIdx = cursor.getColumnIndex(DownloadManager.
COLUMN_MEDIA_TYPE);
                int totalIdx = cursor.getColumnIndex(DownloadManager.
COLUMN_TOTAL_SIZE_BYTES);
                int nowIdx = cursor.getColumnIndex(DownloadManager.
COLUMN_BYTES_DOWNLOADED_SO_FAR);
                int statusIdx = cursor.getColumnIndex(DownloadManager.
COLUMN_STATUS);
                if (cursor.getString(uriIdx) == null) {
                    break;
                }
                // 根据总大小和已下载大小，计算当前的下载进度
                int progress = (int) (100 * cursor.getLong(nowIdx) /
cursor.getLong(totalIdx));
                tpc_progress.setProgress(progress);  // 设置文本进度圈的当前进度
```

```
        if (progress == 100) {  // 下载完毕
            isFinish = true;
        }
        // 获得实际的下载状态
        int status = isFinish ? DownloadManager.STATUS_SUCCESSFUL :
cursor.getInt(statusIdx);
        mImageUri = Uri.parse(cursor.getString(uriIdx));
        String desc = String.format("文件路径：%s\n 媒体类型：%s\n 文件总大小：%d
字节\n 已下载大小：%d 字节\n 下载进度：%d%%\n 下载状态：%s",
                mImageUri.toString(), cursor.getString(mediaIdx),
                cursor.getLong(totalIdx),
                cursor.getLong(nowIdx), progress, mStatusMap.get(status));
        tv_image_result.setText(desc);  // 显示图片下载任务的下载详情
    }
    cursor.close();  // 关闭数据库游标
    if (!isFinish) {  // 下载未完成，则继续刷新
        mHandler.postDelayed(this, 50);  // 延迟 50ms 后再次启动刷新任务
    } else {  // 下载已完成，则显示图片
        tpc_progress.setVisibility(View.INVISIBLE);  // 隐藏文本进度圈
        iv_image_url.setImageURI(mImageUri);  // 设置图像视图的图片路径
    }
    }
};
```

有了下载任务的轮询机制，即可在页面上动态展示网络图片的下载进度。进度形式采取 TextProgressCircle.java 自定义的文字进度圈，在下载过程中显示带百分比文字的进度圆圈，下载完成后显示已下载的图片。下载轮询的界面效果如图 14-8 和图 14-9 所示，其中图 14-8 为正在下载、进度是 49%时的下载页面，此时采用进度圆圈占位；图 14-9 为下载完毕的页面，此时占位用的进度圆圈消失，取而代之的是下载到本地的图片。

图 14-8　刚开始下载图片时的进度圈

图 14-9　图片下载完成的界面

14.2.3　利用 POST 方式上传文件

　　与文件下载相比，文件上传的场合不是很多，通常用于上传用户头像、朋友圈发布图片和视频动态等，尽管如此，对于社交类 App（如微信、QQ、微博等）来说，上传文件却是必不可少的功能，因此有必要掌握文件上传的相关技术。

　　很可惜，Android 提供了下载管理器 DownloadManager，却没有提供专门的文件上传工具，开发者得自己写代码实现上传功能。简单实现文件上传其实也不难，一样按照 HTTP 访问的 POST 流程，只是要采取 multipart/form-data 的方式分段传输，并加入分段传输的边界字符串。下面是通过 HttpURLConnection 实现文件上传的代码模板：

　　（完整代码见 chapter14\src\main\java\com\example\chapter14\util\HttpUtil.java）

```java
// 把文件上传给指定的 URL
public static String upload(String uploadUrl, String uploadFile, Map<String,
String> headers) {
    String resp = "";  // 应答内容
    // 从本地文件路径获取文件名
    String fileName = uploadFile.substring(uploadFile.lastIndexOf("/"));
    String end = "\r\n";  // 结束字符串
    String hyphens = "--";  // 连接字符串
    String boundary = "WUm4580jbtwfJhNp7zi1djFEO3wNNm";  // 边界字符串
    try (FileInputStream fis = new FileInputStream(uploadFile)) {
        URL url = new URL(uploadUrl);  // 根据网址字符串构建 URL 对象
        // 打开 URL 对象的网络连接，并返回 HttpURLConnection 连接对象
        HttpURLConnection conn = (HttpURLConnection) url.openConnection();
        conn.setRequestMethod("POST");  // 设置请求方式
        setConnHeader(conn, headers);// 设置 HTTP 连接的头部信息
        conn.setDoOutput(true);  // 准备让连接执行输出操作。POST 方式需要设置为 true
        conn.setRequestProperty("Connection", "Keep-Alive");//连接过程要保持活跃
        // 请求报文要求分段传输，并且各段之间以边界字符串隔开
        conn.setRequestProperty("Content-Type",
"multipart/form-data;boundary=" + boundary);
        // 根据连接对象的输出流构建数据输出流
        DataOutputStream ds = new DataOutputStream(conn.getOutputStream());
        // 以下写入请求报文的头部
        ds.writeBytes(hyphens + boundary + end);
        ds.writeBytes("Content-Disposition: form-data; "
                + "name=\"file\";filename=\"" + fileName + "\"" + end);
        ds.writeBytes(end);
        // 以下写入请求报文的主体
        byte[] buffer = new byte[1024];
        int length;
        // 先将文件数据写入到缓冲区，再将缓冲数据写入输出流
        while ((length = fis.read(buffer)) != -1) {
            ds.write(buffer, 0, length);
        }
        ds.writeBytes(end);
```

```
        // 以下写入请求报文的尾部
        ds.writeBytes(hyphens + boundary + hyphens + end);
        ds.close();   // 关闭数据输出流
        // 对输入流中的数据解压和字符编码，得到原始的应答字符串
        resp = getUnzipString(conn);
        conn.disconnect();   // 断开连接
    } catch (Exception e) {
        e.printStackTrace();
    }
    return resp;
}
```

文件上传仍旧需要服务端配合，根据本书的服务端源码 NetServer 搭建 HTTP 服务器的过程详见 "14.1.3　POST 方式调用 HTTP 接口"。搭建完文件上传的服务端，再来编写客户端的文件上传任务，该任务传入待上传的文件路径，返回文件上传的结果，具体代码如下：

（完整代码见 chapter14\src\main\java\com\example\chapter14\task\UploadTask.java）

```
// 上传文件的异步任务
public class UploadTask extends AsyncTask<String, Void, String> {

    // 线程正在后台处理
    protected String doInBackground(String... params) {
        String filePath = params[0];   // 待上传的文件路径
        // 向服务地址上传指定文件。文件上传的服务地址见 UrlConstant.java
        String resp = HttpUtil.upload(UrlConstant.UPLOAD_URL, filePath, null);
        return resp;   // 返回文件上传的结果
    }

    // 线程已经完成处理
    protected void onPostExecute(String result) {
        mListener.finishUpload(result);   // HTTP 上传完毕，触发监听器的上传结束事件
    }

    private OnUploadListener mListener;   // 声明一个文件上传的监听器对象
    // 设置文件上传的监听器
    public void setOnUploadListener(OnUploadListener listener) {
        mListener = listener;
    }

    // 定义一个文件上传的监听器接口
    public interface OnUploadListener {
        void finishUpload(String result);
    }
}
```

接着回到活动页面添加以下代码，创建并启动文件上传任务：

（完整代码见 chapter14\src\main\java\com\example\chapter14\HttpUploadActivity.java）

```
UploadTask task = new UploadTask();   // 创建文件上传线程
```

```
task.setOnUploadListener(this);  // 设置文件上传监听器
task.execute(mFilePath);  // 把文件上传线程加入到处理队列
```

然后活动页面实现监听器 OnUploadListener 并重写 finishUpload 方法，重写后的方法代码如下所示：

```
// 在文件上传结束后触发
public void finishUpload(String result) {
    // 以下拼接文件上传的结果描述
    String desc = String.format("上传文件的路径：%s\n 上传结果：%s\n 预计下载地址：%s%s",
            mFilePath, (TextUtils.isEmpty(result))?"失败":result,
            UrlConstant.REQUEST_URL,
            mFilePath.substring(mFilePath.lastIndexOf("/")));
    tv_file_path.setText(desc);
}
```

最后一步先启动 HTTP 服务器，再运行测试 App 进入客户端的演示页面，跳到相册选中准备上传的图片之后，App 便启动文件上传任务，上传完毕在页面回显上传结果如图 14-10 所示，从中可知成功向服务器上传了文件。

图 14-10　向 HTTP 服务器上传文件的结果

14.3　图片加载框架 Glide

本节介绍 App 加载网络图片的相关技术，首先讲述如何通过 HttpURLConnection 的 GET 方式从图片地址获取图像数据，接着描述如何利用第三方的 Glide 库加载网络图片，然后阐述图片加载框架的三级缓存机制，以及如何有效地运用 Glide 的缓存功能。

14.3.1　从图片地址获取图像数据

网络上的图片一般都不太大，动用 DownloadManager 下载图片像是牛刀杀鸡，如果仅仅是在界面上显示网络图片，不涉及复杂处理的话，其实通过 HttpURLConnection 就能快速获取网络图像。因为位图工厂 BitmapFactory 提供了 decodeStream 方法，允许从输入流中解码得到位图数据，所以使用 GET 方式访问图片链接之时，在连接成功后获取 HTTP 连接的输入流对象，即可直接解码得到位图。于是获取网络图片的操作代码如下所示：

（完整代码见 chapter14\src\main\java\com\example\chapter14\util\HttpUtil.java）

```
// 从指定 URL 获取图片
public static Bitmap getImage(String callUrl, Map<String, String> headers) {
    Bitmap bitmap = null;  // 位图对象
    try {
        URL url = new URL(callUrl);  // 根据网址字符串构建 URL 对象
        // 打开 URL 对象的网络连接，并返回 HttpURLConnection 连接对象
        HttpURLConnection conn = (HttpURLConnection) url.openConnection();
        conn.setRequestMethod("GET");  // 设置请求方式
        setConnHeader(conn, headers);// 设置 HTTP 连接的头部信息
        conn.connect();  // 开始连接
        // 对输入流中的数据解码，得到位图对象
        bitmap = BitmapFactory.decodeStream(conn.getInputStream());
        conn.disconnect();  // 断开连接
    } catch (Exception e) {
        e.printStackTrace();
    }
    return bitmap;
}
```

举个图片验证码的例子，为了保证验证码的时效性，验证码图片每隔一段时间就要刷新，因此亟需定义一个获取图片验证码的异步任务，以便在界面上按需刷新验证码。考虑到位图数据的回收问题，尽量不要在线程之间直接传递位图，而是先把位图对象保存为图片文件，再将文件路径作为字符串参数间接传递。如此一来，兼顾网络图片获取与图片文件保存的任务代码就变成了下面所示：

（完整代码见 chapter14\src\main\java\com\example\chapter14\task\GetImageCodeTask.java）

```
// 获取图片验证码的异步任务
public class GetImageCodeTask extends AsyncTask<Void, Void, String> {
    private Context mContext;  // 声明一个上下文对象
    public GetImageCodeTask(Context ctx) {
        super();
        mContext = ctx;
    }

    // 线程正在后台处理
    protected String doInBackground(Void... params) {
        // 为验证码地址添加一个随机时间串。图片验证码的网址见 UrlConstant.java
        String url = UrlConstant.IMAGE_CODE_URL + DateUtil.getNowDateTime();
        // 获得验证码图片的临时保存路径
        String filePath = String.format("%s/%s.jpg",
                mContext.getExternalFilesDir(Environment.DIRECTORY_PICTURES),
                "verify_"+ DateUtil.getNowDateTime());
        Bitmap bitmap = HttpUtil.getImage(url, null);// 访问网络地址获得位图对象
        FileUtil.saveImage(filePath, bitmap);  // 把 HTTP 获得的位图数据保存为图片
        return filePath;  // 返回验证码图片的本地路径
```

```
    }

    // 线程已经完成处理
    protected void onPostExecute(String path) {
        mListener.onGetCode(path);  // HTTP 调用完毕，触发监听器的得到验证码事件
    }

    private OnImageCodeListener mListener;  // 声明一个获取图片验证码的监听器对象
    // 设置获取图片验证码的监听器
    public void setOnImageCodeListener(OnImageCodeListener listener) {
        mListener = listener;
    }

    // 定义一个获取图片验证码的监听器接口
    public interface OnImageCodeListener {
        void onGetCode(String path);
    }
}
```

写好获取网络图片的任务代码，回到活动页面添加以下代码，创建并启动图片加载任务：

（完整代码见 chapter14\src\main\java\com\example\chapter14\HttpImageActivity.java）

```
GetImageCodeTask task = new GetImageCodeTask(this);  // 创建验证码获取的异步任务
task.setOnImageCodeListener(this);  // 设置验证码获取的监听器
task.execute();  // 把验证码获取任务加入到处理队列
```

然后活动页面实现监听器 OnImageCodeListener 并重写 onGetCode 方法，重写后的方法代码如下所示：

```
// 在得到验证码后触发
public void onGetCode(String path) {
    iv_image_code.setImageURI(Uri.parse(path));  // 设置图像视图的图片路径
}
```

一番捣腾之后，总算能在图像视图上看到验证码图片了。当然，若要真实模拟验证码的动态刷新功能，还要给图像视图注册点击监听器，每当用户点击图像视图的时候，就启动图片加载任务，从而刷新验证码图片。

运行改造后的测试 App，打开验证码界面如图 14-11 所示，看到了初始的验证码图片。点击该图片表示赶紧刷新验证码，于是重新加载后的界面如图 14-12 所示，可见验证码图片正常刷新。

图 14-11　初始的验证码图片

图 14-12　刷新之后的验证码

14.3.2　使用 Glide 加载网络图片

上一小节通过异步任务获取网络图片，尽管能够实现图片加载功能，但是编码过程仍显烦琐。如何方便而又快速地显示网络图片，一直是安卓网络编程的热门课题，前些年图片加载框架 Picasso、Fresco 等大行其道，以至于谷歌按捺不住也开发了自己的 Glide 开源库。由于 Android 本身就是谷歌开发的，Glide 与 Android 系出同门，因此 Glide 成为事实上的官方推荐图片加载框架。不过 Glide 并未集成到 Android 的 SDK 当中，开发者需要另外给 App 工程导入 Glide 库，也就是修改模块的 build.gradle，在 dependencies 节点内部添加如下一行依赖库配置：

```
implementation 'com.github.bumptech.glide:glide:4.11.0'
```

导包完成之后，即可在代码中正常使用 Glide。当然 Glide 的用法确实简单，默认情况只要以下这行代码就够了：

```
Glide.with(活动实例).load(网址字符串).into(图像视图);
```

可见 Glide 的图片加载代码至少需要 3 个参数，说明如下：

（1）当前页面的活动实例，参数类型为 Activity。如果是在页面代码内部调用，则填写 this 表示当前活动即可。

（2）网络图片的链接地址，以 http 或者 https 打头，参数类型为字符串。

（3）准备显示网络图片的图像视图实例，参数类型为 ImageView。

假设在 Activity 内部调用 Glide，且图片链接放在 mImageUrl，演示的图像视图名为 iv_network，那么实际的 Glide 加载代码是下面这样的：

（完整代码见 chapter14\src\main\java\com\example\chapter14\GlideSimpleActivity.java）

```
Glide.with(this).load(mImageUrl).into(iv_network);
```

如果不指定图像视图的缩放类型，Glide 默认采用 FIT_CENTER 方式显示图片，相当于在 load 方法和 into 方法中间增加调用 fitCenter 方法，就像如下代码这般：

```
// 显示方式为容纳居中 fitCenter
Glide.with(this).load(mImageUrl).fitCenter().into(iv_network);
```

除了 fitCenter 方法，Glide 还提供了 centerCrop 方法对应 CENTER_CROP，提供了 centerInside 方法对应 CENTER_INSIDE，其中增加 centerCrop 方法的加载代码如下所示：

```
// 显示方式为居中剪裁 centerCrop
Glide.with(this).load(mImageUrl).centerCrop().into(iv_network);
```

增加 centerInside 方法的加载代码如下所示：

```
// 显示方式为居中入内 centerInside
Glide.with(this).load(mImageUrl).centerInside().into(iv_network);
```

另外，Glide 还支持圆形剪裁，也就是只显示图片中央的圆形区域，此时方法调用改成了 circleCrop，具体代码示例如下：

```
// 显示方式为圆形剪裁 circleCrop
Glide.with(this).load(mImageUrl).circleCrop().into(iv_network);
```

以上 4 种显示效果分别如图 14-13 到图 14-16 所示，其中图 14-13 为 fitCenter 方法的界面效果，图 14-14 为 centerCrop 方法的界面效果，图 14-15 为 centerInside 方法的界面效果，图 14-16 为 circleCrop 方法的界面效果。

图 14-13　fitCenter 方法的图像界面

图 14-14　centerCrop 方法的图像界面

图 14-15　centerInside 方法的图像界面

图 14-16　circleCrop 方法的图像界面

虽然 Glide 支持上述 4 种显示类型，但它无法设定 FIT_XY 对应的平铺方式，若想让图片平铺至充满整个图像视图，还得调用图像视图的 setScaleType 方法，将缩放类型设置为 ImageView.ScaleType.FIT_XY。

一旦把图像视图的缩放类型改为 FIT_XY，则之前的 4 种显示方式也将呈现不一样的景象，缩放类型变更后的界面分别如图 14-17 到图 14-20 所示，其中图 14-17 为 fitCenter 方法的界面效果，图 14-18 为 centerCrop 方法的界面效果，图 14-19 为 centerInside 方法的界面效果，图 14-20 为 circleCrop 方法的界面效果。

图 14-17　FIT_XY 模式下 fitCenter 方法的界面

图 14-18　FIT_XY 模式下 centerCrop 方法的界面

图 14-19　FIT_XY 模式下 centerInside 方法的界面

图 14-20　FIT_XY 模式下 circleCrop 方法的界面

14.3.3　利用 Glide 实现图片的三级缓存

图片加载框架之所以高效，是因为它不但封装了访问网络的步骤，而且引入了三级缓存机制。具体说来，是先到内存（运存）中查找图片，有找到就直接显示内存图片，没找到的话再去磁盘（闪存）查找图片；在磁盘能找到就直接显示磁盘图片，没找到的话再去请求网络；如此便形成"内存→磁盘→网络"的三级缓存，完整的缓存流程如图 14-21 所示。

对于 Glide 而言，默认已经开启了三级缓存机制，当然也可以根据实际情况另行调整。除此之外，Glide 还提供了一些个性化的功能，方便开发者定制不同场景的需求。具体到编码上，则需想办法将个性化选项告知 Glide，比如下面这段图片加载代码：

```
Glide.with(this).load(mImageUrl).into(iv_network);
```

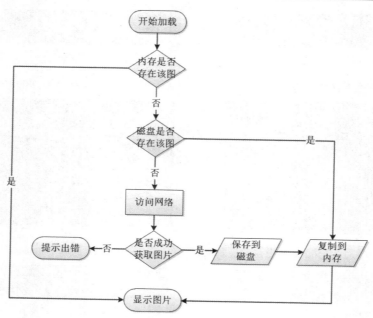

图 14-21   图片加载的三级缓存机制

可以拆分为以下两行代码：

（完整代码见 chapter14\src\main\java\com\example\chapter14\GlideCacheActivity.java）

```
// 构建一个加载网络图片的建造器
RequestBuilder<Drawable> builder = Glide.with(this).load(mImageUrl);
builder.into(iv_network);  // 在图像视图上展示网络图片
```

原来 load 方法返回的是请求建造器，调用建造器对象的 into 方法，方能在图像视图上展示网络图片。除了 into 方法，建造器 RequestBuilder 还提供了 apply 方法，该方法表示启用指定的请求选项。于是添加了请求选项的完整代码示例如下：

```
// 构建一个加载网络图片的建造器
RequestBuilder<Drawable> builder = Glide.with(this).load(mImageUrl);
RequestOptions options = new RequestOptions();  // 创建 Glide 的请求选项
// 在图像视图上展示网络图片。apply 方法表示启用指定的请求选项
builder.apply(options).into(iv_network);
```

可见请求选项为 RequestOptions 类型，详细的选项参数就交给它的下列方法了：

- placeholder：设置加载开始的占位图。在得到网络图片之前，会先在图像视图展现占位图。
- error：设置发生错误的提示图。网络图片获取失败之时，会在图像视图展现提示图。
- override：设置图片的尺寸。注意该方法有多个重载方法，倘若调用只有一个参数的方法并设置 Target.SIZE_ORIGINAL，表示展示原始图片；倘若调用拥有两个参数的方法，表示先将图片缩放到指定的宽度和高度，再展示缩放后的图片。
- diskCacheStrategy：设置指定的缓存策略。各种缓存策略的取值说明见表 14-5。

表 14-5 Glide 缓存策略的取值说明

DiskCacheStrategy 类的缓存策略	说明
AUTOMATIC	自动选择缓存策略
NONE	不缓存图片
DATA	只缓存原始图片
RESOURCE	只缓存压缩后的图片
ALL	同时缓存原始图片和压缩图片

- skipMemoryCache：设置是否跳过内存缓存（但不影响硬盘缓存）。为 true 表示跳过，为 false 则表示不跳过。
- disallowHardwareConfig：关闭硬件加速，防止过大尺寸的图片加载报错。具体原因参见 "13.1.3 对图片进行简单加工"。
- fitCenter：保持图片的宽高比例并居中显示，图片需要顶到某个方向的边界但不能越过边界，对应缩放类型 FIT_CENTER。
- centerCrop：保持图片的宽高比例，充满整个图像视图，剪裁之后居中显示，对应缩放类型 CENTER_CROP。
- centerInside：保持图片的宽高比例，在图像视图内部居中显示，图片只能拉小不能拉大，对应缩放类型 CENTER_INSIDE。
- circleCrop：展示圆形剪裁后的图片。

另外，Glide 允许播放加载过程的渐变动画，让图片从迷雾中逐渐变得清晰，有助于提高用户体验。这个渐变动画通过建造器的 transition 方法设置，调用代码示例如下：

```
builder.transition(DrawableTransitionOptions.withCrossFade(3000)); // 设置
时长 3s 的渐变动画
```

加载网络图片的渐变效果如图 14-22 和图 14-23 所示，其中图 14-22 为渐变动画开始播放的界面，图 14-23 为渐变动画即将结束的界面。

图 14-22 渐变动画开始播放

图 14-23 渐变动画即将结束

14.4 实战项目：猜你喜欢

如今的 App 已经进入智能时代，它们会搜集用户的偏好，再根据推荐算法向用户推送精准的信息流，从而形成一种名为"猜你喜欢"的营销机制。这种个性化的推荐算法克服了以往千篇一律的毛病，使得用户更易获得感兴趣的信息内容。本章的实战项目就以"猜你喜欢"为主题，实践一下如何让 App 从服务端获取随机推荐的风景图片。

14.4.1 需求描述

假定用户打开一个旅游 App，想看看哪里风景比较优美，那么 App 应当展示各地的风景名胜图片，如图 14-24 所示。为了让界面看起来不太呆板，可考虑交错显示风景图片。接着用户向下拉动页面，想要刷新界面浏览更多的图片，此时 App 界面响应下拉刷新手势弹出加载圆圈，如图 14-25 所示。

等待 App 努力加载新的图片列表，加载完成之后，界面展示新一批的风景图片，同时加载圆圈消失，如图 14-26 所示。点击其中一张图片，跳到新页面观看它的大图，如图 14-27 所示，点击左上角的返回按钮则回到图片列表界面。

图 14-24　风景列表的初始界面

图 14-25　风景列表正在刷新

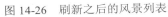

图 14-26　刷新之后的风景列表　　　　图 14-27　点击查看风景大图

以上的界面效果仅是视觉上的观感，主要难点在于 App 与后端之间的网络通信。

14.4.2　界面设计

猜你喜欢的界面比较简单，主要运用了如下的 Android 控件：

- 循环视图 RecyclerView 的瀑布流布局：风景图片的交错展示运用了瀑布流网格布局。
- 下拉刷新布局 SwipeRefreshLayout：在风景入口页，下拉手势会触发风景列表的刷新动作。

虽然该项目的界面简单，但是背后涉及的网络技术并不简单，粗略掂量一下，至少采用了下列几种网络技术：

- HTTP 接口调用：App 向后端服务器请求风景图片列表，通常由 HTTP 接口返回图片的列表数据（含图片标题、图片链接等）。
- JSON 格式：App 与服务器之间的数据交互，可采用移动数据格式 JSON，该格式既精简，表达内容也很丰富。
- 异步任务 AsyncTask：访问 HTTP 接口属于耗时操作，需要放在专门的异步任务之中。
- 图片加载框架 Glide：加载网络图片并显示在界面上，无疑使用现成的图片加载框架更为方便。

14.4.3　关键代码

为了方便读者完成猜你喜欢项目的开发，下面列出几点需要注意的地方。

1. 关于循环视图的首次加载与重新加载

让循环视图渲染界面元素的时候，一般调用 setAdapter 方法即可。然而 setAdapter 方法使得循环视图重头加载整个适配器，如果适配器不变，仅仅是内部数据发生变化，还调用 setAdapter 方法会浪费系统资源。推荐的做法是，只更新适配器内部的数据信息，然后调用适配器对象的 notifyDataSetChanged 方法通知数据变更，此时循环视图无须重新设置适配器，就会自动刷新 App 界面。下面是循环视图处理首次加载与重新加载的代码例子：

（完整代码见 chapter14\src\main\java\com\example\chapter14\GuessLikeActivity.java）

```java
private RecyclerView rv_like; // 声明一个循环视图对象
private PhotoRecyclerAdapter mAdapter; // 声明一个线性适配器对象

// 在获得照片列表信息后触发
@Override
public void onGetPhoto(String resp) {
    srl_like.setRefreshing(false); // 设置状态为正在刷新，此时会关闭进度圆圈
    // 把 JSON 串转换为对应结构的实体对象
    GetPhotoResp photoResp = new Gson().fromJson(resp, GetPhotoResp.class);
    if (photoResp == null) { // 未获得返回报文，说明 HTTP 调用失败
        return;
    }
    List<PhotoInfo> photo_list = photoResp.getPhotoList();
    if (photo_list!=null && photo_list.size()>0) {
        if (mAdapter == null) { // 首次加载前不存在适配器
            // 构建一个照片列表的瀑布流网格适配器
            mAdapter = new PhotoRecyclerAdapter(this, photo_list);
            mAdapter.setOnItemClickListener(mAdapter); // 设置照片列表的点击监
听器
            rv_like.setAdapter(mAdapter); // 设置循环视图的瀑布流网格适配器
        } else { // 再次加载时已经存在适配器了
            mAdapter.setPhotoList(photo_list);
            mAdapter.notifyDataSetChanged(); // 通知适配器发生了数据变更
        }
        rv_like.scrollToPosition(0); // 让循环视图滚动到第一项所在的位置
    }
}
```

2. 关于原始网络图片的加载

加载网络图片之时，Glide 默认只显示缩略图，而非原始图片。要想让 Glide 显示原始的网络图片，就要调用 Glide 请求选项的 override 方法，并设置 Target.SIZE_ORIGINAL 用于展示原始图片。可是如此一来，要是网络图片的尺寸很大（比如超出了 4096×4096），Glide 便会报错 "Bitmap too large to be uploaded into a texture"，详细原因参见第 13 章的"13.1.3　对图片进行简单加工"。为了避免 Glide 加载大图的崩溃问题，需要调用请求选项的 disallowHardwareConfig 方法，表示关闭硬件加速，以防止在加载大尺寸图片时报错。下面是利用 Glide 加载并显示网络原始图片的代码例子：

（完整代码见 chapter14\src\main\java\com\example\chapter14\PhotoDetailActivity.java）

```java
// 构建一个加载网络图片的建造器
RequestBuilder<Drawable> builder = Glide.with(this).load(image_url)
    .transition(DrawableTransitionOptions.withCrossFade(1000)); // 设置时长
1s 的渐变动画
RequestOptions options = new RequestOptions(); // 创建 Glide 的请求选项
options.override(Target.SIZE_ORIGINAL); // 展示原始图片
options.disallowHardwareConfig(); // 关闭硬件加速，防止过大尺寸的图片加载报错
// 在图像视图上展示网络图片。apply 方法表示启用指定的请求选项
builder.apply(options).into(iv_photo);
```

3. 猜你喜欢项目的源码之间关系

接下来简单介绍一下本章模块源码中，与猜你喜欢项目有关的主要代码之间的关系。

（1）GuessLikeActivity.java：这是风景列表的活动代码，以瀑布流样式展示各地的风景名胜照片，同时支持下拉刷新更换新的风景图片。

（2）PhotoRecyclerAdapter.java：这是风景图片的适配器代码，网格的高度是随机生成的，从而呈现高低不一的瀑布流效果。

（3）PhotoDetailActivity.java：这是图片详情的活动代码，以黑色背景衬托风景大图。

（4）GetPhotoTask.java：这是获取网络图片的任务代码，通过调用 HTTP 接口，从后端服务器获得 JSON 格式的风景图片信息列表（含图片名称、图片地址等）。

（5）服务端工程 NetServer 的 GetPhoto.java：这是图片获取接口的服务端代码，一旦接收到 App 的图片获取请求，就封装图片信息列表的 JSON 串并返回给客户端。

另外，不管是图片列表页还是图片详情页，都使用了 Glide 框架加载网络图片，这不但提高了图片的加载效率，还能显示加载过程的渐变动画。

14.5　小　　结

本章主要介绍了 App 开发的网络通信相关知识，包括：HTTP 接口访问（移动数据格式 JSON、GET 方式调用 HTTP 接口、POST 方式调用 HTTP 接口）、下载管理器 DownloadManager（在通知栏显示下载进度、主动轮询当前的下载进度、利用 POST 方式上传文件）、图片加载框架 Glide（从图片地址获取图像数据、使用 Glide 加载网络图片、利用 Glide 实现图片的三级缓存）。最后设计了一个实战项目"猜你喜欢"，在该项目的 App 编码中用到了前面介绍的大部分网络技术，从而加深了对所学知识的理解。

通过本章的学习，读者应该能够掌握以下 4 种开发技能：

（1）学会使用 HttpURLConnection 访问 HTTP 接口（包括 GET 和 POST 两种方式）。
（2）学会使用下载管理器下载网络文件。
（3）学会向网络服务器上传本地文件。
（4）学会使用 Glide 框架加载网络图片。

14.6　课后练习题

一、填空题

1. 为了方便开发者处理 JSON 串，谷歌公司提供了第三方支持库名为_____。
2. 若想让 App 访问网络，则需在 AndroidManifest.xml 内部添加名为 android.permission._____ 的权限配置。
3. 下载管理器对应的系统服务名称是_____。
4. 谷歌公司推出的图片加载框架名为_____。
5. 加载图片所谓的三级缓存机制指的是_____→_____→网络。

二、判断题（正确打 √，错误打 ×）

1. JSON 格式与 XML 格式相比，XML 不但短小精悍，而且表现力丰富。（　）
2. Android 不允许在主线程中访问网络接口。（　）
3. 上传文件的时候，网络连接只能采用 POST 方式，不能采用 GET 方式。（　）
4. 通过下载管理器能够获得文件的实时下载进度。（　）
5. 位图工厂 BitmapFactory 的 decodeStream 方法能够直接从网络连接的输入流中获得图像数据。（　）

三、选择题

1. 从 JSON 串中获取数组对象，应当调用（　）方法。
   A．getJSONObject　　　B．getString　　　C．Boolean　　　D．getJSONArray
2. HttpURLConnection 默认采取的字符编码格式是（　）。
   A．Big5　　　B．GBK　　　C．ISO8859　　　D．UTF-8
3. Android 定位功能支持的卫星导航系统包括（　）。
   A．北斗　　　B．格洛纳斯　　　C．GPS　　　D．伽利略
4. 使用下载管理器下载网络文件，下载完成的状态标志是（　）。
   A．STATUS_PENDING　　　B．STATUS_RUNNING
   C．STATUS_PAUSED　　　D．STATUS_SUCCESSFUL
5. Glide 缓存策略设置为（　）时，表示只缓存压缩后的图片。
   A．AUTOMATIC　　　B．NONE　　　C．DATA　　　D．RESOURCE

四、简答题

请简要描述采用下载管理器的好处。

五、动手练习

请上机实验本章的猜你喜欢项目，要求访问 HTTP 接口获得风景照片列表，并使用 Glide 框架动态加载网络图片，以及通过下拉手势实时刷新风景图片。

第15章

打造安装包

本章介绍应用安装包的基本制作规范,主要包括:如何导出既美观又精简的 APK 文件、如何按照上线规范调整 App 的相关设置、如何对 APK 文件进行安全加固以防止安装包被破解。

15.1　应用打包

本节介绍 APK 安装包的打包过程,包括:如何利用 Android Studio 导出 APK 格式的安装包、如何利用 Android Studio 制作 App 的个性化图标、如何通过各种瘦身手段压缩 APK 文件的大小。

15.1.1　导出 APK 安装包

前面章节在运行 App 的时候,都是先由数据线连接手机和电脑,再通过 Android Studio 的 Run 菜单把 App 安装到手机上。这种方式只能在自己手机上调试应用,如果想在别人手机上安装应用,就得把 App 打包成 APK 文件(该文件就是 App 的安装包),然后把 APK 传给其他人安装。

下面是使用 Android Studio 打包 APK 的具体步骤说明:

步骤 01 依次选择菜单 Build→Generate Signed Bundle / APK...,弹出对话框如图 15-1 所示。

步骤 02 选中该窗口左下方的 APK 选项,再单击 Next 按钮,进入 APK 签名对话框如图 15-2 所示。

图 15-1　生成安装包的对话框　　　　图 15-2　APK 签名的对话框

步骤 03 在该窗口选择待打包的模块名（如 chapter15），以及密钥文件的路径，如果原来有密钥文件，就单击 Choose existing...按钮，在弹出的文件对话框中选择密钥文件。如果首次打包没有密钥文件，就单击 Create new...按钮，弹出密钥创建对话框如图 15-3 所示。

步骤 04 单击该对话框右上角的▣按钮，弹出文件对话框如图 15-4 所示，在此可选择密钥文件的保存路径。

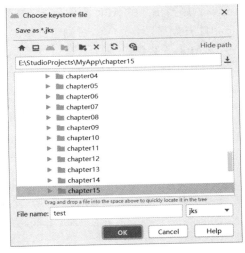

图 15-3　密钥文件的生成窗口　　　　图 15-4　密钥文件的文件对话框

步骤 05 在文件对话框中选择文件保存路径，并在下方的 File name 输入框中填写密钥文件的名称，然后单击 OK 按钮回到密钥创建对话框。在该对话框依次填写密码 Password、确认密码 Confirm、别名 Alias、别名密码 Password、别名的确认密码 Confirm，修改密钥文件的有效期限 Validity。对话框下半部分的输入框只有姓名（First and Last Name）是必填的，填完后的对话框如图 15-5 所示。

步骤 06 单击 OK 按钮回到 APK 签名窗口，此时 Android Studio 自动把密码和别名都填上了，如图 15-6 所示。如果一开始选择已存在的密钥文件，这里就要手工输入密码和别名。

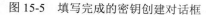

图 15-5　填写完成的密钥创建对话框　　　图 15-6　填上签名信息的签名对话框

步骤 07 单击 Next 按钮进入下一个打包对话框，如图 15-7 所示。对话框上方可选择 APK 文件的保存路径，对话框中部可选择编译变量（Build Variants），如果是调试用，则编译变量选择 debug；如果是发布用，则编译变量选择 release。注意到对话框下方还有 V1 和 V2 两个复选框，其中 V1 必须勾选，否则打出来的 APK 文件无法正常安装；V2 也要勾选，该选项可避免 Janus 漏洞，而且从 Android11 开始必须勾选 V2，否则打出来的 APK 也无法安装。最后单击 Finish 按钮，等待 Android Studio 生成 APK 安装包。

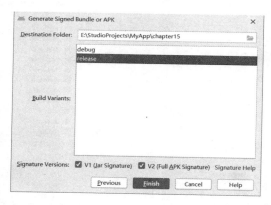

图 15-7　导出 APK 的最后一个对话框

若无编译问题，片刻之后会在 APK 保存路径下看到 release 目录，打开该目录找到名为"chapter15-release.apk"的安装包文件。把该文件通过 QQ 或者微信传给其他人，对方在手机上收到 APK 文件，点击 APK 即可安装应用。

如果 APK 文件安装失败，则可能是以下原因导致的：

（1）在导出 APK 安装包时，未勾选 V1 选项，从而导致安装时提示解析失败。

（2）在导出 APK 安装包时，未勾选 V2 选项，在 Android11 及以上版本系统会提示安装失败。

（3）App 只能升级不能降级，假如安装包的版本号小于已安装 App 的版本号，就无法正常安装。版本号在 build.gradle 中的 versionCode 节点配置。

（4）倘若新旧 App 的签名不一致，也会造成安装失败。比如该手机之前安装了 debug 类型的 App，现在又要安装 release 类型的版本，就会出现签名冲突。

15.1.2 制作 App 图标

新建一个 App 工程，默认的应用图标都是机器人，如果要发布正规的 App，肯定得更换醒目的专享图标。可是 res 目录下有好几种分辨率的 mipmap-***目录，每种分辨率又有圆角矩形和圆形两类图标，加起来要做十几个图标，倘若每个图标都手工制作，实在要累得够呛。幸好 Android Studio 早早提供了专门的图标制作插件，只要简简单单几个步骤，即可自动生成所有规格的应用图标。该插件的具体使用步骤叙述如下。

右击项目结构图的模块名称，在右键菜单中依次选择菜单 New→Image Asset，弹出如图 15-8 所示的图标制作对话框。

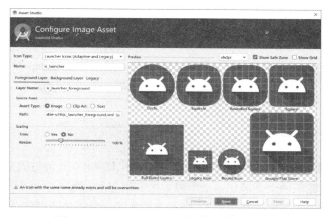

图 15-8　Android Studio 的图标制作对话框

图 15-8 所示的对话框左侧是图标的配置选项，右侧是各规格图标的展示效果。在对话框左侧中间找到 Path 区域，单击路径输入框右边的文件夹图标，在弹出的文件窗口中选择新图标的素材图片，再回到图标制作窗口，此时该对话框的界面如图 15-9 所示。

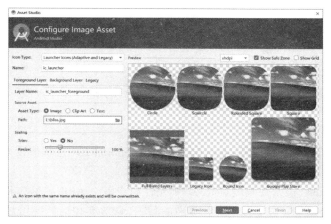

图 15-9　选择新图片后的图标制作窗口

由图 15-9 可见，对话框右侧的展示区域一下子全部换成了新的图标，完全自动加工好了。接着单击窗口下方的 Next 按钮，跳到如图 15-10 所示的下一页对话框。

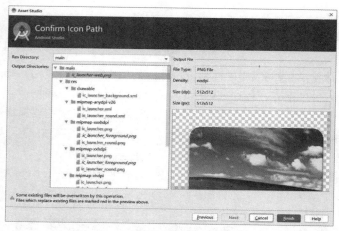

图 15-10　图标制作的下一页对话框

单击下一页窗口的 Finish 按钮，结束图标制作操作，然后在 mipmap-*** 目录下就能看到各种规格的新图标了。

15.1.3　给 APK 瘦身

App 不但要求功能完善，其他方面也得综合考虑，比如 APK 安装包的文件大小就是很重要的参考因素。具备同样功能的两个安装包，一个很大很占用空间，另一个较小不怎么占空间，用户的选择结果自然不言而喻。如何压缩打包后的 APK 文件大小，也就是所谓的 APK 瘦身，这涉及到很多技术手段，最常用的主要有 3 种：去除冗余功能、精简无用资源、压缩图片大小，分别介绍如下：

1. 去除冗余功能

每当开发者创建新的 Android 项目，打开模块的 AndroidManifest.xml，看到默认的 application 节点是下面这样的：

```
<application
    android:allowBackup="true"
    android:icon="@mipmap/ic_launcher"
    android:label="@string/app_name"
    android:roundIcon="@mipmap/ic_launcher_round"
    android:supportsRtl="true"
    android:theme="@style/AppTheme">
```

注意 application 节点有两个属性 allowBackup 和 supportsRtl，且都被设为 true，它俩到底是干什么用的呢？

首先看 allowBackup，该属性若设置 true，则允许用户备份 APK 安装包和应用数据，以便在刷机或者数据丢失后恢复应用。这里其实隐含着高危漏洞，因为备份后的应用数据可能被人复制到其他设备，如此一来用户的隐私就会泄露出去，什么账号密码、聊天记录均可遭窃。所以还是赶紧关闭这个鸡肋功能，把 allowBackup 属性值由默认的 true 改为 false。

　　然后看 supportsRtl，该属性名称当中的 Rtl 为 "Right-to-Left"（从右到左）的缩写，像中东的阿拉伯语、希伯来文等从右到左书写，supportsRtl 属性为 true 时表示支持这种从右向左的文字系统。可是常用的中文、英文等等都是从左往右书写，根本用不着从右到左的倒排功能，因此若无特殊情况可把 supportsRtl 属性值由默认的 true 改为 false。

　　关闭备份与倒排功能之后，application 节点变成了下面这样：

```
<application
    android:allowBackup="false"
    android:icon="@mipmap/ic_launcher"
    android:label="@string/app_name"
    android:roundIcon="@mipmap/ic_launcher_round"
    android:supportsRtl="false"
    android:theme="@style/AppTheme">
```

2. 精简无用资源

同样打开新项目中模块级别的 build.gradle，发现 buildTypes 节点是下面这样的：

```
buildTypes {
    release {
        minifyEnabled false
        proguardFiles
getDefaultProguardFile('proguard-android-optimize.txt'), 'proguard-rules.pro'

    }
}
```

可见有个 minifyEnabled 属性，默认值为 false，该属性的字面意思为是否启用最小化，如果将它设为 true，则 Android Studio 在打包 APK 时会进行以下代码处理：

　　（1）压缩代码，移除各种无用的实体，包括类、接口、方法、属性、临时变量等。

　　（2）混淆代码，把类名、属性名、方法名、实例名、变量名替换为简短且无意义的名称，例如 Student 类的名称可能改为 a，方法 getName 的名称可能改为 b 等。

　　App 的 Java 代码经过压缩和混淆之后，打包生成的 APK 文件会随之变小。除了代码之外，应用项目还包括各种资源文件，若想移除无用的资源文件（包括 XML 布局和图片），就要引入新属性 shrinkResources，并将该属性值设为 true，这样 Android Studio 在打包 APK 时会自动移除无用的资源文件。同时开启代码压缩和资源压缩的 buildTypes 节点示例如下：

```
buildTypes {
    release {
        minifyEnabled true
        shrinkResources true
        proguardFiles getDefaultProguardFile('proguard-android-optimize.
txt'), 'proguard-rules.pro'
    }
}
```

3. 压缩图片大小

由于手机屏幕的尺寸有限，原始质量的高清图片与有损压缩后的图片在视觉上没有太大差别，因此适当压缩图片质量也是减小 APK 体积的一个重要途径。App 传统的资源图片主要有 jpg 和 png 两种格式，对于 jpg 图片来说，利用看图软件 ACDSee 即可快速压缩图片大小，先使用 ACDSee 打开 jpg 文件，然后依次选择菜单"文件"→"另存为"，弹出如图 15-11 所示的保存对话框。

单击保存对话框右下角的选项按钮，弹出如图 15-12 所示的 JPEG 选项对话框，把窗口上方"图像质量"区域的拖动条往左拖到 60 处，表示有损压缩保持 60%的图像质量。单击选项窗口下方的确定按钮，回到前一步骤的文件保存对话框，再单击对话框右侧的保存按钮，完成 JPG 图片的压缩操作。

 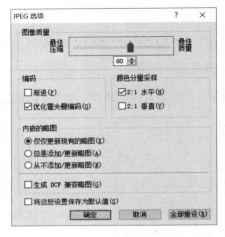

图 15-11　ACDSee 的图片保存对话框　　　　图 15-12　JPEG 格式的选项对话框

对于 PNG 图片来说，利用 PhotoShop 即可快速压缩图片大小，先使用 PhotoShop 打开 PNG 文件，然后依次选择菜单"文件"→"存储为 Web 所用格式"，弹出如图 15-13 所示的保存窗口。

图 15-13　PhotoShop 的 PNG 图片转换对话框

单击对话框右上角的预设下拉框，并选中最后一项"PNG-8"，再单击对话框下方的储存按钮，完成 PNG 图片的压缩操作。

当然，专业的图像处理软件毕竟存在操作门槛，初学者不易掌握使用技巧。此时也可借助第三方的图像压缩网站，自动完成图片文件的压缩处理，就 png 格式而言，常见的压缩站点包括 https://tinypng.com/ 和 https://compresspng.com/zh/，感兴趣的读者不妨一试。

15.2　规范处理

本节介绍 App 上线前必做的准备工作，包括：如何正确设置 App 的版本编号和版本名称、如何把 App 从调试模式切换到发布模式、如何对 SQLite 数据库进行加密处理。

15.2.1　版本设置

每个 App 都有 3 个基础信息，第一个是 App 的图标，图标文件为 res/mipmap-***目录下的 ic_launcher.png。第二个是 App 的名称，名称文字保存在 res/values/strings.xml 的 app_name 当中。第三个是 App 的版本号，版本信息包括 build.gradle 的 versionCode 与 versionName 两个参数，其中 versionCode 为纯数字的版本编号，versionName 为带点号的字符串，格式形如"数字.数字.数字"。

App 图标和 App 名称都好理解，在手机桌面上也能看到 App 的图标和名称，那么为什么 App 还需要版本编号与版本名称这样的版本信息呢？这是因为 App 需要经常升级，但不允许 App 降级，也就是说，一旦安装了某个版本的 App，那么之后只能安装版本更新的同名 App，不能安装版本更旧的同名 App。这种只能升级不能降级的判断，就依赖于每个 APK 文件设定的版本号 versionCode，versionCode 的数值越大，表示该安装包的版本越高；versionCode 的数值越小，表示该安装包的版本越低。依据当前 App 的版本号与待安装 APK 的版本号，系统方能比较得知是否允许升级 App。

至于版本名称 versionName，则用来标识每次 App 升级的改动程度，按照通常的版本名称格式"数字.数字.数字"，第一个数字为大版本号，每当有页面改版或代码重构等重大升级时，大版本号要加 1，后面两个数字清零；第二个数字为中版本号，每当要更新局部页面或添加新功能时，中版本号加 1，第三个数字清零；第三个数字为小版本号，每当有界面微调或问题修复时，小版本号加 1。

每次 App 升级重新导出 APK 的时候，versionCode 与 versionName 都要一起更改，不能只改其中一个。并且升级后的 versionCode 与 versionName 只能比原来大，不能比原来小。如果没有按照规范修改版本号，就会产生以下问题：

（1）版本号比已安装的版本号小，在安装时系统直接提示失败，因为 App 只能做升级操作，不能做降级操作。

（2）升级系统应用（手机厂商内置的应用，非普通应用）时，如果只修改 versionName，没修改 versionCode，重启手机后会发现更新丢失，该应用被还原到升级前的版本。这是因为：对于系统应用，Android 会检查 versionCode 的数值，如果 versionCode 不大于当前已安装的版本号，本次更新就被忽略了。

除了系统要求检查应用的基础信息，App 有时也需要获取自身信息，比如应用图标可从资源图片获取，应用名称可调用 getString 方法获取。其他像应用包名、应用版本等信息，可从编译配置工具 BuildConfig 获取，该类提供的几个配置属性说明如下：

- APPLICATION_ID：应用包名。
- BUILD_TYPE：编译类型。为 debug 表示这是调试包，为 release 表示这是发布包。
- VERSION_CODE：应用的版本编号。
- VERSION_NAME：应用的版本名称。

下面是获取 App 基础信息的代码例子：

（完整代码见 chapter15\src\main\java\com\example\chapter15\AppVersionActivity.java）

```java
public class AppVersionActivity extends AppCompatActivity {
    @Override
    protected void onCreate(Bundle savedInstanceState) {
        super.onCreate(savedInstanceState);
        setContentView(R.layout.activity_app_version);
        ImageView iv_icon = findViewById(R.id.iv_icon);
        iv_icon.setImageResource(R.mipmap.ic_launcher);  // 应用图标取自
ic_launcher
        TextView tv_desc = findViewById(R.id.tv_desc);
        // 应用名称取自 app_name，应用包名、版本号、版本名称均来自 BuildConfig
        String desc = String.format("App 名称为：%s\nApp 包名为：%s\n" +
                "App 版本号为：%d\nApp 版本名称为：%s",
            getString(R.string.app_name), BuildConfig.APPLICATION_ID,
            BuildConfig.VERSION_CODE, BuildConfig.VERSION_NAME);
        tv_desc.setText(desc);
    }
}
```

运行测试 App，看到 App 版本信息的获取页面如图 15-14 所示，可见分别展示了测试 App 的图标、名称、包名，以及版本编号和版本名称。

图 15-14　App 版本信息的获取页面

15.2.2　发布模式

为了编码调试方便，开发者经常在代码里添加日志，还在页面上弹出各种提示。这样固然有利于发现 bug、提高软件质量，不过调试信息过多往往容易泄露敏感信息，例如用户的账号密码、业务流程的逻辑等。从保密角度考虑，App 在上线前必须去掉多余的调试信息，也就是生成发布模式的安装包，与之相对的是开发阶段的调试模式。

建立发布模式拥有下列两点优势：

（1）保护用户的敏感账户信息不被泄露。

（2）保护业务逻辑与流程处理的交互数据不被泄露。

发布模式与调试模式的安装包很好区分，通过菜单 "Generate Signed Bundle / APK..." 导出安装包的最后一个对话框，在 Build Variants 一栏即可选择安装包类型。选中 release 时表示生成发布模式的安装包，如图 15-15 所示；选中 debug 时表示生成调试模式的安装包，如图 15-16 所示。

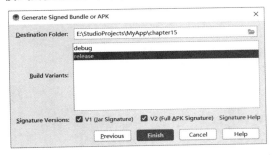

图 15-15　导出 APK 时选择发布模式

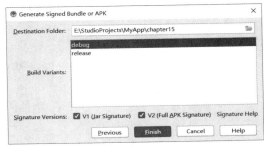

图 15-16　导出 APK 时选择调试模式

发布模式不是直接删掉调试代码，而是通过某个开关控制是否显示调试信息，因为 App 后续还得修改、更新、重新发布，这个迭代过程要不断调试，从而实现并验证新功能。App 代码可通过 BuildConfig.DEBUG 判断当前是发布模式还是调试模式，BuildConfig.DEBUG 值为 false 表示处于发布模式，为 true 表示处于调试模式。于是利用 BuildConfig.DEBUG 能够控制是否打开日志，在开发阶段导出调试包，在上架阶段导出发布包，这样日志只会在调试包中打印，不会在发布包中打印。

控制调试信息的工具类主要有两种，分别对 Log 工具和 Toast 工具加以封装，说明如下：

1. 日志 Log

Log 工具用于打印调试日志。App 运行过程中，日志信息会输出到 logcat 窗口。因为最终用户不关心 App 日志，所以除非特殊情况，发布上线的 App 应屏蔽所有日志信息。下面是封装了调试模式的 Log 工具代码：

（完整代码见 chapter15\src\main\java\com\example\chapter15\util\LogUtil.java）

```
public class LogUtil {
    // 调试模式来自 BuildConfig.DEBUG, false 表示发布模式, true 表示调试模式
    public static boolean isDebug = BuildConfig.DEBUG;
```

```java
public static void v(String tag, String msg) {
    if (isDebug) {
        Log.v(tag, msg); // 打印冗余日志
    }
}
public static void d(String tag, String msg) {
    if (isDebug) {
        Log.d(tag, msg); // 打印调试日志
    }
}
public static void i(String tag, String msg) {
    if (isDebug) {
        Log.i(tag, msg); // 打印一般日志
    }
}
public static void w(String tag, String msg) {
    if (isDebug) {
        Log.w(tag, msg); // 打印警告日志
    }
}
public static void e(String tag, String msg) {
    if (isDebug) {
        Log.e(tag, msg); // 打印错误日志
    }
}
}
```

2. 提示 Toast

Toast 工具在界面下方弹出小窗，给用户一两句话的提示，小窗短暂停留一会儿后消失。由于 Toast 窗口无交互动作，样式也基本固定，因此除了少数弹窗在发布时予以保留，其他弹窗都应在发布时屏蔽。下面是封装了调试模式的 Toast 工具代码：

（完整代码见 chapter15\src\main\java\com\example\chapter15\util\ToastUtil.java）

```java
public class ToastUtil {
    // 调试模式来自 BuildConfig.DEBUG, false 表示发布模式，true 表示调试模式
    public static boolean isDebug = BuildConfig.DEBUG;
    // 不管发布模式还是调试模式，都弹出提示文字
    public static void show(Context ctx, String desc) {
        Toast.makeText(ctx, desc, Toast.LENGTH_SHORT).show();
    }
    // 调试模式下弹出短暂提示
    public static void showShort(Context ctx, String desc) {
        if (isDebug) {
            Toast.makeText(ctx, desc, Toast.LENGTH_SHORT).show();
        }
    }
    // 调试模式下弹出长久提示
    public static void showLong(Context ctx, String desc) {
```

```
        if (isDebug) {
            Toast.makeText(ctx, desc, Toast.LENGTH_LONG).show();
        }
    }
}
```

除此以外，AndroidManifest.xml 也要区分发布模式与调试模式。应用上架之后，若无特殊情况，开发者都不希望 activity 和 service 对外部应用开放，所以要在 activity 和 service 标签下分别添加属性 android:exported="false"，表示该组件不允许对外开放。

15.2.3　给数据库加密

基于关系型数据库的强大存储功能，App 的业务数据大多保存在 SQLite 数据库中，该数据库的保存路径为/data/data/应用包名/databases/***.db。虽然一般手机都隐藏了数据库文件，但是手机被 root 之后便会原形毕露，只要弄来 SQLiteStudio 等专业软件，就能查看数据库中存储的各种信息。例如图 15-17 是 SQLiteStudio 偷窥到的 App 数据库信息，该软件不但能够浏览各表的记录，还能进行增删改等管理操作。

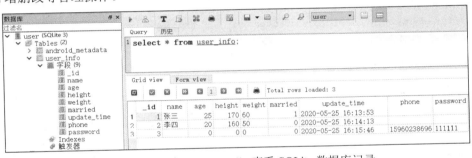

图 15-17　利用 SQLiteStudio 查看 SQLite 数据库记录

看来 SQLite 的安全性实在不敢恭维，为了增强 SQLite 的安保措施，可以考虑下列两种技术方案：

（1）对于写操作，先把数据加密，再将加密后的数据写入数据库；对于读操作，先读出数据库中保存的加密数据，解密后再继续业务逻辑处理。但该方案的改造量太大，每次读写操作都得多次加解密，着实费劲。

（2）加密整个数据库，此时要用到第三方的加密开源库，比如常见的开源框架 SQLCipher。该方案封装了加密算法，性能高且使用方便，便于开发者迅速切换加密数据库。

在 App 项目中引入 SQLCipher 的具体步骤详述如下：

1. 在 build.gradle 中导入 SQLCipher

打开模块的 build.gradle，在 dependencies 节点内部添加以下语句，表示导入指定版本的 SQLCipher：

```
implementation "net.zetetic:android-database-sqlcipher:4.4.0"
```

2. 把代码中的 SQLite 相关类路径更换为 SQLCipher 对应类的路径

查找代码中所有的 SQLite 导入语句，也就是将下面两行导入语句：

```
import android.database.sqlite.SQLiteDatabase;
import android.database.sqlite.SQLiteOpenHelper;
```

统统替换成 SQLCipher 对应的导入语句，具体导入代码如下所示：

```
import net.sqlcipher.database.SQLiteDatabase;
import net.sqlcipher.database.SQLiteOpenHelper;
```

3. 初始化 SQLCipher 的依赖库

在对数据库进行任何操作之前，务必要事先加载 SQLCipher 的依赖库，也就是调用 SQLiteDatabase 类的 loadLibs 方法。初始化代码可以放在数据库帮助器的构造方法当中，例子代码见下：

（完整代码见 chapter15\src\main\java\com\example\chapter15\database\UserDBHelper.java）

```
private UserDBHelper(Context context, int version) {
    super(context, DB_NAME, null, version);
    SQLiteDatabase.loadLibs(context);  // 使用 sqlcipher 必须事先加载依赖库
}
```

4. 在读写数据库时传入密钥

自定义数据库帮助器的时候，先定义数据库加解密需要的密钥，定义代码如下所示：

```
private static final String DB_PASSWORD = "android"; //数据库密码
private SQLiteDatabase mDB = null;  // 数据库的实例
```

然后无论打开数据库的读连接，还是打开数据库的写连接，均需传入上面定义的数据库密钥，也就是调用 getReadableDatabase 方法和调用 getWritableDatabase 方法时都填写密钥，详细的读写连接获取代码示例如下：

```
// 打开数据库的读连接
public SQLiteDatabase openReadLink() {
    if (mDB == null || !mDB.isOpen()) {
        // sqlcipher 需要密码才能打开数据库
        mDB = mHelper.getReadableDatabase(DB_PASSWORD);
    }
    return mDB;
}

// 打开数据库的写连接
public SQLiteDatabase openWriteLink() {
    if (mDB == null || !mDB.isOpen()) {
        // sqlcipher 需要密码才能打开数据库
        mDB = mHelper.getWritableDatabase(DB_PASSWORD);
    }
    return mDB;
```

}

　　经过以上 4 个步骤的调整，App 项目便正式引入了加密数据库 SQLCipher，剩下的数据库操作方法跟原来的 SQLite 保持一致，无须再作变动了。

　　然而引入 SQLCipher 之后，打包生成的 APK 文件一下多了好几 M 大小，使用 WinRAR 打开 APK 发现 lib 目录多了好几个 so 文件。这是因为 SQLCipher 集成了 4 种指令架构的 so 文件，包括 ARM 架构的 armeabi-v7a（32 位）和 arm64-v8a（64 位），以及英特尔架构的 x86（32 位）和 x86_64（64 位），其中 ARM 架构主要用于安卓手机，X86 架构主要用于安装英特尔或 AMD 芯片的个人电脑。之所以提供 x86 架构的 so 文件，是为了能够在电脑的模拟器上运行 App，开发阶段当然无所谓安装包大小，正式发布就得考虑给 APK 瘦身，因此正式版本的安装包建议移除 x86 架构的 so 文件。此时需要修改模块的 build.gradle，在 release 节点下添加 so 文件的过滤规则，详细的过滤配置如下所示：

```
buildTypes {
    release {
        minifyEnabled true
        shrinkResources true
        proguardFiles
getDefaultProguardFile('proguard-android-optimize.txt'), 'proguard-rules.pro'
        // 过滤第三方库多余的 so，例如 x86、x86_64 这些个人电脑的英特尔指令集
        ndk {
            abiFilters "arm64-v8a", "armeabi-v7a" // 保留这两种指令架构的 so 文件
        }
    }
}
```

　　添加 so 过滤配置后打包 APK，重新生成的安装包大小比原来减了 3M，可见瘦身成功。

15.3　安全加固

　　本节介绍如何对 APK 安装包进行安全加固，首先通过反编译工具成功破解 App 源码，从而表明对 APK 实施安全防护的必要性；接着说明代码混淆的开关配置，并演示代码混淆如何加大源码破译的难度；然后描述怎样利用第三方加固网站对 APK 加固，以及如何对加固包重新签名。

15.3.1　反编译

　　编译是把代码编译为程序，反编译是把程序破解为代码。

　　谁都不想自己的劳动成果被别人窃取，何况是辛辛苦苦敲出来的 App 代码，然而由于 Java 语言的特性，Java 写的程序往往容易被破解，只要获得 App 的安装包，就能通过反编译工具破解出该 App 的完整源码。开发者绞尽脑汁上架一个 App，结果这个 App 却被他人从界面到代码都"山寨"了，那可真是欲哭无泪。为了说明代码安全的重要性，下面详细介绍反编译的完整过程，警醒开发者防火、防盗、防破解。

首先准备反编译的 3 个工具，分别是 apktool、dex2jar、jd-gui，注意下载它们的最新版本。下面是这 3 个工具的简要说明。

- apktool：对 APK 文件解包，主要用来解析 res 资源和 AndroidManifest.xml。
- dex2jar：将 APK 包中的 classes.dex 转为 JAR 包，JAR 包就是 Java 代码的编译文件。
- jd-gui：将 JAR 包反编译为 Java 源码。

以 Windows 环境为例，下面是反编译 APK 的具体步骤。

步骤01 依次选择开始菜单→Windows 系统→命令提示符，打开命令行窗口，进入 apktool 所在的目录，运行命令"apktool.bat d -f 解包后的保存目录名 待处理的 APK 文件名"，等待反编译过程，如图 15-18 所示。

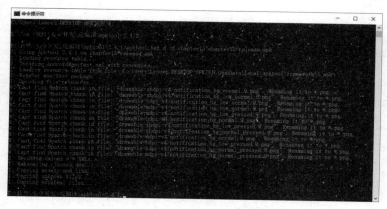

图 15-18　反编译工具 apktool 的运行截图

反编译完毕，即可在 apktool 目录下看到破解目录。apktool 的用途是解析出 res 资源，包括 AndroidManifest.xml 和 res/layout、res/values、res/drawable 等目录下的资源文件。

步骤02 用压缩软件（如 WinRAR）打开 APK 文件，发现 APK 安装包其实是一个压缩文件，使用 WinRAR 打开 APK 文件的目录结构如图 15-19 所示。

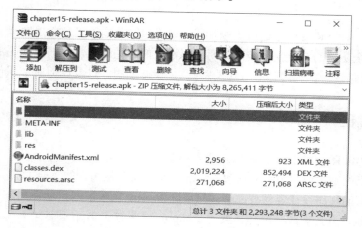

图 15-19　APK 解压后的内部目录结构

先从 APK 包中解压出 classes.dex 文件，再进入 dex2jar 所在的目录，运行命令 "d2j-dex2jar.bat classes.dex"，等待转换过程，如图 15-20 所示。

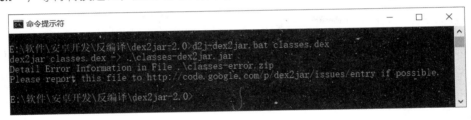

图 15-20 转换工具 dex2jar 的运行截图

转换完毕，即可在 dex2jar 目录下看到新文件 classes_dex2jar.jar，该 JAR 包即为 Java 源码的编译文件。

步骤 03 双击打开 jd-gui.exe，用鼠标把第二步生成的 classes_dex2jar.jar 拖到 jd-gui 界面中，程序就会自动将 JAR 包反编译为 Java 源码，反编译后的 Java 源码目录结构如图 15-21 所示。

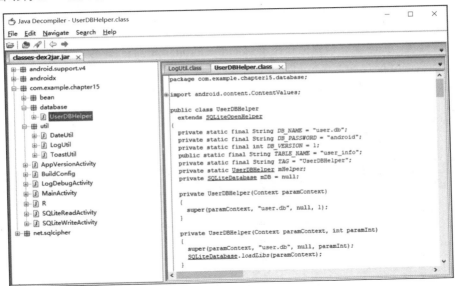

图 15-21 反编译后的 java 源码目录结构

在 jd-gui 界面依次选择菜单 File→Save All Sources，输入保存路径再单击保存按钮，即可在指定目录生成 zip 文件，解压 zip 文件就能看到反编译后的全部 Java 代码了。

由此可见，反编译过程不但破解了 Java 代码，而且 res 目录下的资源文件也被一起破解了，所以，如果 App 不采取一些保护措施，整个工程源码就会暴露在大庭广众之下。

15.3.2 代码混淆

前面讲到反编译能够破解 App 的工程源码，因此有必要对 App 源码采取防护措施，代码混淆就是保护代码安全的措施之一。Android Studio 已经自带了代码混淆器 ProGuard，它的用途主要有下列两点：

（1）压缩 APK 包的大小，删除无用代码，并简化部分类名和方法名。

（2）加大破解源码的难度，部分类名和方法名被重命名使得程序逻辑变得难以理解。

代码混淆的配置文件其实一直都存在，每次在 Android Studio 新建一个模块，该模块的根目录下会自动生成文件 proguard-rules.pro。打开 build.gradle，在 android→buildTypes→release 节点下可以看到两行编译配置，其中便用到了 proguard-rules.pro：

```
minifyEnabled false
proguardFiles getDefaultProguardFile('proguard-android-optimize.txt'),
'proguard-rules.pro'
```

由于 Android Studio 默认不做代码混淆，因此上面第一行的 minifyEnabled 为 false，表示关闭混淆功能，要把该参数改为 true 才能开启混淆功能。上面第二行指定 proguard-rules.pro 作为本模块的混淆规则文件，该文件保存着各种详细的代码混淆规则。

对于初学者来说，采用 Android Studio 默认的混淆规则即可，所以无须改动 proguard-rules.pro，只要把 build.gradle 里的 minifyEnabled 改为 true，Android Studio 就会按照默认的混淆规则对 App 代码进行混淆处理。注意默认规则保存在 proguard-android-optimize.txt 中，该文件位于 SDK 安装目录的 tools\proguard\proguard-android-optimize.txt。

经过代码混淆后重新生成 APK 安装包，再用反编译工具破解 APK 文件，反编译后的 Java 源码结构如图 15-22 所示。

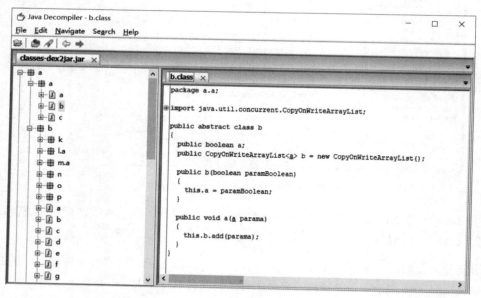

图 15-22　经过代码混淆再破解后的 Java 源码目录结构

从图中看到，混淆后的包名与类名都变成了 a、b、c、d 这样的名称，无疑加大了黑客理解源码的难度。试想当黑客面对这些天书般的 a、b、c、d，还会绞尽脑汁地尝试破译吗？

15.3.3 第三方加固及重签名

App 经过代码混淆后初步结束了裸奔的状态，但代码混淆只能加大源码破译的难度，并不能完全阻止被破解。除了代码破解外，App 还存在其他安全风险，比如二次打包、篡改内存、漏洞暴露等情况。对于这些安全风险，Android Studio 基本无能为力。因此，鉴于术业有专攻，不妨把 APK 文件交给专业网站进行加固处理。举个做得比较好的第三方加固例子， 360 加固保的网址是 http://jiagu.360.cn/。开发者要先在该网站注册新用户，然后进入“管理中心”→“应用安全”，打开在线加固页面如图 15-23 所示。

APP安全隐患不断，360天御推出开发者免费检测工具 2019-09-26
更多
安全扫描
应用安全
iOS加固
SDK加固
H5加固
应用安全
上传应用
搜索方式：
名称
请输入文件名称
应用信息
最后提交时间
应用加固
您还未上传应用，请点击上方"上传应用"按钮开始，新手引导

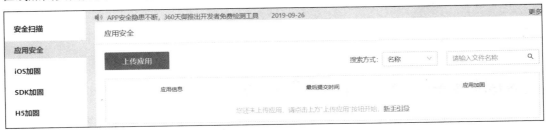

图 15-23 360 加固保的在线加固页面

单击该页面的“上传应用”按钮，在新页面中选择本地的 APK 文件，并点击确定按钮开始加固文件，接着页面开始加固操作如图 15-24 所示。

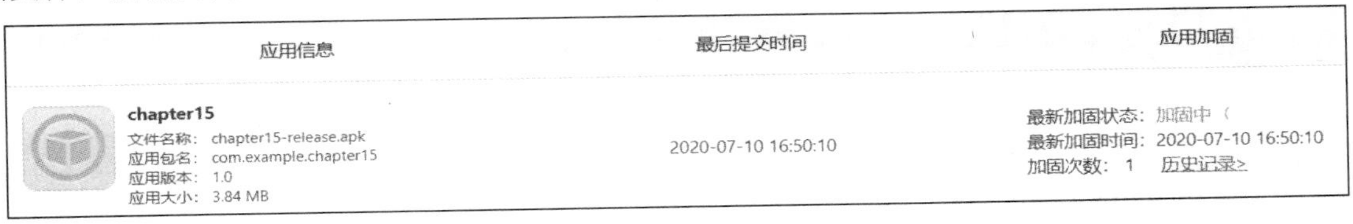
应用信息
最后提交时间
应用加固
chapter15
文件名称：chapter15-release.apk
应用包名：com.example.chapter15
应用版本：1.0
应用大小：3.84 MB
2020-07-10 16:50:10
最新加固状态：加固中
最新加固时间：2020-07-10 16:50:10
加固次数：1 历史记录>

图 15-24 正在加固的应用页面

稍等片刻，加固完成的页面如图 15-25 所示。

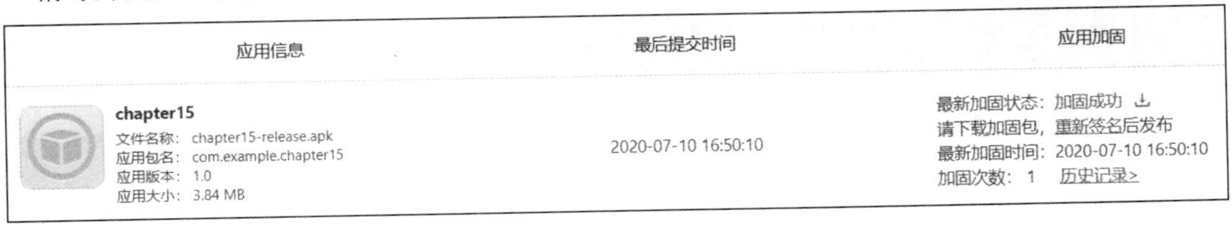
应用信息
最后提交时间
应用加固
chapter15
文件名称：chapter15-release.apk
应用包名：com.example.chapter15
应用版本：1.0
应用大小：3.84 MB
2020-07-10 16:50:10
最新加固状态：加固成功
请下载加固包，重新签名后发布
最新加固时间：2020-07-10 16:50:10
加固次数：1 历史记录>

图 15-25 加固完成的应用页面

可见应用右侧的加固状态为“加固成功”，单击文字链接或右边的下载图标，把加固好的安装包下载到本地，下载后的文件名形如 chapter15-release_enc.apk。然后利用反编译工具尝试破解这个加固包，会发现该安装包变得无法破译。

不过加固后的 APK 破坏了原来的签名，也就无法在手机上安装，此时要对该文件重新签名，才能成为合法的 APK 安装包。重签名可使用专门的签名软件，比如爱加密的 APKSign，先下载该软件，解压后打开 APKSign.exe，它的软件界面如图 15-26 所示。单击界面右上角的浏览按钮，选择待签

名的 APK（如 chapter15-release_enc.apk），再选择签名文件的路径，依次输入密码、别名、别名的密码、APK 签名后的保存路径，输入各项信息的签名界面如图 15-27 所示，最后单击"开始签名"按钮开始签名操作。

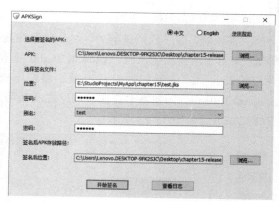

图 15-26　爱加密的重签名工具界面　　　　图 15-27　填好信息的重签名工具界面

等待签名结束，即可在"签名后位置"一栏指定的路径下找到重签名的安装包文件 chapter15-release_enc_signed.apk，该 APK 文件即可直接在手机上安装了。

15.4　小　结

本章主要介绍了应用安装包的相关制作规范，包括：应用打包（导出 APK 安装包、制作 App 图标、给 APK 瘦身）、规范处理（版本设置、发布模式、给数据库加密）、安全加固（反编译、代码混淆、第三方加固及重签名）。经过这一系列应用制作流程，完成了 App 从开发阶段的代码到用户手机应用的华丽转变，实现 App 从"开发"→"调试"→"加固"→"发布"的完整过程。

通过本章的学习，读者应该能够掌握以下 3 种开发技能：

（1）学会从 App 工程导出 APK 安装包。
（2）学会把 App 工程从调试模式转为发布模式。
（3）学会对 APK 文件进行安全加固和重签名。

15.5　课后练习题

一、填空题

1. 在导出 APK 安装包时，选择 debug 表示导出调试包，选择_____表示导出发布包。
2. App 在_____前必须去掉多余的调试信息，也就是生成发布模式的安装包。
3. _____为纯数字的版本编号，versionName 为带点号的字符串。

4．编译是把代码编译为程序，_____是把程序破解为代码。

5．利用第三方网站对 APK 加固之后，还得进行_____操作，APK 才能正常安装。

二、判断题（正确打 √，错误打 ×）

1．同一部手机安装了某个 App 的调试包之后，还能再安装该 App 的发布包。（　）

2．App 的图标文件放在 res/mipmap-*** 目录下面。（　）

3．安装 App 时，既能给 App 做升级操作，也能给 App 做降级操作。（　）

4．Android 自带的 SQLite 默认保存的是明文数据。（　）

5．代码混淆只能加大源码破译的难度，并不能完全阻止被破解。（　）

三、选择题

1．使用（　）能够压缩图片大小。
　　A．ACDSee　　　　　　B．PhotoShop　　　　C．Windows 自带的画图　　　D．以上均可

2．每当有页面改版或代码重构等重大升级时，App 的（　）要加 1。
　　A．大版本号　　　　　B．中版本号　　　　　C．小版本号　　　　　D．3 个版本号全部

3．保护手机上的关键业务数据不被泄露的办法有（　）。
　　A．加密数据　　　　　B．加密数据库　　　　C．加固安装包　　　　D．安装防火墙

4．安卓手机处理器采用的指令架构包括（　）。
　　A．armeabi-v7a　　　B．arm64-v8a　　　　C．x86　　　　　　　D．x86_64

5．（　）设置为 true 时，表示开启代码混淆功能。
　　A．allowBackup　　　B．supportsRtl　　　　C．minifyEnabled　　　D．shrinkResources

四、简答题

请简要描述给 APK 瘦身的几种办法。

五、动手练习

请上机实验制作并导出测试应用的安装包文件，要求 App 图标醒目，APK 文件适当瘦身，采取发布模式，并且经过代码混淆、安全加固处理。

附录　综合实践课题

项目一：电商 App

（1）功能说明：参考淘宝、京东，实现一个电子商务系统（含客户端 App 与服务端后台），支持账号注册、登录校验、商品分类展示、购物车管理、订单管理、评价管理等功能。

（2）技术要求：客户端基于 Android，服务端技术自定。

（3）电商 App 各功能对应的实现方案参考如下：

①欢迎引导页：参考第 8 章的"8.4.3　改进的启动引导页"。

②登录与注册：参考第 5 章的"5.5　实战项目：找回密码"。

③商品分类展示：参考第 12 章的"12.5　实战项目：电商主页"。

④购物车管理：参考第 6 章的"6.5　实战项目：购物车"。

⑤订单管理：参考第 8 章的"8.5　实战项目：记账本"。

⑥评价管理：参考第 13 章的"13.4　实战项目：评价晒单"。

项目二：云拍 App

（1）功能说明：把手机拍摄的照片上传到云相册，拍照时能够自动记录当前地点，并支持给照片添加文字备注，还能浏览云相册上保存的个性化照片。

（2）技术要求：客户端基于 Android，服务端技术自定。

（3）云拍 App 各功能对应的实现方案参考如下：

①登录云相册：参考第 5 章的"5.5　实战项目：找回密码"。

②拍摄照片：参考第 13 章的"13.4　实战项目：评价晒单"。

③自动获取当前地点：参考第 14 章的"14.1.2　GET 方式调用 HTTP 接口"。

④照片上传：参考第 14 章的"14.2.3　利用 POST 方式上传文件"。

⑤照片轮播：参考第 10 章的"10.4　实战项目：广告轮播"。

⑥刷新云相册：参考第 14 章的"14.4　实战项目：猜你喜欢"。

文档要求

使用 Android Studio 完成 App 编码，并在主流的安卓机型上测试通过。App 界面美观，使用方便；代码结构合理，注释详细。完成课程设计后需要提供下列交付材料：

（1）需求规格说明书：列出 App 需要具备的功能点，以及主要的业务流程。

（2）概要设计说明书，分析 App 项目的技术实现框架、数据交互接口，以及代码设计规范。

（3）软件操作手册：描述 App 的运行环境及其使用步骤。

（4）App 安装包文件：要求 App 图标醒目，APK 文件适当瘦身，采取发布模式，并且经过代码混淆、安全加固处理。